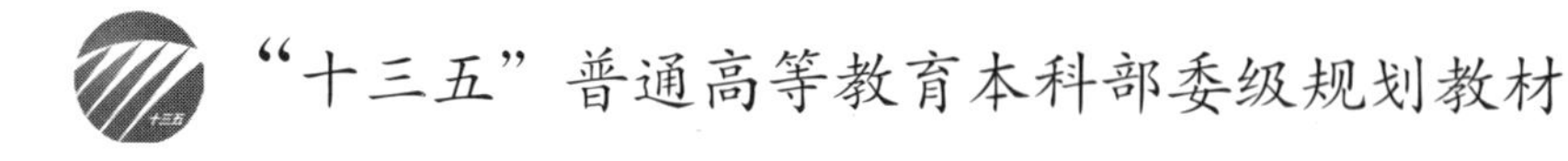

烹饪调味学

毛羽扬 □ 主编

中国纺织出版社 | 国家一级出版社
全国百佳图书出版单位

图书在版编目（CIP）数据

烹饪调味学 / 毛羽扬主编 . -- 北京：中国纺织出版社，2018.4（2025. 2 重印）
“十三五”普通高等教育本科部委级规划教材
ISBN 978-7-5180-4711-6

Ⅰ . ①烹… Ⅱ . ①毛… Ⅲ . ①调味法 - 高等学校 - 教材 Ⅳ . ① TS972.112

中国版本书图馆 CIP 数据核字（2018）第 025497 号

责任编辑：舒文慧　　责任印制：王艳丽
封面设计：NZQ　　版式设计：天地鹏博

中国纺织出版社出版发行
地址：北京市朝阳区百子湾东里 A407 号楼　邮政编码：100124
销售电话：010—67004422　传真：010—87155801
http://www.c-textilep.com
E-mail：faxing@c-textilep.com
中国纺织出版社天猫旗舰店
官方微博 http://weibo.com/2119887771
三河市宏盛印务有限公司印刷　各地新华书店经销
2018 年 3 月第 1 版　2025 年 2 月第 5 次印刷
开本：710×1000　1/16　印张：22
字数：378 千字　定价：49.80 元

凡购本书，如有缺页、倒页、脱页，由本社图书营销中心调换

序

烹调，一半是烹，一半是调。烹起源于火的利用，调起源于盐的利用。调味是烹饪的永恒话题。烹饪的所有环节，最终都是服务和服从于调味的。调味是决定菜肴口味质量的关键。获得美味是烹饪的终极目的。

把多种不同的呈味物质混合在一起的过程称作调味。调味科学则是研究各种基本味和调味料的特征、特性以及不同的味与味之间的相互关系和相互作用，并且如何使调配出的味道达到最佳口感的一门科学。人们运用各种调味料和调味手段，在菜肴的制作中影响并作用于原料，使菜肴因调味工艺和调味料的不同而产生出各种口味或独特风味，给人以味觉的美好享受，这是烹饪调味的目的。“菜之美在于味，味之美在于调”“五味调和百味香”。因此有必要了解掌握五味调和之道，才能烹制出色香味俱佳的菜肴来。

菜肴美味的形成离不开调味料的使用。调味料是烹饪的重要组成部分。中国调味料的历史悠久，早在5000年前的黄帝时代，夙沙氏煮海为盐开创了华夏饮食调味的先河。多年来我国调味料的生产加工，一直延续相传，形成了现今独具特色的传统格局，各地也都有了独具魅力的“调味文化”。可以说没有调味料的变化和发展，就没有烹饪的发展和繁荣；同理，如果没有烹饪的变化和发展，也就没有调味料今天的发展和繁荣。两者相辅相成，缺一不可。随着时代的进步，人民生活水平在提高，对菜肴营养美味的要求也进一步提高。民以食为天的中国人，其饮食趋势已由从“吃饱”向“吃好”发展；口味由“有味”向“美味”发展。对菜肴的口味越来越讲究，从而对调味料和调味技术的要求也越来越高。这样的背景下，调味料开始发生了巨大的变化，现代调味料和调味技术的优势越来越显著。它可以全方位地提升菜肴的美味，使烹饪变得更加方便、快捷。这预示着我国的烹饪将会迎来一个更加广阔的发展前景。

由于以往的烹饪教材或书籍对调味科学及调味料做系统、全面介绍的很少，因此在诸多前辈、朋友及同事的热情鼓励和大力支持下，笔者根据多年来在烹饪调味教学和科研中积累的经验和资料撰写了本教材。全书共分为十五章：味觉概述、嗅觉概述、调味料作用和调味原理、菜肴的味型、咸味调配及咸味调料、鲜味调配及鲜味调料、甜味调配及甜味调料、酸味调配及酸味调料、辣味调配及辣味调料、苦味调配及苦味调料、其他味及调配、菜肴香气与调香、烹饪中使用的调香料、食物的感官品评、实验。

在资料整理的过程中得到了研究生高蓝洋、黄文垒、郑晓宏、王雪梅等人的帮助，此外还得到了扬州大学出版基金的支持。在此一并感谢！

毛羽扬

2015 年 8 月

《烹饪调味学》教学内容及课时安排

章／课时	节	课程内容
第一章 （4课时）	 一 二 三 四 五 六 七	味觉概述 味觉生理 味的阈值 味的分类 味与味之间的相互作用 影响味觉的因素 味觉与其他感觉的关联性 嗜好和习惯
第二章 （2课时）	 一 二 三 四 五	嗅觉概述 嗅觉生理 嗅觉的特征 嗅觉的识别方法 气味的分子结构 香气的分类和描述
第三章 （6课时）	 一 二 三 四 五 六 七	调味料作用和调味原理 调味料在烹饪中的重要作用 调味料与菜肴创新 西式调味料对中国烹饪的影响 复合调味料 菜肴调味原则 菜肴调味原理 调味过程与方法
第四章 （4课时）	 一 二 三	菜肴的味型 中国主要地方菜的风味简介 菜肴常见味型及调配 面点调味
第五章 （3课时）	 一 二 三	咸味调配及咸味调料 咸味概述 咸味调配技术 咸味调料
第六章 （3课时）	 一 二 三 四	鲜味调配及鲜味调料 鲜味概述 鲜味调配技术 中国烹饪对鲜美味形成的有利之处 鲜味调料
第七章 （3课时）	 一 二 三	甜味调配及甜味调料 甜味概述 甜味调配技术 甜味调料

章 / 课时	节	课程内容
第八章 （3 课时）	 一 二 三	酸味调配及酸味调料 酸味概述 酸味调配技术 酸味调料
第九章 （2 课时）	 一 二 三	辣味调配及辣味调料 辣味概述 辣味调配技术 辣味调料
第十章 （1 课时）	 一 二 三	苦味调配及苦味调料 苦味概述 苦味调配技术 苦味调料
第十一章 （1 课时）	 一 二 三 四	其他味及调配 涩味 碱味 清凉味 金属味
第十二章 （4 课时）	 一 二 三 四 五	菜肴香气与调香 原料自身的香气成分 烹饪过程中香气的形成 调香原理 调香方法 面点调香
第十三章 （6 课时）	 一 二 三	烹饪中使用的调香料 调香料概述 调香料的作用和调配要点 烹饪中使用的调香料
第十四章 （4 课时）	 一 二 三 四 五 六	食物的感官品评 感官品评的意义和类型 感官品评的方法 影响感官品评的因素 感官品评人员的筛选和培训 感官品评基本手段 菜点的感官质量评分标准范例
第十五章 （12 课时）	 一 二 三 四 五 六 七 八 九	实验 味觉敏感度测定 嗅觉辨别实验 四种基本味觉试验 差别试验—猪肉汤 排序试验—脆皮香蕉 评分试验—猪肉馅包子 感官剖面试验—鱼圆 调味酱的风味综合评价实验（描述检验 1）—牛肉酱 菜肴风味综合评价实验（描述检验 2）—青椒肉丝

目　录

引　言

人们早就知道食物的风味除了味觉与嗅觉的结合以外，还受质地、温度和外观的影响。在品尝食物时，实际上是视觉、嗅觉、听觉、触觉等多种感觉的综合感受。人对食物的味觉与气味密切相关，因而有了风味一说。良好或独特的食物风味，会使人在感官上获得真正的愉悦，能够增进食欲、刺激消化，提高人体对食物营养素的吸收，间接地增加食物的营养功能；另外食物的风味能调节人的行为，达到自我保护、免受伤害的作用；同时有些食物的风味还可起到一定的营养保健作用。

食物的风味是触感、温感、味感及嗅感这四种感觉的综合。其中触感和温感属于物理范畴，它是指由于环境对人体物理性刺激所引起的感觉，包括温度感觉，在舌头和牙齿上的机械接触感觉，有时甚至还包括听觉等。而味感和嗅感属化学范畴，它是指食物中的化学成分对人的口腔和鼻腔刺激所引起的感觉。涉及某种食物的风味时，至关重要的是味感和嗅感这两种感觉，其次涉及触感和温感。

风味
- 触感：软、硬、长、短等
- 温感：冷、热、温、烫等
- 味觉：酸、甜、咸、苦等
- 嗅觉：肉香、鱼香、面包香、奶香等

风味有着强烈的个人、地区、民族等方面的差异，与一个人的生理和心理状况、生活方式、文化修养，甚至经济地位、意识形态等都有联系。不同地区、民族的饮食习惯不同，在很大程度上是指食物的风味不同。风味作为食物的重要特性，特别是在烹饪中是非常重要的，它直接影响着人们的饮食习惯、摄食活动和食欲。现在人们对食物的要求不仅注重营养，而且更希望食物具有良好的风味以及其他的感官性能。因此食物风味物质之间的相互作用、稳定性、赋味性和安全性是目前烹饪领域中风味科学研究的热点。

鉴于烹饪领域中味和香是评价菜肴和面点的两项重要风味指标，因此本书主要围绕着调味及调味料和调香及调香料这两部分进行阐述和讨论。

第一章

味觉概述

本章内容： 味觉的生理
味的阈值
味的分类
味与味之间的相互作用
影响味觉的因素
味觉与其他感觉的关联性
嗜好和习惯

教学时间： 4课时

教学方式： 教师从引言出发，讲述味觉的生理、味的基本概念，结合烹饪实践讲述味与味之间的相互关系及影响因素。

教学要求： 1.让学生能够了解味觉的生理知识。
2.掌握味与味之间的相互关系及影响因素。
3.了解味觉与其他感觉的关联性。
4.了解饮食嗜好和习惯的概念。

课前准备： 阅读有关味觉生理和烹饪调味方面的文章及书籍。

民以食为天，食以味为先。中国烹饪非常重视菜肴之味和调味。以味为核心是中国烹饪的显著特征之一。

味觉是人的一种本能感觉。我们把用肉眼看得见的食物送入口腔，再通过口腔进入消化道的这个过程所引起的生理感觉定义为“味觉”。这种定义的味觉实际上是一种广义的味觉（表 1–1），因为其中包含着心理味觉（如形状、色泽等）、物理感觉（如软硬度、触觉、冷热、黏稠、咀嚼感等）和化学味觉（如咸味、甜味、酸味、苦味、鲜味、辣味等）这三种不同的味觉。因此广义的味觉是这三种不同味觉的综合体现。我们在日常饮食中单纯由舌头所感到的味觉属于化学味觉，它是由食物中的呈味成分作用于味的感受器所引起的感觉。

表 1–1　广义味觉的内涵

广义味觉	心理味觉	颜色、整体造型、用餐环境、用餐音乐等
	物理味觉	食物的机械特性（柔软、脆性、弹性、黏性）、几何特性（长、方、圆、纤维状、砂粒状）、触觉特性（冷、热、凉、烫、油腻）等
	化学味觉	咸、甜、酸、苦、鲜等

第一节　味觉生理

味觉涉及味蕾对溶解在水或唾液中呈味分子的刺激辨别。味蕾主要分布在舌头表面、上腭的黏液中和喉咙周围，味蕾的顶端有一个味孔与口腔中的液体相接触。一般认为呈味物质分子与这一开口或其附近的微丝相接触。味觉细胞通过一个突触间隙与初级感觉神经相连，神经递质分子的信息被释放进入这一间隙以刺激初级味觉神经，并将味觉信号传递到大脑较高级的处理中心，最终由大脑得出是什么味的判断。

呈味的大致过程：

呈味分子→接触舌头表面→味蕾→进入味孔→刺激味觉神经→神经脉冲→传导至中枢神经→大脑判断→得出味感

一、生理特性

人的舌头是一块有着粗糙表面的肌肉，在咀嚼和吞咽的过程中，肌肉翻动着食物。舌头的表面有着许多突起的小组织，实际上它看起来更像是小胚芽。这些小突起物凭肉眼就可以看到，然而，其本身并不是味觉的接收器。实际的味觉胚体是 1867 年在可见的乳头状突起物的内壁发现的。口腔构造见图 1–1。

沿着舌背部的两侧是一些条纹状的发射体，又被称作叶状乳头；在舌头背部咽喉往前的一大圈突起物是环状乳头。散布于表面的是一些较大的菌状乳头（当它扩张的时候，颇像蘑菇）和较小的纤维状乳头。菌状乳头散布于舌头的表面，但更大量的散布于前部。通常，味觉胚体有少量的分布于菌状乳头的中心，而大量的则分布在叶状和环状乳头的内壁及两者之间的区域；在哺乳动物的纤维状乳头中没有味觉肢体。有些情况下，少数的味觉胚体也存在于口腔的其他地方，例如，上腭和咽喉。

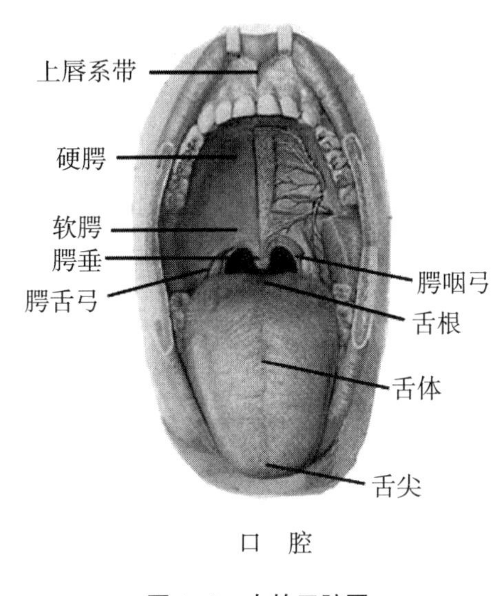

图 1–1　人的口腔图

生理学上根据口腔中乳头的形状将其分类为丝状乳头、蕈状乳头、叶状乳头和有廓乳头 4 种。丝状乳头最小、数量最多，主要分布在舌前 2/3 处，因无味蕾而没有味感。蕈状乳头、有廓乳头及叶状乳头上有味蕾。蕈状乳头呈蘑菇状，主要分布在舌尖和舌侧部。成人的叶状乳头不太发达，主要分布在舌的后部。有廓乳头是最大的乳头，直径 1.0 ~ 1.5 mm，高约 2 mm，呈 V 字形分布在舌根部位。味蕾被包含在舌头上面由凸起和凹槽构成的特殊结构内，通过观察，能发现舌头并不是一个光滑的表面，舌头的表面覆盖着细小的圆锥形线状乳头，它们具有触觉功能，但不包含味蕾，见图 1–2。散布在线状乳头处，特别是舌尖和舌侧处的，是稍大一些的蘑菇形的蕈状乳头，颜色稍红一些，味蕾就在这些结构内，通常每个结构含有 2 ~ 4 个味蕾，见图 1–3。在普通成年人的舌头前部，每一侧都有 100 个以上蕈状乳头，所以平均有几百个味蕾。沿着舌体两侧，从舌尖到大约舌根的 2/3 处，有几条平行的凹槽，是叶状乳头，它们很难被发现，因为舌头伸出时，它们往往会变平。每一个凹槽内含有几百个味蕾。有廓乳头是以倒 V 字形排列在舌头后部的一些比较大的纽扣状的突起，在它们周围的外部凹槽或沟状缝隙内也含有几百个味蕾。

味蕾通常由 40 ~ 150 个香蕉形的味细胞板样排列成桶状组成，内表面为凹凸不平的神经元突触，约 10 ~ 14 天由上皮细胞变为味细胞。味细胞表面的蛋白质、脂质及少量的糖类、核酸和无机离子，分别接受不同的味感物质，蛋白质是甜味物质的受体，脂质是苦味和咸味物质的受体，有人认为苦味物质的受体可能与蛋白质相关。

图 1-2　舌头表面的味蕾

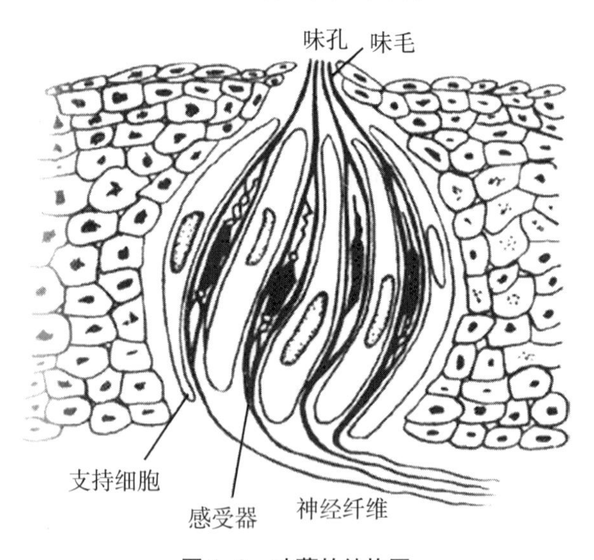

图 1-3　味蕾的结构图

软腭上的味蕾主要分布在上颚根部多骨部分的后面，这是一个很重要、但经常被忽略的区域。舌根部和咽喉上部对味觉也很敏感。味蕾的数量统计表明，味觉灵敏度较高的人通常含有较多的味蕾。味蕾在舌黏膜皱褶中的味乳头的侧面上分布最稠密，因此当用舌头在硬腭上研磨食物时，味感受器最容易兴奋起来，加上唾液溶解呈味物质的作用，从而产生出“越嚼越有味”的感受来。

味觉具有相当的强健度，外伤、疾病和老化等过程都须难使所有味觉区域受到破坏，一直到生命末期味觉都会保持相当好的完整性。这是因为舌体通过四条不同的神经与以上这些味觉结构相联系。它们是面神经的鼓索（支配蕈状乳头）、舌咽神经（发出分支到舌的背面）、迷走神经（舌根更后面的部位）和岩神经（发出分支到上腭的味觉区域）。它们在各自位置上支配着所属的味蕾。实验证明，不同的味感物质在味蕾上有不同的结合部位，尤其是甜味、苦味和鲜味物质，其分子结构有严格的空间专一性，即舌头上不同的部位有不同的敏感性。因此，在舌头的任何区域中，都可以感受到 4 种典型味觉中的一种。

唾液对味觉功能有很重要的作用，它既作为呈味分子到达受体的载体，同时唾液中也含有可调节味觉反应的物质。唾液中含有钠和其他一些阳离子，能缓冲酸和碳酸氢钠，并能提供具有光滑和覆膜性质的一定量的蛋白质和黏多糖。近来的研究表明，唾液中的谷氨酸可能有改变食物风味感觉的作用。

从生理学的角度说，所有的味道接收器都分布在舌头上，而四种基本味道——甜、酸、咸、苦，每一种在舌头的不同位置能产生十分强烈的感受，见图 1-4。舌端对甜的感受力显得最敏感，最为明显；酸则在舌头的后两侧中部（即舌头靠腮的两侧）感受得最敏感，最为强烈；舌头对咸的感受主要发生在前端和前两侧；而对苦的感受则与舌头的后部、咽喉的前部有关。据称这种分布构成了一种安全的保护因素，因为用舌尖尝一尝甜味可以探测出有益于健康的碳水化合物，而许多有害的物质都是十分苦的。因而，苦味的接收器位于舌头最后端起着防卫作用，使吞咽在那里能受到阻止，实际上十分苦的物质会刺激起呕吐反应。

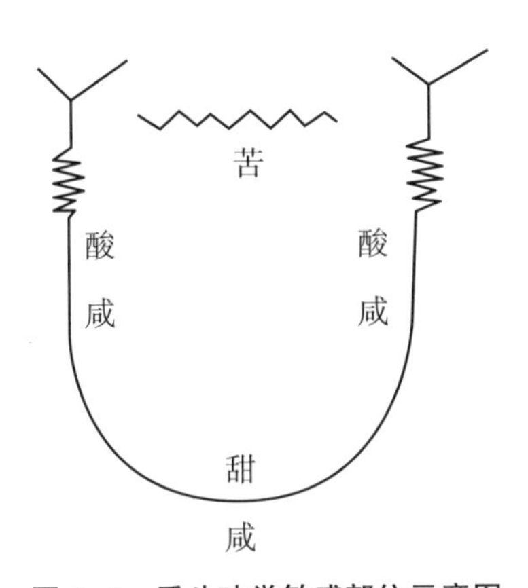

图 1-4 舌头味觉敏感部位示意图

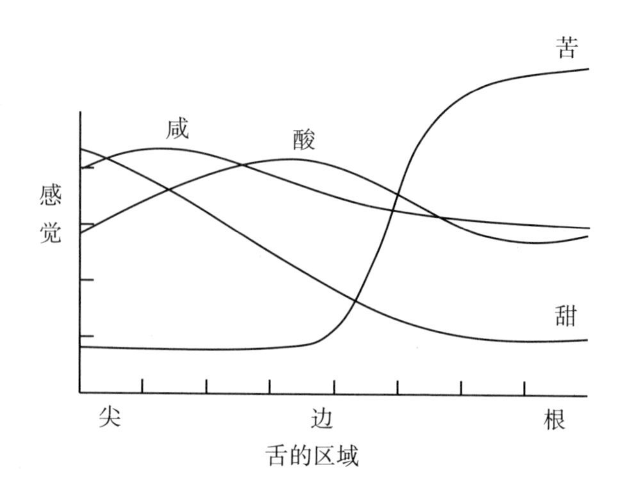

图 1–5　舌头不同区域的味感曲线图

食物在舌头和硬腭间被研磨最易使味蕾兴奋，因为味觉通过神经几乎以极限速度传递信息。人的味觉感受仅需 1.6 ~ 4.0 毫秒，比触觉（2.4 ~ 8.9 毫秒）、听觉（1.27 ~ 21.5 毫秒）和视觉（13 ~ 46 毫秒）都快得多。其中咸味的感觉最快，0.307 秒；甜味为 0.446 秒；酸味为 0.536 秒；苦味的感觉最慢，为 1.082 秒。所以，各种味觉中苦味总是在最后才能产生感觉。

当品尝含有甜、酸、咸、苦四种基本呈味物质的混合溶液时，甜、酸、苦、咸等味不是同时被感知的。即人对口腔内各种呈味物质的刺激反应时间是不一致的，见图 1–5。

（1）人对甜味物质的反应：甜味物质入口后一接触舌头人就立即产生反应（味觉受纳细胞→冲动→传递给大脑→感觉到“甜”）；但人所获得的甜味感觉消失得也快。在接触的第 2 秒，甜味感觉最强；然后逐渐降低，最后在第 10 秒左右消失。

（2）人对咸味和酸味物质的刺激反应也会迅速出现，但对它们的感觉持续时间更长。

（3）人对苦味物质的反应：人对苦味物质刺激的反应较迟，苦味在口腔内发展的速度很慢，在吐掉溶液后，其强度仍然上升。而且人对苦味的感觉保持的时间最长。

由于人对不同呈味物质的刺激产生的味觉反应不同（强度和时间），所以在品尝包含有基本呈味物质混合液的过程中就能够感觉到连续出现的味道变化。有时最后的印象与刚开始的印象有很大的差异：刚开始的味道柔润舒适，然后逐渐地被酸或过强的苦味所取代，见图 1–6。

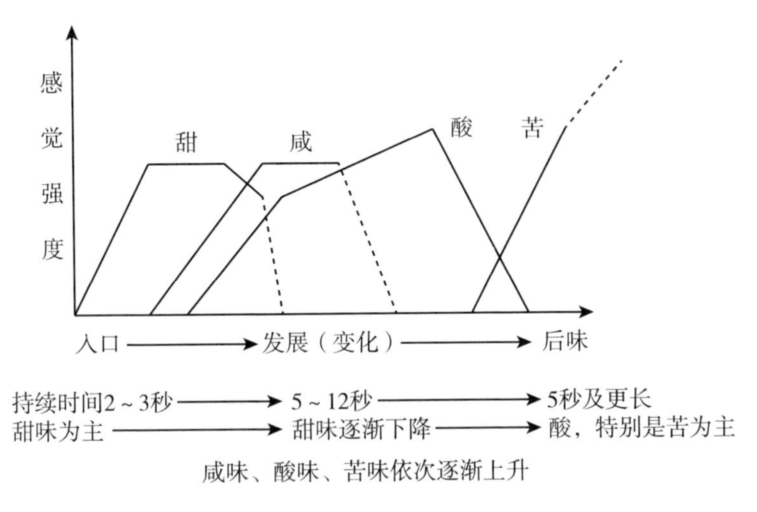

图 1-6　基本呈味物质的反应图

二、味觉机理

关于味觉和嗅觉机理的研究仍处于探索阶段。当前已有了定味基和助味基理论、生物酶理论、物理吸附理论、化学反应理论等，多数以化学味为基础，借助在化学各领域获得的进展，用新的理论重新阐述机理。曹雁平先生对此做出了以下的描述：

现在普遍接受的机理是呈味物质分别以质子键、盐键、氢键和范德华力形成四类不同化学键结构，对应酸、咸、甜、苦四种基本味。在味细胞膜表层，呈味物质与味受体发生一种松弛、可逆的结合反应过程，刺激物与受体彼此诱导相互适应，通过改变彼此构象实现相互匹配契合，进而产生适当的键合作用，形成高能量的激发态，此激发态是亚稳态，有释放能量的趋势，从而产生特殊的味感信号。不同的呈味物质的激发态不同，产生的刺激信号也不同。由于甜受体穴位是由按一定顺序排列的氨基酸组成的蛋白体，若刺激物极性基的排列次序与受体的极性不能互补，则将受到排斥，就不可能有甜感；换句话说，甜味物质的结构是很严格的。由表蛋白结合的多烯磷脂组成的苦味受体，对刺激物的极性和可极化性同样也有相应的要求。因受体与磷脂头部的亲水基团有关，对咸味剂和酸味剂的结构限制较小。

在 20 世纪 80 年代初期，我国化学家曾广植在总结前人研究成果的基础上，提出了味细胞膜的板块振动模型。对受体的实际构象和刺激物受体构象的不同变化，他提出构型相同或互补的脂质和（或）蛋白质按结构匹配结为板块，形成一个动态的多相膜模型，如与体蛋白或表蛋白结合成脂质块，或以晶态、似晶态组成各种胶体脂质块。板块可以阳离子桥相连，也可在有表面张力的双层液晶脂质中自由漂动，其分子间的相互作用与单层单尾脂膜相比，多了一种键合形式，即在脂质的头部除一般盐键外还有亲水键键合，其颈部有氢键键合，其烃链的 C_9 前段还有一种新型的、两个烃链向两侧形成的疏水键键合，在其后 C_9 段则有范德华力的排斥作用。必需脂肪酸和胆固醇都是形成脂质板块的主要组分，两者在生物膜中发挥相反而相辅的调节作用。无机离子也影响胶体脂块的存在，以及板块的数量和大小。

对于味感的高速传导，曾广植先生认为在呈味物质与味受体的结合之初就已有味感，并引起受体构象的改变，通过量子交换，受体所处板块的振动受到激发，跃迁至某特殊频率的低频振动，再通过其他相似板块的共振传导，成为神经系统能接受的信息。由于使相同的受体板块产生相同的振动频率范围，不同结构的呈味物可以产生相同味感。曾广植先生计算出在食物入口的温度范围内，食盐咸味的初始反应的振动频率为 213Hz，甜味剂约在 230Hz，苦味剂低于 200Hz，而酸味剂则超过 230Hz，而且理论上可用远红外 Raman 光谱进行测定。

曾广植先生味细胞膜的板块振动模型对下列一些味感现象做出了满意的解释：

（1）镁离子、钙离子产生苦味，是它们在溶液中水合程度远高于钠离子，从而破坏了味细胞膜上蛋白质 - 脂质间的相互作用，导致苦味受体构象的改变。

（2）神秘果能使酸变甜和朝鲜蓟使水变甜，则是因为它们不能全部进入甜味受体，但能使味细胞膜发生局部相变而处于激发态，酸和水的作用只是触发味受体改变构象和起动低频信息。而一些呈味物质产生后味，是因为它们能进入并激发多种味受体的原因。

（3）味盲是一种先天性变异。甜味盲者的甜味受体是封闭的，甜味剂只能通过激发其他受体而产生味感；因为少数几种苦味剂难于打开苦味受体口上的金属离子桥键，所以苦味盲者感受不到它们的苦味。

三、呈味物质产生味觉的条件

科学家经研究得知：一种物质要对人产生味觉，其先决条件必须是这种物质要能够溶解于水，即呈味物质必须是水溶性物质。例如，把一块十分干燥的糖块放在刚刚用滤纸擦干的舌头上时，是不能使人感到糖的甜味的。而当糖溶解于舌头表面的唾液中时，我们很快能感觉出它的甜味来。因此一切呈味物质都必须是水溶性的。只有溶解于水中的呈味分子才能刺激我们的味觉神经。完全不溶于水的物质是不可能产生味觉的。如果物质是非水溶性物质，则人只能对它产生物理味觉（像食物的冷热、黏稠、软硬等），而不能产生化学味觉（即我们通常所说的味觉）。

味蕾与呈味物质接触时，是呈味物质溶解在舌表面以后，通过舌头味蕾上的味孔进入味蕾内才能引起味觉。因为味觉感受器是化学受纳器，所接受的是化学信息，只有溶解的分子才能激活它。舌头由于唾液的分泌而保持湿润，所以溶于液体和唾液中的呈味物质能够激活味觉受纳器细胞。另外，由于味觉感受器细胞在舌面分布不均匀，所以品尝过程中，我们要在口中不停地咀嚼食物，通过咀嚼运动和舌头的搅动，使溶解的呈味物质与味觉感受器细胞充分接触，从而感受到食物的味道。

味觉的引发与唾液有极大的关系。因为只有溶于水中的物质才能刺激味蕾，而唾液是食物的天然溶剂，它由唾液腺体分泌。唾液不仅可润湿和溶解食物，而且可以洗涤口腔，保护味蕾的敏感性，并帮助消化。一般来说，带有汤汁或者卤汁的菜肴因为在汁液中已经溶有呈味物质，因此能很快地引起味觉。而一些干香类菜肴或者油炸类菜肴因其中所含呈味物质的溶解性相对较差，在很大程度上必须借助于唾液的分泌来溶解食物中的呈味成分，然后才能刺激味觉器官产生味觉。由此可见，唾液不仅是消化的媒介，更是产生味觉所不可缺少的中介和平台。

中国菜肴口味鲜美，百菜百味，丰富多样。之所以能呈现它不同的滋味，就是由于它含有自身所特有的水溶性呈味物质，否则就不能呈现其滋味。品尝菜肴时，可溶性的呈味成分溶解于唾液或菜肴中，含有呈味成分的溶液刺激了舌头表面的味蕾，例如，呈咸味的食盐（氯化钠），呈甜味的糖（蔗糖、麦芽糖、果糖等），呈酸味的酸（醋酸、乳酸、苹果酸等），呈鲜味的谷氨酸钠、肌苷酸、鸟苷酸等。这些呈味物质通过舌头味蕾上的味孔进入味蕾，味蕾中的味感神经受到刺激后，通过神经脉冲传递到大脑的中枢神经，通过大脑的综合判断，从而最终得出进入口腔的菜肴是何滋味。呈味物质的水溶性越好，味觉产生的越快，同时味感消失的也越快。一般来说，呈现酸味、甜味、咸味的物质有较好的水溶性，而呈现苦味的物质水溶性则一般。

第二节　味的阈值

对食物的味进行研究时，在数量上对食物和呈味物质的味觉强度和味觉范围进行了量度，以保证描述、对比和评价的客观和准确。通常使用的数值参数包括：阈值（C_T）、等价浓度（PSE）、辨别阈（DL 或 JND），使用最多的是阈值。

所谓味的阈值，是指将人可以感觉到某种特定味的最低浓度定为某种呈味物质的阈值。我们常用味的阈值来表示呈味物质的呈味能力大小。“阈”的意思是生理上指刺激的划分点或是临界值的概念。例如，我们把一定量的食盐溶解在有限的水中，可以感觉到这时的水是咸的。但是如果把极少量的食盐溶解在大量水中，也就是把食盐稀至极淡，这时品尝就会发现溶有食盐的水与清水没有任何口味上的差别了。这就是说，人的味觉感受器能够感到食盐咸味的最低浓度必须在一定值以上。当然，这种浓度在不同的人和不同的实验条件下也存在着一定的差别。只要在有许多人参加评味（如评食盐溶解于水的咸味）的条件下，当半数以上的参评者感觉到食盐的溶液具有咸味时，这时食盐溶液的浓度就被称之为食盐咸味的阈值。所以，当某种呈味物质对人的味觉感受器能产生刺激反应的出现率达到 50% 的数值时，就能定为该种呈味物质的阈值。对于呈现酸、甜、咸、苦这四种基本味来说，不同的呈味物质之间，其呈味阈值也是互不相同的，有时差异还很大。

19 世纪 40 年代，德国生理学家韦伯（E.H.Weber）在研究质量感觉的变化时发现，100g 质量至少需要增减 3g，200g 的质量至少需要增减 6g，300g 则至少需要增减 9g 才能察觉出质量的变化，由此导出了韦伯定律公式：

$$K= \triangle I / I$$

式中：$\triangle I$——物理刺激恰好能被感知差别所需的能量；

I——刺激的初始水平；

K——韦伯常数。

德国的心理物理学家费希纳（G.H.Fechner）在韦伯研究的基础上，进行了大量的实验研究。在 1860 年出版的《心理物理学纲要》中提出一个经验公式，用以表达感觉强度与物理刺激强度之间的关系，又称为费希纳定律：

$$S = K\lg I$$

式中：S——感觉强度；

I——物理刺激强度；

K——常数。

感觉阈值是指从刚能引起感觉至刚好不能引起感觉刺激强度的一个范围。依照测量技术和目的不同，可以将各种感觉的感觉阈分为绝对阈值、识别阈值、差别阈值和极限阈值。

绝对阈值是指感官能感受到变化的最低刺激，如最暗的光、最轻柔的声音、最清淡的味道等。绝对阈值被看作是一个能量水平，低于这一水平刺激不会产生感觉，而高于这一水平感觉就能够传达到意识。

识别阈值指感官能认出并识别具体变化的刺激水平，或是表现出刺激特有的味觉或嗅觉所需要的最低水平。识别阈值通常要高于绝对阈值。例如，蔗糖含量持续增加的水溶液，在某个浓度感觉从“纯水的味道”转变到“非常淡的甜味”；随着蔗糖浓度的增加，进一步从“非常淡的甜味”转变到“适度的甜味”。其中第一次感官变化时蔗糖浓度达到绝对阈值，第二次感官变化时即为识别阈值。又如，稀释的食盐溶液并不总是咸的，在刚刚高于绝对阈值的较低浓度下，它是甜味的感觉。而食盐溶液表现出咸味时的浓度要比绝对阈值高得多。因此，在由“甜味”转变到“咸味”的感官变化即为识别阈值，常见的几种物质阈值见表 1-2。

表 1-2　常见的几种呈味物质的阈值

名　称	味别	阈值（%）
食　糖	甜	0.5
食　盐	咸	0.08
柠檬酸	酸	0.0012
盐酸奎宁	苦	0.00005
谷氨酸钠	鲜	0.03

差别阈值是指感官所能感受到刺激的最小变化量。一般是通过提供一个标准刺激，然后与变化的刺激相比较来测定。测定时，刺激量在标准刺激水平上下发生微小变化，刚好能感受到感官差异时，刺激水平的差异值（或变化值）即是差别阈值。差别阈值不是一个恒定值，会随一些因素的变化而改变，尤其会随着刺激量的变化而变化。通常，在刺激强度较低时差别阈值较大，并且每位品评人员的差别阈值都不同。

极限阈值是指刺激水平远远高于感官所能感受的刺激水平，或是物理刺激强度增加而反应没有进一步增加所涉及的区域，通常也可称为最大阈值。在这个水平之上，感官已感受不到强度的增加，且有痛苦的感觉。换句话说，感官反应达到了某一饱和水平，高于该水平不可能有进一步的刺激感觉，这是因为感受器或神经达到了最大反应或者某些物理过程限制了刺激物接近感受器。但是实际上该水平很少能达到，除了一些非常甜的糖果和一些非常辣的辣椒酱可能达到该水平，食物或其他产品的饱和水平一般都大大高于普通的感觉水平。对于许多连续系统，其饱和水平由于一些新感觉的加入，如疼痛刺激或苦味刺激而变得模糊。例如，糖精产生苦味的副味觉，在高水平时，苦味对某些个体会盖过甜味的感觉，浓度的进一步增加只是增加了苦味，这一额外的感觉对甜味的感觉有一种抑制效应。所以，虽然反应的饱和似乎在生理学上是合理的，但复杂的感觉往往是由许多无法孤立的刺激所引起的。

在实践中，测量阈值的人会发现观察者反应转变的水平点会有变化。经过多次测量，即使对单一个体也会有可变性。在递增和递减实验中，即使是相同的实验组，人们转变反应的水平点也会不同。当然，人群间也有差别。这些导致了定义阈值的一般经验法则的确立总是有一些随意性。每个人对同一强弱或同一味道的刺激物反应是不一样的，所以一个人的反应不能作标准，要以一组人的反应为依据，如将检测到50%次数的水平定义为阈值。

阈值越低，说明人对它的感受性越高，敏感程度越高。一般来讲，在通常情况下呈现咸味、甜味的呈味物质的阈值比较高，而呈现酸味和苦味的呈味物质的阈值则比较小。对于呈味物质，阈值小也就是最低呈味浓度低，而阈值小的呈味物质即使浓度加以较高稀释，但仍还能感觉到其味的存在。

除了味觉刺激物的浓度以外，口腔中影响味觉灵敏度的其他因素还有温度、黏度、流速、持续时间、刺激物接触的面积、唾液的化学状态、被测溶液中是否含有其他味道等。

第三节　味的分类

从生理学的角度来进行分类，可以把味分为甜、酸、苦、咸四种基本味。有时也将这四种味称为“四原味”或者“四种单一味”。但是由于不同的国家和民族因为饮食习惯和生活习惯的不同以及风味爱好的差异，对基本味的分类也就有所区别。例如，中国、日本两国把味分为五味，欧美各国分为六味，而印度则分为八味。具体的味别见表1–3。

表1–3　基本味的分类表

国家或地区	具体味别	味的类数
中国	甜、酸、咸、苦、辣（鲜）	5味
日本（1）	咸、酸、甜、苦、辣	5味
日本（2）	咸、酸、甜、苦、鲜	5味
欧美各国	甜、酸、苦、咸、辣、金属味	6味
印度	甜、酸、咸、苦、辣、淡、涩、不正常味	8味

研究人员对出生才七天的婴儿进行味觉实验发现：喂以甜味，婴儿立即露出高兴的表情；喂以苦味则露出讨厌的表情；喂以酸味露出不高兴的表情；喂以咸味露出无可无不可的表情；喂以鲜味则立即露出一种舒服愉快的表情。科

学家也认为：甜味是需要补充热量的信号；酸味是新陈代谢加速的信号（同时又是物质变质的信号）；咸味是帮助保持体液平衡的信号；苦味是保护人体不受有害物质危害的信号；鲜味则是蛋白质——主要营养源的信号。

对于甜味，人们似乎存在一种普遍的和基于遗传作用的偏爱。从进化论的观点看，这一偏爱是有其特定功能的。因为“甜”本质上就标志着“成熟的水果”，标志着有丰富的营养。对于咸味也存在同样的情况，因为盐乃是人类身体所必需的一种重要物质。不仅人类普遍喜欢咸味的食物，动物也是如此。酸和苦不大容易受人欢迎，新生的婴儿尝到这些味道时，脸上就会产生特别的表情，这种反应被证明也是人类所共有的。

严格来说，辣味和涩味并不属于基本味。因为这两种味不是直接作用于味觉器官所产生的味感。辣味是由于辣味成分刺激了口腔黏膜、鼻腔黏膜、皮肤和三叉神经而引起的疼痛感觉，这种刺痛感并非只单纯地作用口腔中的味觉器官，有时这种刺痛感觉还可以反应及扩散到身体的其他任何部位。涩味是触觉神经对口腔蛋白受到刺激后发生凝固产生的收敛感的反应，通常是由涩味物质与黏膜上或唾液中的蛋白质生成了沉淀或聚合物而引起的。涩味是一组复杂的感觉，它涉及口腔表面的干燥、粗糙，以及口腔中黏膜和肌肉的紧缩、拖曳或起皱的感觉。

所以从严格意义上来说，辣味和涩味与甜、酸、咸、苦等产生的机理不同，不应将其列为基本味。但由于辣味和涩味在烹饪调味中的重要性和常见性，约定俗成，目前我们仍然将其视为两种独立的味感。

除了上述常遇到的味以外，我们有时也会遇到这样一些味：清凉味，它是指某些化合物与神经或口腔组织接触时刺激了特殊受体而产生的清凉感觉；碱味，它往往是食物在加工过程中形成的。目前普遍认为碱味没有确定的感知区域，可能是刺激口腔神经末梢引起的；金属味，由于容器、工具、机械等与食物接触的金属部分与食物之间，可能存在着离子交换的关系，使人的味觉产生一种金属味感。

我们喜欢或讨厌某种味道，是长期进化而来的自我保护的本能反应。它让我们本能地决定是吃下有益的食物，还是吐出有害的毒物。这种本能反应不会非常精确，有的有益食物并不好吃，而有的有害毒物却很可口；但是在一般情况下还是很靠谱的。而面对陌生的食物，我们也会本能地小心翼翼地先用舌尖尝尝味道，觉得不对头就迅速吐掉。从某种角度上来说，舌头主要不是用来品尝美味的，而是用来避免中毒的。舌头，是我们保护自己的一道防线。

因为色彩的基本色是三原色：即红、黄、蓝三种。我们看到的各种颜色都是从红、黄、蓝三种色混合而变化出来的。德国人汉斯·海宁（Hans Henning）于 1916 年依据美术中利用红、蓝、黄三种基色可以调出任何一种色调的三基色原理，提出了用甜、酸、苦、咸四种基本味可构成一切其他滋味的理论。借鉴颜色的搭配方法来调制和创新出新的味型。海宁提出味道三维图，主张不同的味道可以通过排列呈一个四面体而关联起来（见图 1–7）。四面体每个角的顶端代表一种纯粹的基本味道。任何两种味道的结合是由位于任何一个边上的圆点代表的。例如，柠檬水就位于介于酸味和甜味之间的 a 点位置。三种基本味道的结合可用四面体的一个平面来代表。例如，生菜（尤其是适合于冬季生长的一类）就位于 b 的位置。如果某一物质结合了全部的四种味道，那对它的感觉的描述就可以位于图形内的任何地方。牛肉卷心菜汤的味道就可以用在图形内移动的 c 点来表示。对实际食物的这种表示会使识别与归类变得更为复杂。

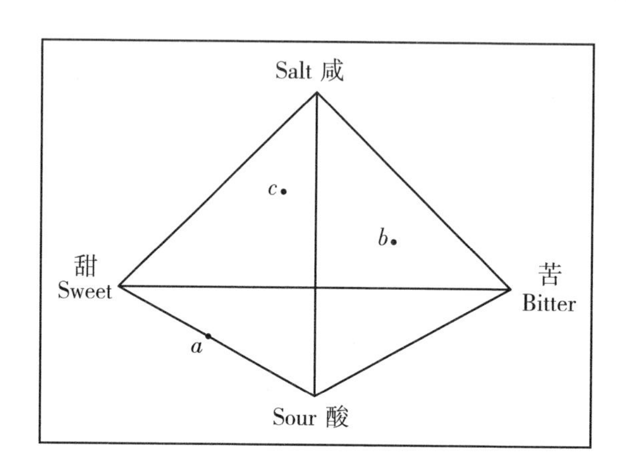

图 1–7　海宁的味觉三维图

实际上，调味原理和方法要比调色丰富得多。现在也有人提出基本味有五味或六味或八味等，而每一种基本味中都有其相对应的各种调味料。

第四节　味与味之间的相互作用

在菜肴的调味过程中，我们常常需要在同一菜肴中加入两种或两种以上的不同调味料。这时菜肴所呈现出来的味，已不再是单一的味，而是复杂的综合味。由于菜肴中不同的呈味物质之间会产生一系列的相互作用，这些味与味之间的相互作用对味觉的变化必将产生一定的影响。调味是复杂的过程，是动态的，随着时间的延长，其味不时还有变化。但是尽管如此，调味还是有规律可循的。

一、调味中的对比现象

把两种或两种以上不同味觉的呈味物质以适当的数量混合在一起，可以导致其中一种呈味物质的味感变得更加突出的现象，称之为味的对比现象。例如，在

15%的蔗糖溶液中加入0.177%的食盐，其结果是这种混合溶液所呈现出来的甜味感，要比原来的蔗糖溶液显得更加甜。烹饪行业中常讲的“要得甜，加点盐”，形象而又贴切，就是指这种味的对比现象在调味中的具体应用。又如，味精的鲜味只有在食盐存在的情况下才能显示出鲜味。这也是一种味的对比现象。如果不加食盐，不但毫无鲜味，甚至还有某种腥味的感觉产生，是一种不愉快的感觉。

在烹调的过程中，我们常常会有意或无意地利用这种味的对比现象。如在制汤时，其鲜汤的鲜美滋味一定要在加入适量的食盐以后才能显现出来，这种做法在烹饪行业中称之为“提鲜增味”。在面点制作中，豆沙馅里常常要适当加点盐，以增加豆沙馅最终的甜味感。这种做法还能在一定程度上降低成本，这在制作大批量的甜味馅心时尤为多见。利用味的对比现象的例子比比皆是。如制作年糕小豆汤、赤豆元宵时，按照食糖的量加入极少量的食盐；食用菠萝时有意识的蘸点食盐后再食用；又如不慎购买了半生的西瓜后，可以在食用西瓜时，适当蘸上一些食盐水，利用食盐的咸味与西瓜中的甜味之间所发生的味的对比作用，使得原本并不太甜的西瓜变得较甜了。

二、调味中的相乘现象

把同一种味觉的两种或两种以上的不同呈味物质混合在一起，可以出现使这种味觉猛增的现象，我们称之为味的相乘作用。例如，科学家在研究甜味剂时，发现甘草酸铵本身甜度为蔗糖的50倍，但与蔗糖混合后共用时，发现混合溶液的甜度竟然猛增到蔗糖的100倍。可以看出这种甜度的增加并非是简单的甜味加和，而是具有甜味的相乘作用。又如，科研人员发现鲜味剂中的味精与肌苷酸、鸟苷酸之间也具有味的相乘作用现象。当我们把95g味精与5g肌苷酸相混合时，这两种不同的鲜味剂混合后所呈现的鲜味相当于600g味精所呈现的鲜味强度。很明显这种鲜味强度的剧增也不是简单的鲜味加和，而是鲜味的相乘，见表1–4。

表1–4　味精与肌苷酸钠混合后的呈鲜表

味精（g）	肌苷酸（g）	混合物（g）	混合物呈味力相当于味精量（g）	协同作用（倍）
99	1	100	290	2.9
98	2	100	360	3.6
97	3	100	430	4.3
96	4	100	520	5.2
95	5	100	600	6.0

在烹调中为了增强菜肴的鲜味，常常运用到这种味的相乘作用。如在制作某些炖、煨的菜肴时，经常要选用数种以上的不同原料，一般是将富含肌苷酸的动物性原料（如鸡、鸭、猪蹄膀、猪骨、鱼、蛋等）与富含鸟苷酸、鲜味氨基酸、酰胺的植物性原料（如竹笋、冬笋、香菇、蘑菇、草菇等）混合在一起进行炖、煨，利用这些原料中不同的鲜味物质之间所发生的鲜味相乘作用，使得整个菜肴的鲜美味在很大程度上有所提高。又如佳肴“仔鸡炖蘑菇”鲜美无比，就是因为鸡肉中含有鲜味成分肌苷酸，蘑菇中含有鲜味成分鸟苷酸，这两种鲜味成分的混合，可使“仔鸡炖蘑菇”的鲜味大大增加。还有“蚝油双冬焖老鸡”，也是充分利用了冬菇、冬笋含有足量的鸟苷酸及谷氨酸，老鸡中有大量的肌苷酸，蚝油中的琥珀酸，让这些鲜味成分发生鲜味相乘作用，从而产生出十分鲜美的鲜味来。这些都是味觉相乘作用在烹调中的具体应用。另外，当我们需要为原本鲜味很弱或者基本无味的原料进行增补味时，如海参、燕窝、鱼肚、油发肉皮等，原料本身鲜味很弱，甚至没什么味道，调味时就要以鲜汤来进行补味，以提高调味效果。烹调时常用鸡、鸭、猪骨同煮同熬，利用鲜味之间的相乘作用来产生浓郁的鲜美味，使得鲜味进入海参、燕窝、鱼肚、油发肉皮中，从而大大提高它们的鲜美度。

在甜味的相乘作用方面，比如在烹制“蜜汁莲藕”“蜜汁香蕉”这类菜肴时，在调味时为了提高菜肴的甜度，常常要用糖和蜂蜜两种甜味剂来增加其甜度，这就是甜味相乘方式的具体运用。

三、调味中的相消现象

把两种不同味觉的呈味物质以适当的数量相互混合后，可使其中每一种呈味物质的味感要比它单独存在时所呈现的味感有所减弱，这种现象即为味的相消现象。比如，食盐、砂糖、奎宁、醋酸这四种呈味物质分别呈现咸、甜、苦、酸四种不同的味觉。在它们之间，我们把其中任何两种呈味物质，以一定浓度的溶液形式适当混合后，会使其中任一种呈味物质的味感要比其单独存在时的味感要弱。例如，蔗糖与奎宁的混合溶液没有等浓度的单独蔗糖溶液甜，也没有等浓度的单独奎宁溶液苦。四种基本味觉都具有这一抑制模式，一般被称作混合抑制作用。在许多食物中，这些相互作用在决定风味的整体情况以及风味之间的平衡方面显得很重要。食品学家发现在水果饮料和葡萄酒中，酚类物质的酸味可以部分地被糖的甜味掩盖。因此，糖有两个作用，即自身的愉快口味，同时降低酸味的强度。与此相类似的抑制作用有甜味对苦味的抑制和盐对苦味的抑制。这些都是味的相消现象所致。

酱油中含有16%～18%的食盐和0.8%～1.0%的谷氨酸，咸鱼中含食盐

20%～30%和一定量的肌苷酸。如果单纯地品尝20%的食盐溶液，确实感到很咸。但事实上，酱油和咸鱼虽然含盐量挺高，但我们在品尝时感觉到咸味的强度比起单纯的品尝20%食盐溶液，却要小得多。这是由于在酱油和咸鱼中除了存在较多的食盐成分以外，还存有一定量的谷氨酸钠、肌苷酸等鲜味成分，它们之间会产生一种味觉相互缓和、减弱的作用，即味的相消现象。

烹饪行业中，有经验的厨师在烹调时常常会有意识地利用到这种味与味之间的相消作用。如用味精可以掩盖苦味和咸味及酸味；用砂糖可以掩盖咸味和苦味等。烹调中常见的椒盐味也是利用味的相消作用而形成，那种似咸非咸、似甜非甜的味觉效果给人留下深刻的印象。

如果不慎将菜肴的口味调得过酸或过咸时，常采用添加适量食糖的方法来进行过酸或过咸口味的减弱，实际上就是利用了糖与食盐或者是糖与醋酸之间具有相消作用的原理，来达到菜肴口味减酸或减咸的目的。又比如糖醋味的形成，这是人们有意识地利用了砂糖与食醋之间发生味的相消作用而产生的一种酸甜味型。这种味型在烹饪中运用得非常广泛。在0.1%的醋酸溶液中添加5%～10%的蔗糖，这时形成的酸甜味刚好合适。此浓度与我们烹调时常用的糖醋汁浓度大致相同。

味的相消作用只是在口味上起到了互相掩盖的目的，可是实际上被掩盖的另一种调味物质仍然以原来的数量而存在。但有时却会有另一种情况的产生，例如，以糖的甜味掩盖食盐的咸味时，这将使品尝者既多食入了糖，而且也多食入了盐。这一点在应用味的相消作用时是要考虑的。

四、调味中的转化现象

由于受某一种味觉的呈味物质影响，使得另一种味觉的呈味物质其原有的味觉发生了改变，这种现象称之为味的转化现象。例如，尝过很咸的食盐或苦味的奎宁后，立即饮些无味的冷开水，这时会觉得原本无味的冷开水有甜味的感觉，这就是味的转化现象。非洲有一种灌木的果实叫作“神秘果”，这种果实被人食入以后，再去品尝具有酸味的食物，反而使人产生甜味的感觉，原有的酸味却消失了。其原因是这种“神秘果”的果实中有一种糖蛋白质的存在，即使是在2%的极低浓度下，这种糖蛋白也能使酸味物质转变为持续几小时的甜味。由于这种奇迹般的转化现象发生，故有时也把这种“神秘果”称为“奇迹果”。

味的转化现象在烹制中极少出现，一般不必担心这种现象的产生。然而，在评定菜肴时，品评人员们往往在品尝某道菜肴后，要用无味的白开水洗漱口腔，间歇数秒钟后，再继续品尝下一道菜肴。其目的之一，就是为了在品尝不同的菜肴时防止味的转化作用发生，影响品评人员的评判正确性和准确性。其二，在品尝下一道菜肴前，饮些白开水，还具有洗涤口腔的作用，洗涤口腔可使舌头表面的味蕾不再受到前面一道菜肴的残存呈味物质的影响，以达到精确地辨别下一道菜肴口味的目的。

在整桌菜的设计上要防止味的转化现象出现，遵循“先咸后甜，先鲜后辣，先酸后苦，先清淡后浓郁”的上菜程序，防止味道较重的呈味菜肴在生理感受系统上出现暂留现象，干扰味蕾对味道较轻呈味菜肴的感受。我们应把用螃蟹制作的菜肴安排在主菜之后，否则会影响到主菜的味道。若是先吃螃蟹再吃清蒸鱼，会感觉鱼的鲜味不够鲜美。还有甜食应该安排在最后，否则先吃甜食再饮酒，会感觉到酒有苦味。另外，宴会过程中要注意适时上一杯水，这样可以去除口腔中前一道菜的余味，以便更好地品尝下一道菜肴。

第五节　影响味觉的因素

一、年龄对味觉的影响

婴儿的味蕾随着月份的增加而有所变化，婴儿在哺乳期就分布很多了味蕾，10个月的婴儿味觉神经纤维就已经成熟了，能辨别出咸味、甜味、苦味和酸味。

成人随着年龄的增长，味觉将逐渐地衰退。日本研究人员对从幼儿到老人不同年龄层次的人进行了味觉实验。在甜味报告中，以砂糖作为甜味剂，成人的甜味阈值是1.23%，小孩则为0.68%。该实验说明小孩对糖的味敏感性是成人的两倍。而不同人群对食盐的咸味感随年龄的变化其敏感性变化并不明显。但是幼儿对苦味极敏感，而老人对苦味则较为迟钝。随着年龄的增长，人的味觉敏感性发生衰退，年龄到50岁左右，味觉敏感性衰退的更加明显。对不同的味，其敏感性衰退有差异，对酸味的敏感性衰退不明显，甜味降低50%，苦味只有约30%，咸味仅剩25%。

一个人的舌体上味蕾数目的多少，能够反映出某人对味觉敏感强度的大小。味觉衰退的原因是由于味觉器官味蕾数随年龄的增大而减少的缘故。一般来讲，年龄增长到50岁以上，舌体上味蕾的存在数量就会相应减少，味觉敏感程度有较为明显下降的趋势。儿童和青少年舌体上的味蕾数目较老年人多，故他们的味觉敏感程度较高。老年人因味蕾的逐渐萎缩使得味蕾数目减少，味觉敏感程度较迟钝。据测定，一个人的舌头上有轮廓乳头8 ~ 12个，外形较大。一个轮廓乳头所包含的味蕾数目从33 ~ 508个，平均为250个。在不同年龄阶段所含的味蕾数是不同的。年龄到50岁以后，味蕾的数目逐渐下降，70岁以后，味蕾的数目变化较大，可由200个减少到88个左右。不同年龄层次的人，一个轮廓乳头中的平均味蕾数与味觉敏感度之间的关系见表1–5。

表 1-5　一个轮廓乳头中的平均味蕾数与味觉敏感度

年龄	数目(个)	敏感度	年龄	数目(个)	敏感度
0 ~ 11 月	240	强	30 ~ 45 岁	218	较强
1 ~ 3 岁	244	强	50 ~ 70 岁	200	较弱
4 ~ 20 岁	252	最强	74 ~ 85 岁	88	弱

人到老年以后，唾液分泌也大为减少，这也使得老年人的味觉敏感性降低。人的唾液不仅能起到湿润食物和溶解食物的作用，而且还具有随时洗涤口腔的作用。洗涤口腔以使味蕾不易受其他外来物质的影响，以达到更精确辨别食物的目的。所以由于味蕾数目和唾液的分泌这两个生理因素随着年龄的增加而降低，从而导致了老年人与青少年相比，其味觉敏感度大为减退，有时老年人甚至对咸味都失去了正确的判断，或将咸味与酸味错误地等同起来。

因此，基于老年人味蕾数目减少引起味觉敏感程度迟钝这一特征，我们在制作老年人所食用的食物或菜肴时，可以有意识地、人为地在调味时偏重一些；同时对菜肴或食物的质地宜酥烂些，以适应老年人的需要。

二、温度对味觉的影响

食物温度的高低，对人的味觉会产生一定的影响。同一种食物在不同的温度品尝时，在味的感觉上是有差异的。这是因为食物中的可溶性呈味成分对味觉神经刺激的强弱与品尝食物的温度之间存有一定的联系，从而导致人对食物的味感判断上有强弱之分。

最能刺激味觉神经的温度在 10 ~ 40℃，其中又以 30℃时最为敏感。实验表明食物在低温（0℃）和常温（25℃）时，人对酸、甜、咸、苦四种基本味感的阈值上，有着明显差异。其具体阈值的数据可见表 1-6。

表 1-6　不同温度下的基本味感阈值

呈味物质	味别	阈　值	
		常温 25℃（%）	0℃（%）
盐酸奎宁	苦味	0.000 05	0.000 15
食　糖	甜味	0.5	1.2
柠檬酸	酸味	0.001 2	0.003
食　盐	咸味	0.08	0.25

在低温和常温时，人之所以会产生上述四种基本味的味感差异，其原因可

能是食物的温度升高，食物中呈味分子的运动速率也相应地加快，使得口腔中食物的呈味分子与味蕾的接触机会增多，进入味孔的呈味分子数量也相应增多，对味觉神经的刺激就会增强，最终使得味感强度就大。

在生产实践中，我们对于那些适于冷吃的食物，制作时可以人为地将口味调得偏重一些，以弥补由于食物的温度低而产生口味不足的影响。实际上这也就是提高了溶液中呈味物质的呈味浓度，品尝时就可使舌头表面上单位面积内呈味分子的数目相应增多，呈味分子进入味孔的机会也就增多，从而刺激味觉神经的作用增强，提高了食物中呈味物质的呈味强度。但这必须以不影响人们品尝食物的舒适感为限。

温度对食物感受的作用有时会受到食物的物理化学变化而调节，或受到黏液水平差别的变化而调节。除了周缘感觉现象外，这些作用也可能是中央神经感知的。心理物理学数据表明测试物温度影响口腔对质地的一些感受，例如，在不同温度下对奶酪甜点的质地感受（在10℃、22℃和35℃时），随着温度的增加而感觉到稠度降低。这可能是口腔温度的调节影响了对奶酪甜点的融化、滑度和异质性的感觉。这些结果说明温度的作用部分是由于食物物理特性受热诱导而发生了变化，但可能也是黏膜水平上的变化而影响了感觉。

在这里有必要介绍“饮食的最佳温度”的概念。

饮食的最佳温度是指人在品尝食物时感到最舒服的温度，即产生出对食物感觉到最美味时的温度。要注意这里不是指人的味感达到最敏感时的温度，两者是不同的概念。当然温度过高的食物可能引起灼热的感觉，这样就会破坏对味觉本身的体验。

食物的品尝应该在一个合适的温度下，才能对品尝者产生最佳的感觉。对于不同的食物，理想的品尝温度是不同的。热菜的温度最好在60 ~ 65℃，冷菜最好在10℃左右，冷饮则应在 -4℃左右食用为好。以砂糖为例，砂糖甜味的阈值在28℃左右是0.1%，而0℃时为0.4%；冰淇淋的适温为 -6℃。若将冰淇淋融化后再吃，就会有太甜的感觉。

油炸食物绝大多数以趁热吃最为可口。如油炸鱼，当鱼炸后经沥油和摆入盘子内需3分钟左右，食用时通常还要蘸调料，进口时温度约70℃较为理想，因此油炸鱼虾的温度最好在90℃以上。人们多爱喝温热的液体食物，如各种煲汤、各色粥食、咖啡、红绿茶、牛奶、热面条等热食，主要考虑在热时不能一口就吃完，全部吃完需要有一段时间，品温逐渐降低的影响比较大。一般来说，喝咖啡应在65℃以上饮用，74℃的咖啡喝起来香味最浓郁，品温在58℃以下就不那么好喝了。若冲咖啡的温度在80℃左右，加上砂糖和牛奶后会下降到72℃，以后自然下降的速度约为1℃ / 分钟。所以供应温热的食物时，品温应略高，以留有适当的余地。除环境因素外，液体食物的品温下降速度与品质和容器有关。

浓度高、黏度大、含油脂或淀粉高的食物其自身温度下降得慢一些。而容器的影响则在于容器的容积和是否带盖，一般加盖与不加盖，10分钟后有9℃的差别。下表列举一些日常饮食中食物的最佳温度，见表1-7。一些液体食物的饮用特点见表1-8。

表1-7　食物的最佳温度

热食食物		冷食食物	
食物名称	最适温度（℃）	食物名称	最适温度（℃）
咖　啡	67 ~ 73	水	10 ~ 15
热牛奶	58 ~ 64	凉麦茶	10
黄酱汤	82 ~ 68	冷咖啡	6
汤　类	60 ~ 66	冷牛奶	8
年糕小豆汤	60 ~ 64	果汁	8 ~ 14
汤　面	58 ~ 70	啤酒	10 ~ 20
炸鱼、虾	64 ~ 65	冰淇淋	－6

表1-8　液体食物的饮用特点

液体食物	每一口量（ml）	一般容器容量（ml）	饮用耗时（min）	液体食物	每一口量（ml）	一般容器容量（ml）	饮用耗时（min）
牛奶	30	200	2.5	面条	30	200	5
汤类	13（每匙）	150	8	茶水	20	150	10
咖啡	15	150	15				

就餐时针对环境温度与食物的最佳适温差距较大的情况，我们要考虑品温的变化对味觉的影响。调味时也要掌握食物的适温，恰当地选择原料、调味料及烹调方法，同时还要注意到上菜时的运行速度，以期达到菜肴在品尝时的最佳效果。

三、溶解度和浓度对味觉的影响

由于呈味物质只有溶解之后才能被感知，显然溶解度对味感有影响。这就导致了产生味觉的时间有快有慢，味觉维持的时间也有长有短。通常溶解快的味感产生得快，但消失得也快。比如蔗糖较容易溶解，味觉的产生快、消失得也快；较难溶解的糖精则与此相反，其甜感产生的慢，而持续的时间也较长。

呈味物质的浓度不同则味感不同，只有适合的浓度才有愉快的味感。不同呈味物质的浓度与味感的关系是不同的。通常，任何浓度的甜味都是愉快的；单纯的苦味几乎总是让人难以接受；低浓度的酸味和咸味令人愉快，而高浓度的酸味和咸味则会使人感到难受。另外，在可以感知的范围内，呈味物质的浓度与味感强度呈正比关系，即浓度高则对人的味觉感受器的刺激强度也高，味感强度大。

四、黏稠度对味觉的影响

黏稠度是影响食物质量的重要因素。黏稠度是物理现象，是对物质外观的直接反应。良好、适当的黏稠度使食物看上去具有一种浓厚感、真实感。虽然只是外观表象，但是对食物是一种非常重要的性质。

黏稠度能够影响食物的风味体现。黏稠度高可以延长呈味成分在口腔内附着的时间，给较弱的味感以更多的感受时间；同时降低了呈味成分从食物中释放出来的速度，对于过强的味感还可以给予一定程度的抑制，这些作用都有益于味蕾对滋味的良好感受。但是食物的黏稠度必须适当，黏稠度过高，后味不净，有糊住嗓子、非常难受的感觉；而黏稠度较小，则味感会迅速消失，使人觉得食物的风味不完整、不细腻、不饱满。可见适当的黏稠度调整可以做到锦上添花，提升品质，给人以满足的愉快感。适当的黏稠度是至关重要的。黏稠度的最终确定，决定于食物的特征、食物的传统风格、消费对象、食用方法等因素。食物黏稠度的调整也是调味的重要步骤。例如，高档菜品“一品鱼翅”“红扒鲍鱼”的汤汁，是菜肴口味重要的表现方面，通过有意识增加汤汁黏稠性的方法，产生出汤汁附着性强、回味浓厚的效果。

勾芡是中国烹调的基础技术之一。烹调中运用极为广泛，许多菜肴在烹制过程中，都要经过勾芡。勾芡能使菜肴的汤汁黏稠度增大，使芡与菜肴的汤汁有机融合在一起，形成芡、汁、油三者的混合物，具有明显的滋润口感和提鲜增味的作用，从而有利于菜肴美味感的形成。勾芡后显得黏稠度高的菜品可以延长呈味成分在口腔内附着的时间，特别是给软弱的味感以更多的感受时间。例如，黄鱼鱼肚羹，恰当黏度的羹在口腔中能品味出鲜美的味道，如果不进行勾芡，而是制作成“黄鱼鱼肚汤”，在口腔中停留的味感就会轻淡得多。又如烹制“蟹粉豆腐羹”，通过淀粉勾芡使蟹粉与豆腐相互附着，主料、配料、调料混合在一起，形成口感厚重的质地，达到菜肴色、香、味、形俱全。

五、颗粒度对味觉的影响

食物的颗粒度是食物的特征性质。通常来说，细度越大，食物颗粒越小，越有利于呈味成分的释放，同时对口腔的触动较柔和，对味觉的影响有利，所以细腻的食物可以美化口感。这一点对酱类、膏状类等含水分较高的食物尤其重要。用豆泥、山药泥等蔬菜泥制作的“八宝豆泥”“蜜汁双泥”，颗粒的细腻度既是外观的要求，同时影响到入口的触觉美感和细腻度的享受。

反之，有些食物却是要在咀嚼过程中才能体验美好的口感和食用的快乐，这些食物就必须有较大的颗粒度、适当的弹性、韧性及滑顺的质感。例如，浙江名菜“蛋黄梭子蟹”，咸蛋黄的粉状颗粒，通过用油炒制后，覆盖在梭子蟹壳上，品尝时能体验出蛋黄的鲜美、颗粒适中的美感。又如用莲蓉、豆沙、蛋黄等制成点心馅，需要在咀嚼过程中体验出颗粒的美感和食用时的快感。因此就需要馅心具有一定的颗粒度，才能在品尝时产生良好的感觉。

六、醇厚感对味觉的影响

醇厚感是由于食物中的呈味成分多，并含有肽类化合物及芳香类物质所形成，使味感均衡协调留下良好的厚味感觉。与黏稠度不同，醇厚感是指味觉丰满、厚重的感觉，涉及味的本质，属于化学现象。良好的黏稠度可以导致或改善食物的醇厚感。味精与食盐形成的溶液只能产生单薄的鲜味感，但加入适量的核苷酸类鲜味剂后，不仅提高鲜味强度，同时产生醇厚的味感。现在食品行业中的调味师广泛使用酵母抽提物（商品名为酵母浸膏）含有核苷酸类鲜味成分和较多的肽类化合物及芳香类物质，常用来产生均衡味感，促进诸味协调，形成醇厚感，提高食物的品质，成为常用的风味醇厚调整剂之一。

古语对鸡汤有“余味不断，齿鲜三日”之说。味感连绵不绝，后劲不断，越品尝越有味。鸡汤虽为液体汤汁，却淡而不薄，给人以鲜美醇厚的感觉。因为在鸡汤中除了含有一定量的谷氨酸钠以外，还含有其他多种鲜味物质（如肌苷酸钠、呈鲜味的氨基酸和短肽等），这些鲜味物质之间可以发生鲜味的相乘作用。由于这些众多呈鲜成分的存在和相互作用，互相配合，从而使得鸡汤的鲜美味变得格外醇厚浓郁。此外，在鸡汤中还含有动物性脂类、无机盐和其他一些辅助呈味成分，这些辅助成分有的虽然含量甚微，但在呈现鸡汤的醇厚感上却起到了很好的味感辅助作用和诱导作用。因此在烹饪中鸡汤的应用，实际上有助于促进菜肴醇厚感的形成。

七、厚味对味觉的影响

厚味是指使食物的风味在口味和香气上有更大的厚度和宽度。厚味调味料已成为天然调味料的新品种，它是在原有天然调味料的基础上利用更多的高科技研制出来的。这类产品都以大豆为原料，通过水解大豆蛋白得到相对分子量为 1000 ~ 5000 的多肽，并干燥成粉末；再与一般加热方法制取的猪、牛、鸡等动物浸取物粉末（其中富含美拉德反应生成的吡嗪等肉味香气成分）混合，适当加入食盐、糖类、核苷酸、味精、甘氨酸、DL- 丙氨酸和酵母粉等，利用大量的肽和吡嗪等成分赋予食物厚味。它的主要特点是可以使较短时间的烹调具有长时间烹调的风味效果。

八、食物颜色对味觉的影响

食物颜色的影响，实际上是对心理味觉的影响。色彩可以促进人们的食欲，实验表明不同颜色的光源照射会对食物色彩产生很大的影响，从而引起不同的食欲反应。市场中许多出售肉食的摊位常常用红色灯光照射食物，就是为了使肉食看上去更加新鲜，引起人的购买欲。

颜色是食用者视觉的第一感官印象，给人以味道的联想。虽然食物的色彩不直接对人产生味觉，但却间接影响着人的味觉，或者说是一种心理味觉。颜色的改变会引起心理感觉的变化。例如，苹果的红色引起甜味感；辣椒的红色给人辣味感；饮用过咖啡的人会因咖啡色（褐色）而想到苦味。消费者普遍相信食物色泽越深，就会得到越高的风味强度分值。例如，对果汁味感强度的品评，随颜色强度的增加而增加。在许多情况下颜色的缺乏将使气味感觉、味道感觉和对该食物的接受度下降。

食物的不同颜色会使人产生不同的感觉。粉红颜色的酒比淡红色、深红色、白色、棕色酒的感觉更甜；咖啡颜色的深浅差异会使人感觉苦味的差异较大；颜色浅的红烧肥肉比颜色深的肥肉更有油腻感觉。常见颜色对感官起的作用大致如下：红色可以给人以味浓、成熟、好吃的感觉，而且比较鲜艳，引人注目，是人们所喜欢的一种色彩，能刺激人的食欲。黄色给人以芳香、成熟、可口、食欲大增的感觉。黄色还会给人以味道淡的感觉，曾有这样的实验：把一杯黄色的西瓜汁一分为二，其中一份加入红色素，后将两份西瓜汁给实验者品尝，结果品尝者均认为红色的甜。橙色是黄色和红色的混合色，兼有红黄两色的优点，可以给人以强烈的甘甜、成熟、醇美的感觉。绿色和蓝色可以给人以新鲜清爽的感觉。棕色可以给人以风味独特、质地浓郁的感觉。

烹饪中要考虑菜肴在色彩上能否吸引人，心理味觉对消费者的接受是有一定影响的，也在一定程度上决定了该菜肴的销路与评价，见表 1-9。

表 1-9　食物颜色与心理感觉

颜色	感官印象	颜色	感官印象	颜色	感官印象
白色	营养、清爽、卫生、柔和	深褐色	难吃、硬、暖	暗黄	不新鲜、难吃
灰色	难吃、脏	橙色	甜、滋养、味浓、美味	淡黄色	清爽、清凉
粉红色	甜、柔和	暗橙色	不新鲜、硬、暖	黄绿	清爽、新鲜
红色	甜、滋养、新鲜、味浓	奶油色	甜、滋养、爽口、美味	暗黄绿	脏
紫色	浓烈、甜、暖	黄色	滋养、美味	绿	新鲜

九、性别对味觉的影响

不同性别的人群对味觉的反应有一定的差异。与男性相比，女性对于任何味道的溶液都能在浓度更低时感知到，而且男女都是越年轻对味道越敏感。

日本佐贺大学营养学教授水沼俊美等人经过调查发现，女性对酸、甜、苦、咸四种味道的敏感程度都比男性高。调查对象是815名20 ~ 70岁的男性和女性。研究人员使用蔗糖、氯化钠、酒石酸和盐酸奎宁分别制成30种不同浓度的溶液，然后分别将浸过不同浓度溶液的滤纸放在调查对象的舌尖上，调查其在什么浓度范围内能感知到味道。结果发现，对于甜味，20岁的女性能够感知到平均浓度3%的溶液，但是20岁的男性要到浓度达7.4%时才能感知，比50岁的女性还迟钝。对于男女差别最小的咸味，20岁的女性在溶液平均浓度达0.7%时就能感知到，而20岁的男性能感知的浓度是1.9%，相当于40岁的女性。

十、健康状况对味觉的影响

疾病常常是影响味觉的重要因素。很多病人的味觉敏感度会发生明显的变化。身体患某些疾病或发生异常时，会导致味觉迟钝、失味或变味。例如，人在患黄疸病的情况下，对苦味的感觉明显下降甚至丧失；若长期缺乏抗坏血酸，则对柠檬酸的敏感性明显增加；血液中糖分升高后，会降低对甜味感觉的敏感性，所以患糖尿病时舌头对甜味刺激的敏感性显著下降。这些事实也证明，从某种意义讲味觉的敏感性取决于身体的需求状况。这些由于疾病而引起的味觉变化有些是暂时性的，待疾病恢复后味觉可以恢复正常；有些则是永久性的变化。若用钴源或X射线对舌体两侧进行照射，7天后舌体对酸味以外的其他基本味的敏感性均降低，大约2个月后才能恢复正常。若是品尝人员发烧或感冒，有口腔疾病或者齿龈炎，情绪压抑或者工作压力太大，对味觉都是有影响的。

此外，体内某种营养物质的缺乏也会造成对某些味道的喜好发生变化。如在体内缺乏维生素 A 时，会显现对苦味的厌恶甚至拒绝食用带有苦味的食物。当维生素 A 缺乏症持续下去，则对咸味也拒绝接受。通过注射补充维生素 A 以后，对咸味的喜好性可恢复，但对苦味的喜好性有时却不能再恢复。

十一、饥饿和睡眠对味觉的影响

人处在饥饿状态下会提高味觉敏感性。饿了吃什么都是香的，俗话说“饥不择食”就是指的这个道理。实验证明，四种基本味的敏感性在上午 11 点 30 分左右达到最高。饥饿虽然对敏感性有一定影响，但是对于喜好性却几乎没有影响。在进食 1 小时内敏感性明显下降，降低的程度与所饮用食物的热量值有关，这是由于味觉细胞经过了紧张的工作后处于一种“休眠”状态。而饭前的品尝实验结果表明，实验人员对四种基本味觉的敏感度都会提高。基于这个原理，为了使品尝实验结果稳定可靠，更具有说服力，一般品尝实验应安排在饭后 2 ~ 3 小时内进行。品尝实验在餐后的 2 小时里也不宜进行。

缺乏睡眠对咸味和甜味阈值不会产生影响，但是能明显提高酸味的阈值。

十二、抽烟对味觉的影响

味觉专家研究得知：抽烟后人的味觉感官系统对甜、酸、咸这三种味的影响不大，其味的阈值与不抽烟者无大的差别。但对苦味的影响比较大，苦味的阈值有明显上升的趋势。这种现象的产生可能是由于吸烟者长期接触有苦味的尼古丁，对苦味有了较大的耐受性，产生了“苦味疲劳感”，从而使得抽烟者对苦味的敏感程度下降，导致了抽烟者对苦味的阈值上升。

我国医学科研者对天津市 6700 多名健康人进行了调查，发现烟酒嗜好者舌苔异常率明显高于不嗜烟酒者。尤其在异常的紫舌、红舌中，吸烟者占 54.36% ~ 60.5%，男性为甚。近年来的研究表明，嗜烟酒者长期让舌苔受到刺激，使之充血、水肿，引起味觉功能的损害，如味觉迟钝、变质变性等。

如果要参加品评菜肴，一般要求品评人员在菜肴品评开始前 30 ~ 60 分钟不要吸烟，以保证品评菜肴的准确性。

十三、油脂对味觉的影响

油脂能够赋予食物特有的味道和质地，并能促进膳食的整体可口性。油脂不起直接的呈味作用，它对味感的影响是间接的、隐性的。这是因为油脂往往以给人更多弱的、反应较慢的味感印象。在水溶液和油与水的乳状液中酸、甜、咸、鲜可识别的浓度差变化测试表明，咸味和鲜味在水溶液中浓度变化的辨别，比乳状液要容易，特别是咸味；而甜味和酸味在两种液态中浓度变化的辨别没有特别明显的不同，见表1-10。

表1-10　不同溶液中四种基本味的识别浓度差

味	在水溶液中（%）	在乳状液中（%）	味	在水溶液中（%）	在乳状液中（%）
咸味	5	10	酸味	10	10
甜味	5	5	鲜味	5～10	10

油脂在口腔中的触觉是受诸多影响因素支配的，如油粒的大小、舌头表面形成油膜的厚度、溶解性、扩散性、乳化性等。含有油脂的食物在我们品尝时之所以感觉到它的味道，实际上是含有油脂的乳化液或是混浊液对味觉神经产生的作用。当水溶性的各种呈味物质与油脂形成乳化液或是混浊液后，这些乳化液或混浊液将会粘连在菜肴或面点上，使得我们进食时对味觉产生影响。

食物中的油脂往往会减弱甚至短暂地改变食物的味道。因为一般食物的呈味物质都是水溶性的，油脂在口腔内形成的薄膜屏蔽或阻碍了水溶性呈味物质与味觉器官的接触，但是油脂膜不可能将口腔内所有味觉器官全部覆盖住，而且油脂膜也受到唾液的动态冲刷作用，所以在有油脂存在时，人的感官对各种呈味成分的感知是不同的，是动态变化的，风味有很好的层次感和立体感。油脂的这种作用大大缓和了呈味物质的刺激强度，使食物的味更加可口。

属于调味料和油脂形成乳化液的除了蛋黄酱外，还有人造奶油、奶油等。奶油与蛋黄酱不同，它不是水包油型，而是油包水型的，即油脂在体系中是大量存在的。由于这两种形态的乳化液不同，品尝时呈味的特点也不同，蛋黄酱中的呈味物质直接作用于舌头上的味觉感受器，所以品尝时，能够马上感觉到明显的滋味。但是奶油则首先是油脂作用于舌头，使舌头有油感后，然后才感觉到有咸味的产生，味的感觉速度要慢一些。一般来讲，呈味物质与油脂形成乳化液后，能感觉到呈味物质的最低浓度可能会有所上升。

如果是调味料的水溶液与油脂形成的混浊液，其分散的均匀性要比乳化液低，这种现象在烹调菜肴时常有所见。这种混浊液粘连在菜肴上，食用时可立即使人品尝出菜肴的滋味。这实际上相当于调味料在起作用，油脂的存在只不过丰富了这种味感，使汤汁的味感显得不那么单调。这种呈味感觉与水包油型的乳浊液呈味时的感觉有些相似。这种混浊液只要静止时间稍长，汤汁中的油和水即会分层。

用油脂烹调后的食物觉得更味美可口，还因为舌头的表面有油脂存在时，会影响到食物中的部分呈味物质向着嗅觉感受器发生移动，这从另一侧面丰富了味感，这也是油脂能使食物味道更加美好的又一个原因。

另外，油脂能有效地缓和辣味对我们感官的刺激。因为辣椒中的类辣椒素是一种刺激性物质，油脂可以隔绝或者减慢其与味感神经、鼻腔黏膜、皮肤神经和三叉神经的直接接触和刺激，从而降低辣感。例如，川味菜中常常用到大量的辣椒（如火锅、水煮鱼），但是食用时并不觉得辣味十分强烈地、尖利地刺激口腔，其实就是由于在火锅、水煮鱼中有大量的油脂存在，从而有效地降低了辣味对口腔的刺激。

第六节　味觉与其他感觉的关联性

人对食物的知觉效应是具有多元化特征的。食物风味的形成是各种感觉的结合与统一。这就是说完整的味觉经验既需要味觉，也需要嗅觉，还需要触觉及其他一些感觉。这些感觉既相互依存，又彼此独立，通过各自敏锐的感受器或感觉通路传给大脑，然后由大脑进行分析综合，产生相应的行动或反应。

各种感官的感觉不仅取决于直接刺激该感官所引起的响应，而且还有感官感觉之间的互相关联、互相作用。人们对食物的感觉是各种不同刺激物产生的不同强度的各种感觉之总和。因此，人们对食物的评价要综合各种因素间的互相关联和作用。它们在一定程度上直接或者间接影响着食物的风味。

每当一款色香味俱佳的菜点出现在人们面前时，眼、鼻、耳、舌等都会自动地兴奋起来，并各自发挥作用，通过能够感知的不同渠道，把相关信息输送到大脑，并与脑中已经储存的经验对比、分析和统合成完整的多维映像。与味觉关联的其他感觉主要有嗅觉、触觉、视觉、听觉等。

一、味觉与嗅觉的关联

味觉与嗅觉的关系最为密切。因为味和香总是同时存在于食物之中，有时很难区分。味觉和嗅觉之所以是化学性感觉，就因为它们是通过感知溶解或蒸发的物质分子而发挥作用的，这些物质分子与感觉器官发生关系，并在器官的膜内发生化学反应，刺激神经传递，将信息传送到大脑，然后产生知觉。

通常我们感觉到的食物风味，主要是味觉和嗅觉协同作用的结果。食物进入口腔后，通过牙齿咀嚼或口腔内搅动而产生气态小分子，通过鼻咽通路可加强对食物气味的感知。一方面由于口腔的加热，以及由于舌头及面部运动而搅动食物，从而有助于芳香物质的挥发。另一方面当下咽食物时，由咽部的运动而造成的内部高压，使充满口腔中的香气进入鼻腔。从而加强了嗅觉强度。因为味觉与嗅觉的关联，使得我们在品尝食物时能够获得对它的整体风味感觉。如果患感冒时，鼻子不通气会降低对食物的味觉感受程度。不妨做以下实验：捏住鼻子，再先后尝一下苹果泥和土豆泥，这时你会发现两者的区别不甚明显，而且这两种滋味与不捏鼻子时品尝到的滋味不尽相同。

二、味觉与触觉的关联

触觉是一种口腔对食物的感觉，如软、硬、粗、细、老、嫩等，还有如丝、丁、条、块之类原料的外形；另外还涉及温感，包括凉、冷、温、热、烫等。这些对味觉的影响都是有一定关联的。这实际上是菜肴进入口腔后，通过咀嚼，对菜肴特质属性产生的认识。例如，品尝“香炸猪排”这道菜肴时，外层面包屑形成的硬度，以及内层猪肉组织之间形成的凝结性，共同形成了这道菜肴良好的温感和脆性。这种食物的味觉与触觉给人的美感享受，便品尝者对食物印象提高到了一个新的更高境界。

三、味觉与视觉的关联

人类是一个视觉驱使的物种。在具有成熟烹调艺术的社会中，菜肴的视觉表象与它的风味和质地特性同样重要。菜肴的视觉是通过眼睛对菜肴色彩、造型、体积、图形、装饰而获得的感觉。它与味觉有一定的关联，其媒介是一种心理作用下产生的联觉。良好的视觉印象会在某种程度上激发味觉的兴奋程度，提高味觉的感受力。

菜肴的色泽、造型对人的食欲刺激很大，自然对味觉也有刺激作用。具有良好色彩变化的食物容易增进食欲，而单调或者杂乱无章的色彩搭配则使人倒胃口。光线可以强化嗅觉、味觉和触觉的能力，因此一般人都愿意在明亮的地方进餐。

四、味觉与听觉的关联

品尝菜肴时的听觉，即菜肴发出的声音给人的刺激感觉。不同质构的食物在食用时有固有的响声，与视觉的关联一样，也是一种心理作用下产生的联觉。

某些食物断裂发出的声音可以为我们鉴定产品提供信息，因为这些声音可以和硬度、紧密性、脆性相联系。如果注意就会发现，油炸薯片或猪排发出的清脆声音是该类食物的主要广告手段。在美国，牛奶倒在麦片上发出的噼啪声长期以来一直是美国经销商的一个重要销售策略。声音持续的时间也和产品的特性有关，比如强度、新鲜度、韧性、黏性等。

食物的质感特别是咀嚼时发出的声音，在决定其质量方面起重要作用。油炸的酥脆食物，在咀嚼时就应该发出特有的声响，否则可认为质量未达到要求。例如，油炸锅巴品尝时就要有清脆的响声，这样可引起食用者的快感、增加食欲；但若没有听到清脆的响声，锅巴就会被怀疑是否放置过久。因此，听觉（声感）同样可作为评判食物的手段。

如今有不少菜肴都具有很好的听觉效应，如铁板菜、桑拿菜、石烹菜等，对渲染就餐气氛起到了十分重要的作用，这也在客观上对人的心理味觉产生了良好的刺激效果。

另外，在有噪音的条件下，味觉能力会降低。用小刀划玻璃边发生的噪音常常会使人产生寒冷的感觉，强烈的噪声能使牙痛加剧，甚至有时会发生呕吐的感觉。反之，悦耳的声音（如音乐）则会增强感觉能力，人的食欲也会增加。

第七节　嗜好与习惯

人对食物的嗜好受民族、人种、文化、社会、历史、风俗、习惯、教育、家庭、宗教、传统、经济、环境条件（包括自然条件如气候、土壤等）以及个人的生理、心理和感觉等因素的影响，是多种因素的综合与时间积累的反映。人的生理因素（年龄、性别、体格标准、体质、血型、遗传、感觉等）与食物的营养成分决定了饮食的生理作用。人的心理因素（气质、性格、人格、知觉、情绪等）与食物的风味（形状、色彩、口味、口感、香气等）决定了饮食的心理现象（嗜好、价值观、联想、印象等）。

不同的个体有着不同的饮食习惯和口味要求。即使对同一个人来说，他的味觉标准也不可能一成不变。随着社会经济发展和文化观念等方面的变化，无论个人，还是民族、地区，他的味觉审美标准也都处在变动之中。人各有所好，每个人的饮食嗜好是有差异的，而不同地区的人群在饮食嗜好上的趋同，构成了不同地区的饮食风味。对于食物制造商、快餐公司的调味师、烹调师只能把握大多数消费者的嗜好趋向，来决定所生产食物的风味，全面兼顾每个人的嗜好是不可能的。因此，有必要正确了解食物烹调的味道及消费者的嗜好，并进行系统的归纳，尽管这是一件工作量很大、烦琐、很不容易的调查统计工作。

一、嗜好与风俗

首先，风土的不同，饮食的原料和烹调方法就不同。沿海地区与内陆地区风土的差异，是由于不同的物产和烹调方法，导致了各地对饮食风味爱好的不同，时间的延宕使这些爱好成为嗜好。即使都在沿海地区，也会有不同的气候、物产，也就会有不同的饮食嗜好，如我国广东的粤菜与山东的鲁菜在海产原料的烹调上就存在着很大差异。饮食风俗是群体饮食习惯的综合，而且也是地域文化的反映。北方的质朴、强烈；南方的清丽、婉约；四川的重辣、喜麻；广东的淡而带生等，无不与自然环境和地域文化有关。饮食嗜好就是长期以来受某一种滋味的刺激引起的，它在相当长的一段时间内难以消失。具有特定口味习惯的人，是饮食嗜好的典型反映。如四川人喜欢麻辣，山西人爱用较重的食醋等。

国外也同样如此。如在日本关东、关西的裙带菜品质有差异，关东养殖的裙带菜叶质厚而软、易溶解，东部多加入酱汤中食用；名古屋地区的裙带菜叶薄而硬、有嚼头，多用与嫩竹煮，用醋调味。日本东北地区好用深色酱油。虽然酱油颜色的深浅并不明显影响口味，但颜色过深会使人感到味也有所变化。关西人一般不吃纳豆或味噌制作的食物，而用味淡的豆腐、豆腐皮等烹调出千变万化的风味食物却深受喜爱。

在中国，不同饮食风俗使得中国烹饪呈现出多样和丰富的格局，它给人们的味觉审美也提供了更多的机会和更加宽广的空间。很难想象，如果缺少了不同饮食风俗的并存，中国烹饪还能否有今天这样的魅力。烹饪的调味技术使味道基本上被固化，如粤菜较注重发挥材料本身的味，严格控制调味料的使用；鲁菜则重酱类、酱油、咸味和香辛料，而且用量大。

即使人们对已有的味觉已经习惯，但是长期处于新的条件下则会慢慢培养出新的饮食习惯。也就是说不论食用哪种食物，经过相当长的时间就可以在饮食中固定下来，使得人们对味的喜好因饮食条件的变化而发生变化，成为新的嗜好。

二、嗜好与记忆

人们在品尝特定的食物时，有时会带来深切、久远的回忆活动。回忆是一种美好的情感。当美食通过感官的触发，唤醒了沉睡多年的饮食记忆，饮食者得到的美味陶醉，是无可比拟的。当一个人储存于大脑中昔日的味觉信息程序，由于外界的刺激被重新唤起，于是逝去了的与之有关的生活内容和情感内容也就会一起得到复活。在这一点上，美味的感觉同音乐的感觉一样，其形式虽然是抽象的，但激起的情感内容和精神愉悦却是具体的。这种在饮食上的回忆与怀念常常在生活中出现，我们可以把它分为以下三种类型。

怀母型：小时候母亲烹制的、好吃的饭菜，其风味与妈妈的关爱一起留在了记忆中，成为人们永久的怀念和安慰。喜爱妈妈烹制的饭菜就是因为那里有母亲的关爱和家庭的温暖。

怀乡型：故乡之味是习惯的味道。人的环境即使改变，吃惯的味道仍不会轻易改变，会留有深刻的记忆。食物是故乡的密码，人的味觉和嗅觉能识别出吃惯的味。家乡的风味自小成为习惯，习惯的食物中都有精神的安慰。

家族型：调味方法同各地的物产有密切的联系。生活经验和交际范围的局限性和有限的地域内地方物产的有限种类，使烹调美味菜肴成为人们热心研究的技术，而家族的祖传（祖母传给母亲，母亲再传给女儿）方式构成了饮食的家族风味（母亲之味），甚至能进化为区域风味的基础。

三、嗜好与食物成分

我们在决定一种新食物的风味特征时，首先要考虑正在风行的食物风味，要鉴别和掌握该食物的组成。这样的资料间接认证了区域内的饮食嗜好，并可作为食物风味调配的参考。食物的各种味道与嗜好之间存在着一定意义的相互关系。

现代调味以天然调味料为主、化学调味料为辅的原则，是因为在调查中发现化学鲜味剂虽易接受，但也易产生腻烦；而天然鲜味料即使反复食用也不易使人生厌。日本学者太田静行认为方便面集各味之大全，但长此以往必会使人厌烦。目前方便面的现实已经证实了这一点。这也是现代食品工业发展面临的关键问题之一，即风味的趋同和单一化。由于食物的种类不同，所以它们的呈味成分的含量和味觉实验中的理想标准也就不同，不断对调味料的使用方法和嗜好进行研究总结很有必要。

四、嗜好的不利影响

有些饮食习惯和嗜好并不利于身体健康。例如，口重的人或喜欢浓厚咸味的人，往往属于高血压或肾脏病等高发病人群；经常食用温度很高食物的人，胃病的发病率往往也很高。另外有些饮食习惯和嗜好还容易形成偏食。偏食会造成对蛋白质、维生素、矿物质等营养物种类和摄取量的不足和不平衡。另外，有时偏食会导致某些食物或成分的大量摄入，该类食物含有的特别多量的有害物就会严重超量的摄入。显然，为避免过量摄入有害物给健康造成的危害，就不能长期、单一地摄取某类或某些食物，养成正常的饮食习惯对身体健康十分重要。从这个角度，嗜好性小的食物对有效地利用资源和防止偏食是有实际意义的。但是，追求美味、发展调味技术永远是烹调的主要工作和关键技术之一。

五、解决营养与风味、嗜好关系的重要意义

在许多条件下，要求人们有非常好的体力和体重，以保证工作学习的质量和效率，增加进食量成为追求的目标，进而人们关心饮食嗜好与进食量的关系。对于绝大多数人来说，属于自己嗜好的食物通常会进食的多一些。从健康的角度讲，淡味饮食对大量进食有利，而传统上人们为了多进食反而会将菜肴烹制得口味偏重。由于调味技术的局限以及制作工艺上的缺陷，目前有些营养菜肴（充分考虑了营养成分和热量的食物）在品尝时使人感到风味不佳、不好吃。这从一个侧面印证了风味和嗜好对饮食食量的重要影响。因此如何解决营养与风味、嗜好之间的关系，是我们今后值得研究的一个课题。

思考题

1. 什么是食物的风味？
2. 食物的呈味过程是怎样的？
3. 阈值的高低与味觉的敏感程度之间有什么关系？
4. 为什么从严格意义上来说，辣味和涩味并不属于基本味？
5. 味与味之间的相互作用分为哪几种？
6. 影响味觉的因素有哪些？
7. 为什么油脂也会对味觉产生一定的影响？
8. 味觉与其他感觉之间有哪些关联性？

第二章

嗅觉概述

本章内容： 嗅觉的生理
嗅觉的特征
嗅觉的识别方法
气味的分子结构
香气的分类和描述

教学时间： 2 课时

教学方式： 教师讲述嗅觉的生理和特征、识别方法，结合烹饪实践讲述香气的分类和评价

教学要求： 1. 让学生了解嗅觉的生理和特征。
2. 了解嗅觉的识别方法。
3. 掌握香气的分类和评价。

课前准备： 阅读有关味觉、嗅觉生理和烹饪调味调香方面的文章及书籍。

食物的味道和气味共同组成了食物的风味，它影响着人类对食物的接受性和喜好性，同时对内分泌也有影响。因此，嗅觉与食物有着密切的关系，是我们对食物进行感官分析的重要感觉之一。嗅觉比味觉更为复杂，也更为敏感。

第一节　嗅觉生理

嗅觉是一种基本感觉。挥发性物质刺激鼻腔嗅觉神经，并在中枢神经引起的感觉就是嗅觉。给嗅觉以刺激的前提，是必须存在能够飘逸在空气中很小的微粒。当这些载有气味的微粒作用于嗅觉器官时，人才会有嗅觉感受，结构图见图 2-1。它比视觉原始，比味觉复杂。在人类没有进化到直立状态之前，原始人主要依靠嗅觉、味觉和触觉来判断周围环境。随着人类转变成直立姿态，视觉和听觉成为最重要的感觉，而嗅觉等退至次要地位。尽管现在嗅觉已不是最重要的感觉，但嗅觉的敏感性还是比味觉敏感性高很多。最敏感的气味物质——甲基硫醇只要在 $1m^3$ 空气中有 4×10^{-5} mg（约为 1.41×10^{-10} mol / L）就能感觉到；而最敏感的呈味物质——马钱子碱的苦味，也要达到 1.6×10^{-6} mol / L 浓度才能感觉到。嗅觉器官能够感受到的乙醇溶液的浓度要比味觉器官所能感受到的浓度低 24000 倍。

一、嗅觉器官的特征

嗅黏膜是人的鼻腔前庭部分的一块嗅感上皮区，有两张邮票大小面积（$5cm^2$），这一位置对防止伤害有一定的保护作用。只有很小比例的空气可传播物质流经鼻腔真正到达这一感觉器官附近。许多嗅细胞和其周围的支持细胞、分泌粒在上面密集排列形成嗅黏膜。由嗅纤毛、嗅小胞、细胞树突和嗅细胞体等组成的嗅细胞是嗅觉器官，人类鼻腔每侧约有 2000 万个嗅细胞。支持细胞上面的分泌粒分泌出的嗅黏液，形成约 100 μm 厚的液层覆盖在嗅黏膜表面，有保护嗅纤毛、嗅细胞组织以及溶解食物成分的功能。嗅纤毛是嗅细胞上面生长的纤毛，不仅在黏液表面生长，也可在液面上横向延伸，并处于自发运动状态，有捕捉挥发性嗅感分子的作用，见图 2-2。嗅觉细胞膜内有一些凹洞，当有物质的气味进入任何一个凹洞时，细胞膜的结构就会有所改变，此改变即为嗅觉感知的开始。每一个嗅觉细胞内都包含一种嗅觉接收器。人体的嗅觉接收器有七种类型，各自负责不同气味的感知。嗅觉感受器是真正的神经细胞，但它们不是通常的感觉神经细胞，其存活期有限，在 1 个月内就会死亡，并且被新的神经细胞代替。

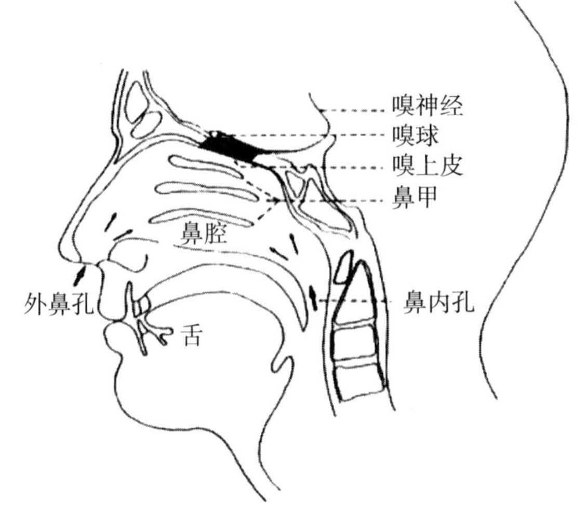

图 2-1　人的鼻腔与口腔构造图

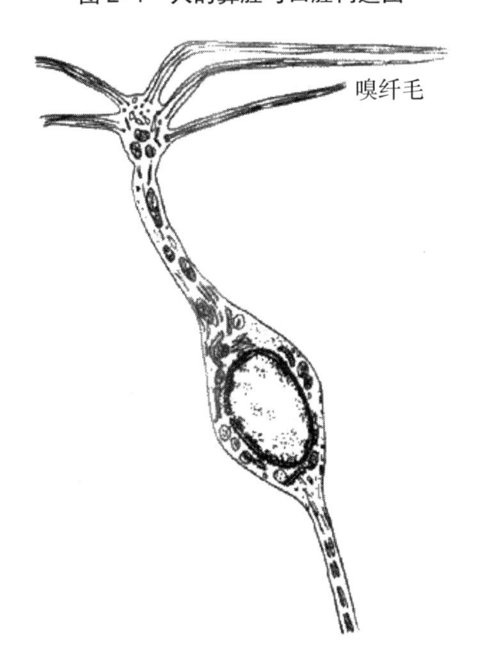

图 2-2　人的嗅细胞（双极细胞）

脑神经的第 1 对神经纤维为嗅神经。嗅神经为感觉性神经，它起自鼻腔内嗅觉受纳器细胞（具有受纳、传导两功能），向上穿过筛板入颅腔，连于嗅球，传导嗅觉冲动。嗅黏膜中的嗅觉受纳器细胞的纤细无髓的轴突纤维（脑中最细小的轴突，其直径仅 0.2μm）组成很多小束。每个小束有为数达 1000 条的轴突，通过骨性筛板上的小孔，离开鼻腔。这些受纳器的轴突进入位于颅腔的嗅球中。嗅球结构中僧帽细胞的树突与嗅细胞的轴突以突触连接；这些连接点的集合称为嗅小球。在每一嗅小球上平均聚合着 26000 个嗅细胞的轴突。离开嗅球的纤维（即僧帽细胞的轴突）又向后行走，成为嗅觉神经束。嗅觉神经束将信号传到下丘脑和大脑的嗅觉区。嗅觉系统是唯一没有丘脑传递的感觉通道，也没有嗅觉的新皮质投射区。嗅觉信息的处理主要发生在嗅球之中。

与味觉受纳器一样，嗅觉受纳器也是化学受纳器，只有溶解的分子才能使它激活。凡可探查到的有气味的物质必然是挥发的（在空气中成粒子形式），才能被吸进鼻孔。它们能部分溶解于水，因而能通过鼻膜到达嗅细胞。最后它们也能部分溶解于类脂质中，因而能穿透形成嗅觉受纳器外膜的类脂质层。不同的气味物质有相应的气味，所以可通过气味来分辨一些物质。

具有气味的物质可有两条通路到达嗅黏膜，见图 2–3。

（1）鼻腔通路：即直接通过鼻腔的吸气到达嗅黏膜。挥发性嗅感分子随空气流进入鼻腔，先与嗅黏膜上的嗅细胞接触，然后通过内鼻进入肺部。嗅感物质分子应先溶于嗅黏液中才能与嗅纤毛相遇而被吸附到嗅细胞上。溶解在嗅黏膜中的嗅感物质分子与嗅细胞感受器膜上的分子相互作用，生成一种特殊的复合物，再以特殊的离子传导机制穿过嗅细胞膜，将信息转换成电信号脉冲。经与嗅细胞相连的三叉神经的感觉神经末梢，将嗅黏膜或鼻腔表面感受到的各种刺激信息传递到大脑。通过鼻腔通路的嗅觉强弱，取决于空气中芳香物质的浓度和吸气的强弱。

（2）鼻咽通路：即进入口腔后再通过鼻咽进入鼻腔到达嗅黏膜。从内鼻孔进入的有可能是牙齿咀嚼或口腔内搅动而产生的气态小分子。通过鼻咽通路可加强对气味的感知，嗅觉的强弱取决于舌搅动和咽部运动。一方面由于口腔的加热，以及由于舌头及面部运动而搅动食物，从而加强了芳香物质的挥发；另一方面当下咽食物时，由咽部的运动而造成的内部高压，使充满口腔中的香气进入鼻腔。从而加强了嗅觉强度。而正由于此，所以人们有时也把嗅觉感知的香也当作一种味道。“咀嚼之香”的说法在饮食界中是非常普遍的。

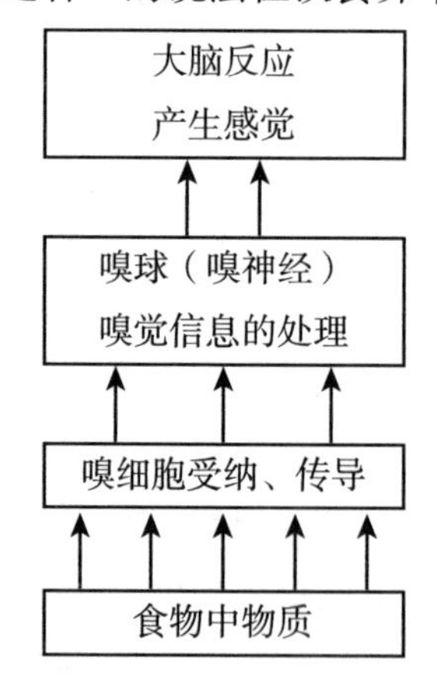

图 2–3　人的嗅觉通路及反应

在实践过程中为了达到最好的嗅觉效果，人们往往是用鼻子闻 1 ~ 2 秒，用力中等。2 秒之后，嗅觉接收器开始习惯新的刺激，等 5 ~ 20 秒或者更长的时间来使感受器进一步熟悉这些刺激，然后再去嗅另外一种气味。如果气味占据了整个鼻腔，就会使得受试者辨别特殊气味或类似气味之间差别的能力降低。一般不会发生对所有的气味都不能识别的现象，但可能对某种特殊气味没有辨别能力，这种情况称为特定嗅觉缺失症。对这种现象的定义是：个体的嗅觉阈值高于样本平均水平两个标准偏差以上。通常的嗅觉缺失症是指对食物中具有潜在重要性的物质不敏感。此外，对气味的敏感程度有关的因素还包括饥饿、饱足、心情、气体浓度、呼吸系统疾病以及妇女的月经和怀孕等。

嗅觉对气味强度水平的区分能力相当差，听觉和视觉都可以适应相差 10^4 ~ 10^5 倍的刺激并能对它们进行区别，而嗅觉在分辨与阈值相差 102 倍的刺激上就显得有困难。对未经培训的个体进行识别气味种类的实验证明，人类只能可靠地分辨大约 3 种水平的气味强度。嗅觉对强度判断能力虽然有限，但它的性质辨别能力却相当强，即人们能够识别的比较熟悉的气味数量是相当大的，而且似乎没有上限。耳朵和眼睛只能感受一种类型的信号，即空气压力引起的振动和 400 ~ 800 nm 之间的电磁波，而同它们相比，鼻子的分辨能力却强得多。一个受过训练的香味品评人员可以分辨出 150 ~ 200 种不同的气味。

二、嗅觉机理

2004 年美国的理查德·阿克塞尔和琳达·巴克发现了气味受体和嗅觉系统组织，证明了嗅觉系统是如何起作用的，被瑞典卡罗林斯卡研究院诺贝尔奖评委会授予当年的诺贝尔生理学或医学奖。嗅觉系统是人类以分子技术破译的第一种感觉系统。

阿克塞尔和巴克证明，我们基因的 3% 被用来编码嗅觉受体细胞细胞膜上的不同气味受体。当一种气味受体被一种气味物质激活时，嗅觉受体细胞中电信号就被触发并经过神经突触传递到大脑。每个气味受体首先激活一种成对存在的 G 蛋白，后者又转而刺激环磷酸腺苷（或环腺苷酸，cAMP）的形成。环磷酸腺苷是一种信使分子，可激活离子通道，让其开通，然后细胞被激活。他们在研究中发现了一个大的基因家族，由约 1000 个不同的基因组成（占我们基因总数的 3%），后者产生了相同数量的嗅觉受体类型。这些受体位于嗅觉受体细胞上，后者占据了鼻（黏膜）上皮上半部分的一小块区域，而且能嗅到我们吸入的各种气味分子。每一种嗅觉受体细胞只拥有一种类型的气味受体，每一种受体能探测到有限数量的气味物质。因此，我们的嗅觉受体对几种气味是高度特异性的。受体细胞把细细的神经突触直接接通到独特的微小球囊区域，即嗅球，后者位于大脑的主要嗅觉区。而携带有同一类受体的受体细胞把其神经突触接通到同一嗅球。在嗅球中的这些微小区域，气味信息又被进一步转换到大脑的其他部位。在这些部位，来自一系列嗅觉受体的信息进行结合，便形成了一种嗅觉类型。因此，我们在春天能清醒地体味到丁香花的香味，并且在其他的时候唤起这种嗅觉记忆。

在每一种嗅觉受体细胞中都有一种类型的气味受体。阿克塞尔和巴克分别独立地证明了每个单独的嗅觉受体细胞只表达一种并且只有一种气味受体基因。因此气味受体有多少，就有多少类型的嗅觉受体细胞。如果记录来自单独的嗅觉受体细胞电信号，就可能证明每个细胞不仅仅与一种气味起反应，而且也可能与几种相关的分子起反应，尽管有强度的不同。大多数气味是由多种气味物质分子构成的。每种气味分子激活几种气味受体。这就导致了一种结合密码形成一种“气味类型”。这种情况有点类似五色布片缝成被子的颜色或马赛克的色彩。由此才构成了我们识别气味能力的基础并且形成了约对 1 万种不同气味的记忆。

此外，对嗅觉机理的解释还有其他一些学说，如化学学说、振动学说和酶学说，对于这些学说，我国学者曹雁平先生做了比较全面的归纳，我们在这里不妨予以引用。

1. 化学学说

化学学说的核心为嗅感是气味分子微粒扩散进入鼻腔，与嗅细胞之间发生了化学反应或物理化学反应（如吸附与解吸等）的结果。此类学说中较著名的有外形－功能团理论、立体结构理论、渗透和穿刺理论。

（1）立体结构理论。在嗅感都由有限的几种原臭组成的刺激基础上，通过比较每类原臭的气味分子外形，确定相同气味分子的外形有很大的共性，若分子的几何形状发生较大变化，嗅感也相应发生变化，即决定物质气味的主要因素是分子的几何形状，而与分子结构的细节无关。此外，有些原臭的气味取决于分子所带的电荷。采用 X 射线衍射、红外光谱、电子束探针等研究手段，研究者在分析了某些已知结构式的分子三维空间模型后，提出了各种原臭的分子空间模型（见表 2–1）。

表 2-1　各种原臭的分子空间模型

原臭	醚臭	樟脑	麝香	花香	薄荷	刺激臭和腐败臭
分子形状	像棒状	近似球形	圆盘状	连一条尾巴的圆盘	楔形	
关键尺寸	厚约 0.5 nm	直径约 0.75 nm	直径约 0.9 nm	头直径 0.9 nm，尾巴 0.4 nm		
其他特点					形成氢键的强电负性基团	带有不同电荷

与气味分子（相当于“锁匙”）相对应，在嗅黏膜上也存在有若干种形状各异的凹形嗅小胞（如同“锁眼”），某种气味的“锁匙”刺激，需要相应的“锁眼”——特异嗅细胞匹配，从而产生嗅感，因此亦称“锁和锁匙学说”。对于那些原臭之外的其他气味，则相当于几种原臭同时刺激了不同形状的嗅细胞后产生的复合气味。

该理论 1949 年由 Moncrieff 首先提出，后经 Amoore 补充发展而成，其关键性论据已经由一些特殊而又明确的实验验证。其重要价值是，可依据一个分子的几何形状，预测它的气味，确定原臭种类，找出数量组合，调配出这些天然气味来，见表 2-1。这一理论也曾在解释酶促反应机理、抗原与抗体的弹性反应、DNA 与 mRNA 的耦合作用等方面取得成功，是目前保留下来的学说之一。

（2）外形—功能团学说。这是另一个较为成功的嗅感学说，由 Beets 在 1957 年提出。嗅感作用和分子识别是以模型识别原理和潜意识分析原理为基础的。用“基本模式”表示一类物质所表现的气味，与嗅细胞作用产生同型的信息，也可称为“信息单元”，嗅觉及其识别是人脑对不连续的、有限的基本模式所组成的信息图形，是下意识的感知和认识。不能感知某种基本模式就是嗅盲。

嗅觉器官没有特别的受体部位，嗅感分子与庞大数量的各种受体细胞膜的可逆性物理吸附和相互作用产生嗅觉，而具有受体功能的部位则位于细胞的外围膜上，其作用是使嗅细胞能够产生信息并传导到嗅觉体系中。嗅觉过程包含了气味分子以杂乱的向位和构象接近嗅黏膜，分子被吸附于界面时两者形成的一个过渡状态。该过渡状态能否形成，取决于气味分子形状和体积及功能团的本质和位置这两种属性。显然，当空间障碍阻止分子的有关结构部位与受体部位的相互作用，或缺乏功能团，或有功能团但有空间障碍时，将导致相互作用的效率最低，不会产生嗅感。相反，效率大产生的能量效应也大，易引起嗅细胞的激发。大多数极性分子可能是处于定向和有序状态，大多数非极性分子可能是混乱无章的状态。只有那些能形成定向和有序状态的分子，才能与嗅细胞作用。

2. 振动学说

该学说认为嗅觉与嗅感物的气味固有的分子振动频率（远红外电磁波）有关，当嗅感分子的振动频率与受体膜分子的振动频率一致时，受体便接受气味信息。不同气味分子所产生的振动频率不同，从而形成不同的嗅感。另一种观点认为，有效的刺激是嗅感分子中价电子等分子内振动，并与受体膜实际接触才产生嗅感信息。

3. 酶学说

这种学说认为嗅感是因为气味分子刺激了嗅黏膜上的酶，使酶的催化能力、变构传递能力、酶蛋白的变性能力等发生变化而形成。不同气味分子对酶的影响不同，从而产生不同的嗅觉。

应当指出，上述各种嗅感学说目前都不够完善，每一种学说都有自己的道理，但还没有任何一种学说能提出足够的证据来说服其他的学说。各自都存在一定的不足，有的尚需要实验进一步验证。但相比之下，化学学说已经被更多的人所接受。

第二节　嗅觉的特征

嗅觉的特征包括敏锐性、个性差异、易疲劳性、有表现较强的相互掩盖和抑制倾向等。

一、敏锐性

人的嗅觉相当敏锐，我们具有觉察许多极低浓度有效气味的能力。一些风味化合物即使在很低的浓度下也会被感觉到，如某些呈臭物质在极低的浓度下就能感知。训练有素的专家能辨别4000种以上不同的气味。这点仍然超过化学分析中仪器方法测量的灵敏度。我们可以检测许多重要的、在10亿分之几水平范围内的风味物质，例如，含硫化合物乙基硫醇，这是一种卷心菜或臭鼬味的化合物，它可以作为非常有效地气体添味剂。对有些食物的风味物质甚至更为灵敏，例如，钟形胡椒中的甲氧基吡嗪类化合物。而其他有机小分子对于刺激嗅觉感官就没有如此有效，例如，醇类物质的乙醇，只有当其浓度达到千分之几的水平时，人们才能感觉到它的存在。

由于嗅觉对于区分强度水平的能力相当差，因此相对于其他感觉，测定的嗅觉差别阈值经常相当大。对于未经训练的个体辨别或标识气味类别能力的早期实验表明，人只能可靠地分辨大致3种气味强度水平。从复杂气味混合物中分析识别其中许多成分的能力也是有限的。我们常常将气味作为一个整体的形式而不是作为单个特性的堆积加以感受。

二、个性差异大

不同的人嗅觉差别很大，即使嗅觉敏锐的人也会因气味而异。对气味不敏感的极端情况便形成嗅盲，这是由遗传产生的。女性的嗅觉一般比男性敏锐。对于同一种气味物质的嗅觉敏感度，不同的人具有很大的区别。就是同一个人，嗅觉敏锐度在不同情况下也有很大的变化。如某些疾病，对嗅觉就有很大的影响，感冒、鼻炎都可以降低嗅觉的敏感度。环境中的温度、湿度和气压等的明显变化，也都对嗅觉的敏感度有很大的影响。对气味极端不敏感的嗅盲则是由遗传因素决定的。虽然通常认为女性的嗅觉比男性敏锐，但世界顶尖的调香师都是男性。

三、易疲劳、适应和习惯

持续的刺激易使嗅觉系统产生疲劳而处于不灵敏状态，如闻芬芳香水的时间稍长就不觉其香，同样长时间处于恶臭气味中也能忍受。古语“入芝兰之室，久而不闻其香；入鲍鱼之肆，久而不闻其臭”就是指这个道理。一般情况下，较平常的气味约 1 ~ 2 分钟人就可适应，即使较为强烈的气味经过 10 分钟也能适应。这是因为一种气味的长期刺激可使嗅球中枢神经处于负反馈状态，感觉受到抑制，从而产生对其的适应。这说明嗅觉系统易产生疲劳而对该气味处于不灵敏状态，但对其他气味并不疲劳。当嗅觉中枢神经由于一些气味的长期刺激而陷入负反馈状态时，嗅觉便受到抑制而产生适应性。另外，注意力的分散会使人感觉不到气味，时间长些便对该气味形成习惯。由于嗅觉的疲劳、适应和习惯这三种现象是共同发挥作用的，因此彼此很难区别。

四、相互掩盖和抑制的现象

嗅觉也表现出混合物的相互影响。不同性质的气味有相互掩盖或抑制的倾向，就像味觉中的混合抑制。大多数空气清新剂就是通过强烈抑制来掩盖气味的方式发挥作用的。气味性质相互影响的方式还不清楚，有些气味似乎是混合的，而另一些则是清晰的。不同气味混合的预测是最困难的，但气味混合物在性质上与单一化合物的性质会有很多相似之处，例如，对一个二元混合物的气味剖析得到的结果，同单一成分的气味剖析结果非常相似。虽然风味感觉的强度有所不同，但如果混合物种类很多，就可以产生一种全新的风味。比如合成的番茄味是由多种化合物混合而成的；咖啡香气由几百种物质构成，其中许多物质单独存在时是没有任何咖啡味的。用气相色谱法分析红烧肉的香味时也发现，某些关键物质单独存在时没有任何红烧肉的香气，但在混合物中就会产生红烧肉香气。

五、混合抑制消除的现象

在几种不会合成新成分的混合物中，鼻子对一种物质适应后，会使得另外的物质变得非常突出。研究发现，有些物质可以很容易地从混合物中区别出来，而另外一些物质则不太明确。如果鼻子对已知物质疲劳了，另外一些物质可能就会显现出来，使得未知物质更容易被确认。嗅觉的抑制和消除现象是感官检验需要考虑的重要问题，这也是为什么感官检验应该在无气味的环境中进行的理由。如果检验环境中有气味，经过短时间后，嗅觉系统对环境中的任何气味都会变得麻木，如果该气味出现在所检产品中，检验人员就会对其没有反应，而对于其他风味或香味则会由于抑制效应的消除而有过于强烈的反应。

六、阈值随人身体状况变动

嗅感物质的阈值受身体状况、心理状态、实际经验等人为的主观因素的影响尤为明显。人的嗅觉会因人的病理变化而发生变化，称为病态嗅觉。当人的身体疲劳、营养不良、生病时可能会发生嗅觉减退或过敏现象，这时会感到食物平淡不香。例如，人患萎缩性鼻炎时，嗅黏膜上缺乏黏液，嗅细胞不能正常工作造成嗅觉减退；女性在月经期、妊娠期或更年期可能会发生嗅觉减退或过敏现象等，这说明人的生理状况对嗅觉是有明显影响的。人在心情好时，嗅觉的敏感性高，辨别能力强；反之则弱。正常情况下，实际辨别的气味越多，越易于发现不同气味间的差别，辨别能力就会提高。

七、香与臭不是绝对的

这不仅是对不同生物物种而言，即使气味对同一生物物种的感受也因气味的浓度而有所改变。有些气味在低浓度时无害或有益，高浓度时则可能有害。如麝香对于人而言，低浓度时是香；高浓度时是臭。香与臭的定义在词典中解释得非常笼统，称之为“好闻的气味曰香，不好闻的气味曰臭，香与臭相反。”目前气味学对香与臭的定义有很重要的补充：“对某生物有益的气味曰香，对其有害的气味曰臭。”生物对天然物质的气味的判断是极准确的，而对人工合成物和从天然物中提纯的物质，其气味的有益有害判断则有时会发生错误。

第三节　嗅觉的识别方法

一、嗅技术

嗅觉受体位于鼻腔最上端的嗅上皮内，在正常的呼吸中，吸入的空气并不倾向通过鼻上部，多通过下鼻道和中鼻道。带有气味物质的空气只能极少量而且缓慢地通入鼻腔嗅区，所以只能感受到轻微的气味。要使空气到达这个区域获得一个明显的嗅觉，就必须适当用力吸气（收缩鼻孔）或煽动鼻翼做急促的呼吸。并且把头部稍微低下对准被嗅物质使气味自下而上地通入鼻腔，使空气易形成急速的涡流。气体分子较多地接触嗅上皮，从而引起嗅觉的增强效应。

这样一个嗅过程就是所谓的嗅技术（或闻技术）。需要注意的是嗅技术并不适应所有气味物质，如一些能引起痛感的含辛辣成分的气体物质。因此使用嗅技术要非常小心。通常对同一气味物质使用嗅技术不超过3次，否则会引起"适应"，使嗅觉灵敏度发生下降。

二、气味识别

1. 范氏实验

一种气体物质不送入口中而在舌的上方被感觉出的技术，就是范氏实验。首先用手捏住鼻孔通过张口呼吸，然后把一个盛有气味物质的小瓶放在张开的口旁，迅速地吸入一口气并立即拿走小瓶，闭口，放开鼻孔使气流通过鼻孔流出（口仍闭着）从而在舌的上方感觉到该物质。

这个实验已广泛地应用于训练和扩展人们的嗅觉能力。

2. 气味识别

各种气味就像学习语言那样可以被记忆。人们时刻都可以感觉到气味的存在，但由于无意识或习惯性也就并不察觉它们。因此要记忆气味就必须设计专门的实验，有意识地加强训练这种记忆（感冒者例外），以便能够识别各种气味，并且能详细描述其特征。

训练实验通常选用一些纯气味物（如十八醛、对丙烯基茴香脑、肉桂油、丁香等）单独或者混合用纯乙醇（99.8%）作溶剂稀释成10g/ml或1g/ml的溶液（当样品具有强烈辣味时，可制成水溶液），装入试管中或用纯净无味的白滤纸制备尝味条（长15cm、宽1cm），借用范氏实验训练气味记忆。

三、香识别

1. 吸食技术

考虑到实验者吞咽大量的样品不卫生，品茗专家和鉴评专家发明了一项专门技术——吸食技术用来代替吞咽的感觉动作，使香气和空气一起流过后鼻部被压入嗅味区域。这种技术是一种专门技术，对于一些人来说需要用很长的时间来学习正确的吸食技术。

品茗专家和咖啡品尝专家使用匙把样品送入口内并用力地吸气，使液体杂乱地吸向咽壁（就像吞咽时一样），气体成分通过鼻后部到达嗅区。吞咽变得不必要，样品可以被吐出。品酒专家随着酒被送入张开的口中，轻轻地吸气进行品味。酒香比茶香和咖啡香具有更多的挥发成分，因此品酒专家的吸食技术更应谨慎。

2. 香的识别

香的识别训练首先应注意色彩的影响，通常多采用红光以消除色彩对实验者的干扰。训练用的样品要有典型，可选各类食物中最具典型香的食物进行。果蔬汁最好用原汁，糖果蜜饯类要用纸包原块，面包要用整块，肉类应该采用原汤，乳类应注意异味区别的训练。训练方法用上述介绍的吸食技术并注意必须先嗅，后尝，以确保准确性。

第四节　气味的分子结构

能够具有气味的分子，一般是相对分子质量较小的分子。相对分子质量在 20 ~ 300 之间的分子，如果其沸点较低，则能成为气体，大都具有气味。一般沸点在 -60 ~ 300℃的物质，种类是很多的。其沸点高低与分子形状和大小、分子内的官能团和分子结构有关系，从而影响气味。对于相对分子质量小、分子中官能团所占分量大的物质，其官能团往往决定气味；反之，相对分子质量较大时，气味不仅与官能团，而且与分子整个形状、大小等有关。无机物中除 SO_2、NO_2、NH_3、H_2S 等气体具有强刺激外，大都无气味。

分子中的官能团对其理化性质起决定作用，对气味也具有重要作用。有机物是何种气味及气味的强弱，与其分子中的一些官能团有关。这些官能团称为发香团。在食物中含有 N、S、P、F 等原子的官能团往往都有气味。实际上各种官能团不但决定了化合物的类型，而且还都有一些各自官能团所决定的气味。如酯、醇、酸、醛、醚、芳香族化合物、硫醇等都分别具有各自特定的气味。

一、脂肪烃含氧衍生物

通常，相对分子质量低的链状醇、醛、酮、酸、酯等化合物，挥发性强、功能团的比重大，因而功能团特有的气味也较强烈。随着分子碳链的增长，其气味按果实香型→清香型→脂肪臭型的方向变化，而且气味的持续性也变强；增到 C_{15}~C_{20} 以上时，功能团在整个分子中的影响已大为减弱，变成无嗅成分。

1. 醇类

饱和醇和不饱和醇的嗅感特点与碳链长度的关系分别见表 2-2 和表 2-3。不饱和醇的气味往往比饱和醇更强烈，多元醇一般没有气味。

表 2-2 饱和醇的嗅感特点与碳链长度的关系

C 分子范围	香气特点	实例
C_1~C_4	轻快香气	甲醇虽有毒性，但香气味清
C_4~C_6	近似麻醉性的气味	丁醇、戊醇都有醉人的香气
C_7~C_{10}	芳香气味	庚醇有葡萄香味，壬醇有蔷薇香味
C_{10} 以上	气味逐步减弱以至无嗅感	

表 2-3 不饱和醇的嗅感特点与碳链长度的关系

分子式	名称	香气特点
$C_2H_5CH{=}CHCH_2CH_2OH$	青叶醇	青草气味
$HO(CH_2)_2CH(CH_3)(CH_2)_2CH{=}C(CH_3)_2$	香茅醇	玫瑰香气
$HOCH_2(CH{=}CHCH_2CH_2)_2CH_3$	黄瓜醇	黄瓜香气
$HOCH_2CH{=}C(CH_3)(CH_2)_2CH{=}C(CH_3)_2$	橙花醇	玫瑰香气
$CH_2{=}CHC(OH)(CH_3)(CH_2)_2CH{=}C(CH_3)_2$	芳樟醇	百合花香气

2. 醛类

低级饱和脂肪醛随着相对分子质量增加，刺激性气味减弱，由强烈的刺激性气味逐渐变为愉快气味；C_8~C_{12} 的饱和醛在很稀的浓度下也有良好香气，如壬醛有玫瑰香和杏仁香，十二醛（月桂醛）呈花香；碳数再增多则嗅感减弱。不饱和醛大多具有愉快的香气，其嗅感一般也较强烈，见表 2-4。

表 2-4 不饱和醛的嗅感特点与碳链长度的关系

分子式	名称	香气特点
$CH_3(CH_2)_2CH{=}CHCHO$	叶醛	青叶子气味
$CH_3(CH_2)_5CH{=}CHCHO$	鸢尾醛	鸢尾香气
$(CH_3)_2C{=}CH(CH_2)_2CH(CH_3)CHO$	甜瓜醛	甜瓜香气
$CH_3CH_2CH{=}CHCH_2CH_2CH{=}CHCHO$	黄瓜醛	黄瓜—紫罗兰叶的清香
$CH_3(CH{=}CH)_2CHO$	山梨醛	清香—果香香气
$C_6H_5CH{=}CHCHO$	肉桂醛	甜味、辛香、肉桂香气

有些不饱和醛，尤其 α-、β-不饱和醛具有脂肪氧化气味或强烈臭气。

3. 酮类

脂肪酮类常表现出较强的特殊嗅感。低级饱和酮常有特殊香气，如丙酮有类似薄荷的芳香，2- 庚酮有香蕉和梨的气味。C_{15} 以上的脂肪甲基酮则带有油脂腐败的臭气。饱和二酮（双乙酰）是许多食物的嗅感成分，其中相对分子质量低时会有较强的刺激性气味，随着碳数增加，低浓度时呈现奶油类的香气，高浓度时有的会有油脂的酸馊气味。

低级不饱和酮具有一定的刺激性，相对分子质量较大的不饱和酮一般有良好气味；很多花香都与羰基化合物有关，见表 2–5。

表 2–5　不饱和酮的嗅感特点与结构的关系

分子式	名称	香气特点
$CH_2=CHCOC_2H_5$	戊烯酮	刺激性气味
$CH_3COCH=CH(CH_2)_3CH_2$	辛烯酮	尖锐的青草气味
$CH_3COCH=CHCH=C(CH_3)_2$	甲基庚二烯酮	椰子肉香气
$CH_3COCH_2CH_2CH=C(CH_3)_2$	甲基庚烯酮	强烈的脂肪 – 柑橘香

4. 羧酸类

低级的饱和羧酸通常都有不愉快的嗅感，例如，甲酸有强烈的刺激性气味，丁酸有酸败臭气，已酸有汗臭味；碳数再多的饱和羧酸有脂肪气味；到 C_{16} 以上已无明显嗅感。很多不饱和脂肪酸都具有愉快的香气，见表 2–6。

5. 酯类

由低级的饱和单羧酸或多数的不饱和单羧酸与低级的饱和醇或不饱和醇所形成的酯类，都具有愉快的水果香气，见表 2–7。

另外，有共同香气、相对分子质量相同的酯类，其气味与分子中酯基的位置并无多大关系。同时，内酯与酯一样具有特殊的水果香气，尤其是 γ – 内酯或 δ – 内酯广泛存在于各种水果中，表现出每种水果的特征香气。

表 2–6　不饱和脂肪酸的嗅感特点与结构的关系

分子式	名称	香气特征
$CH_3CH_2CH=CCH_3COOH$	草莓酸	草莓酸味
$(CH_3)_2C=CH(CH_2)_2CH(CH_3)CH_2COOH$	香茅酸	青草气味

表 2-7 一些酯的嗅感特点与结构的关系

分子式	香气特征
$HCOOC_2H_5$	菠萝香气
$HCOO(CH_2)_2CH(CH_3)_2$	梅、李子香气
$HCOO(CH_2)_2CH{=}CHC_2H_5$	蔬菜香气
$HCOOCH_2(CH_2)_4CH_3$	苹果香气
$CH_3COO(CH_2)_2CH_3$	梨、草莓香气
$CH_3COO(CH_2)_2CH_3$	香蕉香气
$CH_3CH{=}C(CH_3)COOCH_2CH(CH_3)_2$	菊花香气

二、芳香族化合物

芳香族化合物都有其特殊的嗅感。虽然苯的气味令人讨厌，但苯环上引入烃基后，嗅感发生了改变；邻位和对位的芳香衍生物因分子形状不同，一般其嗅感也稍有差别。其特点包括：

（1）当苯环侧链上取代基的碳数逐渐增多时，其气味也像脂肪烃那样由果香→清香→脂肪臭方向转变，直至气味完全消失。

（2）当苯环上直接连接极性官能团时，会产生复杂的嗅感。有的是官能团起主要作用；而有的起主要作用的则是分子整体，还会因基团位置的不同而改变嗅感。另外，当有两个或更多相互独立的功能团时，产生的嗅感并不等于各功能团气味相加，见表 2-8。

表 2-8 苯环官能团位置的不同与嗅感

名称	香气特点	名称	香气特点
苯酚	酚臭	香芹酚	辛香气味
百里香酚	辛香气味	黄樟脑	香草醛气味
丁香酚	丁香气味	茴香脑	茴香香气

三、含氮化合物

大多数低分子胺类具有不愉快的嗅感（见表 2-9），许多还有毒性。

表 2-9　低分子胺类的嗅感

分子式	气味特征	分子式	气味特征
$CH_3CH_2NH_2$	刺鼻氨臭	$C_6H_5CH_2CH_2NH_2$	鱼腥臭
$(CH_3)_3N$	鱼腥臭	$H_2N(CH_2)_2NH_2$	腐败臭

除了某些能产生明显味感之外，氨基酸和酰胺类化合物通常没有明显的嗅感。大部分芳香族的硝基化合物、芳香腈类化合物有明显的嗅感，但气味差别很大，有的还呈现出麝香的气味。易挥发的亚硝酸异戊酯通常呈现特有的醚气味。含氮杂环化合物的复杂嗅感与其功能团和分子形状有关。

四、含硫化合物

含硫化合物是一大类嗅感物质，且阈值很低，对食物储藏和加工后的嗅感影响很大。大部分低级的硫醇和硫醚具有难闻的臭气或令人不快的嗅感；大多数易挥发的二硫或三硫化合物能产生有刺激性的葱蒜气味；一般异硫氰酸酯类则具有催泪性刺激辛香气味；含硫的杂环化合物的嗅感十分复杂，而大多数噻唑类化合物具有较强烈的嗅感，见表 2-10。

表 2-10　含硫化合物的嗅感

分子式	气味特征	分子式	气味特征
CH_3SH	恶臭	C_6H_5SH	蒜臭
$(CH_3)_2CH(CH_2)_2SH$	臭气	$C_6H_5CH_2SH$	蒜臭
$CH_3SSC_3H_7$	洋葱气味	$CH_2=CHCH_2S_2CH_2CH=CH_2$	大蒜气味
$CH_3S_3C_3H_7$	辛香气味	$CH_2=CHCH_2NCS$	催泪辛辣味
$CH_3S(CH_2)_3NCS$	萝卜辣味	$C_6H_5CH_2CNS$	辛辣气味

第五节　香气的分类和描述

一、香气的分类

嗅感物质种类极多，初步估计有香气的物质约有 40 万种。它们所引起的感觉千差万别，很不明确，要对这些物质的气味准确分类非常困难。分类的方法有几种，但比较简单实用的是三角形香气分类法。三角形香气分类法形象直观，使用方便，特别适于初学调香者掌握和指导调香。三角形分类法如图 2–4 所示，要点如下：

（1）香气分为动物性香气、植物性香气和化学性香气三大类，分别位于三角形的 3 个顶点。

（2）在三角形的同一边上的香气性质相似，相邻的香气更具有类似性。如花香与果香相似，皮革香与奶香相似，苔藓香与木香相似等。

（3）在三角形不同边上的香气性质相反。如皮革香与木香是不相类似的香气，奶香与花香具有相反的香气等。

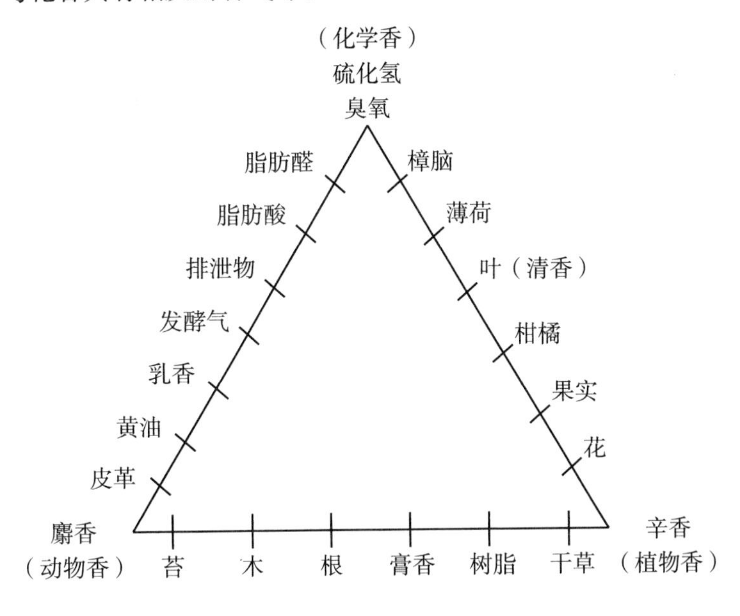

图 2–4　三角形分类法

对于烹饪中菜肴和面点的香气虽然没有自然界那么多、那么复杂，但也很丰富。陈苏华先生对菜点香型进行了分类，大致有两个基本大类、十一个中介香型类别和依此演绎的数十种基本类型（见表 2–11）。

表 2-11　烹饪食物基本香型一览表

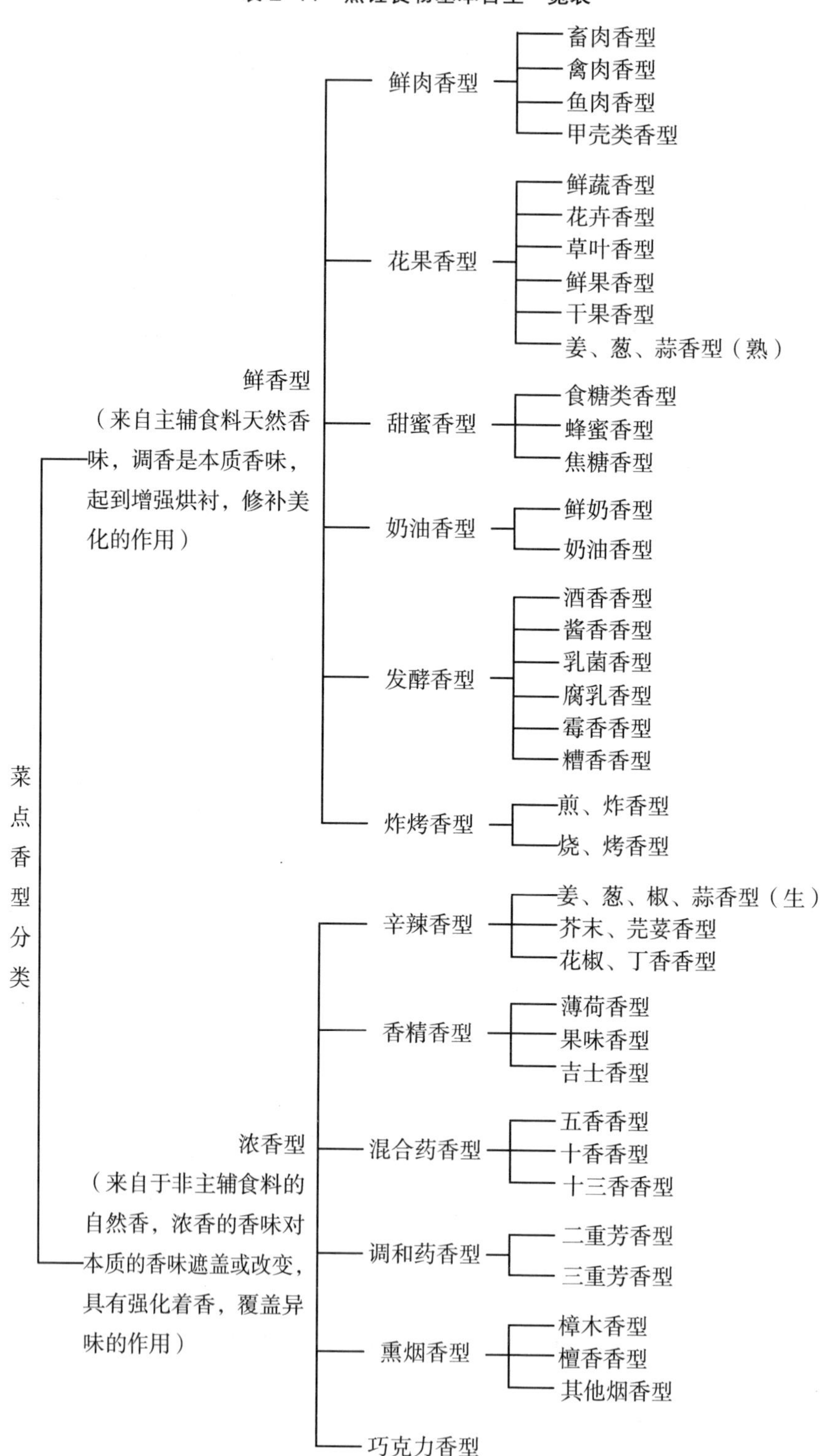

二、气味的评价

1. 评价参数

（1）阈值。嗅感的阈值就是人的嗅觉器官感觉到嗅感物质气味时的最低浓度。和呈味物质一样，不同嗅感物质产生的气味不同，相同的气味嗅感强度也不同。同样可以使用阈值的概念评价嗅感的强度。

影响嗅感阈值的因素除了与包括芳香成分的分子结构、物理性质、化学性质等本质因素有关外，还和芳香成分的多少、集中、分散等量的因素有关，如吲哚在浓度高时呈粪便臭，而浓度低时则呈茉莉香；其他还与气温、湿度、风力、风向等自然环境因素，以及身体状况、心理状态、生活经验等因素有关。其中人的主观因素尤为重要，所以才有同一个呈香物质有时会出现两个或更多的阈值。阈值既可以采用空气稀释法，也可以采取水稀释法测定，单位分别用浓度 g/kg、mol/m^3 和 mg/kg、μg/kg 等表示。

（2）浓度。虽然嗅感物质在食物中的含量远低于呈味物质浓度，但是在比较和评价不同食物的同一种嗅感物质的嗅感强度时，也使用嗅感物质的浓度。

（3）香气值。也称为芳香值、香味强度嗅感值。应该清醒地认识到，任一种食物的嗅感风味，并不完全是由嗅感物质的浓度高低和阈值大小决定的。因为有些组分虽然在食物中的浓度高，但如果其阈值也大时，它对总的嗅感作用的贡献也就不会很大。例如，用水蒸气蒸馏法从胡萝卜中所提取的挥发性组分中，异松油烯含量占 38%，但其阈值为 0.2%，它在胡萝卜中所起的香气作用仅占 1% 左右；而另一组分 2- 壬烯醛的含量虽只有 0.3%，但其阈值仅为 8×10^{-4}%，故它在胡萝卜的香气中所起的作用却占到 22%。因此在评价和判断一种嗅感物质在体系的香气中的作用时，应将嗅感物质的浓度和阈值综合考虑，故提出香气值的概念。

嗅感物质浓度与其阈值之比值就是香气值，即

$$香气值（FU）=嗅感物质浓度 / 阈值$$

如果食物中某嗅感物质的香气值小于 1.0，说明这个食物中该嗅感物质没有嗅感，或者说嗅不到食物中该嗅感物质的气味。香气值越大，说明越有可能成为该体系的特征嗅感物质。

2. 评价术语

（1）香型。描述某一种香精或加香制品的整体香气类型或格调，如果香型、玫瑰型、茉莉型、木香型等。

（2）香韵。香韵是用来描述某一种香料、香精或加香的产品中带有某种香气韵调，而不是整体香气的特征。为了调香工作的方便，人们尝试把对香气的反应和测度，用艺术的语言柔、刚、清、浊等四种香韵来描述。任何一种香料

或香精的香气基本上都含有这四种香韵，但每一种香料或香精，由于其所含各香韵的比例不同，形成醇、润、鲜、清、凉、幽、辛、干、宿、腻、温、圆等12种香调。香韵的区分是一项比较复杂的工作。

（3）香势。也称香气强度，是指香气本身的强弱程度，这种强度可以有定性的描述，也可以用定量的评价（即阈值）。香气强度的定性描述是为了便于调香、闻香、评香上的比较，香气的强度分为五个级别，见表2-12。

表2-12　香气强度的定性描述

级别	强弱	浓度界限
A	特强	在稀释至万分之一时能嗅辨出
B	强	在稀释至千分之一时能嗅辨出
C	平	在稀释至百分之一时能嗅辨出
D	弱	在稀释至十分之一时能嗅辨出
E	微	不稀释时能嗅辨出

香气是芳香成分在物理、化学上的质与量在空间和时间上的表现，所以在某一固定的质与量、某一固定的空间或时间所观察到香气现象，并不是其真正的香气全貌。有些呈香原料冲淡后香气变强，使人易于低估它们的强度；有些呈香原料在冲淡后香气显著减弱，使人易于高估它们的强度。如果没有丰富的经验，对香气强度定性的判定就容易形成错觉。

（4）头香。又叫顶香，在烹饪中是指菜点的香味在最初的时刻所被嗅辨的香气味。这种香味由挥发最强的物质构成。在香精中叫头香剂，在烹饪中叫强香剂。例如，在炒菜起锅之前洒下少许香油，这个香油香味就是最先被分辨出来的香味，随着主体香味的到来，头香便减弱了。

（5）体香。又叫中段香，在烹饪中是指菜点的主体香气，代表其香型的主要特征，在头香后被感受，并在相当长的时间里保持稳定和主调。在香精中称为主香，在菜点中则称之为正香。例如，“五香红烧鸡”，当香油香过后所感到的是五香与酱香、糖焦化香气的复合香味。

（6）基香。在香精中称为尾香或底香。在烹饪中是指菜点的头香与体香逐渐减弱，在咀嚼中最后所感觉的香气。一般由挥发较慢、扩散力较小的物质构成，在复杂的混合香型中分辨最不明显。例如，在熘菜汁中加入少量的果汁，我们会在糖醋香味中隐隐感觉到一丝果香。

（7）调和香。调和香又叫过渡香，是将多种香味串联组合成协调香型的中介香，使香气变得优美或者柔和，例如，丁香具有辛烈的香气，单独使用则冲突性强而显得不协调，然而辅以月桂、小茴、草果等则会使之变得柔和，与其他辛辣料配合时就会显得柔和而协调，称之为协调香剂。

（8）修饰香。用于修饰主香味的香料，使主香更为优美。作用如同调味中的装饰味，所不同的是这种香味融入于主味之中，而不易被辨别感受。例如，在陈皮香型的菜肴中，添加适量鲜橘皮汁，会增强人对陈皮香的感受度；再如在酒酿香型的甜点中，滴几点香槟或香雪酒，会有效地增加酒酿的柔和甜润之香等。

（9）本香。又叫本味香，是所烹制菜点所用的主辅原料的自身香。因为一切调香都是为了本香服务的。菜点香型主体以主辅料为基础和实体，是构成体香的基础必要条件。例如，五香红烧鸡，如果没有鸡的本味香，那么该菜香型的体香就没生成的基础条件。

菜点香型的结构图见图 2–5。

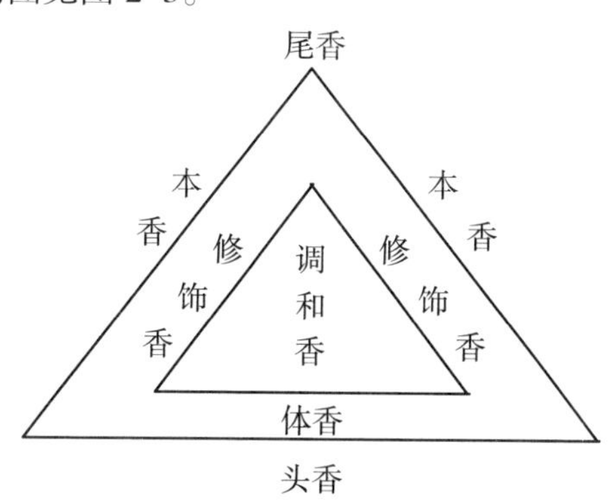

图 2–5 菜点香型的三角式结构图

思考题

1. 物质的气味可以通过哪两条通路到达嗅黏膜？
2. 嗅觉的特征有哪些？
3. 气味的评价参数有哪些？
4. 结合烹饪实践，如何对菜肴的香气进行科学描述？

第三章

调味料的作用及调味原理

本章内容： 调味料在烹饪中的重要作用
调味料与菜肴创新
西式调味料对中国烹饪的影响
复合调味料
菜肴调味原则
菜肴调味原理
调味过程与方法

教学时间： 6课时

教学方式： 教师讲述调味料在烹饪中的重要性，阐释调味料与菜肴创新的关系、复合调味料的形成及应用，联系烹饪实践讲述烹饪调味的原理和方法。

教学要求： 1.让学生了解调味料在烹饪中的重要作用。
2.熟悉调味料与菜肴创新之间的关系。
3.了解西式调味料对中国烹饪的影响。
4.掌握复合调味料在烹饪中的科学应用。
5.了解菜肴调味的基本原理。
6.熟悉调味的过程与方法。

课前准备： 阅读有关复合调味料和烹饪调味方面的文章及书籍。

中国烹饪几千年的发展史，从最初调味的起源——盐的利用，到形成期、发展期，直到现在，对菜肴的调味无不是在发展中求创新，创新中求发展。餐饮业飞速发展的今天，调味料市场琳琅满目，百花齐放，川式的、粤式的、杭式的、港式的，还有东南亚的、欧美的等不计其数，为菜肴的调味发展和创新提供了优越的条件。

调味是决定菜肴口味质量最根本的关键。烹饪的所有环节，最终都是服务和服从于调味的。获得美味是烹饪的终极目的。我们把两种或两种以上不同的呈味物质混合在一起的过程称作调味。调味科学则是研究各种基本味和调味料的特征、特性以及不同的味与味之间的相互关系和相互作用，并且如何使调配出的味道达到最佳口感的一门科学。

第一节　调味料在烹饪中的重要作用

烹调，一半是烹，一半是调。在烹饪发展的漫长过程中，烹和调可以说是一对孪生姐妹，所以烹饪也常称作烹调。烹调实际上就是烹制和调味两部分共同组成。调味是烹调的永恒话题。中国菜肴素以色、香、味俱佳而著称于世。进入21世纪，我国人均GDP首次超过1000美元，按照国际惯例，这就意味着居民进入高品质的生活阶段。人们生活水平提高，所以对健康营养美味的要求进一步提高。民以食为天的中国人，其饮食趋势已由从“吃饱”向“吃好”发展，口味由“有味”向“美味”发展，对菜肴的口味越来越讲究，对调味料和调味技术的要求也越来越高。

传统意义上的调味料是指在烹饪加工或者食物加工过程中用于调和滋味和气味的产品。调味料是中国烹饪的重要组成部分。中国烹饪的主要特征之一就是重在调味，而味的形成离不开调味料的使用。中国调味料的历史悠久，早在5000年前的黄帝时代，夙沙氏煮海为盐开创了华夏饮食调味的先河，可以说“味”是中国饮食文化的重要结晶。5000多年来，我国调味料的生产和加工，一直延续相传，形成了现今独具特色的传统格局，各地也都形成了独具魅力的“调味文化”。“菜之美在于味，味之美在于调”“五味调和百味香”。可以说没有调味料，也就没有烹饪的发展。

调味料在烹饪中主要起去除异味、解腻、提鲜、添香、增加美味、确定口味、增添色彩、辅助以一定的营养和食疗的作用。较之传统意义上的调味料，现代调味料的概念和范畴已大大扩展，许多改善食物口味、色泽、质地的产品、小菜以及部分食品添加剂等都归入调味料的类别当中。如今调味料在烹饪过程中的作用显得越来越重要。厨师往往能应用不同的调味料进行味的组合，调制出千变万化的非常适口的菜肴美味，体现出厨师调味技术的精湛、高超和烹饪艺术性，达到“一菜一格，百菜百味”的境界。

人要饮食，必要品其味。如果菜肴的烹调艺术放弃或脱离了味觉的美感，只是追求菜肴外表的形态动人、色彩绚丽，而菜肴的味道平淡、如同嚼蜡、难以食用，那么这就不能称之为美食，只能叫作食物的观赏。调味的好坏对菜肴品质的影响具有举足轻重的作用。因此有必要了解掌握五味调和之道，才能烹制出味道鲜美的佳肴来。运用各种调味料和调味手段，在菜肴的制作中影响并作用于原料，使菜肴因调味工艺和调味料的不同而产生出多种口味和特色风味。

第二节 调味料与菜肴创新

如今，创新、变革是现今时代的基本音符。而与之对应的菜肴创新也是时下烹饪行业最热门的话题。烹饪要生存、发展，就必须开拓、创新。创新，是一个永恒的主题。任何事物的发展、进步都离不开创新。餐饮业要长盛不衰，立于不败之地，并引导餐饮潮流，作为餐饮之主导产品的菜肴，必然要迎合市场，适应消费者的需求，要在继承传统的基础上，不断开拓、创新，走创新之路。中国烹饪协会已对菜点创新作了原则性界定：即新原味、新调味、新技法、新款式，其中新调味的创新是重要内容。新调味离不开新的调味料、特色调味料、优质调味料、名牌调味料和复合调味料的创新试用和大胆推广使用。

在如今市场竞争异常激烈的潮流中，作为一名具备高素质能力和创新条件的烹饪工作者，发现和应用新的调味料来革新传统菜肴，可使菜品有无限的创新空间，形成独特的菜肴来吸引广大顾客。优秀的厨师是不会满足自己已有的菜点的，同时广大消费者也在不断追求新风味的菜点；餐饮经营者们也希望在已有的菜点中不断出新，一新再新，以吸引更多的顾客。同时，市场商业的竞争无形中也迫使广大烹饪工作者去寻求新菜点、创造新口味。当今不少司厨者在传统调味料和新派调味料的基础上，利用各种单一调料和复合调料，通过科学的组合搭配，进行多重复制，从而派生出更多的新型调料，由此而成为许多酒店或者厨师特有的秘制调味料和秘制味型，成为酒店、宾馆占领餐饮市场的制胜法宝、商业秘密。例如，在第三届世界烹饪大赛中，“宫保鸡丁”一菜的创新就是一个很好的例子。宫保鸡丁是流行于四川等地的传统菜，以辣味为主。而在大赛中，制作此菜的厨师继承了其传统的技法，却以橙汁来进行烹制，口味的创新使人耳目一新，传统菜发出别样光芒，取得很好的成绩，成为当时创新的典范。

厨师在创新的过程中，菜肴调味创新是一个非常重要的方面。以味为先，变化无穷。如今全国各地的调味料种类以及各种调味料的味型很多，再加上从国外引进的一些特色味型的调味料，足够我们去运用、开拓和创新。只有敢于变化，大胆设想，才能产生新、奇、特的风味菜品。我们只有敢想、敢试，在创新中注意克服并且协调主辅原料与调味料之间所出现的矛盾和不足，扬长避短，才能在调味上有所突破、有所创新，中国烹饪才能有所发展和前进。

一线的厨师由于对餐饮业更了解，更贴近市场，更了解消费者的口味需求，对时尚的潮流把握得更准确，因此他们创新并制作出来的调味料和菜肴味型也就更加受到消费者的欢迎。对于一线的厨师在烹调实践中创制出来的新味型，其中，有的味型已经被公认，有的味型虽然还在继续实践和争论之中，但许多人已认识到它们与传统味型有很大区别。如茄汁味是较早被公认的一种新味型，它主要借鉴西餐的番茄汁调制而成，成菜风格是甜中带酸、香鲜爽口，代表菜品有茄汁大虾、茄汁鱼条等。而蒜椒味、藿香味、青花椒味等作为新的味型也被一部分人认可，但也有一部分人持不同甚至反对意见。这些新型的味型中有的菜品风味独特，使用的调味料也与以往有所不同，如蒜椒味的主要调味料是干花椒、青花椒、蒜、葱、盐、香油、味精等，成菜风格是咸鲜椒麻、蒜香浓郁。而藿香味和青花椒味，则是分别重用藿香和青花椒调制而成，都有其非常独特的风味。

值得注意的是，我们在创新口味的同时还必须尊重传统的本味，必须是在传统风味上的充实提高。如生炒甲鱼一菜，就是在保持淮扬风味的基础上，烹制时稍稍加入一些蚝油，起锅时加少许黑胡椒，其风味就更加醇美、独特。又如上海传统菜“鸡骨酱”，一般做法是在鸡块煸炒后加上酱油和糖，但有些厨师在调味中加上适量李锦记排骨酱，同时适当减少一点酱油和糖的用量，这样可使鸡骨酱的美味大为提高。还有的上海厨师在糖醋卤汁上进行改进，以往上海菜肴中糖醋卤汁的口味比较单纯而稀薄，但在糖醋卤汁中添加了适量的冰糖山楂、柠檬汁等天然酸甜果汁后，糖醋卤汁的口味变得厚实自然起来，而外观的颜色仍一如既往，因此受到众多消费者的喜爱。另外，菜品的创新从口味上入手，还能产生出特殊的效果。例如，银鼠鳜鱼这道菜是模仿松鼠鳜鱼的制作方法而创制的，以往松鼠鳜鱼是油炸后再浇制糖醋汁或茄汁，而银鼠鳜鱼是清蒸后，浇制咸鲜卤汁而形成，其口感是鲜、嫩、滑、爽。又如从油爆虾到椒盐虾，再到番茄大虾、XO 酱大虾的变化，这些都是由改变传统菜肴口味而创制来的新菜品。所以我们对一些传统名菜必须在传统的风味上加以一定的改制和创新，不但可以形成新的菜肴味型，而且有助于保持中国烹饪的整体活力，有助于中国烹饪的发展。

烹饪中对于菜肴口味的创新往往有两种常用方法：一种是“料变味不变法”，也就是指厨师掌握了某一味型之后，便可以依据该味型为基础烹制出相似味型的不同菜肴。比如掌握了糖醋味型，依据这种味型，针对不同的原料，便可以烹制出糖醋排骨、糖醋带鱼、糖醋瓦块鱼、糖醋丸子、糖醋藕片、糖醋茄夹、糖醋青椒、糖醋心里美等菜肴。又如川菜中的代表菜鱼香肉丝的鱼香味型，我们可以此味型为基础，从而派生出鱼香腰花、鱼香大虾、鱼香茄子、鱼香排骨等。同理，麻辣味型、茄汁味型、酸辣味型等也可以照此处理。但需注意的是，一定要按照每款菜肴味型的原料特性和风味特点去进行调配，掌握好一个度。另一种方法是“味变料不变法”，即选定某一种原料，而变换不同的调味料和调味方法，同样也可以创制出同种原料而不同口味的系列菜肴。例如，我们以肉丝这一简单的原料为例，通过变换不同的调味料和调味方法来开发菜品，便可以产生出如香辣肉丝、鱼香肉丝、京酱肉丝、麻辣肉丝、酸辣肉丝、葱香肉丝、糟香肉丝、怪味肉丝、孜然肉丝、榨菜肉丝汤等系列菜肴。依此类推，举一反三。我们只要把调味料与原料之间进行更多的交叉转换，还可以变换出更多品种。在这里值得强调的是，在菜肴调味的创新中，调味料并不能完全代替烹饪，关键还在于厨师对调味料的科学掌握和正确运用，掌握原理，区别对待，这样才能创新出符合消费者不同需求的风味菜肴来。

第三节　西式调味料对中国烹饪的影响

我国改革开放以来，中西方饮食文化和烹饪技艺的交流不断发展，厨师走出国门或者将国外的烹饪大师请进国内的机会也越来越多，菜点的制作出现了多样化发展的良好势头。西式调味料的不断引入，带来了许多以往国人未曾见过但却适合中国消费者口味的外来调味料，由此形成了许多中西合璧的精美菜点，极大的繁荣了我国餐饮市场，丰富了中国菜点的风味，扩大并提升了我国消费者的口味。

由于东西方饮食文化和烹饪技艺的不断交流和深入，在调味料的使用上出现了不少洋为中用的现象。笔者认为这是我国烹饪尤其是调味工艺发展中的一大趋势。因为任何一个国家的烹饪发展都不是完全独立和孤立的，在其成长过程中必然要吸收别国烹饪的长处。所以西式调味料在我国烹饪中“洋为中用”的现象，对促进我国烹饪技术和调味技术更快更好的发展是极有帮助的。西式调味料的引入能够丰富中国菜点的口味，科学合理的应用好这些外来调味料可以开发出更多品种的菜点，使我国菜肴的风味、色泽和形状上实现突破和创新，尤其是突破以往传统的调味方式和模式。

从发展的眼光看，西式调味料的洋为中用是非常值得提倡的。这使得中国烹饪与世界烹饪能够进一步接轨，并为中国烹饪走向世界，更多地被世界上其他国家的人们所乐意接受，起到了非常重要的作用。西式调味料进入我国烹饪行业，也给我国烹饪行业注入了新鲜的活力和前进的动力，形成了中西结合的特色，给许多中国消费者带来了新的口味，促进了菜肴的更替和创新。同时国外先进调味料的进入也可以让我们学习到更多、更新的国外调味方法，对中国烹饪的发展与改革起到良好的推动和促进作用。我们甚至可以想象：西方的一些复合调味料和调香料越来越多地进入我国烹饪行业，通过在我国菜肴中的运用和改良，最终形成新的具有中国特色的烹饪调味方法，而其中有些经过改良后的调味方法甚至会反馈给西方国家，并得到西方国家的认可和接受，这也同样促进了世界烹饪的发展。如今中国调味料与西式调味料融合的速度正在加快，而且伴随着西餐饮食、西式调味料及各种西餐加工食品的迅速发展，我国烹饪行业中的中西方融合程度逐步增强。据不完全统计，现在大约有30%的中餐菜品增添了西餐元素，而这种改变主要是依靠使用西式调味料来实现的。与此同时，中式餐饮与西式餐饮的互相融合过程中也做到了和而不同，各显特色。

西式调味料的进入，丰富了我国的菜肴品种和风味。将中国菜的风味与外菜或西式菜的风味有机的融合，形成新的中西复合味，从而创新出有特色的新菜肴。科学合理的利用好这些西式调味料能够开发出更多品种的菜点，例如，芥末酱、沙拉酱等西式调味料，现在已经成为我国烹饪中常用的调味料，还创新出了一批新的菜点。我们在菜肴的制作中，既可以应用各种中式调味料调制出新的复合味，也可以利用西式菜和外菜的西式调味料来稍加改变，再注入自身菜品的特色之中，创新出新的复合味来。如有的餐馆在适应中国传统菜肴口味习惯的基础上，把中西调料混合使用，使菜肴的口味变得新颖独特，十分受欢迎。特别是奶油、沙拉酱等西式调味料与中式调味料调和后能产生多种味道的组合，千变万化。还有不少中式菜肴烹制好后，随菜上桌时却配备了几种中西调料碟，以供客人选择不同的口味来进食，从而形成一菜双味或一菜多味。在不少中高档中餐厅和茶餐厅的餐桌上，西餐常用的番茄汁、辣椒酱、果醋汁等常有出现，顾客对其的欢迎程度有时甚至超过传统的中式调味料。反之，西餐也可以利用中餐常用的中式调味料来稍加改变，同样可以形成新的西式复合味，从而创新出新的菜肴。例如，我们可以在西餐的调味汁和特殊调味汁中增添中式菜肴的香辣味或香麻味，从而烹制出新口味的西式菜肴。在实践中我们将川味的鱼香调味技法和调味料应用于西餐的牛排上，形成独特的“鱼香牛排”，这就属于典型的中味西调。在调味技法上我们既可以运用传统中餐之“入味”的方法，也可以应用西餐烹制之“浇味”的方法。例如，在粤菜、苏浙菜、川菜中，有部分菜品全部使用奶油、奶酪、沙拉酱、千岛汁等西式调味料来进行烹饪调味，使菜品形似中餐但味道却是西餐。

中国调味料是以传统的发酵产品为主体，如各种地方风味的酱油、醋、酱和各种花色腐乳等。而西式调味料中，美国以洋葱、芥子为主；欧洲以黑胡椒等香辛料为主；印度、印度尼西亚以咖喱等香辛料为主。虽然中西方调味料的味型和香型互不相同，使用方法各有特色，但是中西方的饮食文化和烹饪技艺的交流是无国界的。如今中西方的烹饪调味技术和各种调味料在不同的国度会常常出现。像西餐中常用的咖喱粉、墨西哥的辣椒末和日本的七味辣椒等在我国烹饪行业中常有应用；沙拉酱、烤肉汁、鹅肝酱、油醋汁、烤牛排调料、串烧调料和日本炸鸡料、寿司酱油、烤鳗酱油等也在我国各地逐渐流行。同样，中餐的调味方法和中式餐饮产品也在西方国家开始流行。像中式的快餐在美国洛杉矶及美国各大学的公共食堂中快速普及，如美国的“熊猫”中式快餐，针对西方人的饮食消费习惯推出了高、中、低档次的风味快餐，市场非常火爆，很受美国人的喜爱。与此同时，麦当劳、肯德基等西式快餐业在我国取得成功后，又进一步针对中国餐饮的特点和调味技法，推出了一些纯中式风味的快餐产品。

从目前西式调味料在我国烹饪中的应用现状看，其影响大致可以归纳为如下几个方面：

（1）丰富了我国调味料市场的品种。西方国家在调味料方面的开发和研究经过多年的努力，已经有了一整套比较完善的研究方法和调味技术，开发出了很多品质优秀、味道有特色的调味料。这些调味料在很大程度上丰富了我国的调味料市场，使人们在调味料的品种选择上有了更大的空间，同时使中国烹饪的调味技术也有了很大的发展空间。

（2）促进了新菜点和新工艺的产生。西式调味料的引进给许多中国消费者带来了原先所没有的口味，从而达到了菜肴风味的创新。通过西方许多调味料及不同调味方法的引入，大大丰富了中国烹饪工作者的思路，促进了不少新式菜点的产生。例如，现在不少冷菜中使用西式沙司，获得了很好的效果；又如在奶汤鲫鱼中添加咖啡伴侣，不仅使鱼汤的汤色更加乳白，同时味道也更加醇厚，而且还没有过多的奶味及甜味，效果远好于用传统的中国烹饪方法制作奶汤鲫鱼的效果。

（3）可以使调味过程更加简捷。西式调味料利用其在风味化学、营养学、调味工艺、调香工艺等先进技术的基础上，成功的研制出了非常优秀的调味产品。操作者即使没有丰富的烹饪经验，利用这些调味产品也同样可以烹制出味道较纯正的菜点，而且大大简化了整个调味过程，使得烹饪工艺过程变得更加方便快捷，提高了劳动效率，同时也为大规模的菜肴工业化生产提供了条件。

（4）能够在一定程度上增加菜肴的营养。西式调味料尤其是现代复合型调味料更加重视调味料中各种成分的科学配比，同时也很注意营养素之间的科学配比。因此当我们使用这些外来西式调味料时，可以在一定程度上增加菜肴的营养价值。当然人体营养素的获得仅靠调味料是远远不够的，主要还是要通过饭菜的摄入而获得。

应该说西式调味料的洋为中用是中西方饮食文化交流的必然产物，为中国烹饪的改革、菜肴的创新，开拓了新思路、新空间。所以当今中西方饮食文化的互相交融及西式调味料的洋为中用，是中国烹饪史上的一个重要阶段，必将为中国烹饪今后的发展产生深远影响。

第四节　复合调味料

从饮食发展史来看，复合调味料并不是一种突然出现的事物，它已经有了相当漫长的发展历史，而且有着相当广泛的大众饮食的基础。

一、复合调味料的形成

我国的烹调以往一直讲究在烹调过程中形成菜肴的美味，而西方及日本的烹调手法与我国明显不同，他们习惯于复合调味料的使用，如传统的复合调味料有沙司、沙拉酱、蛋黄酱等。国外从20世纪50年代就开始了复合调味料的研究，到了70年代则成为争相开发的课题。近年来又有了很大的发展，且应用得很普遍，质量也很高。从其发展来看，日本开发较早、发展快、技术先进、包装精美、卫生方便。60年代初期，日本首先推出味精添加核苷酸制成复合调味料“超鲜味精”，它使鲜味提高了数倍，并且很快普及到家庭和食品工业，标志着现代化生产复合调味料的开端。70年代，日本以鱼贝类、牛肉、鸡肉等为原料添加植物蛋白水取液（HVP）、动物蛋白水解液（HAP）、酵母抽提物等增鲜剂生产的牛肉精、鸡肉精、木松鱼等风味调料，味道十分鲜美，特别适于作汤料。另外，专门烹调中式菜肴的复合调味料在日本开发得也比较早。1978年，日本味之素公司就生产了麻婆豆腐调料、青椒肉丝调料、八宝菜调料等菜肴的复合调味料，其商品总称为“中华调料”。到1987年已发展到20多种，以后又增加了一些汤料，如玉米汤调料、鸡丁香菇汤料、榨菜蔬丝汤料以及鸡丁泡饭调料、四川泡饭调料、海鲜泡饭调料等复合调味料。而在美国、加拿大、西欧一些国家的市场上，中式复合调味料不仅有日本的产品，还有韩国、新加坡，中国台湾和香港地区的产品。随着国内外食品工业的迅速发展，各种集多种调味料于一体的多风味、营养、方便、卫生、精美、即开即可食用的复合调味料纷纷上市。目前，全世界复合调味料品种多达成千上万种，已成为当今国际上调味料的主导产品。

随着我国人民生活水平的提高和生活节奏的加快，人们的物质生活水平发生了根本性的改变，消费者对以往普通调味料口感单一、缺乏层次感的缺点，越来越不满足，追求食物风味的天然化和多样化的要求越来越强烈。人们要求调味料即开即用以及方便、好吃、卫生，复合型调味料最能满足这些需求。我国正式使用“复合调味料”这个名称始于20世纪80年代初。1982 ~ 1983年天津市调味品研究所开发专供烹调中式菜肴“八菜一汤”的复合调味料，并称为“复合调味料”。1987年我国制定ZBX66005-87标准，规定了“复合调味料”专用名词、术语及定义标准。进入90年代，复合调味料发展尤为迅速。为适应复合调味料新的发展形势，GB/T 20903—2007对复合调味料重新作了定义和分类。在GB/T 20903—2007中对复合调味料作如下定义：用两种或两种以上的调味料配制，经特殊加工而成的调味料。一般情况下传统的发酵产品如酱油、醋、豆瓣酱、郫县豆酱等属于单一调味料。宋钢先生曾把国内调味品产业的发展划分为五个阶段：第一阶段的代表是历史悠久的酱油、食醋、酱类、味淋、料酒、豆豉、十三香、五香粉等。第二阶段是随着味精、I + G的出现与工业化生产，让人们对复合味中的鲜味有了新的认识。第三阶段是味精、I + G、HVP、HAP、各种氨基酸单体、有机酸的复合调配。第四阶段是动植物提取物、酵母抽提物、复合增鲜剂、各种新型糖类和甜味剂的应用，典型代表如鸡精、鸡粉等。第五阶段是高度熟化和厚重味的动植物提取物、新型特色天然调味基料的应用，所体现的调味理念是“美味、天然、安全、方便、营养、健康”。目前国内复合调味料的发展处于第三、第四阶段，第五阶段是复合调味料的未来发展方向。

复合调味料的分类有多种方法。按用途不同可分为：佐餐型、烹饪型及强化风味型。按所用原料不同可分为：肉类、禽蛋类、水产类、果蔬类、粮油类、香辛料类及其他复合调味料。按风味又可分为：中国传统风味、方便食品风味、日式风味、西式风味、东南亚风味、清真风味及世界各国特色风味复合调味料。按形态可分为：固态（包括块状、粉末状、颗粒状）、半固态（包括膏状、酱状）、液态复合调味料。目前，国内市场上主要根据我国饮食习惯来分类，分为菜肴调味汁、中式小吃调味汁、西式调味汁、面条及速冻食品蘸汁、煮炖汤液和生鲜蔬菜味汁六大类。

（1）菜肴调味汁：主要对我国各菜系中的一些经典名菜的做法进行开发，使顾客在家也能做出名菜来。它的技术关键在于对经典名菜的各种调味基料配比的分析。

（2）中式小吃调味汁：小吃是中华民族饮食中最绚丽多彩的部分。不同民族有不同的小吃，不同区域有不同方式的吃法。因此，对中式小吃调味汁的开发重点主要是根据不同消费人群对小吃风味的确定来开发，如现在风靡全国的四川酸辣粉、陕西凉皮等产品的复合调味汁的开发。

（3）西式调味汁：由于中外饮食的交流和融合，一部分中国人也喜欢上西式菜肴。目前市场上的各种沙司就是为这部分人群进行开发的复合调味料，其技术关键在于对西方调味汁的消化与引进。

（4）面条及速冻食品蘸汁：面条是中国人民最喜欢的主食之一。单从区域上来分，全国有名的就有兰州拉面、延吉冷面、河南烩面等诸多品种。对面条的复合调味料开发我国还起步不久。速冻食品如水饺、馄饨等。

（5）煮炖汤液：市场上如美极汤料、滋补炖液、人人乐汤料、味好美汤料、家乐汤料等；也出现了麻辣鲜、排骨味王、肉味王、十三香、十八堂等；还有火锅底料、涮料等。另外还有滋补火锅、炖鸡调味料等添加药膳系列物质的新产品。

（6）生鲜蔬菜味汁：这一类复合调味汁主要是指对生鲜蔬菜、瓜果进行生食或对一些菜肴进行凉拌时应用的一类复合调味料。目前这部分产品在我国市场还很少见。

二、复合调味料的构成特点

现代意义上的复合调味料是指在科学的调味理论指导下，用多种调味料为主要原料，经特殊的风味设计，以一定的配方，进行工业化规模生产的新型调味产品。通过添加（或不添加）油脂、天然香辛料及动植物等成分，采用物理的或生物的技术措施进行加工处理及包装，最终制成可供安全食用的一类定型调味料产品。复合调味料具有呈味成分多、口感复杂、质量规范统一的特点，是一种针对性很强的专用型调味料。在现代生活、餐饮业和食品工业中发挥着越来越重要的作用。

复合调味料的味感构成包括口感、嗅感和外观感，是调味料各要素的化学、物理反应的综合结果，同时也是人们生理器官及心理对味觉反应的综合结果。其配制原则常常是以咸味料为中心，以风味原料为基本原料，甜味料、香辛料、填充料为辅料，经适应的调香调色而制成，其间要充分考虑原辅料及其用量的合理选择，以及各种原料在调味中的相乘、相比、相抵的作用关系。按照复合配方调和在一起的原料，呈现出来的是一种独特的风味。所以，复合调味料是一类针对性很强的专用型调味料。

复合型调味料生产一般是指以工业化生产为特征的，采用多种调味原料进行的大批量生产；将产品进行规格化及标准化后的可重复性生产；以进入市场为特征的商品化包装；以核定保质期为标准的严格的质量管理。具备了以上四个要素的企业生产出来的调味料产品，才是有现代意义的复合型调味料。

复合调味料的原料主要有盐、糖、酸等。这是大多数复合调味食品都必须用的基本原料。它们对风味的体现起着相当重要的辅助作用，只是在用量上有多少的差别。鲜味调味原料主要有MSG、I+G、干贝素、纯肉粉（如纯鸡肉粉、纯猪肉粉）、海鲜原料提取物（鱼、虾、蟹、淡菜、紫菜）、野生菌原料提取物（蘑菇、香菇、松茸、鸡枞菌等）、水解植物蛋白、水解动物蛋白、酵母抽提物等。这些原料主要是呈鲜和增鲜作用。它们的合理复配得出理想的鲜味是调味界所关注的。增香料及香辛料：增香料主要有麦芽酚、乙基麦芽酚、香兰素等；香辛料主要有白胡椒、姜、葱、蒜、大茴、小茴、山柰、桂皮、草果、丁香、肉寇、白寇、排草、灵草、紫草、良姜、砂仁、香芹、荜拨、黑胡椒、花椒、辣椒等；香精料有肉类香精如牛肉精、鸡肉精等；菜类香精有番茄香精、葱油精等，种类很多，用途很广。另外还有着色料（焦糖色素、辣椒红、酱油粉等）、油脂（动物油、植物油、调料油等）、脱水物料（肉类有牛肉干、鸡肉丁、虾肉等；菜类有葱、胡萝卜、青豆、白菜、香菇等）、其他填充料（糊精、苏打等）。

1. 复合调味料的基本构成

咸味剂、鲜味剂、甜味剂、酸味剂、香精等是最基本的成分，构成了复合调味料的主干。复合调味料风味中各种基本成分的用量决定了基本性质，常用风味成分用量见表 3-1 所示，表中各种成分的用量是根据使用时应实现的最适浓度（适口浓度）计算得到的，属于有普遍意义的经验值。但由于复合调味料的专用性和口味的区域性等问题，在实际中要依据原料的品质、调料风味的要求等因素，灵活运用、适时调配。各类呈味剂有许多不同性质的品种，对风味有不同的贡献，与其他呈味剂的组合有不同的风味特点，相互影响千差万别，此点也正是调味师们夜以继日追寻的。

表 3-1　复合调味料基本成分用量

种类	主要调味原料	用量（%）	种类	主要调味原料	用量（%）
咸味料	食盐等	0.8 ~ 1.2	香辛料	辣椒、花椒、胡椒等	0.004 ~ 0.05
甜味料	白糖等	0.2 ~ 0.5	油脂	牛油、鸡油、调味油	0.05 ~ 0.2
鲜味料	味精	0.2 ~ 0.05	着色料	焦糖色、辣椒红等	0.05 ~ 0.2
	I + G	0.05 ~ 0.1	香精	各种香精等	0.05 ~ 0.2
	HVP	0.05 ~ 0.1	填充料	淀粉、麦芽糊精等	适量

2. 影响复合调味料风味的特殊原料

影响复合调味料风味特征的是香辛料和逐渐受到调味师重视的复合型风味原料，如禽畜浸出汁、动植物蛋白水解物、酵母浸膏（已开始风味化），以及迅速发展的食用香精，而传统的酱油在现代调味中的作用仍不可忽视。复合型风味原料在追求自然、本质的今天，显得尤其重要。

常用的香辛料有近 30 种，每种香辛料都有不同的呈味特性、不同的作用和不同的适用性。调制风味不同的调味料时，使用的香辛料种类和用量也不同，其中的变化更是无法用语言描述。一个重要方面就是各种动物油脂、植物油脂的香化处理，借助于烹调技艺，可以产生变换无穷、风味更浓厚、持香更久的独特调味效果。

香精含有特定风味的挥发性成分，是对某类风味的体现，浓厚的天然味道和提供逼真的主体香型是追求的目标，也是形成复合调味料的关键性成分之一。随着热反应香精的进步，真实地再现现实和传统成为可能。但是其水溶性香气成分的不稳定和不圆润，不得不依靠传统的油溶性香精来补充，甚至重建。

麦芽糊精、淀粉等在传统上是作为填充料，但是在复合调味料中却发挥着协同主要物料并辅助产生和保持良好味感的作用。

3. 复合调味料的风味来源

目前复合调味料的风味主要来源于特征性风味原料。在汤料、鸡精、复合调味料、休闲食物等产品之中，这类原料的作用很大，用好一个好的特征风味原料，可以体现出良好的特色风味。特征性风味原料的主要特点是：它是体现复合调味料特征风味的主要物质，它已成为当今咸味食物调味的“秘密武器”；它的质量在一定程度上决定着咸味食物的好坏；它成为咸味香精的主要特色体现，如纯鸡肉粉、鸡肉香精、鸡肉精油、纯猪肉粉、鸡肉浸膏、猪肉浸膏、猪肉香精、牛肉精油等。例如，鸡精的特征风味主要来源于以下两方面：一是生产所用鸡肉、纯鸡肉粉、热反应鸡肉粉、鸡肉香精等本身固有的口感、鸡肉风味及香气等；二是鸡肉、纯鸡肉粉、热反应鸡肉粉、鸡肉浸膏等经加热烘烤等加工过程中生成的特征香气和香味。

特征性风味原料作为配料不断应用于餐饮中，使得火锅店和火锅底料生产企业大量应用鸡精，产品的销量和消费者的认知度大幅度提高。如小肥羊火锅、重庆小天鹅、德庄、秦妈、巴乡鱼头、谭鱼头等餐饮品牌消费者食用后反映相当好。可见特征性餐饮配料供应量将在餐饮业的两方面有所增加：既可以直接应用于火锅、中餐等连锁店，其销量进一步增加；又能够进一步广泛应用于普通家庭，使得普通群众不出门，在家烹调就可吃到类似于餐饮连锁店一样的风味。

4. 增鲜技术在复合调味料中的应用

随着复合调味料的进一步发展，烹饪行业对复合调味料在“鲜美味”和“耐高温增鲜”这两方面的要求不断增加。为了应对这两方面的要求，常常通过以下几条途径来解决。

（1）用氨基酸及盐类增鲜，如采用MSG、I+G、干贝素（琥珀酸二钠）及其他氨基酸或盐类等进行复合而增鲜。

（2）用肉类风味剂来增鲜，如采用耐高温的肉味系列原料（纯肉粉、热反应肉粉、HAP、肉类抽提物）、HVP、氨基酸及盐类复合增鲜的方式。

（3）用蔬菜风味增鲜，如采用蘑菇、香菇、松茸、鸡杆菌等及其相应的抽提物、酵母抽提物、氨基酸及盐类等复合增鲜的方式。

（4）用海鲜类风味剂来增鲜，如采用鱼、虾、蟹等及其相应的抽提物、氨基酸及盐类等复合增鲜的方式。

三、复合调味料有助于中国烹饪的标准化

随着时代的发展，人民生活水平的提高，我国烹饪正逐渐由家庭向社会转移。工作和生活节奏的加快，需要社会提供更方便、更快捷、更丰富多样的饮食服务。为了适应这种形势发展和需要，21 世纪的中国烹饪必将要走标准化、科学化的道路，由此引申出中国烹饪如何走向标准化、现代化，用料严格量化的问题。而在烹饪加工过程中使用现代高科技工艺生产出来的复合调味料，将有助于实现中国烹饪的标准化、科学化和现代化，有助于解决中国菜肴虽然味道鲜美、口味丰富，但加工过程复杂、不规范化和不确定性强的难题。

以往调味料以单一味为主，烹饪的工序相对复杂，很多复合调味料需要厨师自己动手制作，在“五味调和”方面需要很深的造诣。过去一个厨师必须掌握 10 种以上的复合味调味料的加工制作，现在出现了许多复合调味料商品，使用上更为方便，减轻了厨师的劳动强度，缩短了出菜的时间，还相应减少了浪费。以往厨师需要自己熬制高汤，配制各种复合味的酱料，而现在都能用相应的复合型调味料商品代替。随着餐饮业的发展，厨师分工也越来越细，更加讲求效率，复合调味料的发展确实在很多方面改变了传统的烹饪模式，为推动餐饮业的进步起到了积极的作用。

传统的中国烹饪是纯粹的手工操作，是一种个体操作的工艺。这是中国烹饪的特点，同时也正因为这一点，不适应现代生活的节奏，就会限制烹饪的进一步发展。随着我国餐饮业的迅速发展，就餐人数的日益增多，对于烹饪行业现状来说，大量的菜肴和点心很难做到规格化、定量化，更无法进入工业化的大生产。而烹饪定量化、标准化，是烹饪发展的必然趋势，是保证菜肴质量和实行规模化生产和连锁经营的必要措施，这也是中国烹饪不断走向科学化的重要步骤。

在烹饪加工过程中对于现代复合调味料的应用，非常有利于中国烹饪实现标准化、现代化。在烹饪加工过程中之所以要用标准化生产的复合调味料，是因为现代意义的复合调味料是指在科学的调味理论指导下，将各种基础调味料按照一定比例进行标准化的调配制作，从而得到满足不同调味需要的复合调味料。工业化生产的复合调味料以最佳的配方来调配生产，形成的复合调味料口味纯正，质量规范统一，非常适合餐饮业、快餐业的调味使用。使用标准化复合调味料可以使烹调变得更方便，或是烹调成批量的同一品种菜肴时，能更快捷、更省时，烹制出来的菜肴口味更一致。

我们在烹调过程中为了加快菜肴的烹调以及准确地把握菜肴统一的质量标准，往往使用大批量的复合调味汁。尤其是那些连锁性的快餐店，每天需要事先准备好大量标准化的饮食产品，这当中包括主食、菜肴、各种小吃和炸货、汤汁以及专用复合调味料等。这些工作如果完全依靠人力完成，其工作量之大是可想而知的。况且，靠手工完成往往还会受到各种条件的制约，比如制作者口味的偏爱、技术和经验的差异、制作者的健康状况、情绪波动等。同时，长期以来我国烹饪行业习惯了单纯依靠厨师的烹饪技艺，不太习惯依靠标准化的工艺过程来进行操作，厨师在调味时要做到毫厘不差是非常困难的。由于技术难度高、经验性强、随意性大，费时、费工，还常常出现千人千面、一菜多味的不稳定现象，厨师必须通过长期的实践和经验积累才能逐步胜任和运用自如。上述这些因素都将在一定程度上影响了菜肴口味的准确体现，特别是调味过程中人为的随意性较大，没有一定的标准。因此解决上述问题的良策之一就是尽可能多地采用标准化生产的复合调味料来进行标准化烹饪。复合调味料在烹饪中的使用，既缩短了菜肴制作的时间，也大大降低了其技术难度，避免了由于经验性和随意性对菜肴的质量所带来的不稳定影响，使菜肴的制作能够稳定、快速、高效，并且能够使大量年轻的、非熟练工人烹制出符合风味标准和要求的质量稳定统一的菜肴，从而为菜肴的标准化、产业化奠定良好的基础。

四、复合调味料的发展趋势

调味料离不开烹饪行业，烹饪行业是调味料最大的应用市场和施展其才能的最大舞台。同时，烹饪的发展和创新也必须依靠现代调味料的有力支撑及帮助。两者互为依靠、互为生存，不可缺一。如今，调味料已经成为烹饪行业发展的一个重要切入点，使得调味品产业与烹饪行业之间形成了一种互相拉动、共同发展的良好态势。

营养化、方便化、风味多样化是现代调味料发展的主要趋势。采用天然原料生产营养型调味料；依据我国悠久的药膳历史，特别是经典医书和民间配方，采用既是调味料又是中药的花椒、八角、肉桂、茴香、丁香、桂皮、辣椒、砂仁、大蒜、豆蔻等为原料，依靠现代科学技术生产的药膳调味料和保健调味料；按照我国各菜系特色和风味生产的特色调味料；这是我国调味料发展的三大特色，是今后我国复合调味料得以成功发展国内市场和开拓国际市场的根本。

要开发和生产根据各种菜系或特色菜专门设计的调味料。目前市场上有些专门针对川、粤、鲁、苏等各菜系的名肴调料，以及复合型的专用于拌菜、调面、烹虾、炸鸡调料、各种调味酱、火锅底料等都属于这一类调味料。这类调味料是目前市场上最为热销的新品品类，主要走餐饮渠道，品种繁多，价格属中高档系列。

大力开发新型高汤品种也是今后发展的方向。因为高汤是我国历代厨师在烹制菜肴时必不可少的一种重要的鲜味来源，它是许多菜肴制作时不可缺少的鲜味剂。调味专家都知道，烹饪时所用的“汤”成了许多菜肴调味的核心，无“好汤”就谈不上很好的风味。因此才有了“艺人的腔，厨师的汤”一说。根据传统的烹饪特点，高汤的产生过程与工业化食品的生产过程有所不同，必须既熟悉烹饪中高汤的形成，又精通食品工业化生产流程的专家才能设计生产。现在市场上已经出现了一些高汤系列肉粉的产品，这类产品的特点是：高汤肉粉经溶解后立即形成浓汤。由高汤肉粉制成的高汤其风味一致，不会随其他因素而发生改变。

第五节　菜肴调味原则

中华美食以“味”为核心，所有环节的工艺都是服务和服从于调味的，堪称一门味觉艺术和调味艺术。调味的原则应该是突出原料的本味，丰富菜肴的口味和色彩。菜肴的烹调是为了“有味使之出味，无味使之入味，异味使之除味”。对有味的原料，一定要把原料的鲜美主味体现出来；对无味的原料，则必须运用各种调味料和调味手段，使味充分渗透扩散，让原本无味的原料变为美味；对有异味的原料，要想方设法使之去除。

烹饪中调味料的选用要注意以下几点：一是调味时所需的调味料品种要多，这样才能使菜肴的口味类型达到丰富多彩。二是对于烹调所用的调味料其质量越好，烹制成的菜肴口味就越纯正。三是对不同调味料的使用要做到适时适量。四是不同味型的菜肴，调味要注意不同的调味方法。有些菜肴还必须要有特殊的工艺要求，如烤、炸、熏等烹饪加热方法，这样才能显示出独特的风味。

具体调味原则如下。

（1）根据菜肴味型调味。看菜调味即视菜肴的味型要求而调味。如传统菜肴四川的宫保鸡丁、广东的蚝油牛肉、山东的九转大肠、江苏的拆烩鲢鱼头、北京的烤鸭、关东的扒熊掌等，经历代厨师千万次的烹制已成精品，有其相应的标准和程序，口味也已有较明确的界定。因此调味要一丝不苟，保持特色。在调味料的选择、投放数量、入锅的先后顺序上，都要严格执行固有的模式，使传统菜肴作为一种文化遗产较好的保存下来。如果是改良菜或是创新菜，在口味上没有这些固定程式的束缚，但以适口为原则。

（2）根据原料的特性调味。烹制菜肴所使用的原料种类和品种都非常多，按原料本身所具有的味道分，大致可分为三类，每一类又都有相应的调味原则。

①本身味好的原料：在烹调原料中，有一部分原料自身具有较好的风味，

如新鲜的蔬菜、水果、鸡肉、猪肉、淡水鱼等。针对这样的原料，调味的原则是突出原料的本味。调味的手段应该是对比方式，以清淡的咸味使本味突出出来。这类原料在调味时不宜太咸、太甜、太酸、太辣。例如，新鲜的大闸蟹以水蒸的味道最好就是这个道理。如果调味料的味道太重，反而会将原料自身的鲜美味掩盖住，破坏了原料的自然美味。

②本身味较差的原料：对于那些本身气味和滋味不佳的原料，如某些蔬菜的苦涩味，海产鱼的一些腥臭味、牛羊肉的膻味、内脏品的不良气味等，调味的原则是掩盖或转化原料的不良气味，调味时要偏重一些，多用葱、姜、蒜、食醋、料酒、花椒、桂皮等含挥发性物质多的调料，以掩盖和转化原料的不良之味。

③本身无味的原料：如干货原料中的海参、鱼翅、燕菜、蹄筋、鱼肚、菌类和茭白、白菜、鲜笋等蔬菜，本身并无多少鲜美味，调味的原则是为原料补充味道。确定菜肴的味道后，要不断地为原料补味。特别是对于鱼翅、燕窝、海参等贵重而本身又没有滋味的原料，则更需要依靠调味来形成名肴。例如，黄焖鱼翅，鱼翅涨发前先要用鸡汤、葱、姜等蒸数次，以增加鲜香味。烹制时还要配鸡块、猪肘、火腿等一同烧焖，才能确保菜肴的鲜美。

（3）根据季节调味。中国烹饪的调味十分注重季节变化对菜肴调味的影响。中国人历来讲究饮食滋味的调和，要合乎时序，注意时令节气，这一点古人早就非常注意了。古人讲究时序论，将人的饮食调和同人体、天地、自然界有机地联系起来看待，这对烹饪很有参考价值。《礼记·内则》就提出：“凡和，春多酸，夏多苦，秋多辛，冬多咸。调以滑甘。”这是四季调和的总原则，可见古人对味的调制是十分考究的。

用现在的观点看，季节、气候的变化实际会影响人的生理变化，从而在口味食欲上有所反映。所以烹饪调味时，应当在保持菜肴风味特色的前提下，根据季节的变化，对调味料的用量作适当的调整。特别是设计整桌筵席口味时，更要随季节变化选择口味。秋、冬两季，由于气温寒冷，人的食欲旺盛，这时的菜肴可以口味稍微偏重，菜色较浓。在对菜肴进行调味时，要有意识地将菜肴的口味略有提高。而春、夏两季，由于天气炎热，人的食欲有所减弱，对菜肴的口味喜欢清淡，菜色较淡。这时可以有意识地适当减少调味料的用量，使得菜肴的整体口味要稍微低于菜肴的正常口味，以适应季节。

因此，调味在保持风味特色的前提下，要根据季节灵活掌握。例如，扬州狮子头是淮扬菜系中的传统名菜，在历代厨师的精心设计和创新下，非常注意时令节气的变化，相继开发创制了许多品种。在初春时有河蚌狮子头；清明前后有笋焖狮子头；夏季时有面筋狮子头；冬季时有风鸡狮子头等。这些都是根据季节的变化来进行原料的搭配而烹制出来的系列佳肴。

另外，由于有些调味料的使用会对菜肴的色泽产生一定影响，从而引起心理味觉的改变。因此菜肴色泽有时也需考虑随季节的变化而改变，以应对心理味觉的变化。春夏之季，菜肴的色泽应以冷色为主，如绿色、白色、无色、浅黄色等。秋冬之季，菜肴的色泽应以暖色为主，如金黄色、红色、褐色、火红色等。

第六节　菜肴调味原理

调味是重要的，又是复杂的。调味过程是一个复杂的过程。在烹饪调味的过程中常常要涉及许多科学原理，既有化学变化，也有物理变化。有时是应用其中某一种原理，有时则是几种原理的协同作用。

一、调味中的溶解扩散原理

1. 基本概念

溶解的定义是：一种或多种物质与另一种物质混合形成均一、稳定的混合物。在调味中，一种物质要对人产生味觉，其先决条件是这种物质必须要能溶解于水，即必须是水溶性物质。呈味物质都能在水或唾液作用下而溶解。溶解是调味过程中最常见的物理现象。当菜肴中的呈味物质溶解于水或唾液后，通过舌头味蕾上的味孔进入味蕾内，并刺激味觉神经时，就会使人对菜肴产生出味觉。

一种物质的粒子自发地分布于另一种物质中的现象称为扩散。扩散是物质分子从高浓度区域向低浓度区域转移，直到均匀分布的现象。例如，在一杯水中加入一定量的食盐，由于食盐的比重大于水，沉到了杯底。在刚投入食盐后很短的时间内，杯中表层的水是没有咸味的，说明表层的水没有食盐或食盐的浓度低于呈味的阈值。假如水不加热也不搅动，表层水的咸味也会逐渐增加，尽管增加的速度较慢。这说明食盐分子从杯底逐渐向水面上转移，这种物质的分子或微粒从高浓度区（杯底）向低浓度区（表层）的传递过程就是扩散。扩散的速率与物质的浓度梯度成正比。由分子（原子等）的热运动而产生的物质迁移现象，可发生在一种或几种物质于同一物态或不同物态之间，往往由不同区域之间的浓度差或温度差所引起，前者居多。一般从浓度较高的区域向较低的区域进行扩散，直到同一物态内各部分各种物质的浓度达到均匀或两种物态间各种物质的浓度达到平衡为止。上例中因食盐溶于水后是无色透明的，扩散时肉眼观察不到，如果把紫色的高锰酸钾投到盛有清水的容器内，就可以明显看到扩散的进行。由于分子的热运动，这种“均匀”、“平衡”都属于“动态平衡”，即在同一时间内，界面两侧交换的粒子数相等。扩散速度在气体中最大，液体中其次，固体中最小。而且浓度差越大、温度越高、参与的粒子质量越小，扩散速率就越大。

溶解和扩散作用有时也被应用到去除原料中的不良味感，例如，我们常常用焯水的方法来除去或淡化原料中所含有的不良异味和苦、涩味。

2. 调味中扩散量的影响因素

影响扩散量的主要因素是浓度差、扩散系数、扩散面积和扩散时间。这些因素对扩散量的影响，在烹饪调味中具有重要的意义。现分述如下：

（1）浓度差。浓度差是扩散的动力，犹如电位差是电流的动力、温度差是热流的动力一样。如果体系内各点的浓度一样，即浓度梯度为零，则扩散就不会进行。

菜肴在烹调过程中，其色泽、香气和滋味的形成，与其原料、调味辅料中的色素、呈香、呈味物质的扩散有密切的关系。由于扩散量与浓度梯度成正比，所以对于某些色浅、味淡的烹饪原料，如果要加深其色泽，增大其风味，则调味料中的色素、味道就要浓一些，可增加调味料的用量，以增大与烹饪原料的浓度梯度，加大其扩散量。反之，如果要保持原料原来的浅色与淡味，则减少调味料的用量，以减小与烹饪原料的浓度梯度，减小其扩散量。

（2）扩散面积。物质的扩散量与其在扩散方向上的面积成正比。在烹饪过程中，为了保持菜肴风味的均一性，必须注意烹饪原料和调味料的均匀接触或混合。烹调中的翻动或搅动，一方面是为了控制传热量，防止原料的某一部分过热，保证热量的均匀传递；另一方面是为了保证调味料能够均匀地向烹饪原料的各个面扩散，避免某些部位的味道过浓，而某些部位过淡的不均匀现象。

另外，肉、鱼和蔬菜的腌制，始终伴随着腌制剂向原料的扩散过程不断进行。如果不注意腌制原料与腌制剂的均匀接触，制品的色泽与风味的均一性就不够理想。

（3）扩散时间。物质的扩散是需要时间的。温度高，分子运动的速度较快，完成一定扩散量所需的时间较短；温度低，分子运动的速度较慢，所需的时间就比较长。菜肴加热调味时，在很短时间内就能完成；而在腌制时，由于是在常温或者是较低温度下，入味所需要的时间就要长得多。这就是因为烹制时是在高温下，调味料分子在烹饪原料及汤汁内扩散的速度快；而腌制是在常温下进行的，腌制剂分子在烹饪原料内部扩散的速度很慢，需要较长的时间才能达到成品的要求。

原料越大、越厚，其比表面积（单位质量物质所具有的表面积）就越小，通过扩散要使制品达到所要求的色、香、味品质，所需要的时间就越长。特别是在较低温度下进行腌制的鱼、肉制品（如火腿的腌制），就需要很长的时间。因为只有经过足够长的时间，腌制剂才能扩散到原料的内部，并使之浓度均匀化。实验表明，腌肉的良好风味与腌制剂浓度均匀化的程度有密切的关系。

（4）扩散系数。由于物质的扩散量与扩散系数成正比，扩散系数大者，在相同的时间内，物质的扩散量就多；反之，扩散量就少。扩散系数对扩散量的影响，类似于传热系数对于热流量的影响。扩散系数的大小与体系的聚集状态（气态、液态或固态）、温度、压力以及物质的性质等因素有关。

一般来说，调味料中呈味物质分子越大，扩散系数就越小。在几种最常见的调味料中，盐、醋的扩散速度就大于糖和味精。溶质在液体中的扩散在烹饪中很常见，制汤和含有汤汁的菜肴都与这一扩散现象密切相关。

在扩散系数的影响因素中，温度的影响显得特别普遍和显著。在烹饪中，其他影响因素相对比较固定，而温度的高低可以有较大的变化。温度增加时，分子运动加快，而水的黏度降低，以至于食盐、蔗糖、醋酸、味精等调味分子很容易从原料的细胞间隙水中通过，扩散速度也随之增大。所以烹调的加热使得原料很快入味。

3. 固体中的扩散与烹饪的关系

固体中的扩散，在烹饪过程中也经常遇到，如调味料向烹饪原料内的扩散，腌制剂向原料内的扩散等，就属于固体或液体在固体中的扩散。

由于固体的种类、结构和性质相差很大，例如，粮食、蔬菜、肉、鱼等烹饪原料，它们的质地、结构、物理性质和化学性质有很大的差异，所以分子在固体内的扩散十分复杂。一般可分为两大类：一类是与固体内部结构基本无关的扩散，另一类是与固体内部结构有关。后者的扩散是在固体颗粒之间空隙内的毛细孔里进行。

（1）与固体内部结构无关的扩散。如果扩散物质在固体内部能够溶解，形成均匀的溶液，则物质的分子扩散与固体内部结构无关。

（2）与固体内部结构有关的扩散。许多烹饪原料和成品属于多孔性固体，扩散物质在原料中的扩散，与原料的内部结构密切相关。扩散的速度随着原料内部毛细管的大小、形状及扩散物质的状态和密度不同而异。由于原料的内部结构不同，扩散物质向内部扩散的速度就会有不同的区别，因此有的原料易入味，有的则不易。

二、调味中的渗透原理

如果将蔗糖水溶液与水用半透膜隔开，使膜内和膜外液面相平，静置一段时间后，可以看到膜内溶液的液面不断上升，说明水分子不断地透过半透膜进入溶液中。溶剂透过半透膜进入溶液的自发过程称为渗透现象。不同浓度的两种溶液被半透膜隔开时都有渗透现象发生。半透膜是一种只允许某些物质透过，而不允许另一些物质透过的薄膜。上面实验中的半透膜只允许水分子透过，而蔗糖分子却不能透过。细胞膜、膀胱膜、毛细血管壁等生物膜都具有半透膜的性质。人造的火棉胶膜、玻璃纸等也具有半透膜的性质。渗透现象的产生必须同时具备两个条件：一是有半透膜存在；二是半透膜两侧必须是两种不同浓度的溶液。调味中的许多方法就是利用渗透作用，使菜肴获得良好的味道。

肉、鱼和蔬菜均含有很高的水分，而把它们切开时，其中的水并不会流出来。但是在炒菜时，加入适量的食盐，原料中的水分很快会从细胞里往外流出来。肉、鱼及蔬菜在腌制时，也会出现水从细胞内流出来的现象，这些就是"渗透"现象。渗透现象的发生，是因为细胞内外溶液的浓度不同引起的。肉、鱼和蔬菜细胞内溶液的浓度低于外界盐液的浓度，细胞内外是以细胞膜隔开的，由于细胞内外存在着浓度差，溶剂水就从细胞内低浓度溶液通过细胞膜向细胞外高浓度溶液渗透。这很像扩散现象，只不过在扩散中，扩散的物质是溶质的分子或微粒，而渗透现象进行渗透的物质是溶剂分子。

渗透压的方程式表示如下：

$$\pi = cRT$$

式中：π——稀溶液的渗透压；

c——为物质的量浓度；

R——为气体常数；

T——为热力学温度。

渗透压的大小不仅与溶液的浓度有关，而且与溶质粒子的数目有密切的关系。溶液中粒子的数目越多，渗透压就越大。对于相同浓度的非电解质溶液，在一定温度下因单位体积溶液中所含溶质的粒子（分子）数目相等，所以渗透压是相同的。如0.3mol/L葡萄糖溶液与0.3mol/L蔗糖溶液的渗透压相同。但是，相同浓度的电解质溶液和非电解质溶液的渗透压则不相同。例如，0.3mol/L食盐溶液的渗透压约为0.3mol/L葡萄糖溶液渗透压的2倍。这是由于在NaCl溶液中，每个NaCl粒子可以离解成1个Na^+和1个Cl^-。而葡萄糖溶液是非电解质溶液，不能离解，所以0.3mol/L食盐溶液的渗透压约为0.3mol/L葡萄糖溶液的2倍。

从质的传递观点来看，调味的过程实质上就是扩散与渗透的过程。调味液的渗透压越高，调味料向原料的扩散力就越大，原料就越容易赋上调味料的滋味。在各种调味料中，以食盐、糖、醋、酱油等的渗透作用最强。

利用渗透作用调味在食物加工中是常见的，诸如松花蛋、糟蛋、咸蛋、酱菜、榨菜、咸肉、腊肉、腌鱼、板鸭、火腿等的入味，都是基于这一原理。原料入味的过程实际上就是呈味物质向原料内部的渗透扩散过程。根据渗透压的计算公式，溶液渗透压的大小与其浓度及温度成正比，而渗透和扩散都是需要时间的。所以在菜肴制作过程中，科学合理地掌握调味料的用量或是调味汁的浓度以及调味的温度和时间，就完全可以达到调味的目的。

三、调味中的吸附原理

从烹饪化学的角度来看，吸附即是指某些物质的分子、原子或离子在适当的距离内附着在另一种固体或液体表面的现象。如果产生吸附作用的附着力属于分子之间的引力，化学和物理学中称微观世界中这种近距离的引力叫作范德华力。分子之间能够产生范德华力的距离叫作范德华半径。在范德华半径以内，因范德华力而产生的吸附现象叫作物理吸附。如果固体表面的某些基团和被吸附物的分子之间能够形成次级化学键（如离子键、酯键、二硫键以及氢键等），则这种吸附便称为化学吸附。

烹饪中常见的吸附现象往往是固体表面吸附气体或吸附溶液中溶质的现象，如烹饪原料在烹调过程中吸附调味料中的呈香气体和呈味物质及色素。当然，烹饪中的吸附与扩散、渗透及火候的掌握是密不可分的。以闻名中外的闽菜佛跳墙为例，它不仅精选主料，而且采用多种呈香、呈味的辅料加以调配，主料与辅料在煨器（选用绍兴酒坛）中精心煨制，火候掌握也十分到位，一般在旺火或中火将汤烧沸后即转入微火。根据选用不同的菜肴原料，科学控制火力和加热时间，通常需要 1 ~ 2 小时，特殊者要 3 小时。在煨制过程中，原料除了自身成熟外，还吸附了辅料的色素和大量的呈香、呈味物质，使菜肴不仅柔嫩滑润、软烂荤香，而且馥郁浓醇、味中有味，具有无限的诱人魅力。菜肴也因“坛启荤香飘四邻，佛闻弃禅跳墙来”的赞誉而得名。

许多菜肴在烹调过程中色、香、味的形成都与原料对调味料中呈色、呈香、呈味物质的吸附分不开的。吸附是一种普遍存在的自然现象，吸附现象在烹饪中到处可见，就连烹饪原料的含水量、菜肴的保水率和干制品的水分等，也都与食物对水分的吸附密切相关。调味过程中发生的主要是物理吸附，产生物理吸附的作用力是分子间引力。由于调味料和菜肴食材之间普遍存在着分子间引力，所以食材可以吸附调味料而使菜品有味，如在菜肴上撒胡椒粉、花椒面、芝麻、葱花等固体调味料；或在制作冷菜的最后，拌入香油或淋入调味汁等液体调料等，这些都属于物理吸附的范畴。另外，烹饪中的勾芡、浇汁、明油等也往往有吸附作用在其中。

虽然吸附和粘附有一定的区分，但是在烹调中吸附和粘附常常同时存在。需要指出，无论是物理吸附还是化学吸附，都是物质分子之间的行为，不能把那种在原料表面用汤水湿润或涂抹油脂，然后滚粘或撒粗粒子调料粉的做法都视为吸附。同样在饼坯的表面撒上芝麻也不能视为吸附，因为这些做法都是分子集合体之间的作用，准确地说，应该叫作附着。

烹饪原料对风味物质的吸附有利于菜肴色香味的形成。在烹饪中影响原料对风味物质和其他吸附质的吸附主要有下述几种因素：

（1）风味物质的浓度。风味物质（吸附质）的浓度越大，扩散到原料表面的风味物质就越多，烹饪原料就越有可能吸附更多的风味物质。

（2）扩散与对流传质的速度。烹饪原料吸附风味物质之后，原料周围风味物质的浓度就会下降。如果风味物质扩散或对流传质的速度快，就能迅速恢复原料周围风味物质的浓度，以保证原料对风味物质的吸附。

（3）烹饪原料的表面积。风味物质浓度和其他条件一定时，单位面积吸附剂的吸附量是一定的。如果烹饪原料切得越薄，单位重量原料所具有的表面积就越大，即吸附剂与吸附质两个不同的“相”之间相互接触的界面就越大，吸附是发生在界面上的，导致原料吸附的风味物质也就越多。

（4）烹饪原料的结构。如果烹饪原料的内部结构有大量的毛细管道，则原料的比表面积（单位重量吸附剂所具有的表面积）大，吸附能力就强。因此结构紧实的原料由于所拥有的表面积较小，所吸附的风味物质就较少；而属于疏松多孔结构的原料，由于吸附的表面积大，就能吸附较多的风味物质。例如，干制品如果泡发涨开，内部形成大量的孔道，烹制后吸附大量的风味物质，味道就特别鲜美。如泡发不够，味道就差得多。

（5）吸附的时间。无论是扩散还是吸附，它们所进行的速度都是缓慢的。因此许多风味浓郁的菜肴，由于要吸附大量的风味物质，都必须进行较长时间的烹制，如福建名菜佛跳墙、扬州名菜狮子头就是例子。

（6）环境温度。环境的温度升高，能提供更多的能量，吸附的速度就加快。菜肴的烹制往往是在高温条件下进行的，因此吸附的速度就比在常温下来得快。

四、调味中的分解原理

在热或生物酶的作用下，原料和调味料中的某些成分会分解生成一些其他的化合物，而新生出来的化合物有些就属于呈味物质。如蛋白质水解生成肽和氨基酸，使得菜肴的鲜味有所增强；淀粉水解产生小分子糖，使得甜味有所出现或者增强；另外有些蔬菜在腌渍时能利用乳酸菌的作用，使原料中某些成分（主要为糖类）分解，生成乳酸，产生令人愉快、刺激食欲的酸味，如泡制、腌渍蔬菜等的酸味形成。蒜的辛辣味主要来自于一种叫作蒜氨酸的物质经过分解后的产物所产生。当蒜组织处于完整而未受到破坏时，蒜的辛辣味很小。而蒜的组织破坏得越严重、越完全，这些具有辛辣味的化合物便产生得越多，辛辣味也越强。另外，在加热和酶的作用下，原料中的腥、膻等不良气味或口味成分，有时也会发生一定的分解反应，这样在客观上也起到了调和风味的作用，有助于改善菜肴的风味。

五、调味中的合成原理

食材中小分子的醇、醛、酮、酸和胺类化合物，在加热条件下有些化合物之间会发生合成反应，从而生成一些新的呈味物质。这种反应既可以发生在原料中的某些成分之间，也可以发生在原料和调味料之间，以及不同调味料之间也会进行。常见的合成反应有酯化、酰胺化、羰基加成、缩合等。生成物有的会产生味觉效应，更多的是嗅觉效应。例如，焦糖化反应，它是单一组分的糖在 120 ~ 150℃的高温下，发生降解、缩合、聚合等反应，从而形成黑褐色的焦糖色素（俗称糖色），产生出焦糖气味和苦味。又如当酸类与醇类在一起时，就会发生一种称为“酯化反应”的化学反应，酯化反应的结果是生成一种新的物质——酯类化合物，而各种酯都具有各自特有的风味。

第七节　调味过程与方法

一、调味过程

从烹饪调味的过程来看，一般可分为加热前、加热中和加热后三个不同阶段。在烹饪实践中这三个阶段常常是紧密相连的一个整体过程。因此调味过程的三阶段是互相联系、互相影响、互为补充的。

1. 加热前调味

加热前调味也称腌制、喂菜或码味。其目的是使原料有一个基本的味道，同时也有助于改善原料的气味、色泽、硬度及持水性。加热前调味常运用于加热中不宜调味或不能很好入味的烹调方法，如蒸、炸、烤等。一些爆炒菜为增加原料嫩度和持水性，使原料里外均有味，也常采用上浆的方法赋予原料底味。加热前调味也常用于去除一些原料的腥膻气味。

加热前调味主要用于下列两种情况：一种是采用炸、熘、爆、滑炒等方法烹制的菜肴，在烹制前要先经挂糊、上浆，主料被浆或糊所包围，在烹调中味难以入内，所以必须烹制前调味；或在挂糊、上浆时加入一些盐或酱油等调味料，如清炸菊花肫、干炸里脊、软炸口蘑、糟熘鱼片、咕老肉、清炒虾仁等。另一种是菜肴在烹制过程中无法进行调味，或加盐后会影响菜肴的风味和特色，而在烹制后又难以入味，所以必须在烹制前进行调味，如清蒸刀鱼、荷叶粉蒸肉、蚝油纸包鸡等。在烧鱼时为了使鱼上色和不易碎，也常先用盐、酱油进行码味。

原料在加热前调味应注意两个问题：一是需要一定的时间。由于调味是利用渗透作用将调味料中的呈味物质渗入原料内部的，而渗透需要一定的时间。因此原料在进行加热前调味，特别是大型原料进行加热前调味时，一定要具备充分的时间。二是调味要为后续调味留有一定的余地。由于加热前调味是菜肴制作的初步调味，后面还可能有正式调味或辅助调味，因此各种调味料在量上要适度，口味注意偏淡，为下一步调味留有余地。

2. 加热中调味

加热中调味是烹饪调味中使用最多的一类方法。它指原料下锅以后，根据菜肴的口味要求，在加热过程中加入相应的调味料。加热中调味因温度高，调味料扩散的速度快，也容易达到吸附平衡。主要目的是使各种主料、配料及调味料的味道融合在一起，并且相互配合，协调统一，从而确定菜肴的滋味。这一阶段的调味对菜肴的味道起着决定性的影响。

在运用炒、熘、煨、烧、煮、焖等大多数烹调方法时，一般都在加热中调味。根据烹调方法不同，又分为无卤汁和有卤汁两种。采用炒、熘等烹调方法制出的菜肴，没有或略有卤汁，如蚝油牛肉，调味料在原料炒透后加入，动作要快，颠翻几下就可出锅。这种方法一方面利用了高温扩散快的特点，原料迅速入味；另一方面因为原料与调味料接触时间短，原料中水分向外渗透的量少，保持了菜肴的软嫩，营养成分破坏和流失较少。而采用煨、烧、煮、焖、炖等烹调方法制作的肉类菜肴，具有一定量的汤汁或较多的卤汁，如炖牛肉、清炖鸡等，在原料完全成熟后，上大火加入盐，至开即好。如果加盐过早，汤汁的渗透压变大，原料中的水分向外渗透，使得组织变紧，蛋白质过早凝固，菜肴口感变劣，趋向硬、老、紧，体现不出正常的风味，因此加盐时间不宜过早。有些旺火热油速成的菜肴难以有充分的时间进行准确的调味，可以采取兑汁的办法，即将所用调味料事先调入碗内，在加热结束前淋入锅内快速拌匀即可。

加热中调味的应用十分广泛，这个阶段的调味要注意两点：一是调味料投入的时机要准确。在加热时进行调味，为了正确应用调味料，发挥它们的功能，要注意加入的时机。酱油和糖都能为菜肴增色，早点加入可使颜色逐渐附着于原料表面；盐对蛋白质有一定的作用，过早加入会影响成熟速度和汤汁的味道，影响对菜肴味道的判断；葱、姜、蒜、醋、料酒等含有挥发性物质的调味料，如果是为了去除原料中的异味，可早点加入，如是为了增加香味则应晚点加入，以免加热时间长而使香气挥发殆尽。二是菜肴口味要确定。正式的调味往往是基本调味的继续，除个别烹调方法外，这阶段菜肴的口味要确定下来，这是调味的重要阶段，也是决定性的调味。

3. 加热后调味

这种调味又称辅助调味。辅助调味是指原料加热结束后，根据前期调味的需要进行补充调味。加热后调味的目的是增加或者调整菜肴的滋味。采用炸和蒸两种方法制作的菜肴，虽然可在加热前进行调味，但不可在加热中进行调味。为了弥补加热前调味的不足，常常在加热后加入一些辅助的调味料。例如，经过炸的菜肴在食用时往往需要佐以花椒盐、葱白段、甜面酱、番茄汁、辣酱油等，以增进菜肴的滋味。炸牛排、烤鸭等菜肴，上桌时一般要带调味料佐食，或是番茄汁、辣盐、甜面酱等。辅助调味不仅补充了菜肴的味道，而且还能使菜肴口味富于变化，从而形成各具特色的风味。另外，有些菜肴在加热前和加热中都无法进行调味，只能靠加热后来调味，如涮菜、火锅和某些凉菜，这时辅助调味就上升为主导地位。有些鲜嫩的蔬菜，含有丰富的水分，炒菜时如果过早加入食盐，则周围溶液的浓度大，又在高温下，产生较高的渗透压，会使蔬菜细胞内大量水分外渗，影响菜肴的鲜嫩。所以水分含量大的鲜嫩蔬菜，也应在临出锅前加盐。

4. 调味料投放的顺序

调味时除了要求调味料投放的数量要准确外，还要注意投放的顺序。一方面是要发挥好它们各自的功能，保证菜肴的风味。因为投放顺序不同，会影响到各种调味料在原料中的扩散数量和吸附量，也影响到调味料与原料之间及调味料之间所产生的各种复杂变化，因此调味料不同的投放顺序会影响菜肴的最终风味。另一方面要考虑到调味分子的大小对调味的影响。因为调味料中呈味物质的分子越大，扩散系数就越小，扩散速度就越慢。例如，在几种最常见的水溶性调味料中，食盐、食醋中的主要呈味分子比糖和味精中的主要呈味分子来得小，因此食盐、食醋中的主要呈味分子的扩散速度就大于糖和味精。所以我们在烹饪调味过程中糖和味精的投放顺序一般要早于盐和醋为好。

5. 凉菜的调味

凉菜是指凉吃的菜肴，也称冷菜、冷盘或冷盆。凉菜的制作可分为两类，一类是热制冷吃；另一类是冷制冷吃。热制冷吃是指制作时调味与加热同时进行，制成的菜肴凉后再食用，如酱、卤、熏、酥类等；冷制冷吃是指制作菜肴的最后调味阶段不加热，仅调味而已，如拌、炝、腌、腊类等。

对于热制冷吃的凉菜其调味需注意的是，菜肴的温度对品尝时的味感有明显的影响。若温度较高，分子的扩散速度较快，对味觉神经的刺激就较强；反之，若温度较低，刺激就较弱。制作时可以人为地将口味调得略微偏重一些，以弥补由于食物的温度低而产生口味不足的影响。实际上就是提高了溶液中呈味物质的呈味浓度，这样品尝时就可使舌头表面上单位面积内的呈味分子的数目相应增多，使得呈味分子进入味孔的机会也就增多，从而刺激味觉神经的作用增强，提高了食物中呈味物质的呈味强度。

二、调味方法

烹饪工艺中原料上味有不同的方法，大致可分为腌渍、分散、热渗、裹浇、粘撒、跟碟六大类技法。这六大类调味技法既可以单独使用，又可以根据菜肴特点将数种方法混合并用。

1. 腌渍调味法

腌渍调味法是将调味料与菜肴主配料拌和均匀，或者将菜肴主配料浸泡在溶有调味料的水中，经过一定时间使其入味的调味方法。

腌渍法依时间长短分为长时腌渍和短时腌渍。根据腌渍时是否用水和汁液调味料分为干腌渍和湿腌渍。腌渍时间长则数天，以使原料入味，产生特殊的腌渍风味。短时腌渍，只要 5 ~ 10 分钟，原料入味即可。干腌渍是用干抹、拌揉的方法使调味料溶解并附着在原料表面，使其入味，常用于码味和某些冷菜的调味。湿腌渍是将原料浸入溶有调味料的水中进行腌渍，常用于花刀原料和易碎原料的码味，如松鼠鳜鱼的码味即是。一些冷菜的调味和某些热菜的进一步入味也经常用到湿腌渍法。

2. 分散调味法

分散调味法是将调味料溶解并分散于汤汁中的调味方法。它广泛用于水烹的菜肴，是烩菜、汤菜的主要调味方法，也是其他菜肴的辅助调味方法，还常用于泥蓉的调味。水烹菜肴需要利用水来分散调味料，常以搅拌和提高水温的方法来进行。泥蓉状原料一般不含大量的水，光靠水的对流难以分散调味料，必须采用搅拌的方法将调味料和匀。

3. 热渗调味法

热渗调味法是在热力的作用下，使调味料中的呈味物质渗入到原料内部的调味方法。此法常与分散调味法和腌渍调味法配合使用。在汽烹或干热烹制过程中，一般无法进行调味，所以常需要原料先经过腌渍入味，再在烹制中借助热力，使调味料进一步渗入到原料内部去。

4. 裹浇调味法

裹浇调味法是将液体状态的调味料粘附于原料表面使其带味的调味方法。按调味粘附的方法不同，可分裹味和浇味两种。裹味法是将调味料均匀地裹于原料表层的方法，可在加热前、加热中和加热后都可使用。例如，上浆、挂糊、勾芡、收汁、拔丝、挂霜等均是裹味法的应用。浇味法是将液体调味料或调味汁淋浇于原料表面的方法。多用于热菜加热后或冷菜切配装盘后的调味，如脆熘菜、瓤菜及一些冷菜的浇汁。浇味法上味一般不如裹味法均匀。

5. 粘撒调味法

粘撒调味法是将固体调味料粘附于原料表面使其带味的调味方法。调味料粘撒于原料表面的方式与裹浇法相似，只是它用于上味的调味料呈固体。粘撒调味法通常是将加热成熟后的食材置于颗粒或粉状调味料中，使其粘裹均匀，也可以将颗粒或粉状调味料投入锅中，经翻动将食材外表裹匀，还可以将食材装盘后再撒上颗粒或粉状调味料。此法适用于一些热菜和冷菜的调味。

6. 跟碟调味法

跟碟调味法是将调味料盛入小碟或小碗中，随菜一起上席，由用餐者蘸食的调味方法。此法多用于烤、炸、蒸、涮等技法制成的菜肴。跟碟上席可以一菜双味或者一菜多味，由用餐者根据喜好自选蘸食。跟碟法较之其他调味方法灵活性大，能同时满足不同人的口味要求，口味的浓淡可以自己在蘸食时有所控制，自由度比较大，是今后在餐桌上值得推广的一种调味方法。

思考题

1. 调味料在烹饪中的主要作用是什么?
2. 如何理解调味料与菜肴创新之间的关系?
3. 西式调味料对中国烹饪的影响有哪些?
4. 复合调味料的分类方法有哪几种?
5. 为什么说复合调味料有助于中国烹饪的标准化?
6. 菜肴调味时要注意的原则有哪些?
7. 调味过程一般分为哪三个阶段?
8. 结合烹饪实践来谈谈你对调味原理的理解。

第四章

菜肴的味型

本章内容： 中国主要地方菜的风味简介
菜肴常见味型及调配
面点调味

教学时间： 4课时

教学方式： 教师讲述我国主要地方菜的风味，阐释常见味型及调配方法，对面点的调味给以一定的介绍。

教学要求： 1.让学生了解我国主要地方菜的风味及特点。
2.熟悉常见的味型及调配方法。
3.熟悉火锅调味和常见面点的调味。

课前准备： 阅读有关我国菜系风味方面的文章及书籍。

味是菜肴之灵魂、核心。中国菜肴味型之丰富，是世界上任何一个国家所不可比拟的。品种繁多的调味料、风格各异的调味方式、方法众多的调味手段，造就了丰富多彩、风味众多的各式菜肴。中国烹饪工艺精湛，通过不同的烹调技法、调味手法，形成不同风味的各式菜肴。如今，外菜和西式菜的进入更带来了许多新的烹饪原料、新的工艺和新的调味料，也更加丰富了我国的菜肴味型。

第一节 中国主要地方菜的风味简介

我国地大物博，各地的物质条件、地理环境、气候因素、民俗习惯以及相对的历史背景，构成了我国各地饮食品种和口味嗜好的千差万别，从而形成了相对固定、各有所好、各具特色的地域菜肴。

人们在长期的饮食生活中，运用当地的物产，形成了风格各异，自成体系的地方风味。每一种地方菜的风味有着不同于其他地方菜的烹调技法、调味手法、风味菜式，有众多的菜品，并且被国内外所公认。依据风味流派的成因和表现特征，中国现在已经形成了以地方风味流派为主体的格局。主要有鲁菜、粤菜、苏菜、川菜、徽菜、湘菜、浙菜、闽菜这几种地方风味菜。

一、鲁菜风味

起源于春秋的齐国和鲁国，齐鲁风味以鲁菜为代表，简称鲁，所以山东菜又称鲁菜。

鲁菜主要由内陆的济南菜和沿海的胶东菜以及济宁的孔府菜所构成，分别有各自的烹饪特点。济南菜制作精细，精于做汤，制品以清鲜、脆、嫩著称。胶东菜又称福山菜，是胶东沿海青岛、烟台等地方风味的代表，以烹制各种海鲜而著称。讲究清鲜，注重原味。济宁曲阜孔府是我国历史上最大的一个世袭家族，受到封建统治者的尊重，享受优厚待遇，其生活奢侈，排场豪华，在饮食上更是十分讲究，形成了自成一家的孔府菜肴，具有选料广泛，烹调精细，规格严谨、名馔丰盛的特点。

鲁菜的风味特色有：

（1）刀工精细，精于运用火候，善于制汤、用汤。

（2）烹调技法全面，以爆、炸、炒、扒为主，擅长烹制海鲜。

（3）口味浓醇，脆嫩爽口。清汤，汤清而味鲜。奶汤，汤白而味浓。

（4）装盘丰满大方，菜名朴实庄重，在北方享有很高的声誉。

鲁菜的主要代表菜有蟹黄海参、油爆双脆、葱烧海参、红烧海螺、九转大肠、奶汤鸡脯、德州扒鸡、红扒熊掌等。

二、粤菜风味

粤菜即广东菜。它是由广州菜、潮州菜、东江菜三种地方风味组成，以广州菜为代表。

粤菜的风味特色有：

（1）选料广博奇异，善用生猛活鲜。粤菜取料之广，为全国各菜系之最。生猛活鲜原料为广东菜一大特色，其中以潮州用海鲜最为擅长。

（2）烹调方法多有独特之处。粤菜擅长炖、炒、清蒸，还有自己独特的方法如焗、煲等。

（3）调味以突出清鲜为主，口味滑爽脆嫩。还有一些其他菜系没有的调味料如蚝油、豉汁、西柠汁、柱侯酱、沙茶酱、鱼露、煎封汁等。

（4）善于兼容并蓄、开拓创新。既吸取国内其他菜系的优点，又借鉴国外比较科学的方法，灵活变化，融会贯通。

粤菜的主要代表菜有脆皮乳鸽、东江盐焗鸡、烤乳猪、蚝油牛柳、西柠软煎鸡、五彩炒蛇丝、蚝油扒生菜、冬瓜盅等。

三、苏菜风味

江苏的历代名厨造就了苏菜风格的传统佳肴，而古有“帝王洲”之称的南京、“天堂”美誉的苏州及被史家叹为“富甲天下”的扬州则是名厨美馔的摇篮。苏菜正是以这三方风味为主汇合而成的。

苏菜的风味特色有：

（1）选料严谨，制作精致，注意配色，同时讲究造型，四季有别。

（2）烹调方法擅长炖、焖、蒸、烧、炒。

（3）重视调汤，汤保持原汁原味，风味清鲜。

（4）菜肴口味浓而不腻、淡而不薄。

（5）菜肴酢烂脱骨却不会失去原有形状，滑嫩爽脆而不失去其味道。

苏菜的主要代表菜有南京盐水鸭、水晶肴蹄、清炖蟹粉狮子头、清蒸鲥鱼、叫化仔鸡、鸡汤煮干丝、松鼠鳜鱼、扒烧猪头等。

四、川菜风味

四川菜系简称川菜。川菜是我国著名的菜系之一，在中国菜中享有很高的声誉。川菜以成都、重庆两地的菜肴为代表，同时还包括自贡、乐山、江津、合川等地的地方菜。

川菜的风味特色有：

（1）选材广泛。四川号称天府之国，物产极为丰富，特别是具有地方特色的调味料，如保宁醋、德阳酱油、郫县豆瓣酱、涪陵榨菜、资中冬菜、新繁泡菜等。

（2）注重调味，口味多样，百菜百味。川菜味型有很多种，故有“食在中国，味在四川”之说。川菜味多、味广、味厚，常用的味型就有20多种，其中鱼香、怪味、麻辣、家常、红油为特有的味型，以醇浓、麻辣著称。

（3）烹调方法独特，菜肴素有“一菜一格”之誉。四川烹调方法多达数十种，擅长小煎小炒、干烧干煸。

川菜的主要代表菜有宫保鸡丁、麻婆豆腐、干煸牛肉丝、干烧岩鲤、鱼香肉丝、怪味鸡、樟茶鸭子、夫妻肺片、灯影牛肉等。

五、徽菜风味

安徽菜简称徽菜。安徽菜由皖南、沿江和沿淮三种地方风味构成。皖南旧时称徽州，是徽菜的主要代表，重油色及火功，原汁厚味，讲究烹制山珍野味。沿江善于用糖调味和烟熏技术，以烹调河鲜家畜为先长。沿淮以咸为主，咸中带辣。

徽菜的风味特色有：

（1）就地取材，擅长山珍野味的制作。

（2）精于烧、炖、烟熏、蒸等烹法，尤以滑烧、清炖、生熏最有特色。

（3）烹制时重油、重色、重火功。

（4）菜肴色泽红润，讲究原汁原味。

徽菜的主要代表菜有无为熏鸡、奶汁肥王鱼、火腿炖鞭笋、符离烧鸡、雪冬山鸡、火腿炖甲鱼、酥鲫鱼等。

六、湘菜风味

湖南菜简称湘菜。由湘江流域、洞庭湖区、湘西山区的地方菜发展而成，以长沙菜（湘江流域）为主要代表。

湘江流域菜擅长刀工和火候，小炒、滑熘、清蒸有名；洞庭湖区的菜以烹制河鲜和家禽见长，多用烧、炖、腊等烹调方法，色重芡大油厚，咸辣香软；湘西菜擅长烹制山珍野味、烟熏肉和各种腌肉，风味侧重于咸、香、酸、辣。

湘菜的风味特色有：

（1）用料以水产、熏腊原料为主体。

（2）烹法多用烧、炖、蒸、煨、炒。

（3）菜肴咸香酸辣、油重色浓、姜豉突出、丰盛大方。

（4）民间肴馔别具一格，山林水乡气质并重。

湘菜的主要代表菜有麻辣仔鸡、冰糖湘莲、腊味合蒸、东安仔鸡、湘西酸肉、荷包肚等。

七、浙菜风味

浙菜是以杭州、宁波、绍兴、温州等地的菜肴为代表发展而成的。

浙菜的风味特色有：

（1）菜肴鲜嫩、软滑、注重风味、咸鲜合一。

（2）擅长制作海鲜、河鲜与家禽，富有鱼米之乡风情。

（3）取料广泛，讲究时鲜。

（4）菜肴的各种掌故传闻多，饮食文化格调较高。

其中杭州菜集中体现了上述特色，多采用爆、炒、炸、烤、焖等法；宁波菜多用海鲜，注重原汁原味、香糯、滑软、咸鲜味突出；绍兴菜擅长烹制河鲜、家禽见长，讲求酥绵香糯，汁浓味重，味多鲜咸，轻油忌辣。

浙菜的主要代表菜有西湖醋鱼、宋嫂鱼羹、东坡肉、蜜汁火方、干炸响铃、西湖莼菜汤、梅菜扣肉等。

八、闽菜风味

福建菜简称闽菜。闽菜是由福州、泉州、厦门等地的地方菜发展而成，以福州菜为主要代表。

闽菜的风味特色有：

（1）烹饪材料丰富，烹饪技法严谨，刀工巧妙，制作精细。

（2）擅长炒、熘、煎、煨，口味偏甜酸和清淡，讲究清淡、鲜嫩。

（3）调味方法奇特，常用红糟调味。

（4）讲究制汤，素有“一汤十变”之说。

闽菜的主要代表菜有佛跳墙、太极芋泥、清汤鱼丸、煎糟鳗鱼、鸡汤汆海蚌、淡糟香螺片、生煎明虾、沙茶鸡丁等。

第二节 菜肴常见味型及调配

一般来说，菜肴常见味型可分为以咸为主和以甜为主的两大类型。再由咸、甜味与其他味之间衍生出众多的复合味。在众多的复合味形成过程中，存在着各味之间轻重主次的关系。

一、复合味的调配

由两种或两种以上不同味觉的呈味物质通过一定的调和方法混合后所呈现出的味，称之为复合味。我国菜肴的品种琳琅满目，口味丰富多样，并且变化范围很广。丰富多样的各种菜肴所呈现出来的味绝大多数都属于复合味。所谓“五味调和百味生”就是这个道理。不同的单一味混合在一起，味与味之间就相互产生影响，发生味的对比、味的相乘、味的相消等作用，使得其中每一种味的强度都会在一定程度上发生相应的改变。例如，我们调味时在咸味中加入微量的食醋，就可以起到使咸味增强的作用；又如我们在酸味中加入具有甜味的食糖，则可以产生使原来的酸味强度变弱，并达到调味后呈现出酸味柔和的效果。各种单一味道的物质在烹饪中以不同的比例、不同的加入次序、不同的加工方法，就能够调制出众多的复合味。单一味可数，复合味无穷。

菜肴的调味很少只使用一种调料呈现单一的风味，而是常采用两种以上的调料（包括呈味调味料和香辛料），调制成众多的复合味。常见的复合味有酸甜味、甜咸味、鲜咸味、麻辣味、酸辣味、香辣味、咸辣味、糟香味、鲜香味、怪味等。所用的调味料，有些是在调味制品厂预先加工好的，如甜面酱、山楂酱、辣油、沙司、虾籽酱油等。有的是厨师在烹调菜肴前已经预先调配好了的，如椒盐、香糟汁、花椒油、芥末汁、糖醋汁等，以使烹调更方便或是烹调批量较大的同一品种菜肴时，能更快捷、省时。

虽然复合味是由多种味共同构成，但如果细分，是由以下几种味构成：

（1）主味。在味型中起到味的主要作用，感受比重压倒任何其他味觉的味，整个味型因其而产生明确的倾向性。如咸菜的咸、甜点的甜、酸汤的酸、咖啡的苦等。主味所反映的同时也是本味或基本味。

（2）辅味。在味型中起次要作用，感受度轻于主味，但有明显的味感，不可缺少，但可增减。例如，咸甜味型中的甜味。

（3）装饰味。在味型中比重极少，感觉微妙，有其更美，无其也可，不太影响主体味型的表现。例如，红烧菜中的少量香醋，有则菜肴更为鲜醇，无则一般也不易觉察。

（4）前味。即入口时的味觉，在味型中虽比重不大，但感觉鲜明，瞬息而弱。在主体味先，但易消失，犹如香型中的头香性质。例如，醋熘仔鸡中的辣味，入口觉辣，咀嚼又无，后面甜、酸、咸味皆比前重，而持味长久。

（5）后味。在味型中比重极微，只能在最后的咀嚼中轻微感觉。例如，炒苦瓜就是入口觉苦，主味咸鲜，收口微甜。

（6）本味。即食物原料本质味的基础，隐藏其内，被提则明显，不提则难寻。例如，鸡肉中的鲜味，略加食盐，鲜味强烈，不加食盐，鲜味则淡。

（7）厚味。即在口味和香气上有更大的厚度和宽度。味感连绵不绝，后劲强烈，越咀嚼越觉刺激，即使口味清淡的菜肴，也并非是淡而无味，而应该如古语所云“淡而不薄”。

（8）底味。卧底之味，在确立主体味型之前，菜点中所含味皆为底味。例如，缔子菜中的咸鲜，炸菜生坯中的腌渍味等。

二、常见味型及调配

菜肴的味型实际上是指菜肴经过烹制后最终定型的复合味道，往往是滋味和气味的综合体现。味型名称至今并没有经过严格的科学设定，但在烹饪行业却有一定调配规范，尽管无法控制它们的格调标准，却有约定俗成的一致认识。因此各种味型很自然地成为菜肴风味类型的表述形式。现在流行较广的有以下24种：

（1）咸鲜味。基本调料为食盐和味精、鸡精，也可酌加酱油、白糖、香油及葱、姜、胡椒粉等，形成不同的格调，是中餐菜肴中最普通的味型，变化也最多。在调制时，应注意咸味适度，突出鲜味。

（2）香咸味。基本调料与咸鲜味相似，但调香料如葱、椒等的用量要适当增加，以香为主，辅以咸鲜。

（3）椒麻味。基本调料为精盐、花椒、香葱、酱油、味精、香油、冷鸡汤等。以优质花椒，加盐与葱叶一同碾碎，多用于冷菜的调拌，其特点为麻香咸鲜。

（4）椒盐味。基本调料为精盐、花椒。调制时先将花椒去梗去子，然后与精盐大致按 1 ∶ 4 混合，入锅炒至花椒壳呈焦黄色，冷却后碾成细末即成。椒盐混合物不宜久放，多用于热菜，可加入少量味精，其特点也是香麻咸鲜。

（5）五香味。五香并非只有五种调料，而是泛指。常常是用花椒、八角、桂皮、丁香、小茴香、甘草、豆蔻、肉桂、草果、山柰、荜拨、陈皮等 20 ~ 30 种植物香料中的几种，加水制成卤水用于卤制；或与盐、料酒、姜、葱等腌渍；或直接烹制食物。用于冷、热菜均可。香料组分视菜肴的实际需要酌情变化选用。其特色是浓香咸鲜。市售的五香粉、王守义十三香等商品形态多为粉末，但只要格调适宜，也可选用。

（6）酱香味。基本调料为甜酱、精盐、酱油、味精和香油，也可酌加白糖、胡椒面和葱、姜，有时可加辣椒，多用于热菜。其特点是酱香浓郁，咸鲜带甜。

（7）麻酱味。基本调料为芝麻酱、芝麻、精盐、味精或浓鸡汁，有时也可酌加酱油或红油。调制时芝麻酱要先用香油调散，多用于冷菜。其特点为酱香咸鲜。

（8）烟熏味。视菜肴风味需要，选用锅巴屑、茶叶、香樟叶、花生壳、食糖、稻壳、锯木屑（木材种类要选择）等作熏料，利用不完全燃烧时产生的浓烟，熏制已经腌渍过的原料，使其具有烟熏味。冷菜、热菜皆可应用，烟熏香气十分独特。但烟熏香气中可能含有致癌物质，为了降低直接熏制因3，4–苯并芘含量较高给食用者健康造成的危害，现在已禁止直接烟熏，改用烟熏液。

（9）陈皮味。基本调料为陈皮、精盐、酱油、醋、花椒、干辣椒段、姜、葱、白糖、红油、醪糟汁、味精、香油等。调制时陈皮用量不宜过多，否则回味带苦。白糖和醪糟汁用于提鲜，用量以略带回甜为宜。陈皮味多用于冷菜，其特点为芳香、麻辣中带回甜。

（10）咸甜味。基本调料为精盐、白糖、料酒，也可酌加姜、葱、花椒、冰糖、糖色、五香粉、醪糟汁、鸡油等用以变化其格调。调制时可视盐、糖用量，或咸甜并重，或咸中带甜，或甜中带咸，多用于热菜。

（11）糖醋味（酸甜味）。基本调料为白糖和食醋，亦可辅以精盐、酱油、姜、葱、蒜等。调制时需以适量的咸味为基础，但需重用糖和醋，突出酸甜味。广泛用于冷、热菜肴。其特点为甜酸适口，回味咸鲜。

（12）荔枝味。实为酸甜味，因其类似荔枝的酸甜风味而得名。基本调料为精盐、食醋、白糖、酱油和味精，并酌加姜、葱、蒜，但用量不宜多，仅取其辛香气味。调制时，需要有足够的咸味，醋要略重于糖，即在咸味的基础上显出酸甜味，多用于热菜。其特色是酸甜似荔枝，而又不掩盖咸鲜。

（13）香糟味。基本调料为香糟汁（或醪糟）、精盐、味精和香油，也可酌加胡椒粉或花椒、冰糖、姜、葱等。广泛用于热菜，也可用于冷菜。其特色为糟香醇厚，咸鲜回甜。

（14）甜香味。基本调料为白糖或冰糖，佐以食用香精、蜜饯、水果、干果仁、果汁等，糖桂花、木樨花等。滋味以甜为主，辅以格调不同的香气。

（15）咸辣味。基本调料为精盐、辣椒、味精及蒜、葱、姜等，应用较为广泛。其特点以咸辣为主，鲜香为辅。

（16）酸辣味。基本调料为精盐、醋、胡椒粉、味精和料酒。对于不同菜肴，又有所变化。调制时仍应以咸味为基础，酸味为主体，辣味相辅助的原则，多用于热菜。其特点是咸鲜味浓，醇酸微辣。

（17）麻辣味。基本调料为辣椒、花椒、精盐、味精和料酒，其中辣椒的形态有干辣椒、红油辣椒、辣椒粉等；花椒的形态有花椒粒、花椒末等。根据不同菜肴需要而选用，有时还要酌加白糖、醪糟汁、豆豉、五香粉、香油等。调制时应注意辣而不燥，显露鲜味，广泛应用于冷、热菜肴，川菜尤甚。其特点为麻辣浓厚，咸鲜带香。

（18）家常味。基本调料为豆瓣酱、精盐、酱油等。调制时常酌加辣椒、料酒、豆豉、甜酱、味精等，常用于热菜。其特点为咸鲜微辣。

（19）鱼香味。运用泡红辣椒、精盐、酱油、白糖、醋、姜米、蒜末、葱丁等调制而成，用于冷、热菜肴。但用于冷菜时，调料不下锅，不用炭，醋应略少，盐要略多。其特点为咸甜酸辣兼备。

（20）蒜泥味。主要用蒜泥、盐（或酱油）、味精、香油等调制而成，有时也酌加醋或辣油等，多用于冷菜。其特点是蒜香显著，咸鲜微辣。

（21）姜汁味。基本调料为姜汁、精盐、酱油、味精、醋、香油等，广泛用于冷、热菜肴。其特点是姜汁浓香，咸鲜微辣。

（22）芥末味。基本调料为芥末酱，辅以精盐、醋、酱油、味精、香油等，多用于冷菜。其特点为芥辣冲鼻，咸鲜酸香，解腥去腻。

（23）红油味。通常以特制红油加酱油、白糖、味精调制而成。有些地区还加醋、蒜泥或香油。调制时注意辣味不要太重，多用于冷菜。其特点是咸鲜香辣，回味略甜。

（24）怪味。怪味在调味上并无确切的定义，但在市场上已有许多"怪味"命名的菜肴了，诸如怪味豆、怪味花生、怪味鸡等。怪味的味型是有一定特征的。如果采用数学上"最高公因素"的求法原理来处理，各种怪味一般都具有麻、辣、酸、香、甜、咸、鲜的特点因素。另外有一种趋势是在怪味上"戴帽"，如"浓香""特鲜""重辣"等，但是它们的基础还是"怪味"。调料主要以精盐、酱油、红油、花椒面、白糖、醋、芝麻酱、熟芝麻、香油、味精等多种调料调制而成，有时还要加姜末、蒜末、葱花。多用于冷菜。

三、火锅调味

火锅作为民间流行的美食，遍于全国各地。我国的火锅花色纷呈，百锅千味。最著名的是四川的火锅，麻辣醇香，名扬天下。限于篇幅，这里主要介绍四川火锅。

四川火锅的独特之处在其味，而其味来自火锅原汤的调制，它决定火锅的风味，是制作火锅的关键一环。火锅原汤的好坏，关系到火锅的成败。四川火锅的品种较多，原汤也各有差别，但最基本的是红汤、清汤两种。只要掌握了这两种原汤的配方和调制方法，就可以在此基础上调制出多种原汤。

要调制好原汤，所用的调味料必须正宗，质量上乘。不符合要求的调味料不能调制原汤。四川火锅所用的主要调料有：豆瓣、豆豉、醪糟汁、花椒、老姜、大蒜、元红豆瓣、干辣椒、食盐、味精、料酒、香油、胡椒粉、冰糖和五香料等。从性质上可分为脂溶性（如香油、胡椒粉、花椒、豆瓣等）和水溶性（如食盐、味精、料酒、冰糖等）两类。掌握它们的属性，对调制好原汤很有帮助。

四川火锅使用的油脂主要有四种：牛油、猪油、菜籽油和香油。牛油可增加汤汁的香味，保持原汤的温度，增加用料色泽；猪油除增加原汤香味，保持原汤的温度，可减弱用料的腥味、异味；菜籽油可作煸炒原料之用；香油较少用于汤汁，多用于味碟。此外还有辣椒油、蚝油、混合油、鸡油等，但不作为主要油脂使用，是为了增加火锅的风味而用。

火锅中的众多调味料有它们各自不同的风味特点，它们都有被油脂溶解或通过加热被水解的共同属性。由于脂溶性和水溶性的差别，调味料所呈现的风味也有所不同。油脂作为一种极好的有机溶剂，能很好溶解调料中的风味物质，增加食物的风味。例如，豆瓣通过油炒，不仅辣味变得醇和，而且还增加了一种脂香感；姜蒜通过用油煸炒能很快挥发出辛辣芳香。在充分利用调料脂溶的属性时，还应掌握好进行脂溶时的温度。在脂溶时，一般油量都要超过调味料的分量，才能充分利用油脂的传热作用，让调料“有味使之出”。具有脂溶性的火锅调味料有干辣椒、豆瓣、花椒、姜、蒜、豆豉等。另外，上述调料也具有被水溶解的属性，是具有双重属性的调料。通过水传导加热，以熬煮的方式将调料煮出味来。水在加热过程中使各种调料中的水溶性风味物质溶出，构成了特有的味道。在火锅调味料中属于水溶性的有川盐、味精、鸡精、胡椒粉、黄酒、醪糟、冰糖等。

很多火锅调料中都含有不同的挥发性物质，如大蒜中含有挥发性的硫化丙烯；老姜中含有姜油酮、姜油酚、姜醇、姜辣素等，因而具有特殊的辛辣香气；辣椒中含有类辣椒素和挥发油；花椒里含有挥发油，花椒油含香烃、香叶醇等，因而味辛香而麻；黄酒和醪糟中的乙醇也是一种挥发性香气物质。但是不同调料中的挥发性物质又有不同的特点，如花椒、辣椒、胡椒、老姜就要较长的加热，才能较好地发挥出它们各自的味感和香味来。若熬煮加热时间过短，就会显得麻辣或鲜香味不够，达不到调味的目的。黄酒和醪糟受热后易产生浓郁的香气，也是构成火锅独特风味的一个不可缺少的因素。

在熬制火锅汤卤时应注意下料的顺序和掌握不同调料的熬制时间。同时因为随着受热时间加长，调料中的挥发性物质也逐步挥发，致使风味减弱，因此应随时添加调料补充挥发掉的成分，把风味保持在一个相对稳定的水平上。对火锅中调味料的属性和特点进行分析，在熬制火锅汤卤时，应先将脂溶性的调料如辣椒、豆瓣、姜蒜、豆豉下锅用油炒至油色红亮、酥香味出来时再掺入鲜汤，然后分别投入水溶性的调料，用中火或小火慢慢熬煮，一直至火锅汤卤冒“果子泡”时，这时的卤汁油水交融，红而发亮，各种味道基本上也熬出来了。

另外，有些不常见的香料在四川火锅中的运用也很广，如香叶为天竺桂树的叶，无论是麻辣火锅还是白汤火锅，均可用 1 ~ 3 片叶子用于增香；又如荜拨为胡椒科植物，除了增香外，有经验的火锅师还借鉴药膳经验，加入荜拨用于提升麻辣火锅的香辣味。其他如川芎、当归、白芷、陈皮、藿香等也有应用。

有些火锅中还添加有酵母味素。利用现代生物技术精制而成的营养型、功能性酵母味素调料，给传统的饮食文化注入了新的时代气息。因为酵母味素有掩盖异味，清除膻腥气味，增强食物的鲜美感，香气浓郁，肉质醇厚感强和耐高温等优点。将之添加到火锅调料中，可以起到很好的效果。酵母味素能耐高温长时间蒸煮，且越煮味道越浓厚、香美，既可去除原料的油腻感，又可突出原料的鲜美感。

由于红汤、清汤是四川火锅最常见的底汤，下面简介两种调制方法。

1. 红汤

红汤是典型的四川火锅基础汤。

配方一：清汤 1500g，牛油 200g，豆瓣 150g，豆豉 100g，冰糖 15g，辣椒段 25g、姜片 50g，花椒 10g，精盐 10g，料酒 30g，醪糟汁 100g。

配方二：牛肉汤 1500g，牛油 200g，豆瓣 125g，豆豉 45g，冰糖、干红辣椒各 25g，姜片 50g，花椒 10g，精盐 10g，料酒 25g，醪糟汁 150g。

配方三：鸡汤 2000g，牛油 250g，豆瓣酱 200g，豆豉、冰糖各 50g，老姜 100g，大蒜 200g，花椒、干红辣椒各 25g，精盐 10g，料酒 25g，醪糟汁、菜油各 100g，香油 200g。

以上配方，调料有所差别，但做成后基本上都是正宗四川火锅红汤的滋味。

调制方法：先将炒锅置旺火上，下油（牛油或菜油等）烧热后，加豆瓣、姜片（老姜拍破）、豆豉，煸出香味并呈现红色，然后下汤，烧沸后下料酒、醪糟汁、辣椒、花椒、盐、冰糖熬制，待汤汁浓厚，香气四溢、味道麻辣回甜时，便可舀入火锅中使用。

2. 白汤

白汤即清汤卤。一般的鸳鸯火锅、清汤火锅、滋补火锅均用此汤，也是四川火锅的基础汤。其特点是：鲜味浓郁，汤汁较清，爽口宜人，但制作过程较为复杂。

配方：老母鸡 1 只（约重 2kg），肥鸭 1 只（约重 1.5kg），猪肋排 1kg，火腿棒子骨 500g，净鸡脯肉 300g，净猪瘦肉 500g，老姜 50g，黄酒 150g，胡椒 10g，盐适量。

调制方法：将鸡鸭宰杀后煺毛、去内脏收拾干净，放入锅中焯水后用水清洗净；火腿棒子骨与猪肋排刮洗后，也放入开水锅中略煮一下，捞出洗净；猪瘦肉先剔去油筋，再切大块用清水漂去血水，然后与鸡脯肉分别捶蓉待用。

将上述原料放入锅中，注入清水 1kg，下姜块（拍破）、料酒，先用大火烧沸，撇净油沫改用小火慢熬，直到吊出鲜味后捞出骨渣即可。

舀出 750g 吊好的鲜汤冷却，然后用冷汤分别将鸡蓉和肉蓉打散；重新将汤锅置于火上烧沸，下盐、胡椒后，将肉蓉倒入汤内，用勺搅动，避免肉蓉沉底粘锅。待肉蓉浮于汤面时，将锅立即移于小火上，保持微沸状数分钟，再用丝漏勺将肉蓉捞出，并用炒勺将肉蓉在丝漏勺内挤压成砣。扫完第一次汤后，重新将汤锅置火上烧沸，依法把鸡蓉投入锅内扫第二次汤。

将压实的两砣鸡肉蓉重新放于锅内，加少许胡椒粒和黄酒微火长时间（至少 2 小时）熬煨，直至汤味鲜香异常即可。

吊制清汤的原料一定要新鲜，无异味。水要一次加足，中途不能加冷水，否则鲜味不足。吊汤的火候不宜太大，以汤在锅中似开非开为宜，否则汤会浑浊不清。肉蓉投入汤中后，需用汤瓢搅动一下，然后将锅稍微端离火口（一般仍在火口上），使呈半沸态，待肉蓉浮于汤面，打去肉蓉和浮沫，澄清即可。

在食用火锅菜肴时，一般需要带调味料佐食。如今用于佐食的调味料多种多样，可以根据个人爱好自选。

第三节　面点调味

我国面点历史悠久。面点是指以面粉、米粉和杂粮粉等为主料，以油、糖和蛋等为辅料，以蔬菜、肉品、水产品、果品等为馅料，经过调制面团、制馅（有的无馅）、成形和熟制工艺，制成的具有一定的色、香、味、形、质的各种主食、小吃和点心。其种类有糕类、团类、饼类、饺类、条类、粉类、包类、卷类、酥类、饭类、粥类、冻类、羹类等制品。具体面点品种更是成百上千。

调味是许多面点制作中的重要环节，在色香味形诸要素中，面点做得好与不好，味道最是关键。因此“味”也是评价面点质量优劣的重要指标之一。

中式面点的调味方法具有一定的特殊性。因为中式面点分为无馅面点和有馅面点两大类，其调味方法也分为坯料调味、馅心调味与汤料佐味等几种形式。

一、坯料调味

坯料是指在面粉中直接添加调味料后，制成面点的面团。在我国面点分为麦类制品、米类制品、杂粮制品及其他制品，坯料调味仅是这些制品中无馅面点的调味方式。

（1）因原料、制作方法及添加辅料的不同，会形成不同的风味面点品种。如麦类制品中，水调面团有薄饼、空心饽饽、面条等；生物膨松面团中有馒头、银丝卷、千层油糕、蜂糖糕，还有麻花等；油酥面团中的兰花酥、桃酥等；米类制品中有凉糕、米糕、切糕、年糕、发糕、炸糕、八宝饭、粽子等；杂粮及其他类制品，有绿豆糕、栗子冷糕、豌豆黄等。还有的面点品种如“八珍面”，在和面时掺入鸡、鱼、虾之肉及笋、蕈、芝麻、花椒之物，这也是以坯料中味的变化来吸引人。

（2）每一个无馅品种，因调味不同，会呈现出不同的口味与风味特色。例如，苏州糕点多为甜香之品，糕中一般掺有白糖、芝麻糖屑、冰糖末，有的还加有猪油丁，讲究的要加桂花糖卤、玫瑰糖卤、蔷薇糖卤等。如此调味，可使甜味之中带着花的清香。

二、馅心调味

有馅面点是我国面点品种中的主体部分。我国面点历来重视馅心的调制，并把它看成是决定面点风味的关键。馅心，就是面点坯皮内所包容的内容物。馅心种类繁多，通过具体不同的包馅、拢馅、卷馅、夹馅、酿馅、滚粘等方法，可制作成口味不同的风味面点。馅心调味主要表现为以下几个方面：

1. 馅料的选择

我国幅员辽阔，物产丰富，因而用于馅心的原料也多种多样。禽肉、畜肉等肉品，鲜鱼、虾、蟹、贝、海参等水产品，以及杂粮、蔬菜、水果、干果、蜜饯、果仁等都可用于制馅。这就为精选馅料提供了广泛的原料基础。但是馅心用料还有它的精选之处，一是荤素原料都取新鲜质优的。对于各种豆类、鲜果、干果、蜜饯、果仁等料，更是好中选优。二是选料时，猪肉馅要选用夹心肉，因其黏性强，吸水量较大；鸡肉馅选用鸡脯肉；鱼肉馅宜选肉质较厚、出肉率高的鱼；虾仁馅宜选对虾；猪油丁馅选用板油；牛肉馅选用牛的腰板肉、前夹肉；羊肉馅选用肥嫩且无筋的部位等。制作鲜花馅的原料常用玫瑰花、桂花、茉莉花、白兰花等，因为其味香料美，安全无毒。另外，馅心用料还注重用料的广博性，以丰富其口味，如四色馒头、生馅馒头、羊肉馒头、蟹肉馒头、虾肉馒头、笋丝馒头、糖馅馒头。

2. 调料的应用

各地人们所处的地理环境、生活习惯等不同，使得馅心的口味也多种多样。在馅心制作中，巧妙添加咸味、甜味、酸味、苦味、辣味、鲜味等调味料，使馅心口味呈现多样化。如生菜馅口味的要求是鲜嫩爽口，熟菜馅则是口味油润；生荤馅的口味是肉嫩、鲜香、多卤，熟荤馅则是味鲜、油重、卤汁少、吃口爽；甜味馅心的口味是甜咸适宜；果仁、蜜饯馅是松软香甜，兼有各种果料的特殊香味。一般来讲，清鲜、咸鲜应是主旋律。例如，西安的饺子宴，馅心有麻辣、鱼香、酸辣、蒜香、红油等多种，但最终仍以猪肉白菜馅或羊肉馅的咸鲜味饺子取胜。

同时，这些馅心的调味方式，在长期的发展过程中也逐渐被各种面点流派所吸收、融和，形成不同的地方特色。如京式面点馅心口味上注重咸鲜，肉馅制作多用“水打馅”，佐以葱、黄酱、味精、香油等，口味鲜咸而香，天津的“狗不理”包子是其中典型的代表品种。而苏式面点馅心口味上，注重咸甜适口，卤多味美。至于广式面点，馅心口味注重清淡，具有鲜、爽、滑、嫩、香等特点。如广东的传统点心虾饺是采用虾仁馅制作而成的，个头比拇指稍大，呈弯梳形，皮薄而透明。其中的馅料虾仁呈嫣红色，依稀可见，吃口鲜嫩爽滑，清新不腻，为广点中的代表性品种。

另外，素馅点心或素浇头、素汤的面条前景看好，未来可能会出现流行潮，这也是不能忽视的。西式糕点的用酥及用奶油、果仁、蜜饯馅的方法，中式面点可以洋为中用。

3. 皮冻的应用

皮冻是制作汤包馅心的重要原料之一。皮冻在汤包中主要起凝固和增稠作用。如果没有它，便形成不了汤包的主要特色。肉馅多用猪皮冻，制品汁多肥嫩，味道鲜美。著名的有上海汤包、江苏的靖江汤包、无锡小笼汤包、淮安文楼汤包等。

皮冻的凝固与融化的转变温度在30℃左右，而制作汤包时掺入皮冻正是利用了这一特性。将调好味的皮冻均匀地掺入在汤包的肉馅中，馅心的黏稠度可以大为提高，使馅心变得稠厚，有利于汤包制作时的包馅。汤包在笼内蒸制时，随着笼内的温度不断上升，馅心中的皮冻可由原来的凝固状转变为液态状。其结果是汤包内的卤汁大为增加，味道更加鲜美，从而形成了汁多味美的主要特色。

制作皮冻的原料一般选用新鲜猪肉皮。将肉皮去毛洗净，放入锅内，然后一次性加入足量的清水（如果为了提高皮冻的鲜美味，也可用火腿、母鸡、猪骨或干贝等原料先制成鲜汤，再用鲜汤煮肉皮，这样形成的皮冻极为鲜美）。用大火把肉皮煮至八成熟烂，即用手指能将肉皮随意捏碎的程度。取出肉皮，将其剁碎或用绞肉机绞碎后，再放回原来的锅内，加入适量调味料，用小火缓慢熬煮成糊状，倒入容器内，冷却后即凝结成固态状的皮冻了。

皮冻的形成是因为肉皮中的蛋白质胶原蛋白在小火长时间的加热过程中，发生部分水解作用，生成了相对分子质量较小的明胶。明胶是亲水的，在热水中分散形成溶胶。当温度下降时，明胶的分子与分子之间开始互相交联。温度下降到30℃以下时，便能形成具有网状结构的凝胶，有一定的韧性和弹性。单纯的明胶并无味道，故在制作皮冻时常加入各种调料，以去腥、增香、调味。

皮冻在温度升高的条件下可转变成皮汤，具有明显的热可逆性，使得皮冻能反复融化和凝固。皮冻的转变温度大约在30℃左右，接近人体的体温，所以具有入口即化的性能。值得一提的是，汤包中皮冻的变化只不过是胶体在物质状态上的改变，即当温度升高时皮冻呈现一种流体状的溶胶；而当温度下降时它从流体状的溶液状态转变成固定的凝胶。而皮冻的这种物质状态上的变化，并不影响汤包内各种组成成分的改变，它们不会由于皮冻的物质状态改变而发生变化。所以，无论汤包内的皮冻是在温度升高时的溶胶状态，还是在冷却后的凝胶状态，其汤包所特有的风味成分都将保持不变。

三、汤料佐味

在我国面点中还存在着另一类调味方式——汤料佐味。从成品干湿度的角度，面点可分为干点、湿点及水点等，因而汤料佐味应是水点一类面点的调味方式。所谓水点，通常是指无馅或有馅面点，熟制时经过水锅或汤锅煮制及其他复合加热法（先烤后煮、先炸后煮等的一类面点品种），如面条、馄饨、水饺、泡馍等。这类水点的调味重在汤料的调配。例如，苏州的面条制作颇为精细，善于制汤、卤及浇头。面条由于汤卤及浇头的不同，而呈现多种不同的口味。鸡汤面、鱼汤面已是寻常品种。

另外，还有一些面点品种在食用时，蘸香醋、姜末、香油以佐味的，如月牙蒸饺、蟹黄汤包等。这也是面点辅佐调味的一种方法。

思考题

1. 我国主要地方菜的风味及特点各是什么？
2. 地方菜的风味与调味料的应用有何关系？
3. 结合烹饪实践，谈一谈你对常见味型及调配方法的理解。
4. 火锅的调味特点是什么？
5. 常见面点的调味要注意哪些？
6. 皮冻是如何形成的？

第五章

咸味调配及咸味调料

本章内容： 咸味概述
咸味调配技术
咸味调料

教学时间： 3课时

教学方式： 教师讲述咸味的形成，结合烹饪实践阐释食盐在烹饪中的主要作用，阐释烹饪中食盐的合理添加量以及咸味与其他味的关系。

教学要求： 1.让学生了解咸味的形成及咸味与其他味的关系。
2.掌握食盐在烹饪中的主要作用。
3.熟悉食物中食盐的合理添加及食盐与其他味的关系。
4.了解常见的咸味调料。

课前准备： 阅读有关咸味剂和烹饪调味方面的文章及书籍。

民以食为天，食以味为先，味以咸为首。咸味是一种非常重要的基本味。它在烹饪调味中的作用是举足轻重的，人们常将咸味称之为“百味之首”。

第一节　咸味概述

咸味的呈味特性与其他味相比，有许多特点：形成快，延续短，消失快，刺激性小。咸味呈味物质的阈值低，是一种灵敏性高的味感。同时其味感强度变化范围较大，强弱对比明显，这与甜味不一样，所以咸食不易使人生腻。咸味强度随呈味物质浓度的变化而迅速变化，这为准确定味带来一些困难，加上不同人对咸味的敏感性差异大，同一人在不同生理状态下对咸味的敏感性也不同，所以咸味是比其他味更难调准确的一种味。

一、咸味的呈现

咸味是中性盐所表现出来的味感，或者说咸味在食物中是无机盐的信号。具有咸味的物质并非只限于食盐（氯化钠）一种，在化学上属于中性盐的物质有许多种，它们都能在一定程度上产生咸味，例如，氯化钾、氯化铵、溴化钠、溴化钾、碘化钠、碘化锂、苹果酸钠等，都具备咸味这一特征。从化学的角度看，盐的咸味与它解离后形成的阴阳离子密切有关，这两种离子都能对盐的咸味产生一定的影响。带正电荷的阳离子产生咸味，同时阴离子影响咸味并产生副味。这种由离子所产生的味，其形成和消失都很快。氯化钠是最为理想的咸味物，其氯离子产生的副味最小，同时它对钠离子影响也最小，所以NaCl的咸味最纯正。

随着阴离子的变化，副味也开始发生一些变化。这些阴离子除 Cl^- 外，还有 Br^-、I^-、SO_4^{2-}、CO_3^{2-}、NO_3^- 及有机酸根等。除卤素元素的阴离子外，其他阴离子都有明显的副味。阳离子的变化对咸味影响更大，一般随着其离子半径增大而咸味向苦味变化。Na^+、K^+ 的咸味较纯，NH_4^+、Mg^{2+}、Ba^{2+}、Ca^{2+} 等，有或多或少的苦味、涩味，例如，Ca^{2+} 有令人讨厌的苦涩味，Mg^{2+} 则有强苦味。非中性盐，还因其水解而可能导致酸味或碱味。

二、咸味物质与结构

氯化钠在极稀的浓度时，会呈现出微甜味；而在浓度较大时，则呈现出纯咸味。其他盐以及氯化物，虽有咸味但是不纯正，杂有他味，使人感到咸味不正。尤其是苦味，其中以氯化镁、硫酸镁、碘化钾的苦味最为突出。其原因可能是大多数盐都能和一种以上的味受体结合。一般来讲，正、负离子半径都小的盐有咸味；半径都大的盐呈苦味；介于中间的呈咸苦味。若从一价离子的理化性质来考察，认为凡是离子半径小、极化率低、水合度高、由硬酸、硬碱组成的盐都是咸的；而离子半径大、极化率高、水合度低，由软酸、软碱组成的盐则呈苦味。二价离子盐和高价盐可咸或不咸、不苦，很难预测。

在稀水溶液中，Li^+、Na^+、K^+、NH_4^+ 等水合程度高，其盐可能只生成单配位氢键与甜受体结合，都带甜味；铍盐如 $BeCl_2$、$Be(OAc)_2$ 和铅盐如 $Pb(OAc)_2$、$Pb(OCOEt)_2$、$Pb(OCOPr)_2$ 等与水生成正式配位键，产生更强的甜味，这可能与甜受体形成与双配位螯合氢键更为稳定有关。此外，酸性盐如 KH_2PO_4 有酸味，碱性盐如 $NaHCO_3$ 有涩味。有人发现，羧酸盐除了乙酸盐、乳酸盐、柠檬酸盐略有咸味外，多数没有咸味，从而认为羧酸负离子对咸味有抑制性，是减味基。

三、食盐在烹饪中的主要作用

1. 调味作用

食盐在烹饪中主要起调味或增强风味的作用，有“百味之王”之称。很多其他味的呈现必须要有食盐参与才能体现。例如，鲜味的形成就缺少不了食盐的参与，所以食盐是味精的助鲜剂。即使是酸甜味的菜肴，也要用少许食盐进行调味，单纯的酸甜味的菜肴不是非常适口。

烹调时用盐应注意适时、适量。适时是指在制汤时，放盐不宜过早。因为食盐能使蛋白质凝固，蛋白质不易溶于汤中，因而汤汁不鲜不浓。在炒叶菜类蔬菜时，放盐不宜过早。由于食盐的高渗透压会使细胞中的水分大量渗出，使原料发生皱缩、组织发紧，影响外观和风味。适量是指用盐少，菜无味；量大菜的口味偏重，风味受影响。

2. 改善原料质感

食盐具有高渗透压，能渗透到肉类原料的内部，增加细胞内蛋白质的持水性，调节原料的质感，增加其嫩度。例如，在肉蓉中加入适量的盐，可以提高肉蓉的持水量。这是因为食盐是一种易溶于水的强电解质，钠离子和氯离子容易进入肉蓉内部。肉中的球蛋白易溶于盐液，加盐后增大了肌肉球蛋白分子在水中的溶解度，从而加大了球蛋白分子的极性基团对水分子的吸附量，提高了持水量。还有肉中的蛋白质是以溶胶和凝胶的混合状态存在的，胶体的核心结构胶核具有很大的表面积，在界面上能够有选择地吸附一定数量的离子，食盐离解后的正负离子，其中某一种离子有可能被未饱和的胶粒所吸附，被吸附的离子又能吸附带相反电荷的离子，即表面吸附许多极性的水分子。所以肉蓉经加水、加盐搅拌成蓉胶以后，吸收了充分的水分，其口感更加嫩滑爽口。

3. 影响胶体性质

食盐对高分子胶体性质具有影响作用。利用这一特点，在制作泥、蓉类或制馅、和面时，加入适量的食盐，能吸水“上劲”，使泥、蓉和馅的黏着力提高。

4. 防腐杀菌作用

由于食盐能产生高渗透压，使微生物产生质壁分离，因此食盐还具有防腐杀菌的作用，常用腌制的方法来加工和储存原料。

5. 传热介质作用

食盐作为传热介质，具有导温系数大、温度升高快、表面积大等特点，可对一些原料进行加热或半成品加工。如广东盐焗鸡、盐发肉皮等。

6. 在面点中的作用

食盐是制作许多面点的基本原料之一。虽用量不多，但不可不用。食盐在面团中不仅可以改善风味，增加面筋筋力，而且还可以调节面团的发酵速度。

加入食盐后，面团的吸水率有所下降，但却在一定程度上提高了小麦粉的粉质指标。在面粉中加入适量的食盐，可以明显改善面团的稳定性和耐搅拌能力，同时增加了面团中的面筋强度。随着食盐比例的增加，面团的稳定时间就越长，面粉筋力越好，面团的加工性能越稳定。

在制作馒头时，加入一定比例的食盐后，馒头的外观、色泽、结构都能得到明显的改善，但馒头的比容略有降低。因为加入食盐后，提高了面团的渗透压，一方面促进了面筋网络结构的形成，使得馒头表皮更光滑，面筋的持气能力增加，但同时对气体的抵抗能力也变强，因而其比容逐渐降低。另一方面食盐又抑制了酵母菌的生长，降低了面团中产气速度，因而馒头中的气孔更加均匀，馒头的色泽和结构得到了改善。因此，在面团中加入一定比例的食盐对于馒头品质的改善是有利的，所加食盐比例在0.75%～1.0%时，馒头的品质最好。

四、食盐的营养作用

食盐是人体必需的营养物质。它对于调节人体内的酸碱平衡、水平衡，维持体液的渗透压，保持神经肌肉的正常兴奋性以及细胞的通透性等，具有十分重要的作用。食盐还有促进胃消化液分泌的作用，可增进人的食欲。人体若缺盐，会出现身体倦怠、眩晕、恶心、食欲不振、心率加快、血压降低、肌肉痉挛等症状，严重时甚至虚脱、昏迷。

日常饮食中必须注意食盐的限量食用，摄入过多将对人体的健康带来不利影响。我国目前每人每日食盐的摄入量在10～15g，已经超过了我国卫生部门提出人体需要量每人每日6g的标准。沿海和内地、南方和北方的生活习惯不一样，因此各地区的食盐摄入量差别也较大。营养专家和学者普遍认为：摄入的食盐过多，容易发生高血压病及脑动脉血管病。这是因为氯化钠摄入过多，使得细胞外液渗透压增高，细胞内液渗至细胞外液，造成血管内血浆容量的增加和回心及组织中的血液增加，人体为了保持自身一定的血液量，就必须通过自身的调节，使周围小动脉血管内壁的钠及水发生一定的滞留，使小动脉收缩，血管压力增加，从而引起高血压病症。

第二节 咸味调配技术

食盐在烹饪中具有重要作用。因此我们在添加食盐时既要考虑到口味又要讲究科学合理。

一、食盐的添加量

菜肴中食盐的添加量必须恰到好处，才会使人口感舒服。据生理科学家测定，人可以感觉到食盐咸味的最低浓度是0.1% ~ 0.15%，而感到最舒服的食盐溶液的浓度是0.8% ~ 1.2%，所以我们制作汤类菜肴时，基本就按这个用量添加食盐。煮、炖食物的食盐浓度一般控制在1.5% ~ 2%的范围内。常见食物食盐含量见表5-1。

表5-1 常见食物中的食盐含量

品名	食盐含量（%）	品名	食盐含量（%）	品名	食盐含量（%）
清凉饮料	0.5 ~ 0.7	干酪	2.4 ~ 4.9	黄酱（辣）	12 ~ 15
主食面包	0.7 ~ 1.0	香肠火腿	2.3 ~ 4.2	酱油	18 ~ 20
汤菜	0.8 ~ 1.2	挂面	4.9 ~ 5.8	咸菜	3.8 ~ 4.0
黄油	1.0 ~ 1.5	鲜调味汁	2.9 ~ 13.6	辣酱油	11 ~ 28
蛋黄酱	1.2 ~ 2.0	黄酱（甜）	6 ~ 7	盐腌鱼肉制品	15 ~ 30
煮炖食物	1.5 ~ 2.0	饼干	0.7 ~ 0.9	糖果	0.1 ~ 0.3

一般来说，就食盐在菜肴中的适口度而言，汤类菜肴为0.8% ~ 1.2%；长时间焖煨的菜肴为1.3% ~ 2.0%；急火快炒类菜肴为1.2% ~ 1.7%；蔬菜类菜肴为1.2% ~ 1.5%；肉类菜肴为1.4% ~ 2.0%；咸味面点（如花卷、油饼）为1.0% ~ 1.2%；饺子、包子等有咸味馅的面点为1.3% ~ 1.8%。

另外一些常见调味品和调味原料中的食盐含量：豆酱为 20%；甜面酱为 16%；虾酱为 22%；鱼露为 27%；虾油为 25%；蟹糊为 18%；蚝油为 9%；豆腐乳为 14%；豆豉为 20%；干贝为 5%；香肠为 9%；腊肉为 10%；海米为 7%；虾皮为 9%；金华火腿为 10%；榨菜为 13%。

二、食盐与其他味的关系

食盐常常与其他调味料（如食醋、砂糖、味精等）共同完成调味任务。菜肴中添加了食盐以后，其他味觉的调味料必将与之发生相互作用。咸味是对其他味产生多种相互作用的主要味，这是咸味作为主味的一个主要原因，同时这也是其他味需要呈现时必须添加食盐的重要原因。食盐与其他味的关系如下：

1. 咸味与甜味

甜味为主时，咸味对甜味有对比作用，见表 5-2、表 5-3。例如，在蔗糖液中，添加食盐的量是蔗糖量的 1‰ ~ 1.5‰时，甜味都增加。稀的糖液中，相对于浓的糖液，更应添加较多的食盐，才能产生对比作用。当食盐的咸味逐渐呈味明显后，甜味又下降，这是相消作用；并且咸味甚至占主要，或者甜味几乎被掩盖。咸味为主时，甜味与之是相消关系，不过 20% 的 NaCl 的咸味不能被甜味完全遮掩。

烹饪时在咸味中加入甜味的目的并非是为了得到甜味，而是柔和咸味，或减弱咸味。在有咸鲜略甜的菜肴中，咸度应控制在 1.5% 左右，糖的含量应在 1.96% ~ 2.44%。

表 5-2　甜味（不同重量）对咸味的影响

1%食盐溶液（ml）	加入糖（g）	现 象
100	0.1	咸味感下降，咸味稍变柔和
100	0.3	咸味感继续下降，咸味变得较柔和
100	0.5	咸味感继续下降，咸味柔和
100	0.8	咸味感继续下降，回口甜

表 5-3　甜味（不同浓度）对咸味的影响

含盐量（%）	含糖量（%）	现 象
1.5	1.96	以咸为主，咸甜分明，较适口
1.5	2.44	以咸为主，咸甜较前增大，咸甜分明，较适口
1.5	2.91	咸甜模糊，味欠佳

2. 咸味与鲜味

咸味溶液中适当加入味精（谷氨酸钠）后，可使咸味变得柔和，在味精溶液中加入适量的食盐，则可使鲜味突出。这时的食盐实际上起着一种助鲜剂、引发剂的作用。没有咸味，味精就不能够显现出鲜味来。同时，鲜味又在一定程度上抑制了食盐的咸味。二者的最佳呈味效果见表 5–4。

表 5–4　咸味与鲜味的最佳呈味效果

食盐（%）	味精（%）
0.40	0.48
0.52	0.45
0.80	0.38
1.08	0.31
1.20	0.28

3. 咸味与酸味

在具有咸味的溶液中加入微量醋酸，可使咸味增强。如在 1.2%的食盐溶液中加入 0.01%的醋酸，在 10% ~ 20%的食盐溶液中加入 0.1%的醋酸，均可使咸味增强。当咸味溶液中加入的醋酸过量时，则又使咸味减弱。如在 1% ~ 2%的食盐溶液中加入的醋酸含量在 0.05%以上（pH 值在 3.4 以下）或 10% ~ 20%的食盐溶液中加入醋酸量在 0.3%以上（pH 值在 3.0 以下）时，均可使咸味有所减弱。任何浓度的醋酸溶液中加入少量的食盐则酸味增强，加入大量的食盐则酸味减弱。

4. 咸味与苦味

咸味溶液中加入苦味物质可导致咸味减弱。例如，在食盐溶液中加入适量的苦味物质咖啡因则使咸味降低。

苦味溶液中由于加入咸味物质而使苦味减弱。如在 0.05%的咖啡因溶液（相当于泡茶时的苦味），随着加入食盐量的增加而苦味减弱，加入食盐超过 2%时则咸味增强。

5. 咸味与辣味

咸味可以使辣味在一定程度上有所减弱。在 1% ~ 6%的添加范围内，食盐能够提高辣味的阈值，这表明食盐在一定程度上是降低了辣度。但是两者之间并不存在显著的相关性。

第三节　咸味调料

一、食盐类

1. 普通食盐

食盐按照来源不同，可分为海盐、湖盐、井盐和岩盐等，我国以海盐产量最高。食盐按照加工程度不同，可分为三级盐、二级盐、一级盐、优级盐，或者分为原盐、加工盐、洗涤盐和精盐。

（1）原盐。又称粗盐、大盐，大多为我国沿海地区生产的粗制海盐，是将海水利用自然条件（风力、阳光）晒制、蒸发到饱和溶液，使氯化钠结晶析出制取的。粗盐的颗粒较大、色泽灰白，NaCl 含量在 94% 左右。它除了含有 NaCl 外，还含有其他少量的杂质盐，如 KCl、$BaCl_2$、$CaSO_4$、$MgSO_4$ 等。由于这些杂质的存在，所以粗盐给人一种略苦的味感。因为这些杂质盐中有些本身就有苦味，如 $MgCl_2$、$MgSO_4$、KBr 等。

（2）加工盐。是以大盐磨制而成的产品，盐粒较细，易溶化。杂质含量较高，适于腌制加工或一般调味。

（3）洗涤盐。是以粗盐经用饱和盐水洗涤后得到的产品，杂质含量较少，适于一般调味和渍菜。

（4）精盐。又称再制盐。在再次加工提纯的过程中，经过溶解、卤水澄清、蒸发、干燥等过程精制而成，降低了不利于人体健康的镁离子、硫酸根离子等化学物质的含量（见表 5-5），而且减少了泥沙等杂质，具有氯化钠含量高，洁白、干燥、卫生、久放不易溶化等特点。由于去除了粗盐中大部分杂质盐，使得细盐中的杂质盐含量大大降低，故细盐的咸味比粗盐的咸味更加纯正。适合于菜点调味，烹饪中应用最多的是精盐。

（5）海盐。是指由海水中提取的食盐。海水中含盐分约 3% 左右。海盐产区分布在沿海一带。我国海盐主要产地有辽宁、河北、山东、江苏、浙江等省。海盐习惯上以产地命名，产于浙江沿海的称为姚盐；产于淮北沿海的称为淮盐；产于山东沿海的称为鲁盐；产于河北沿海的称为芦盐。海盐的质量以色泽白色或暗白色，具有咸味，不带臭气为佳。

（6）湖盐。又叫池盐。从咸水湖中提取的盐。湖盐的主产地是青海、新疆。尤以柴达木盆地茶卡、柯柯、查尔汉为主。湖盐的质量以色泽白色或暗白色，具有咸味，不带臭气为佳。

（7）井盐。是由盐井中提取的盐。井盐的产地有四川、云南、山西、陕西、甘肃等省。主产地是四川自贡及云南。以自贡井盐最为著名。井盐的杂质较多。井盐的质量以色泽白色，味咸，无可见的外来杂物，无苦味、涩味，无异臭为佳。

（8）岩盐。又叫矿盐。是由盐矿中提炼出的盐。岩盐产地有湖北应城、湖南湘潭及新疆、青海等地。岩盐的杂质含量也较多，其国家标准与井盐相同。

表 5-5 普通食盐的化学成分

项 目	指 标
氯化物（%）不得低于	95
水不溶物（%）：真空制盐 不得超过 平锅制盐 不得超过	0.1 0.4
硫酸盐（%，以 SO_4^{2-} 计）不得超过	4
镁（%，以 Mg 计） 不得超过	0.5
钡（mg/kg，以 Ba 计） 不得超过	20
氟（mg/kg，以 F 计） 不得超过	5
铅（mg/kg，以 Pb 计） 不得超过	1
砷（mg/kg，以 As 计） 不得超过	0.5
锌（mg/kg，以 Zn 计） 不得超过	5

需要注意的是：由于食盐的外观与亚硝酸盐十分相似，导致误食亚硝酸盐的事时有发生。亚硝酸盐是一种化工产品，为白色不透明结晶，形状极似食盐。如果一次摄入 0.2 ~ 0.5g，可引起食物中毒，摄入 3g 就会导致人死亡。

2. 营养强化盐

食盐具有食用范围广，食用方便，食用稳定的特点，便于准确地确定某些营养成分的添加量，加之食盐的颗粒细小、均匀，因此是一种非常理想的营养载体。通过在食盐中按一定比例添加某些营养素，从而形成了各种营养盐，以满足不同人群的营养保健需要。现有的营养盐有加碘盐、加铁盐、低钠盐、加锌盐、有机加硒营养盐、营养钙盐、核黄素营养盐等。

（1）加碘盐。碘是人体必需的一种微量元素，碘缺乏会造成地方性甲状腺肿、儿童生长发育迟缓或停滞等多种碘缺乏病。在日常饮食中，盐是必不可少的调味料，由于碘盐易于加工，使用方便，能确实有效的防治碘缺乏病，所以被世界各国广泛采用，我国也将碘盐作为一种重要的防治碘缺乏病的手段。从 1996 年 1 月 1 日起，我国开始实行了全民食用加碘盐。有关法令中规定：不添加碘的食盐不许出售。这为加碘盐的实行提供了法律保障。

加碘盐是在普通食盐中加入适量的碘酸钾。目前我国在加碘盐中添加碘的量一般为 15 ~ 20mg/kg。加入的方法有两种：湿法加碘和干法加碘。湿法加碘是把碘酸钾调配成一定浓度的溶液，用喷雾的方式将溶液均匀地喷洒在普通食盐的表面，自然晾干后碘酸钾就会均匀地附着在食盐的颗粒上。干法加碘是将碘酸钾研磨成细小的粉末，与少量普通食盐混合后再按规定的比例掺兑入大批的普通食盐中。

食用加碘盐时一定要注意掌握正确的方法。因为碘是一种易挥发的物质，食用效果与温度、时间和烹调方式都有密切的关系。实验结果表明，因烹调方式的不同，加碘盐的食用效率在 2% ~ 86%大幅度波动。如同样是炒茄子，在爆锅时加入碘盐，炒时中间加和出锅前加，碘的食用效率分别为 9%、58%、86%。又如青椒炒土豆片和青椒炒西红柿，碘的食用效率分别为 65%、28%。再以芹菜炒肉片为例，加醋时碘的利用率为 39% ~ 47%，不加醋时为 70% ~ 88%。说明酸性物质能加速碘的损失。

（2）加锌盐。加锌盐是在生产普通食盐的基础上有意识地添加进去一定数量的锌元素，使之成为一种营养强化型的食盐。

锌元素是人体内一种非常重要的微量元素。因为人体中有 70 多种酶含有锌元素，在人体的代谢活动中要靠锌来调节。但是我国不少人的身体中都或多或少地缺锌。儿童缺锌可使发育缓慢，身材矮小，智力减低；青年人体内缺锌会引起性发育不完全，脸面易生痤疮；老年人缺锌会使饮食不香，食欲下降，易发肿瘤以及衰老加速。因此，经常食入加锌盐是预防上述病症的好办法。

食用加锌盐与普通食盐一样，如果每天食入 10g 加锌盐，就能给体内补充锌元素 10mg。连续食用 3 ~ 6 个月后，缺锌的症状就基本能消除干净。即使体内不缺锌，吃了也有一定的保健功用。

值得注意的是，对于素食者来说尤其要注意体内缺锌的状况，要经常食用加锌盐。因为素食中大量的纤维素可能会影响锌元素的吸收，尤其是大量钙元素存在的条件下，容易形成不溶性复合物，干扰吸收。另外，素食中的大量植酸、草酸等的存在，也会使人体对锌元素的吸收率大大降低。因此，素食者更有必要常常食用加锌盐，以弥补体内微量元素的不足。

（3）低钠盐。在日常饮食中食盐摄入量过多，容易发生高血压病及脑动脉血管病。所谓“低钠盐”顾名思义就是该盐的成分中，其钠元素的含量较普通盐低。低钠盐的出现，可以有效地帮助人们从饮食的方面来消除引起高血压病的根源。事实也证明，使用低钠盐对原发性高血压患者有明显的降低血压的作用，并且能够降低血浆中胆固醇的含量，有利于人体健康。

低钠盐和普通食盐的最大区别就在于低钠盐中钾元素和镁元素的含量有所增多，而钠元素的含量减少。食盐中的部分氯化钠被钾盐和镁盐所取代，从而达到平衡人体中电解质的目的。低钠盐是以精制盐为原料，配以精制的氯化钾、氯化镁，三者按一定比例掺和后，再经过干燥等工序制成的。通过这种物理性掺和，使盐中各种离子起到相互调节的作用，这样咸度基本不变，而钠的含量降低。低钠盐中主要成分的百分比为氯化钠 65%、氯化钾 25%、氯化镁 10%。

低钠盐色泽洁白，颗粒细小，口味与普通食盐相似，不会对菜肴的风味带来任何影响。低钠盐用于腌制咸鱼、咸肉、风鸡等，腌制后的风味也与普通食盐腌制的相仿，是一种十分理想的烹饪用盐。可以预计低钠盐和以低钠盐为原料生产的低钠酱油、低钠沙司、低钠腐乳、低钠酱菜、低钠方便面、低钠饼干等品种繁多的低钠食物，将会在我国各地的市场上相继上市并逐渐推广普及。

（4）加硒营养盐。有机加硒营养盐是在生产普通食盐的基础上添加进去一定数量的硒元素，使之成为一种营养强化型的食盐。

目前，硒元素已被公认为人体所必需的一种微量元素。它参与人体组织中发生的一些重要的代谢活动，如果体内缺乏硒元素，人体的有关代谢过程就会阻断，从而导致某些疾病。许多相关资料表明，凡是缺硒地区的人群中，死于心脏病、中风、高血压的比率都比较高。20 世纪 90 年代以来，癌症是我国第二位主要的死亡原因。研究表明，肿瘤的发病率和死亡率与硒的地理分布呈负相关。低硒地区肿瘤的发病率及死亡率较高，肿瘤患者体内硒水平较正常人低。硒是谷胱甘肽过氧化物酶（SOD）活性中的必需成分，能清除体内有害的活性物和自由基，增强人体的抗氧化能力和对相关病的抵抗能力，发挥机体的抗癌作用。硒营养盐就是在现代医学的指导下，选用有机硒与氯化钠组合而成。长期食用加硒营养盐，可提高机体的硒营养水平，抵抗有毒物质引起的细胞突变，起到防癌保健的功效并对心血管病、高血压、心脏病、中风、白内障、克山病、大骨节病等有一定的防治作用。

（5）营养钙盐。营养钙盐是在普通食盐中合理地添加一些易于人体吸收的钙元素而制成。钙是人体需要的常量元素，长期缺钙会导致骨骼和牙齿发育不良、血液不正常、甲状腺机能减退。我国目前属于低钙摄入国家，不仅婴儿明显缺钙，妇女与老人的缺钙情况也比较严重。每天食用营养钙盐，可以有效地对人体进行微量的补钙，有治疗心肌伸缩，帮助血液凝结，调节其他矿物质平衡以及酶活化等功能，同时能提高机体的活力，预防人体因缺钙引起的多种疾病。

（6）核黄素营养盐。核黄素营养盐以精细的食盐作为载体，均匀地在其中添加一定数量的核黄素。制成后的核黄素营养盐外观橘黄色，口味与普通食盐基本相似。核黄素又称作维生素 B_2，它是维持身体健康所必需的一种维生素。缺乏维生素 B_2 将会影响机体的正常发育和新陈代谢，降低人体对疾病的抵抗能力，产生口角溃疡、舌炎、结膜炎、角膜炎、皮脂性皮炎等疾病。

在使用核黄素营养盐时需注意的是，核黄素在碱性条件下对热不稳定，容易受破坏而失去其应有功效，要避免在碱性条件下使用添加核黄素营养盐。

核黄素遇光易产生分解，要注意选择避光处存放，以保护盐中的核黄素。长期食用核黄素营养盐可以有效地防治核黄素缺乏症。

3. 风味盐

调味料市场上还有一类盐——风味食盐。这类食盐因所吸附物质的组成不同而产生不同的风味。风味食盐是餐桌调味料中具有独特性和开发性的食盐。

（1）柠檬味食盐。将946g普通食盐完全溶于3kg水中，再在食盐水溶液添加罗望子种子的多糖提取物20g、丁基羟茴香脑0.4g、谷氨酸钠30g和柠檬酸2g，经充分搅拌使之完全溶解，制成混合液。在110℃的热风中进行喷雾干燥，制成精制盐960g，其容重为0.63g/cm^3。其后，在上述精制盐120g中，喷雾添加经充分脱水的柠檬油30g，并使之被均匀吸附，制成150g具有柠檬风味的粉末状调味盐。这种餐桌调味盐可直接撒在熟食上调味，使用很方便。

（2）芝麻香食盐。在氨基酸水溶液（含食盐22%，含氮量23%）400kg中，添加瓜胶3kg及罗望子种子的多糖提取物1kg，加热后使之完全溶解。再添加经粉碎通过150号筛的食盐120kg，搅拌混合，制成悬浊混合液。预热至80℃，保持均匀地分散状态，在120℃的热风中进行喷雾快速干燥，制成260kg鲜味精制盐。接着往这种鲜味精制盐1kg中，添加150g香油，并使之混合均匀，即制成粉末特制调味盐。这种调味盐具有浓郁的香油的特殊香味、氨基酸的鲜味及柔和的咸味，直接撒在炒菜中或凉拌菜中以及作为快餐、酒宴上的桌上调味料，味道极美，而且使用方便、用途广泛。

（3）香菇风味盐。香菇、大蒜都是具有特殊香味的原料。20世纪60年代以来，国内外的研究人员相继对香菇、大蒜、木耳等做了较为全面系统的研究和分析，发现香菇、大蒜不但具有独特的香味成分，有促进食欲的效用，而且香菇、木耳、大蒜这三者都具有显著的降低血液胆固醇的功用，木耳、大蒜具有抗血小板凝集的作用，大蒜还能降低血浆中甘油三酯，减少主动脉中的脂质沉着。根据研究结果，将香菇、木耳、大蒜中的提炼成分与食盐进行一定比例的混合，制成了风味独特、香味宜人的香菇盐。在烹饪过程中将香菇盐添加在菜肴中，不仅增加了菜肴的特有香味，而且还可以起到防治高脂血症、冠心病的功效。

此外，还有其他不同品种的风味盐，如麻辣盐、苔菜盐、芹菜籽盐、蒜香盐、五味盐等。

4. 加料复合盐

加料复合盐是以食盐为主料，添加一些香料或呈鲜味、辣味等配料制成的风味食盐。烹调中常用的有花椒盐、胡椒盐、辣椒盐、五香盐、大虾盐等。

加料复合盐适于煎、炸、烤等菜肴的辅助调味，可蘸食或拌食，以增加菜肴的香味；也可作为原料腌制加工时的用盐，可增加腌制品的风味。如腌制风鸡用的花椒盐，制作烤乳猪用五香盐先腌制等。

（1）花椒盐。花椒与食盐的比例为1 ∶ 10。将花椒炒至焦黄后研成末，精盐炒干后与花椒末拌匀即成。花椒有特殊浓烈芳香，味麻、辣、涩，具有防腐、杀菌、除异味作用。用于肉、鱼腌制品以及日常饮食调味等。

（2）胡椒盐。用胡椒与精制食盐经炒制后制成。胡椒有强烈芳香和刺激性辣味，具有除腥臭、防腐和抗氧化作用。几乎可用于所有烹饪食物，有增进食欲、促进消化等功效。

（3）辣椒盐。用优质辣椒与优质碘盐经科学方法精制而成，用于腌制、酸渍、拌、蘸、撒、烧、炒等的用盐或调味用盐。

（4）五香盐。五香盐是用五香粉（八角、小茴香、丁香、桂皮、花椒炒香后碾成粉末）与精盐拌制而成的复合盐类。

（5）大虾盐。以精盐、大虾为主料制成，味道如虾米风味。盐中还配有干姜、芝麻等调料，含丰富的钙、磷、铁元素，有一定的营养价值。

二、酱油类

1. 普通酱油

酱油起源于中国，迄今已有1800多年的历史了。酱油是以富含蛋白质的豆类和富含淀粉的谷类及其副产品为主要原料，在微生物中酶的催化作用下分解制成并经浸滤提取的调味汁液。酱油的形成过程中经过酶或其他催化剂的催化水解，生成多种氨基酸和糖类，并以这些物质为基础，再经过复杂的生物化学变化，形成的具有特殊色泽、香气、滋味和形态的调味液。

酱油是烹饪中广泛使用的调味料。酱油中含有食盐，能起到确定咸味、增加鲜味的作用；酱油可增加菜肴色泽，具有上色、起色的作用；酱油的酱香气味可增加菜肴的香气；酱油还有除腥解腻的作用。在烹调中应用酱油时应注意菜肴的要求，对长时间加热烹制的菜肴，应防止加热时间过久而变黑，影响菜肴的色泽。

酱油的呈味成分除食盐外，还含有多种氨基酸、糖类和有机酸等。酱油中的食盐除了产生咸味外，还具有提高并加强鲜味的作用；酱油原料中的蛋白质经蛋白酶的催化水解逐渐变成氨基酸类，其中有些氨基酸是酱油的呈味成分，如谷氨酸与天门冬氨酸在中性环境中与钠离子形成谷氨酸钠和天门冬氨酸钠，两者都具有鲜味；甘氨酸、丙氨酸、苏氨酸、脯氨酸和色氨酸又具有甜味。酱油原料中的淀粉经水解后产生葡萄糖和各种中间产物，也是酱油的呈味成分。适量的有机酸的存在，增加了酱油的特殊风味。

酱油的香气成分包括醇、酯、酸、羰基化合物、硫化物和酚类等。酱油的香味成分比较复杂，但主要是酯类。在酱油酿造过程中，在曲霉和酵母中的酯化酶的作用下，各种有机酸与相应的醇类可以酯化生成具有芳香气味的酯。醇和酯中有一部分是芳香族化合物。酱油中的芳香成分极为复杂，其中醇类的主要成分为乙醇、正丁醇、异戊醇、β－苯乙醇（酪醇）等，以乙醇最多；酸类主要有乙酸、丙酸、异戊酸、己酸等；酚类以4－乙基愈疮木酚、4－乙基苯酚为代表；酯类中的主要成分是乙酸戊酯、乙酸丁酯及酪醇乙酸酯；羰基化合物中构成酱油芳香成分的主要有乙醛、丙酮、丁醛、异戊醛、糠醛，饱和及不饱和酮醛等；缩醛类有α－羟基异己醛二乙缩醛和异戊醛二乙缩醛，这是两种重要的芳香成分。酱油芳香成分中还有由含硫氨基酸转化而生成的硫醇、甲基硫等，甲基硫是构成酱油特征香气的主要成分。

酱油的浓稠度，即俗称为酱油的形态，多以波美度来表示。它由食盐、蛋白质、氨基酸、糊精、糖分及有机酸等各种可溶性物质构成。酱油发酵越完全，其浓稠度越好。

酱油按生产工艺分为酿造酱油和配制酱油两大类。酿造酱油是以富含蛋白质的豆类和富含淀粉的谷类及其副产品为主要原料，经微生物发酵而制成的具有特殊色、香、味的液体调味料。配制酱油则以酿造酱油为主体，添加其他调味料或辅助原料进行加工再制的产品。

烹饪中常用的酱油往往按商业流通的分类来区分。在商业流通中，有的按生产方法分类，有的按添加风味物质分类，有的按形态分类。常见的品种如下：

（1）生抽。是一种不用焦糖色素的酱油。一般以精选的黄豆和面粉为原料，用曲霉制曲，经曝晒、发酵后提取而成，并以提取次数的先后分为特级、一级、二级，其成品的色泽较一般酱油要浅，风味和使用方法与普通酱油基本相同。多用于颜色较浅的菜肴。

（2）老抽。是在生抽中加入焦糖色素，再经加热搅拌、冷却、澄清而制成的浓色酱油。老抽的级别也同样分为特级、一级、二级，其风味和使用方法与普通酱油基本相同。尤其适用于颜色较深的菜肴，上色效果很好。

（3）白酱油。以特殊发酵工艺加工而成，色泽微黄、透明、澄清、滋味鲜美和谐、营养卫生。白酱油特别适宜制作凉拌菜肴，既有酱油风味，又可保持菜肴本色，亦可应用于清蒸、白煮等。另外也可用于拌捞面、小吃。

（4）甜酱油。它是以黄豆制成酱醅，添加红糖、饴糖、食盐、香料、酒曲等酿造而成的酱油。色泽酱红，质地黏稠，香气浓郁，咸甜兼备，咸中偏甜，鲜美可口。用法与普通酱油相同，尤以拌凉菜为佳。

（5）美极鲜酱油。用大豆、面粉、食盐、焦糖色、鲜贝提取物等加工制成的浅褐色酱油，其味极鲜，多用于清蒸、白煮、白焯等菜肴的调味或用于拌制凉菜。

（6）酱油粉。酱油粉是以酱油直接经喷雾干燥而成的粉末状产品。便于储存、运输，特别适于边远地区及野外工作者的需要。每吨酱油粉约需酱油2.5吨，使用时用热水稀释开即可。因该法未经高温，故能保持酱油的原有风味。酱油粉使用方便，便于储运。

（7）固体酱油。是以酱油为主要原料，在真空浓缩设备中，低温脱水后制成的固体状酱油。通常每60kg酱油可生产43kg固体酱油。使用时按1∶3稀释。其特点是在携运及使用上都较酱油方便，滋味与一般酱油一样鲜美。

（8）酱油膏。酱油膏又称豉油膏，是以大豆为原料加工成的豉油加工品。盛产于福建地区。经过浸豆、蒸豆、制曲、洗浸、堆积发酵、腌制、放油、晒炼等工序制成。成品为黏稠的膏状物。

2. 加料酱油

加工酱油时加入不同的配料，形成多种风味酱油，如辣酱油、蘑菇酱油、香菇酱油、蚌汁酱油、药膳酱油、大蒜酱油等。此外，为适合人体健康需要，还有一些营养保健酱油。

（1）辣酱油。用辣酱油蘸食各种油炸食物，无需再用香醋、食糖、味精、辣油之类的调料，因为它本身就已具有鲜、辣、香、酸、甜、咸等多种味道。同我国传统的酱油比，辣酱油实际上丝毫没有酱香味。严格地说辣酱油并不是酱油。辣酱油不是以豆、麦做原料，而是用辣椒、生姜、丁香、砂糖、红枣、鲜果以及上等药材为原料，经过高温浸泡、熬煎、过滤而成，而且工艺方法也截然不同。但因为其色泽红润，与酱油无异，又是一种调味料，故而人们便习惯地把它列为酱油类。

烹饪行业中还有一种制作简便的自制辣酱油。其制作方法是将辣椒、生姜、五香粉、砂糖等多种原料研磨后，放入普通酱油中浸泡，经过一段时间后，使各种原料的风味相互融合而成。

酿造酱油是不允许有沉淀物和混浊现象的。而辣酱油则相反，它的质量好坏，除了香味和酸度适当，还讲究稠度，辣酱油中应该有一定的沉淀物。另外，辣酱油虽无酱香味，但因为辣中有鲜、辣中有酸，酸中有甜，能消腻解腥，健脾开胃，这是传统的酿造酱油为之而逊色的。

（2）蘑菇酱油。蘑菇酱油是一种高级酱油，在烹调中常用于菜肴的凉拌、面食中使用。制作蘑菇酱油的配方为本色酱油100kg，新鲜蘑菇6kg，白糖4kg，味精0.6kg。首先将蘑菇除去根蒂，洗净后沥干切成碎片。然后与本色酱油同时加热混合，去除泡沫，再加入白糖和味精，至蘑菇向上浮时立即停止加热出锅，冷却后装瓶即成。

（3）香菇酱油。香菇酱油保持了香菇所含有的丰富营养物质，风味独特鲜美，有助调节人体生理功能。蘑菇酱油含有17种氨基酸，鲜美可口，特别适合儿童和老年人食用。

（4）蚌汁酱油。蚌汁酱油中的蛋白质和氨基酸含量均很高，超过黄豆酱油。

蚌汁酱油的味道很鲜美，主要原因是蚌肉中含有一种主要鲜味成分琥珀酸（又称丁二酸）。这种鲜味成分在用豆类、谷类为原料酿制成的酱油中，其含量很少，而在蚌汁酱油中却含量较高。

蚌汁酱油是用适量浓度的盐酸（其他酸也可以，但不及盐酸的效果好）浸泡新鲜的蚌肉，使蚌肉中的蛋白质在酸性条件下分解，然后在 80 ~ 105℃的温度下加热 10 小时左右，保温 4 小时，使蛋白质分解完全。待温度冷却到 60℃时，加入碳酸钠（纯碱）中和剩余下的盐酸至 pH 值中性为止。将中和后的液体静置到泡沫消失，用布袋过滤，即得蚌汁酱油的液汁。如需制成颜色较深的蚌汁酱油，可以掺和 5%的焦糖色素，最后再经蒸煮消毒（蒸煮还可达到去腥目的），即可得到味道极鲜美的蚌汁酱油。蚌汁酱油很适合在烹制鱼虾、肉类菜肴时使用，以咸味为主，并具有一定的鲜香味，还可起到上色的作用。

（5）药膳酱油。药膳酱油具有保质期长、使用方便等特点。它将灵芝、枸杞子、紫苏叶、山楂、红枣、生姜等中药材分别浸泡在水中，经加压加热处理后，分别浓缩至含水率为 35% ~ 40%（重量百分比，以下相同），制得中药材萃取液。将上述萃取液加入酱油中，制得药膳酱油。中药材萃取液加入量为 5% ~ 15%。各中药材萃取液配合比例：灵芝 4% ~ 8%，枸杞子 7% ~ 15%，紫苏叶 14% ~ 18%，山楂 12% ~ 18%，红枣 34% ~ 38%，生姜 10% ~ 14%。

（6）大蒜酱油。大蒜酱油是将大蒜浸泡在酱油或酱醪中，萃取后过滤除去大蒜，制成大蒜酱油。具有较高的防腐力，香气较足，风味良好。大蒜的药效成分为挥发性的蒜辣素，对金黄色葡萄球菌、大肠杆菌有杀菌作用。大蒜选用新鲜大蒜，品种、形状无特殊要求。也可将大蒜切碎后使用。原料酱油采用加热灭菌之前的生酱油，若采用酱醪，须将大蒜浸泡在成熟的酱醪中。大蒜浸泡量视浸泡后的保持温度和浸泡时间而定。若浸泡量太少，则大蒜风味不足、防霉能力也较差；反之，则会产生刺鼻的大蒜味。大蒜浸泡量一般控制在 50%（V/V）范围内。大蒜浸泡温度最好控制在 10℃以下，浸泡时间为 2 个月以内为好。

3. 其他酱油

（1）无盐酱油。一般酱油中含有 18%左右的食盐，而某些患病者是不宜食用这些含有钠离子酱油的。例如，患有心源性水肿、肝硬化腹水期、肾病综合征、肾上腺皮质机能亢进等病人。他们由于体内排钠困难，吃了食盐后会使身体内的钠含量过多而引起水肿，加重病情。因此这些人应少吃或不吃食盐。为了烹制食物时的调味需要，而改用无盐酱油。

无盐酱油又叫忌盐酱油，是一种特殊的酱油，一种不含钠离子的酱油。无盐酱油所用的酿制原料和制作方法与一般的普通酱油基本相同。不同之处只是在酱油的发酵阶段不加入食盐，而是用无盐发酵法。待酱油成熟时，加水浸出成品，再加 10%的 KCl，以及加入一定数量的氯化铵、谷氨酸钾、柠檬酸钾和糖分。因此，无盐酱油并非酱油中一点不含盐类，只是以钾盐代替了钠盐，吃起来同样具有咸味。

（2）渗析膜减盐酱油。普通酱油在生产过程中，酱油的食盐浓度必须保持在18%左右，这样才能制得品质良好的酱油。如果食盐浓度降低到15%以下，一些杂菌会繁殖。因此在生产酿造酱油时无法降低食盐的浓度，只能设法在酱油制成后再来降低其中的食盐含量。

现在有一种新颖的聚乙烯醇渗析薄膜。应用这种渗析膜来处理酱油，可以从普通酱油中分离出一部分食盐，使酱油中食盐浓度从原来的18%降到9%以下，从而达到减盐效果。应用这种渗析膜还有一个优点是可以保证原来酱油中的营养成分不被除去，这样就可以保证酱油的风味不受影响。渗析处理是在常温或50℃以下的温度中进行。虽然温度越高渗析效率越高，但如果在50℃以上的温度进行渗析，容易使酱油变质，并且有损酱油的风味。

渗析膜减盐酱油既保持了酱油的优良成分和固有风味，又使酱油中的食盐含量比一般酱油低50%。是肾脏功能不良和高血压症患者的理想酱油。渗析膜减盐酱油在烹饪中的使用与普通酱油相似。

渗析膜减盐酱油在储藏过程中需注意的是，由于渗析膜减盐酱油中的食盐含量比普通酱油降低了一半，对细菌活动的抑制能力已有所下降，故需特别注意这种酱油的妥善保存，以防霉变。

（3）动物蛋白酱油。动物蛋白酱油是利用动物的血液蛋白为原料，采取化学方法进行水解后制成的酱油。这是一种不经发酵过程而制成的酱油，具有营养价值高、味鲜色美的优点。

动物蛋白酱油的制作方法是：将动物的鲜血通过一个细筛，以除去混在血液中的杂质。加入浓度为25%的盐酸，与血液一同放入陶瓷缸中加热，进行蛋白质分解，在100 ~ 110℃的温度下保温30小时以上，使蛋白质充分水解成各种氨基酸的混合物。然后将蛋白质的水解液降温，并加入适量的碱中和过多的盐酸。用活性炭除去溶液中的腥味。接着过滤，加入食盐、焦糖色素、味精等配料，再加入一定量的冷开水进行稀释，最后放入缸中，静置2 ~ 3天，澄清后除去杂质，便制成动物蛋白酱油。

动物蛋白酱油中所含人体必需氨基酸的种类比较齐全，而且含量高，有利于促进人体健康，是一种营养价值较高的营养型酱油。动物蛋白酱油的鲜美味也不比普通酱油逊色，口感也较好。具有天然绿色、易被人体吸收、补铁效果显著等特点。它无重金属污染，人体吸收率高达90%，且吸收后对肠胃无刺激。加热对铁的活性没有任何影响，是新一代补铁的高级调味品。唯一不足的是，动物蛋白酱油的风味稍逊于普通酱油。因为它不经过发酵酿造过程，风味物质形成较少，所以风味不及普通酱油来得浓郁。

（4）有机酱油。有机酱油是采用有机农作物为原料酿制的酱油。所谓有机农作物是指在两年以上不使用农药和化肥的田地上生长的农作物及不采用转基因技术的农作物。有机食品管理极为严格。对有机酱油而言，原料仓库必须彻底清扫，不得混入非有机农作物，并需经专门机构审查、认证，在合格的专用生产线上生产有机酱油。由于原料没有化肥、农药、激素的干扰，酱油生产过程没有任何污染，因此有机酱油的安全性具有可靠的保障。

（5）加铁酱油。加铁酱油是一种营养强化型酱油。这是我国在加碘盐后大力推广的营养强化型调味料。加铁酱油是在普通酱油中添加进去一种叫作NaFeEDTA 的铁强化剂来进行营养强化，以达到酱油中铁元素含量增高的目的。

为了每天都能补充铁元素，考虑到人们每天摄入酱油的量相对合理和稳定，与其他食物作为补铁的载体来相比，选择酱油有它明显的优势。日常饮食中通过烹调时加铁酱油的添加，可以每天补充一定量的铁元素。食用添加 NaFeEDTA的加铁酱油，铁在人体内的吸收率可达 11%，大大高于其他铁强化剂。

加铁酱油从外观上看，其颜色要比普通酱油略深。虽然加入的铁盐是黄色的，但加入酱油后由于酱油的颜色将其完全掩盖了，色差不大，故不会被食用者察觉。另外，加铁酱油的风味也与普通酱油非常相似，用来烹调菜肴，无论是煎、炒、烹、炸、煮、焖，都不会对菜肴本身的正常风味产生不良影响。所以长期食用加铁酱油对人体无害，同时能够达到均匀、方便、廉价地给身体补充铁元素的目的，是一种理想的营养型调味料。

三、酱类

酱可以分为发酵酱和非发酵酱两大类。发酵酱分为面酱、甜酱和其他酱类的深加工产品，如豆瓣酱、香辣酱、海鲜酱、叉烧酱、柱候酱、蒜蓉豆豉酱等；而非发酵酱主要指果酱、蔬菜酱等。根据地域风味，发酵酱可以大致分为广式和京式两类。广式调味酱味鲜香淡雅，京式调味酱咸酸醇厚、味足。

现在也常把具有一定黏稠度的复合调味料称为“某某酱”，如沙茶酱、蛋黄酱、XO 酱等。由于酱的概念大为扩展，故在这里一并介绍。

优质的酱能配合各种调味手法，在烹制前、中、后使用均有特别的效果。烹制前使用一般用于原料的腌制，对生料、熟料和半成品均可。熟料或半成品料用酱料腌制，由于其渗透力强，入味过程短，味道更香鲜，如动物性原料的炸、煎、烹、蒸、焖、煲等。烹制中使用酱料，在一般情况下，无须炝锅后炒制，因会糊化、变色、易生煳焦味，故在烹制加热过程中，炝锅加料酒、汤料后再加入效果更好。烹制后使用主要指菜品成熟后蘸酱食用。

市场上各种调味酱，不仅外包装精美，其内在质量也较以往有很大提高。

从酿造工艺、营养配置到方便卫生等方面都比传统产品有明显改进。以前功能单一、口味单一的大酱都朝着复合型、系列化方向发展。各种肉酱、调和酱以及各具风味的火锅酱、生蘸酱陆续走上了人们的餐桌。在超市中能看到各种品牌和品种的调味酱，像辣椒酱、甜面酱、海鲜酱、捞面酱、担担面酱、沙拉酱、蒜蓉酱、炝拌酱、沙茶酱、柱侯酱等。这些调味酱大都集咸、辣、鲜为一身，同时还添加牛肉、鸡肉、海鲜、蒜蓉、香菇、芝麻、花生等辅料，无论是拌面、拌凉菜，或是涂抹在面点上，或是烹制佳肴，都很方便、快捷、美味。

酱类中通常含有 0.1% ~ 0.6% 的乙醇。高碳醇的含量在 0.1 ~ 15mg/kg，其中异戊醇占大部分，其次是丁醇、异丁醇、丙醇等。一般认为，这些成分的含量达到 2mg/kg 时酱的质量就好。发酵能够使酱香增强。酱中的酯类有乙酸乙酯、乙酸异戊酯、乙酸乙酯、乳酸乙酯等。乙酯含量多的酱质量也高。乙酸、异丁醛、异戊醛是主要的羰基化合物，熟化期中长羰基化物的含量也高。酱中的粗脂肪是酱风味成分的基础，是提供脂肪酸和酯类香气的关键原料。酱中含有柠檬酸、琥珀酸、乳酸、乙酸、焦谷氨酸等有机酸。在熟化过程中，棕榈酸和 C_{18} 不饱和脂肪酸会生成酯。这些对酱的香气和口感均有重要作用。熟化期越长，酱的质量越高，酱的香气也越好。

1. 黄酱

黄酱是以大豆为主要原料，经浸泡、蒸煮、拌和面粉制曲、发酵，酿制而成的色泽棕红、有光泽、滋味鲜甜的调味酱。黄酱的成品特点是色泽金黄光亮，咸淡适口，味略甜，呈酱香。

黄酱分为黄稀酱、黄干酱、黑酱和瓜子酱四类。

（1）黄稀酱。采用大豆、面粉进行制曲，成熟后加入盐水进行发酵捣缸，经固态低盐发酵及液态发酵 30 天后即为成品。

（2）黄干酱。采用大豆、面粉进行制曲，经固态低盐发酵 30 天左右，将豆瓣磨碎后即成黄干酱。

（3）黑酱。采用大豆、面粉进行制曲，经高温发酵制成。我国内蒙古、山西、河北张家口等地区的人喜欢食用。

（4）瓜子酱。该酱的生产特点是面粉多、大豆少，蒸完后，上碾子压成饼状，然后切成小块，再进行发酵。一般用于制作酱瓜。

优质的黄酱为红褐色而带有光泽，具有酱香及酯香，无不良气味。品尝时咸淡适口，有鲜味，具有大豆酱独特的滋味，并且无苦味、焦煳味、酸味及其他异味。黄酱的黏稠度应适中，无霉花、无杂质。

黄酱多用于南方，是粤菜的重要调味料。可直接蒸制后作小菜食用，也可用于酱制菜肴的制作，如酱腌肉等。黄酱也是酱卤法制作菜肴时不可缺少的调味料，如酱爆鸡丁等。

2. 甜面酱

甜面酱又称甜酱。它是以小麦粉为原料，采用微生物发酵酿造加工而成的一种酱类。它是一种半流体的棕红色、黏稠状、咸甜口味的酱香味调味料。酱香味浓，味甜而鲜，咸淡适口。它是利用米曲霉分泌的淀粉酶将面粉经蒸熟糊化将大量淀粉分解为糊精、麦芽糖及葡萄糖。同时，米曲霉所分泌的蛋白酶将面粉中的少量蛋白质分解成多种氨基酸，这样使甜面酱成为有特殊滋味的调味料而倍受青睐，在烹调中广泛运用。

甜面酱在我国有悠久的应用历史。甜面酱主要用来酱制小菜。如北京六必居酱园的酱瓜、酱包瓜等，在元代就有记载。甜面酱是烹制酱爆肉丁等名菜的专用调料，也是吃烤鸭必备的调料。

甜面酱有特殊的酱香，口味咸中带甜，鲜而醇厚。各地由于制造甜面酱的原料和方法略有不同，甜面酱风味也有一定差异。但总的来讲，应以色黄褐或红褐，滋润光亮，无焦煳，无酸苦异味，无霉花、无杂质，黏稠适度，口感甜香质细腻者为上品。由于甜面酱经历了特殊的发酵加工过程因而使其形成了独特的风味及营养价值。甜面酱作为调味料不仅可以提鲜、增香、上色，而且还可以丰富菜肴的营养，增加菜肴的可食性。优质的甜面酱，以色泽棕红，口味鲜香，含盐量在2%左右，稀稠度为酱面倾斜时能流淌缓慢（加入调味料时使用方便）为好。凡是用酱油的地方，基本上都能将甜面酱作为菜肴的调味料。

酱香型主要由甜面酱作风味骨架，另辅以精盐、白糖、味精、香油复合而成，广泛用于冷、热菜式。因不同菜肴风味的需要，可酌加酱油、葱姜、胡椒、花椒等。酱香型总的特点是酱香浓郁，咸鲜带甜。应用范围多以鸡、鸭、猪、牛羊肉及其内脏、豆腐、根茎瓜果蔬菜、干果等为原料，适宜烧、爆、炒、炸、酱、腌等烹调技法。

甜面酱炒香上色后能与各种烹调方法配合，突出菜肴风味，增加色泽。

（1）与爆、炒类配合。如酱爆肉、酱肉丝等。酱肉丝主要是将肉丝炒散后加入稀释均匀的甜面酱，炒香上色后与葱丝炒匀即可。

（2）与烧类配合。如酱烧茄子、酱烧冬笋等，用油先把甜面酱炒香后加入鲜汤、调味料。投入炸得微皱、色淡黄的冬笋，烧入味，勾芡亮油成菜。还有一种是与炸收类配合，但与烧类效果异曲同工，只是自然收汁。如甜面酱豆腐干，就是把豆腐干炸成棕红色再加入甜面酱，收汁入味。

（3）与糖类配合。如酱酥桃仁，锅中加入白糖、炒至糖液浓稠起鱼眼泡，加入甜面酱炒香出色后，端离火口微晾凉，再入炸酥的核桃仁粘裹均匀即成。有时在制怪味花仁时，也加入甜面酱，增加味感。

烹饪过程中炒甜面酱要注意油量、油温和火候以及菜肴加汤量。油量要适宜，过多不易于炒香上色，而且油在表面形成“保护膜”，不利于甜面酱均匀粘裹在原料上。用油也不可过少，否则甜面酱粘在锅上，极易焦煳，影响菜肴风味。炒甜面酱的油温宜低，一般三四成，油温过高甜面酱容易凝结成块，颜色变黑，味道变焦苦。因此，甜面酱炒香上色时，要用中小火或把锅偏离火口。当然，也不可炒得过嫩，否则酱香味没有炒出，色泽也不红亮，不能突出风味。菜肴的加汤不可太多，否则使甜面酱与原料分离，达不到成菜要求。

3. 豆瓣辣酱

豆瓣辣酱是以蚕豆、面粉、辣椒、食盐、甜酒酿、麻油、红曲等为原料，经微生物发酵后制成的酱类。

豆瓣辣酱原产于四川资中、资阳、绵阳一带，起源于民间。豆瓣辣酱咸中带辣，鲜美适口，很受喜辣者的欢迎。现在全国各地均有生产，以四川资阳临江寺生产的豆瓣辣酱、郫县豆瓣和安徽安庆生产的胡玉美豆瓣辣酱为最佳。其突出特点是色泽红亮、油润滋软、辣味浓厚、味道香醇。优质的豆瓣酱呈酱红色或褐色，鲜艳而有光泽。品尝时有豆瓣辣酱所特有的浓厚风味，无苦味、霉味及其他异味。舌头感觉细腻无渣，但一般有可察觉的豆瓣碎块的存在，并且要求无僵豆瓣（嚼不动的豆瓣）、杂质，无辣椒皮和辣椒籽。

豆瓣辣酱多用于西南一带，是构成川味的重要调味料之一。豆瓣辣酱成为川菜最常使用的辣味调料，广泛用于以炒、烧、煮等方法制作的菜肴之中，更是制作家常味型、麻辣味型菜肴不可缺少的调料。可用于带辣味的烧菜、炒菜、粉蒸菜、水煮菜等，如麻婆豆腐、豆瓣鱼、川味粉蒸肉、水煮肉片等。

4. 花生酱

花生酱是以花生果为原料，经脱壳、烘炒、去皮后研磨而成的酱状制品。其加工方法为：首先将花生充分干燥，然后在160℃的温度下仔细地炒制1小时左右，接着用粉碎机将薄皮脱掉。用筛将薄皮和胚芽除掉，并用切碎机加以粉碎，加入食盐，用捣研机充分研碎。食盐的加入量为3%～5%。也可以加入食糖，还可以加入奶油、可可、咖啡等香精调香。为防止在储存过程中油层离析，可在成品快速搅拌均匀后加入适量单甘酯或卵磷脂等乳化剂，以保证质量。

花生酱色泽乳黄，有花生烘炒后的浓香，体态油润，口感芳香、口味调和，营养丰富。可直接食用，如早餐、茶点等；也可用于糕点的制作，如作为汤圆等小吃馅料，涂抹面包等；还可作调料，用于冷拼热炒，或作火锅调料。

5. 芝麻酱

芝麻酱是颇受人们欢迎的一种调味酱。它营养丰富，富含蛋白质和脂肪。芝麻酱的色泽为黄褐色，质地细腻，味美，具有芝麻固有的浓郁香气。

制作方法：用上等芝麻经过筛选、水洗、焙炒、风净、磨酱等工序制成芝麻酱。吃芝麻酱之前，一般要先稀释。将芝麻酱放容器内，放食盐，然后加水搅开，一点一点地加水，少加多搅，直到稀稠合适为止。

芝麻酱一般可用作凉拌菜的调味料，例如，麻酱拌黄瓜、拌豆角等。也可用作拌面条（武汉的热干面）、食用馒头、面包时的伴侣。芝麻酱还可用于麻酱面、麻酱烧饼等，也可用作甜饼、甜包子等馅心的配料。芝麻酱还是涮肉火锅的涮料之一，能起到提味的作用。

6. 花式辣酱

花式辣酱是以豆瓣辣酱为主体，添加各种辅料后形成的调味辣酱，如芝麻辣酱、牛肉辣酱、香肠辣酱、鱿鱼辣酱、淡菜辣酱等。作为辅料的肉类、水产类、芝麻酱、花生酱按一定比例添加到豆瓣辣酱中，就可配制出各种美味的花色辣酱。

花色辣酱风味各异，可以直接作为菜肴食用，也可作为烹制菜肴的调料。成菜风味别具一格，香气浓郁。

7. 其他酱

（1）韭菜花酱。韭菜花酱是以韭菜花为原料，加盐腌制的一种酱状制品。是北京民间自制的一种酱。因为北京人很爱吃韭菜，用韭菜包饺子、炒鸡蛋、拌豆腐、摊煎饼等，以及烹制韭薹爆肉片、韭薹炒豆腐干等，味道很香。由于北京所处的纬度高，无霜期短，一般只有夏秋两季才能买到价廉物美的韭菜。于是北京人便把韭菜花磨成酱，常年食用。

韭菜花酱的制法：用韭菜花 3kg 加盐腌半天，另把 100g 生姜、100g 苹果洗净并切碎。然后用小石磨或者擀面杖把腌过的韭菜花、碎姜、苹果碎块擀成浆，盛在小瓦罐里，盖好盖，置干燥阴凉处。过一周便可开罐食用了。生姜和苹果在腌制韭菜花酱中主要起调和风味的作用。

韭菜花酱作调味使用，可拌面条、夹烙饼等，具有韭菜所特有的香气，能增加人的食欲，具有开胃的作用。用于荤素菜皆宜，如韭味里脊、韭味鸡丝、韭香口条等。

（2）烤鸭面酱。北京烤鸭是一款饮誉海内外的中国名肴。吃烤鸭必须有面酱，否则其风味将大大降低。

吃烤鸭用的面酱是以甜面酱为主料，辅以其他调料调制而成，见表 5-6。调制比较简单，在加热的食用油中加入甜面酱、酱油、白砂糖后再加热并不断搅拌，加热煮沸过程中加入已溶化于少量水中的保鲜剂，继续煮沸 10 分钟，根据酱的稠度可适量补水。待制品的温度降至 85℃以下时，加入味精及香油搅拌均匀，即成为红褐色、有光泽、鲜甜适口、具有酱香且黏稠适度的烤鸭面酱。

表 5-6　烤鸭面酱的配方

品名	用量（kg）	品名	用量（kg）
优质甜面酱	60	酱油	5
白砂糖	3	味精	0.5
保鲜剂	0.05	香油	2
食用油	2	水	适量

越来越多的国际友人喜欢吃中国烤鸭。他们除了到中国来吃，还想在世界各地都能够吃到中国烤鸭。这就需要在做好传统的烤鸭面酱基础上，考虑如何适应国外消费者的口味，以便吸引更多的各国消费者。例如，供应印度时，可以考虑生产带有一定咖喱味的烤鸭调味料；供应意大利则需要考虑以柠檬酸等酸味剂来增加烤鸭面酱的酸度；智利以吃辣闻名，所以应在调味料中投其所好，增加一定量的辣味制品；供应俄罗斯时可以考虑在烤鸭面酱中添加鱼子酱；供应日本时则要考虑添加味淋系列调味料等。

（3）沙茶酱。沙茶酱又称沙嗲酱（Sateysauce）。它是东西亚各国及我国南方沿海地区一种独特的调味料。在福建、广东、深圳、香港等地的餐馆中使用较广。沙茶酱源于印度尼西亚，是印尼文“Sate”的中文译音。印尼音“沙嗲”的意思为“烤肉串”。传入我国后，逐渐抛开它的本来含意，将其作为一种特殊的调味料定义下来，沿传至今，并将“沙嗲”音逐渐转化为读音“沙茶”。沙茶酱较多的用于牛肉、羊肉、鸡肉、鱼肉、鸡肫、鸡肝、鸡皮、鸡肠、龙虾肉等辣吃时的佐料。

沙茶酱的色泽为橘黄色，质地细腻，如膏脂，相当辛辣香咸，富有开胃消食的功效，调味特色突出。沙茶酱复合有多种味道，属于辛辣型复合调味酱。它的特点是颜色红褐或棕褐，香辣协调，味美适口。在烹饪中使用时，用量少，则以香味为主；用量多，则香辣齐备。沙茶酱的各味之间互相协调，是一种极好的富有特色的调味佳品。

我国市场上沙茶酱的品种主要有福建沙茶酱、潮州沙茶酱两大类。福建沙茶酱的制作一般是先将虾米、香葱和海产鱼（如比目鱼干、鳊鱼干等）放入油锅内进行油炸，并将花生仁焙炒出香味，接着把虾米、鱼、葱、花生仁磨碎或捣碎放入锅内，再加白糖、酱油、食盐、蒜粉、辣椒粉、芥末粉、五香粉、茴香粉、沙姜粉、肉桂粉、香草粉、香菜籽粉、芝麻酱和植物油等，混合后放在中小火上慢慢熬炼，熬炼时间 30 ~ 45 分钟。边熬炼边搅拌，当锅内酱体成为黏稠度较高的糊状体，并且不起泡时，即可离火，待其自然冷却后便成沙茶酱。福建沙茶酱的香味自然浓郁，用以烹制爆、炒、熘、蒸等海鲜菜品，口味鲜醇，因其特有的海鲜自然香味而深受港、澳、台食客的欢迎。

潮州沙茶酱是将油炸的花生仁末，用熬熟的花生油与花生酱、芝麻酱调稀后，再调以煸香的蒜泥、洋葱末、虾酱、豆瓣酱、辣椒粉、五香粉、芸香粉、草果粉、姜黄粉、香葱末、香菜籽粉、芥末粉、虾米末、香叶末、丁香末、香茅末等香料，佐以白糖、酱油、椰汁、精盐、味精、辣椒油，用文火炒透，冷却后盛入洁净的坛子内即成。潮州沙茶酱的香味较福建沙茶酱更为浓郁，可用于炒、焗、焖、蒸等烹调方法。

沙茶酱在烹饪中多用于一些烤熏类的肉类、鱼类、鸡类菜肴的调味汁，以及用于奶类及某些新鲜蔬菜的调味，可使菜肴增香、增鲜，丰富其风味。用沙茶酱调制的菜肴、小吃别具风味，非常诱人。此外，沙茶酱还可单独食用，风味也很好。有时为了菜肴风味的需要，还可在沙茶酱中加入些水果汁，如柠檬汁、椰子汁等，成为具有天然果香味的沙茶酱。沙茶酱有时还用于广式火锅，蘸料以沙茶酱为主。

（4）蛋黄酱。在美国、西欧和日本等国，蛋黄酱就和我国的面酱、豆瓣酱等调味料一样普遍。由于饮食习惯的不同，我国的家庭很少使用蛋黄酱，但在国外（特别是西方国家和日本）已是数十年来非常风行的一种复合调味料。我国传统的烹调除把菜肴烧热外，还要把味道调配好，进食时不需要再补充调味料。但在国外热菜的口味较为平淡，进食时就需要用蛋黄酱来补充，供蘸食或涂抹，再加上生食蔬菜被大力提倡，蛋黄酱的消费量也因此而逐年上升。

蛋黄酱源自欧洲。中世纪的欧洲美食大师们将鸡蛋清、蛋黄分开，然后逐渐加入橄榄油，再加入精盐和柠檬汁，便成了调制和装饰各种沙拉的奶油状浓沙司，这便是蛋黄酱。蛋黄酱风味独特，营养丰富，易于消化吸收。它的用途广泛，可用作各种凉拌菜及海鲜食物的拌料，在各科粮食制品如面包、米饭及烘烤食物中也可拌用。由于蛋黄酱不含合成色素、化学乳化剂、防腐剂，它以植物油代替动物脂肪，有利于消费者的健康。

蛋黄酱是以精炼植物油或色拉油以及食醋和蛋黄为基本成分，加工成乳化型的半固体油脂类调味料。制作蛋黄酱其配方比例大致为油脂75%、食醋（含醋酸4.5%）11%、蛋黄9%、砂糖2.5%、食盐1%以及少量的芥末、白胡椒等一些香辛料。植物油选用精炼后的玉米油、菜籽油、花生油、豆油、米糠油等，但最好是无色或淡色和无味的优质色拉油。蛋黄酱需选用新鲜鸡蛋，否则乳化油脂的效果不佳。食醋有时也可用柠檬酸代替。

优质的蛋黄酱色泽淡黄，柔软适度，黏稠态，有一定韧性，清香爽口，回味浓厚。蛋黄中的磷脂有较强的乳化作用，因而能形成稳定的乳化液。油脂以2～4um的微细粒子状分散于醋中，食用时水相部分先与舌头接触，所以首先给人以滑润、爽快的酸味感，然后才能察觉出油相的部分。

蛋黄酱可浇在沙拉、海鲜，或米饭上食用，或涂抹在面包上食用，也可作为炒菜用油及汤类调味料。其风味比一般油脂醇厚。由于富含蛋白质、磷脂等成分，因而营养价值也很高。蛋黄酱的种类十分广泛，是制作西餐菜肴和面点的基本用料之一。近年来，蛋黄酱的品种也越来越多，衍生出各类半固体的调味酱、沙拉调味汁、乳化状调味汁、分离液状调味汁等多种。

以蛋黄酱为基本原料，可以调配出名目繁多的调味汁。像加入切细的洋葱、腌胡瓜、煮鸡蛋、芹菜等，可调配出炸鱼、牛扒以及虾、蛋、牡蛎等冷菜的调味汁。添加番茄汁、青椒、腌胡瓜、洋葱等，可调配出用于新鲜蔬菜沙拉或通心粉沙拉的调味汁。用它来与切成块状的熟土豆调配在一起，做成土豆沙拉，亦可与水果、蔬菜拌在一起，做水果沙拉、蔬菜沙拉。

已制成的蛋黄酱有时会发生分离现象。其主要原因是温度的突然变化所致。特别是置于低温时，蛋黄酱中的油脂更容易发生分离现象。另外，强烈的摇荡也将导致蛋黄酱中的油脂分离。还有因蛋黄酱表面水分的蒸发，表面有时会结成油膜。因此为了防止蛋黄酱中油的分离和结膜，必须将其保存于适当温度中，并注意用后盖好瓶盖。

（5）沙拉酱。沙拉酱又称为沙拉调味汁。沙拉酱在沙拉中起着非常重要的作用，它可以美化沙拉的外观，增加沙拉的味道。

沙拉酱与蛋黄酱之间是有一定区别的，两者不能混淆。这两种酱都属于复合调味料，而且都是以植物油、鸡蛋、醋、糖、盐及乳化剂、增稠剂等调制而成的高脂肪乳状液，但是两者在具体配方及功能上并不相同。就两者的主要成分而言，蛋黄酱的脂肪含量大于75%，蛋黄用量在6%以上，含水量仅为10% ~ 20%。而沙拉酱中脂肪含量则可以低至50%，蛋黄用量只有3.5%，含水量则要高至20% ~ 35%。蛋黄酱的主要用途是用于拌食海鲜食物、凉拌菜及多种粮食制品（面包、烘烤食物及米饭等）；而沙拉酱除可方便地代替色拉油配制各种沙拉食物外，还可以广泛地与多种食物拌食。

沙拉酱因名称、形态、配方等方面的差异，使得沙拉酱的品种多种多样。现在随着减肥的影响，需求低热量食物的人数逐渐增加，又出现了低油脂沙拉酱，甚至还有无油型沙拉酱。

（6）XO酱。XO酱又称为酱皇。XO原为酿酒术语，原指酿制年代久远的60 ~ 70年前的白兰地，商业上借指不知年代的酒。这里更为一种借用、托名而已。XO酱是香港王亭之先生发明的一种调味料，采用数种较名贵的食材研制而成。XO酱首先出现于20世纪80年代香港一些高级酒家，并于90年代开始普及。XO酱既可作为餐前或伴酒小食的极品，也适合伴食各款佳肴、中式点心、粉面、粥品及日本寿司，更可用于烹调肉类、蔬菜、海鲜、豆腐、炒饭等的调味。

XO酱的材料没有特定标准，但主要包括了瑶柱、虾米、金华火腿及辣椒等材料，味道鲜中带辣。例如，有一种配方为：虾米粒1300g，带肥火腿肉粒

1300g，虾粒 150g，干贝 500g，比目鱼 150g，咸鱼粒 300g，野山椒粒 1000g，辣椒粉 250g，蒜泥 900g，干葱泥 900g，花生油 3000g，鸡精 250g，味精 150g，砂糖 500g。调制方法：把干贝洗净、泡软，连同水一同入锅蒸半小时取出，撕碎备用。再把比目鱼用油以小火炸酥，捞出后切碎；其他材料分别切碎。接着用油先炒蒜泥，再放入干贝及其他材料拌炒均匀，待香味散出时加入所有调味料，炒匀后以小火熬煮 30 ~ 40 分钟。最后待汤汁收至稍干，水分已吸收且锅内溢出油时即可。

（7）鱼子酱。鱼子酱严格地说并不是“酱”。它以鲟鱼的鱼卵加盐，使鱼子保存得完好无损，好像刚从鱼身上取出来一样的外观。

鱼子酱通常分为 Beluga、Ossetra、Sevuga 三大类，其中以 Beluga 体积最大，价格最昂贵，外表像一颗颗灰黑色的珍珠。顶级的鱼子酱是由单一种类的鱼子组成，不混杂其他种类的鱼子，因为每一种鱼子都有独特的颜色、味道和大小。虽然鱼子酱中不能缺少盐，但优质的鱼子酱含盐量越少越好。如果标签上注明 Malossol，则表示含盐量最高不超过 4%。

温度对于鱼子酱的味道和品质有一定影响。鱼子酱只能冷藏于 0 ~ 2℃的环境中，低于这种温度会令鱼子冻结或爆裂，高于 2℃则会破坏其味道。

食用鱼子酱的方法有好多种，最地道的方法是不拌其他任何食物，只用小银匙细细品慢慢尝。此外，俄罗斯风味的吃法是将鱼子酱配切碎的熟蛋和洋葱。其他较为普通的吃法是将鱼子酱涂在面包、饼、熟蛋片、青瓜片等上面。

（8）虾脑酱。虾脑酱是一种食用方便、营养丰富，具有天然海鲜风味的新酱。它以新鲜对虾的大虾头为原料，采用新工艺，提取虾脑中的物质精制而成。该产品富有多种氨基酸、蛋白质、脑磷质、虾红素及人体所需的无机盐。由它配做的各种菜肴均有对虾的风味，为国内新颖的营养型天然对虾风味调味酱。

四、豆豉

豆豉是中国的特产。豆豉和酒、酱一样，都是我们勤劳智慧的祖先最先发明，利用微生物的发酵作用酿制而成的。历来有“南方嗜豉，北方嗜酱”一说，豆豉也是我国人民在烹饪中最早使用的调味料之一，是我国四川、江西、湖南等地区常见的调味料。

豆豉是以黄豆或黑豆为原料。利用毛霉、曲霉或细菌蛋白酶作用分解豆类蛋白质，达到一定程度时，即用加盐、干燥等方法，抑制微生物和酶的活动，延缓发酵过程。使得熟豆中的一部分蛋白质和分解产物在特定条件下保存下来，形成具有特殊风味的豆豉。豆豉分两种：加盐的称为咸豆豉，不加盐的是淡豆豉。咸豆豉是烹调常用调味料。不加盐的淡豆豉多用于医药。若按制作中是否添加辣椒，又可分为辣豆豉和无辣豆豉。根据制作工艺、添加其他调料的不同，还有甜豆豉、汁豆豉、菜豆豉、水豆豉、姜辣豆豉、葡萄豆豉、五香豆豉、西瓜豆豉等多种花色豆豉。

豆豉之所以会味美可口，是因为大豆在长霉时（称为制曲阶段），自然界中的许多微生物都在大豆表面繁殖。由于微生物间也存在着生存竞争，有一些较适合于在大豆上生长和较能适应大豆周围环境的霉菌凭借自己的这种优势，抢先在豆粒表面获得了优先繁殖的机会，在豆粒表面及部分的内层生长了许多菌丝及一部分孢子。在加盐进入腌制时期，菌丝所分泌的蛋白酶对大豆中的蛋白质（已经因蒸熟而变性的蛋白质比较容易被酶解）进行酶解，使蛋白质因水解作用逐渐生成多肽和氨基酸。多肽是各种数量不同的氨基酸组合，口感上具有不同的风味和不同程度的鲜味，氨基酸则更进一步提高了鲜味，其中特别是谷氨酸鲜味更为突出。由于在无盐情况下，豆曲容易腐败（这是空气中自然存在的杂菌所引起的），自古以来都用加盐控制。豆豉也不例外，在高盐浓度下得到了保护。但是高盐浓度和低温条件下发酵都会影响蛋白质酶解的速度，因此也就延长了发酵周期。

烹饪中豆豉主要是作为咸鲜调料使用的，可适用于多种炒、蒸、烧、拌类菜肴。豆豉用于红烧肉类、鱼类，越煮越香，胜过酱油，其味鲜美。各地菜肴中如豆豉蒸肉、豆豉炒肉片、豆豉鱼、豆豉苦瓜、豆豉茄子、豆豉豆腐等，均是百姓喜爱的佳肴。在食用白斩鸡、炸猪排、面条、小吃时，用豆豉作为佐料，其风味也别具一格。豆豉除了作为调味料外，还可以单独做菜，或炒，或蒸，或煨，或焖，食用前淋些香油，色香味俱佳。还可以用开水泡出豆豉的汁液代替酱油用来调味，效果也很好。

现在市场上还有许多以豆豉为主料、配以其他各种调味料制成的各种花色豆豉调料。如蒜头豆豉辣椒酱，也称桂林酱，原产于桂林。它是以豆豉、豆酱、蒜头、野山椒、红糖、香油等调配而成。又如蒜葱豆豉酱是以豆豉、大蒜、蚝汁、鲜姜调配而成。还有八宝豆豉的主要原料是大黑豆、茄子、鲜姜、杏仁、紫苏叶、鲜花椒、香油、白酒，统称为“八宝”，外加食盐。另外豆豉辣椒饼是以豆豉、辣椒、蒜头研磨后压成方块，烘干而成。

五、水豆豉

水豆豉是以大豆为原料经发酵而成的调味料。它是将大豆浸渍后在大锅中加水煮熟，至豆粒充分变软，以手指轻压即烂为度。出锅滤去余水，汁水加盐保存备用。熟料稍经摊晾即移入温室中堆积，并加盖麻袋保温两天后，豆的温度渐次升高。三天后可升至50℃以上，豆粒表面逐渐出现黏液，并伴有特殊气味。

此时可将加盐保存的煮豆液一并移置大缸中，同时添加食盐、姜米、辣椒浆等辅料，充分搅匀后即为成品。我国四川、云南、贵州、湖南等地均有出产。

水豆豉清香鲜嫩，咸酸适宜，爽口开胃，营养丰富，可以直接当小菜食用，也可作为其他菜肴的调味料，如烹制水豆豉干烧鱼、水豆豉拌花菜、水豆豉蒸江团等菜肴。

六、腐乳

腐乳又称豆腐乳、霉豆腐等。它是一种经过微生物发酵的豆制品。腐乳的质地细腻、醇香可口、味道鲜美，富含人体所需的多种微量元素，是不可多得的佐餐佳品。

我国各地都有腐乳的生产。虽然大小不一，配料不同，品种名称繁多，但制作原理大都相同。首先将大豆制成豆腐，然后压坯划成小块，摆在木盒中接上蛋白酶活力很强的根霉或毛霉菌的菌种，便进入发酵和腌坯期。最后根据不同品种的要求加红曲酶、酵母菌、米曲霉等进行密封储藏。

腐乳分为白方、红方、青方三大类。白色腐乳在生产时不加红曲色素，使其保持本色，也称白方，如“桂花”“五香”等属白方；腐乳坯加红曲色素即为红腐乳，也称红方，如“红辣”“玫瑰”等属红方；青色腐乳是指臭腐乳，又称青方，它在腌制过程中加入了苦浆水、盐水，故呈豆青色。臭腐乳的发酵过程比其他品种更彻底，氨基酸含量更丰富。特别是其中含有较多的丙氨酸和酯类物质，使人吃臭豆腐时感觉到特殊的甜味和脂香味。由于这类腐乳发酵彻底，致使发酵后一部分蛋白质的硫氨基和氨基游离出来，产生明显的硫化氢臭味和氨臭味，使人远远就能嗅到一股臭腐乳独特的臭气。腐乳品种中还有添加糟米的称为糟方；添加黄酒的称为醉方；以及添加芝麻、玫瑰、虾籽、香油等的花色腐乳。江浙一带，如绍兴、宁波、上海、南京等地的腐乳以细腻柔绵、口味鲜美、微甜著称；四川大邑县的唐场豆腐乳川味浓郁，以麻辣、香酥、细嫩无渣见长；四川成都、遂宁、眉山等地所产的白菜豆腐乳也很有特色，每块腐乳用白菜叶包裹，味道鲜辣适口；河南柘城的酥制腐乳则更是醇香浓厚，美味可口。各种腐乳特征见表 5-7。

腐乳的独特风味是在发酵储藏过程中形成的。在这期间微生物分泌出各种酶，促使豆腐坯中的蛋白质分解成氨基酸和一些风味物质。腐乳在发酵过程中促使豆腐坯中的少量淀粉转化成酒精和有机酸，同时还有辅料中的酒及香料也参与作用，共同生成了带有香味的酯类及其他一些风味成分，从而构成了腐乳所特有的风味。腐乳在制作过程中发酵，蛋白酶和附着的细菌慢慢渗入到豆腐坯的内部，逐渐将蛋白质分解，经过 3 ~ 6 个月的时间，松酥细腻的腐乳就形成了，滋味也变得质地细腻、鲜美适口。腐乳中的酸味源于发酵过程中生成的乳酸等。咸味主要来自于食盐。甜味则来自于淀粉酶水解物和脂肪酶水解生成的还原糖及少量甘油。鲜味主要来自于氨基酸和核酸类物质的钠盐；前发酵豆腐坯的蛋白质经霉菌的蛋白酶、肽酶水解成氨基酸，谷氨酸钠是鲜味的主要成分。另外，多种微生物细胞中的核酸经核酸酶水解生成核苷酸，发挥了增鲜作用。而后发酵时蛋白质分解恰到好处，使豆腐乳的体态（质构）达到不软不硬、细腻可口。

表 5-7　各类豆腐乳色、香、味、体特征

品种	色、香、味、体特征
小红方	具有特有的香气，表面有鲜艳的红色，断面淡黄色，味咸而鲜，质柔糯
小醉方	具有特有的酒香气，表面与断面均呈现淡黄色，味咸鲜，质柔糯
青方	表面色青，有正常臭气，味咸而带鲜，质柔糯带肥
小白方	表面呈现白色略带黄，具有小白方腐乳特有的香气，质柔糯带鲜
小糟方	具有特有的糟香气，表面淡黄色带有光亮，附有酒酿瓣，味咸而鲜，质软烂可口
小油方	具有特有的香气，表面淡黄而亮，味甜而咸鲜，质柔糯

腐乳通常除了作为美味可口的佐餐小菜外，在烹饪中常作为调味料。多用于咸鲜、咸辣味型的菜肴中，烹调方法有拌、烧、焖、蒸等。腐乳也是涮羊肉调料的主要调味料之一。使用时，通常要加水或汤汁将腐乳磨成糊状，再根据需要添加。腐乳味型的菜肴，腐乳香突出，味道咸、鲜，香而浓郁，如腐乳蒸腊肉、腐乳蒸鸡蛋、腐乳炖鲤鱼、腐乳炖豆腐、腐乳糟大肠等。例如，味美香鲜的腐乳肉，其做法是将整块肉的肉皮在火上烤黄，放到水里刮去烧焦部分。在砂锅中煮到半酥时取出肉，用刀在皮上深深地划下去，使之成为若干小块但不要切断。用几块红腐乳，多放点卤汁压碎加一些黄酒调匀涂在肉上，再放入砂锅里加葱姜和原来煮肉的汤，用小火慢慢烧烂后加入冰糖，待汁稠浓即可，此肉肥而不腻，香味扑鼻。红腐乳的菜肴由于红曲的染色作用使菜肴呈现红色，给人以印象强烈、味道鲜明的感觉。

现在市场上有单独的腐乳汁出售，可以直接作为调味料使用。腐乳汁的颜色越红，做出的菜肴越好看，其口味一般以咸鲜略甜为主。腐乳汁带有酒香及红腐乳特有的香气，富含氨基酸、糖类及其他多种营养成分，是烹饪肉类、水产类和蔬菜类等菜肴的理想调料。用腐乳汁烹制出的佳肴有腐乳汁鸡翅、乳汁千张肉、腐乳汁牛腰、腐乳汁葱香小排、腐乳空心菜、腐乳汁蒸冬瓜等。肉类、禽类在烹制前，要对原料进行腌制入味。

七、味噌

味噌是一种大豆和谷物的发酵制品，其中含有盐，也称作发酵大豆浆。味噌流行于日本，逐渐流传入东南亚各国和欧美等国，近年来我国烹饪行业中也使用味噌了，如广州、深圳、上海等地的餐馆中常有使用。

味噌的种类很多。大多数味噌是膏状的，其组织结构的坚实性和光滑性与奶油相似，颜色从浅黄色的奶油白到深色的棕黑。一般来说，颜色越深，其风味越强烈。味噌具有典型的咸味和明显的令人愉快的芳香气味。根据原料的不同，味噌分为三类：一是大米味噌，由大米、大豆和食盐制得。二是大麦味噌，由大麦、大豆和食盐制得。三是大豆味噌，由大豆和食盐制得。按味道可分为甜味噌、半甜味噌和咸味噌。每一种还可根据颜色进一步分为浅黄味噌和棕红味噌。在上述这些味噌中，大米味噌是最常见的，约占总消费量的80%以上。

味噌的形成过程中，大豆、米、麦通过酶分解产生的鲜味（氨基酸类）、甜味（糖类）与添加的咸味充分地调和起来，加上酵母、乳酸菌等发酵生成的香气及酸、酯、醇等，使得味噌的味道更醇厚，香气更丰富，更能增进人的食欲。在日本主要以味噌汤的方式食用味噌，此外在蒸鱼、肉、蔬菜时加入味噌、糖、醋等拌和的调味料，能使菜肴的味道更鲜美。

味噌在烹调中的应用很广泛。根据菜肴的需要和口味不同，可以选择不同种类的味噌。它适用于炒、烧、蒸、烩、烤、拌类菜肴的调味，可起到丰富口味、补咸、提鲜、增香，并具有一定的上色作用，使菜肴获得独特的风味。味噌汤具有一种特有的酱香气，并且营养、滋味均很好，深受日本人的喜欢。西餐中也常把味噌拌在米饭、海带丝、鱼松中，风味也很好。味噌用于中餐的拌面条、蘸饺子、拌馅心等，食用效果不错。

味噌的保存要注意防止霉变，尤其是甜味噌和半甜味噌，因其食盐含量较低，不宜久储，宜尽早用完为好。

思考题

1. 食盐是唯一具有咸味的物质吗？
2. 食盐在烹饪中的主要作用有哪些？
3. 食盐与其他味的关系是什么？
4. 酱油是如何形成的？

第六章

鲜味调配及鲜味调料

本章内容： 鲜味概述
鲜味调配技术
中国烹饪有利于菜肴鲜美味的形成
鲜味调料

教学时间： 3课时

教学方式： 教师讲述鲜味的形成、主要鲜味物质的呈味特点，阐释鲜味与其他味的关系，烹饪中如何科学应用鲜味物质。

教学要求： 1.让学生了解鲜味的形成和呈味特点。
2.掌握鲜味与其他味的关系。
3.熟悉常见鲜味物质在烹饪中的科学应用。

课前准备： 阅读有关鲜味剂和烹饪调味方面的文章及书籍。

中国菜肴的品种之多，味道之鲜美是举世公认的。美好的鲜味给人以享受，给人以回味。今天，不少菜肴只要烹调得当，都可以用“口味鲜美”来形容。因此，许多烹饪工作者都视菜肴的鲜味为烹调佳肴的关键，各种菜肴无论风味如何，都必须统一到“鲜”字上。菜肴原料经过挑选及精心烹调后，菜肴的味道最终往往以“鲜美”与否定论。

第一节　鲜味概述

鲜味与甜味、苦味、酸味、咸味一样同属于基本味，是食物的一种重要风味。对出生才7天的婴儿进行味觉实验发现：喂以鲜味则立即露出一种舒服愉快的表情。研究人员认为，在动物传递味觉的神经纤维中有鲜味专用的线路。因此，“鲜”应列为一种基本味觉和基本味。同时科学家也认为鲜味是人体所需蛋白质这一主要营养源的信号。

一、鲜味物质的呈味特点

鲜味物质加入食物中，有减缓咸味和抑制苦味的作用，还能改善食物的风味。鲜味物质谷氨酸钠和5′－核苷酸加入食物中，可使食物具有肉的味道，增强食物原有的风味。食盐是谷氨酸钠的助味剂，无食盐感觉不出鲜味。鲜味肽的呈鲜能力较小，但也可赋予食物肉汁的鲜味。在欧美国家常常将鲜味物质称为风味强化剂或增效剂，而并不把鲜味看作独立的味觉。鲜味虽然不同于酸、甜、咸、苦这四种基本味，但对于中国烹饪的调味来说，它是能体现菜肴鲜美味的一种十分重要的味，应该看成是一种独立的味。这在中国菜肴的调味中显得尤其突出和重要。

鲜味的味觉受体目前还未有彻底的了解，有人认为是膜表面的多价金属离子在起作用。鲜味的受体不同于酸、甜、咸、苦这四种基本味的受体，味感也与上述四种基本味不同。对具有鲜味的谷氨酸钠与酸（酒石酸）、甜（蔗糖）、咸（食盐）、苦（奎宁）四原味的关系研究发现：在谷氨酸钠存在的情况下，四原味对舌的刺激和味感变化不大，四原味的强度亦不改变。反之，四原味对谷氨酸钠强度也无影响，这表明鲜味是一种独立的味。因此鲜味不会影响这四种味对味觉受体的刺激，反而有助于菜肴的风味和可口性。

鲜味的这种特性和味感是不能够由上述四种基本味的调味剂混合调出的。人们在品尝鲜味物质时，发现各种鲜味物质在体现各自的鲜味作用时，是作用在味觉受体的不同部位上的。例如，0.03%浓度的谷氨酸钠和0.025%浓度的肌苷酸钠，虽然具有几乎相同的鲜味和鲜味感受值，但却体现在舌头的不同味觉受体部位上。鲜味的呈味物质与其他味感物质相配合时，能使食物的整体风味更为鲜美，所以欧美各国常常将鲜味物质列为风味增效剂或强化剂，而不看作是一种独立的味感，也是有一定道理的。

Tilak 根据鲜味剂在受体上的特点，提出了一个鲜味受体模式，其中四种基本味的感受位置是在四面体的边缘、表面、内部或邻近四面体之处。而鲜味则是独立于外部的位置（见图 6–1）。

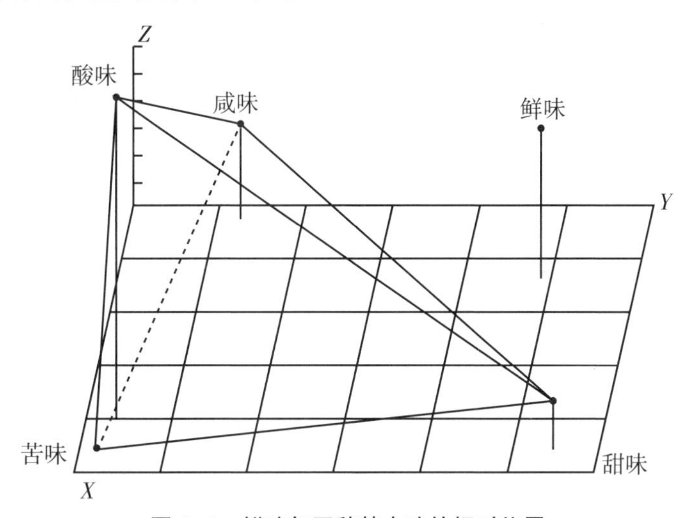

图 6–1　鲜味与四种基本味的相对位置

在食物中添加鲜味剂能增强鲜味，但是添加的种类和数量不同，产生的效果也不同。以呈味核苷酸为例，添加肌苷酸可使食物具有肉类的鲜味，添加鸟苷酸可使食物产生蔬菜、香菇的鲜味，因此同时添加肌苷酸和鸟苷酸可使食物融荤素鲜味于一体。

菜肴的鲜味是由于菜肴中含有一定量的鲜味物质所致。美味佳肴之所以呈现出各自的鲜美滋味，其主要原因就是它们的物质组成中含有不同数量、不同种类的鲜味成分。这些鲜味成分的存在与否，是构成菜肴鲜味的基本要素。食物鲜味物质多种多样，已知的有 40 多种，并且在不断的发展中，目前尚无统一的分类标准。一般来说，可根据其来源和化学成分进行分类。在这些种类众多的鲜味物质中，大体可以分为三类：氨基酸类、核苷酸类、有机酸类。其中以氨基酸类和核苷酸类最为重要。常见的鲜味成分有 L– 谷氨酸钠、5′ – 肌苷酸钠、5′ – 鸟苷酸钠、L– 半胱氨酸硫代磺酸钠、高半胱氨酸、L– 天门冬氨酸、琥珀酸、口蘑氨酸、鹅羔氨酸等。目前市场上作为商品出现的主要是谷氨酸型和核苷酸型。

目前我国规定在食物中可以使用的鲜味剂共有五种，即 MSG（L- 谷氨酸钠）、IMP（5′ －肌苷酸钠）、GMP（5′ －鸟苷酸钠）、I+G（IMP +GMP）和干贝素（鲜味成分是琥珀酸钠）。MSG 属于氨基酸类鲜味物质；IMP、GMP、I+G 等属于核苷酸类鲜味物质；干贝素（琥珀酸钠）则属于有机酸类鲜味物质。这些物质在鲜味强度上各有不同，通常是以味精鲜度作为参照物，将纯度为 100% 的味精鲜度定义为 100°，从而对比评价不同纯度的味精及其他鲜味物质的鲜度。鲜味核苷酸虽然单独使用时并不是很鲜，但当与味精混合使用时，则具有强大的增鲜功能，可使混合物鲜度提高到 10000° 或以上，即鲜度可达味精的 10 倍或以上。按相应的比例推算，IMP 的鲜度约为 4000°，而 GMP 的鲜度更高达 16000°。不久之前人们又研制出了更鲜的物质叫“α－甲基呋喃肌苷酸”，它比味精鲜 600 多倍，即鲜度达到 60000°，可谓是当今世界鲜味之最。

二、鲜味剂的结构特点

1. 氨基酸

大部分鲜味成分的结构可以用通式：$^{-}O—(C)n—O^{-}$ 来表示，n= 3 ~ 9。其通式表明：鲜味分子需要一条相当于 3 ~ 9 个碳原子长的脂链，而且两端都带有负电荷，当 n= 4 ~ 6 时，鲜味最强。脂链不只限于直链，也可为脂环的一部分；其中的 C 可被 O、N、S 等取代。保持分子两端的负电荷对鲜味至关重要，若将羧基经过酯化、酰胺化，或加热脱水形成内酯、内酰胺后，均可在一定程度上降低鲜味。但其中一端的负电荷也可用一个负偶极来替代。例如，口蘑氨酸和鹅羔氨酸等，其鲜味比味精强 5 ~ 30 倍。这个通式能将具有鲜味的多肽和核苷酸都能包括进去。

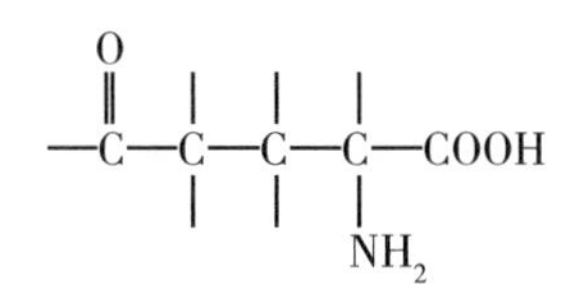

图 6-2　鲜味氨基酸的基本骨架

Heath 指出，最适于利用的呈鲜味氨基酸是 5 个碳的谷氨酸，只有 L 型的具有增强鲜味的性质，见图 6-2，而 D 型则没有鲜味；离子形式也很重要，一钠型具有呈鲜味性质，而其他离子形式几乎不具有活性。即谷氨酸一钠是 L- 谷氨酸呈现鲜味的唯一的形式。表 6-1、表 6-2 列举了部分食材的 L- 谷氨酸含量。表 6-3 为 L- 氨基酸的味感。

表 6-1　部分动物食物中的 L- 谷氨酸钠含量

食物名称	ω（L-谷氨酸）（%）	食物名称	ω（L-谷氨酸）（%）	食物名称	ω（L-谷氨酸）（%）
牛肉（腰部嫩肉）	33	鳕鱼	9	青鱿鱼	3.1
牛肉（小腿）	11	干鱿鱼（乌贼）	41.5	望潮（章鱼属）	29
猪肉（腰部嫩肉）	23	亚洲（箭齿蝶）	9.6	海扇	150.5
小鸡肉	44	比目鱼	9.8	龙虾	7
小鸡（骨）	40	鲤鱼	7.3 ~ 17.6	河豚	6.8
鸭肉	50	鲫鱼	15.5	沙丁鱼	280
羊肉	6	泥鳅	22	牡蛎	264
鲱（青鱼）	7	鳗、鳝	10	蚬	23
秋刀鱼	36	对虾	51	南方鱿鱼	14.5
竹荚鱼	19	文蛤	249	大鲍	109

表 6-2　部分植物食物中游离 L- 谷氨酸含量

食物名称	ω（L-谷氨酸）（%）	食物名称	ω（L-谷氨酸）（%）	食物名称	ω（L-谷氨酸）（%）
萝卜	1.9	金橘	15.2	红胡椒	1.21
胡萝卜	3.02	柑橘	9.7	菠菜	3.85
洋葱	0.69	柚	10.9	温州蜜柑	11.6
大蒜	1.29	柠檬	7.3	苹果	3.6
藕	1.00	夏季橙（柚子）	18.8	绿茶	208 ~ 504
姜	0.92	日本梨	15.6	紫菜	640
西红柿	3.99	葡萄	15.6	南瓜	3.03
茄子	0.84	海带	1780 ~ 4226	黄瓜	0.65

2. 核苷酸

从 5′ - 肌苷酸（5′ -IMP）、5′ - 鸟苷酸（5′ -GMP）的结构观察，鲜味核苷酸必须具备下述条件，即碱基为具 6- 羟基的嘌呤环；核糖 5′ 位应为磷酸所酯化，即具有图 6-3 的结构。核糖的 2′ 或 3′ 羟基被取代，仍具鲜味，但 5′

的磷酸基进一步酯化、酰胺化其鲜味则丧失。嘌呤环的6-羟基被巯基取代，或N1有取代基亦有鲜味，特别当X为Cl等基团取代其鲜味增强。

表 6-3　L—氨基酸的味感

	氨基酸名称	阈值（mg/100mL）	甜	苦	鲜	酸	咸
甜味氨基酸	甘氨酸（Gly）	110	+++				
	丙氨酸（Ala）	60	+++				
	丝氨酸（Ser）	150	+++			+	
	苏氨酸（Thr）	260	+++	+		+	
	脯氨酸（Pro）	300	+++	++			
	羧脯氨酸（Hyp）	50	++	+			
	赖氨酸盐酸盐	50	++	++	+		
	谷氨酰胺（Gln）	250	+	+++	+		
苦味氨基酸	缬氨酸（Val）	150	+				
	亮氨酸（Leu）	380		+++			
	异亮氨酸（Ile）	90		+++			
	蛋氨酸（Met）	30		+++	+		
	苯丙氨酸（Phe）	150		+++			
	色氨酸（Trp）	90		+++			
	精氨酸（Arg）	10		+++			
	精氨酸盐酸盐	30		+++			
	组氨酸（His）	20		+++			
酸味氨基酸	组氨酸盐酸盐	5		+		+++	+
	天门冬酰胺（Aspn）	100		+		++	
	天门冬氨酸（Asp）	3				+++	
	谷氨酸（Glu）	5				+++	
鲜味氨基酸	天门冬氨酸钠	100			++		+
	谷氨酸钠	30			+++		

图 6-3　鲜味核苷酸的结构

Kunnaka 在 1964 年指出，核苷酸呈现鲜味必须具有两个条件：①核苷酸有多种异构体，在核糖部分的 2′、3′ 或 5′ 位碳原子均可连接磷酸基，但只有在 5′ 碳原子上连接磷酸基的 5′ – 核苷酸表现出鲜味剂的活性；②在 5′ – 核苷酸中，需要在嘌呤部分的第 6 位碳原子上有一个羟基才能产生鲜味。Imai 曾证明， 在第 2 位碳上有一个含硫取代基团的 5′ – 核苷酸具有更强的鲜味。

在供食用的动物（畜、禽、鱼、贝）肉中，鲜味核苷酸主要是由肌肉中的 ATP 降解而产生的。动物在宰杀死亡后，体内的 ATP 依下列途径降解：

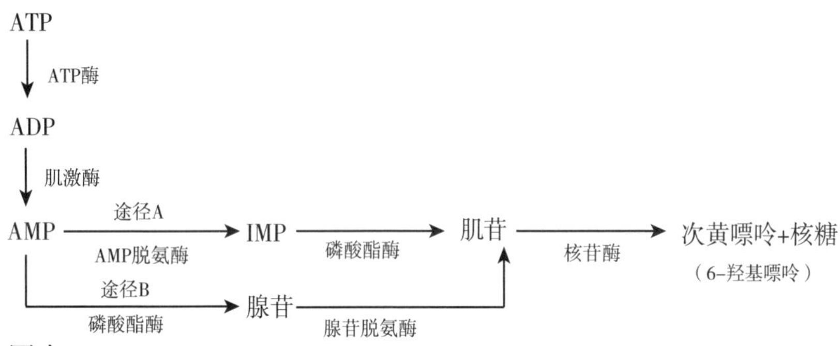

图中：

ATP —— 三磷酸腺苷

ADP —— 二磷酸腺苷

AMP —— 一磷酸腺苷

IMP —— 肌苷酸

畜、禽、鱼 ATP 的降解经过 A 途径；虾、蟹经由 A、B 两种途径；乌贼、章鱼和贝类则经过 B 途径。

肉类在屠宰后要经过一段时间“后熟”方能变得美味可口，这是因为 ATP 转变成 5′ – 肌苷酸需要时间。鱼体完成这一过程所需时间很短，肉类存放时间如过长，5′ – 肌苷酸会继续降解为无味的肌苷，最后分解成有苦味的次黄嘌呤，使鲜味降低。在实际中可通过检测次黄嘌呤的含量判断肉类，尤其是水产品的新鲜程度。部分食物中肌苷酸、鸟苷酸的含量见表 6-4、表 6-5。

表 6-4 部分食物中肌苷酸的含量

食物名称	ω（肌苷酸）(%)	食物名称	ω（肌苷酸）(%)	食物名称	ω（肌苷酸）(%)
竹荚鱼	265.0	鳕鱼	43.8	牛肉	106.9
沙丁鱼	192.6	河豚	188.7	猪肉	122.2
鲣鱼	205.2	金枪鱼	188.0	鸡肉	75.6
青花鱼	214.8	对虾	91.9	鱿鱼干	23.0
秋刀鱼	242.4	海胆	0 ~ 7.1	沙丁鱼干	439.0
大头鱼	214.8				

表 6-5 部分食物中鸟苷酸的含量

食物名称	ω（鸟苷酸）(%)	食物名称	ω（鸟苷酸）(%)	食物名称	ω（鸟苷酸）(%)
干蘑菇	156.5	麦蕈	5.8	鸡肉	1.5
生蘑菇	18.5 ~ 45.4	牛肉	2.2	鲸肉	3.6
朴树蘑菇	21.8	猪肉	2.6	马粪海胆	0 ~ 6.0
沼泽蘑菇	64.6				

3. 琥珀酸

琥珀酸化学名称叫丁二酸，是一种有机酸，有特殊酸味。琥珀酸为无色柱状或白色板状结晶，难溶于冷水（0℃时，溶解度为 2.75g），溶解度随温度升高而增大（75℃时溶解度为 60.37g）。

琥珀酸的钠盐（$HO_2CCH_2CH_2CO_2Na$）有鲜味，它在鸟、兽肉及鱼肉中均有少量存在，但在贝类中含量最多，是贝类鲜味的主要成分，见表 6-6。此外，在用微生物酿造的调味料中，如酱、酱油、黄酒中也有一定的含量。琥珀酸钠使得贝类菜肴产生了独特的鲜味。它的鲜味清鲜、爽口，很受欢迎。

表 6-6 部分食物中琥珀酸及其钠盐的含量

种类	生肉中含量(%)	种类	生肉中含量(%)	种类	生肉中含量(%)
蚬	0.4117	文蛤	0.1420	牡蛎	0.0520
海扇贝柱	0.3700	魁蛤	0.1010	蛤蜊	0.0270
蛤仔	0.3300	海螺	0.0720	鲍鱼	0.0250

琥珀酸钠在有食盐存在的情况下，溶解度减小。在烹制贝类海鲜时，应先使贝类中的琥珀酸钠慢慢溶解进入汤汁，然后在后期再加盐方可保持鲜味。

琥珀酸钠有特殊的贝类滋味，故又称为干贝素。琥珀酸钠可以作为单纯的鲜味剂使用，但是与L-谷氨酸钠、肌苷酸钠之间在味觉上没有协同呈味的效果。要注意琥珀酸钠与谷氨酸钠，核苷酸鲜味剂等不一样，过量使用会使食物的风味恶化。

烹饪原料中除了谷氨酸钠、肌苷酸钠、鸟苷酸钠、琥珀酸钠具有鲜味外，还有其他一些鲜味物质，如茶叶中的茶氨酸、口蘑中的口蘑氨酸、鹅羔蕈中的鹅羔氨酸，以及蛋白质的分解产物（某些氨基酸、肽、酰胺等）。此外，天冬氨酸及其一钠盐也显示出较好的鲜味，强度较MSG弱，这是竹笋中的主要鲜味物质。

肉类中的肌酸、肌酐、肌肽等肌肉的组成成分有鲜味。还有一些有机碱，如甜菜碱、氧化三甲胺、章鱼肉碱等对鲜味的形成也有一定的贡献。

鲜味剂的作用虽然可以提高食物总的味觉强度，并带来不同于四种基本味感的整体味感，但对食物的香气来说并没有明显的影响。同时我们也要明白调味中使用鲜味剂是利用其增味作用来强化食物整体的风味，而不是要突出鲜味。因此，在调味中使用鲜味剂最理想的效果是：尽可能的强化食物原有的特征风味，同时又要明显地感觉到鲜味的存在。

第二节　鲜味调配技术

鲜味剂通常不宜单独使用，只有同其他呈味物质配合使用时，方可交相生辉，故有“无咸不鲜”、“鲜不单行”的说法。另外，由于鲜味剂之间存在显著的协同增效效应，因此人们在食物加工过程中已逐步增加对复合鲜味产品的选用，而减少使用单一类别的鲜味剂，如市场上的强力味精等产品就是以味精和鲜味核苷酸配制的复合鲜味剂。此外，琥珀酸钠、鲜味核苷酸、水解蛋白、酵母抽提物等之间进行复配，也可增强产品的鲜味强度，并使鲜味更加圆润可口。在食物中添加MSG时，可以提高食物总的味觉强度，并带来不同于四种基本味感的整体味感，但对食物的香气无影响。它还可以用来增强食物的一些风味特征，如持续性、口感性、气爽性、温和感、浓厚感等，也增强了食物的肉味感。随着鲜味科学技术的不断发展，食物的鲜味层次也将越来越多元化、立体化。

一、鲜味与其他味的关系

在调味实践中，鲜味对咸味、酸味和苦味都有使之减弱缓和的作用。

1. 鲜味与咸味

鲜味需要在咸味基础上才能显现鲜美滋味。在味精溶液中加入适量的食盐，可使鲜味更加突出。食盐起着一种助鲜剂的作用。无论何种鲜味剂，其鲜味的体现都离不开食盐的咸味协助。鲜味剂其鲜味的完美体现必须要在食盐存在的情况下才能充分显示，并且鲜味能对菜肴中的酸味、苦味有一定的抑制作用，从总体上提高了菜肴的风味。如果没有食盐的存在，鲜味剂的鲜味在很大程度上得不到发挥，有时甚至是毫无鲜味，而有一种令人不快的味感。因此市场上所售的味精中谷氨酸钠的纯度一般在 80%、90%或 95%，而其余均是添加精细的食盐作为鲜味的助鲜剂，其原因就在于此。

咸味溶液中适当加入味精（谷氨酸钠）后，可使咸味变得柔和。添加味精的最佳量：食盐量在一定范围（0.8% ~ 2%），咸味有随着加盐量递增而递减的趋势。如在 0.8%的食盐溶液中需加 0.38%的味精，在 1.0%的盐液中需加 0.3%的味精，而在 1.2%的盐液中只需加 0.28%的味精。在这样的范围内，味精的鲜味才能很好地体现。

鲜味剂之所以要在有食盐存在的情况下才能充分体现出其鲜美滋味，其实质与鲜味剂和食盐在水溶液中电离产生的正负离子相互作用密切有关。以味精中主要成分谷氨酸钠为例，谷氨酸钠和食盐在水溶液中分别产生出 $HOOC—(CH_2)_2—CH(NH_2)—COO^-$、$Na^+$、$Cl^-$ 三种正负离子，虽然谷氨酸钠解离后的 $HOOC—(CH_2)_2—CH(NH_2)—COO^-$ 本身具有一定程度的鲜味，但不与 Na^+ 离子互相作用，对人味觉受体的刺激并不明显，体现出来的鲜味感不强。只有当大量的 Na^+ 与 $HOOC—(CH_2)_2—CH(NH_2)—COO^-$ 相遇在一起而相互作用时，对味觉受体的刺激才能大大增强，因此明显地提高了谷氨酸钠的鲜味感。在这里起主要决定作用的是谷氨酸钠解离后的负离子 $HOOC—(CH_2)_2—CH(NH_2)—COO^-$，正离子 Na^+ 起着配角和辅助增强的作用。所以味精的鲜味是在溶液中有大量的正离子 Na^+ 存在，并且这些 Na^+ 包围着负离子 $HOOC—(CH_2)_2—CH(NH_2)—COO^-$ 的情况下呈现的。这里的正离子 Na^+ 在很大程度上是由食盐（NaCl）解离后所提供的。

2. 鲜味与酸味

一般来讲，过酸的环境不利于鲜味的显现，酸味能使鲜味减弱；同样鲜味也能使酸味缓和。酸味和味精的鲜味之间存在的关系有些特殊。尤其酸味不利于味精（谷氨酸钠）鲜味的显现。食醋的存在往往会影响味精鲜味的正常发挥。在这种情况下可以加入高汤来增鲜。

3. 鲜味与甜味

中国南方厨师在烹调过程中，常常喜欢在菜肴中加少量的蔗糖。加糖不显甜，但能增加一定的鲜味，烹饪行业上叫作“提鲜”。也就是说在有咸味剂存在的前提下，少量的甜味剂可以起到增强鲜味的强度，形成较好的鲜味感。但添加过多的甜味剂会影响鲜味，甚至产生令人不愉快的异味。调味专家在对甜味与鲜味之间的关系进行研究后，认为两者的关系是一种复杂的相互关系，至今还没有量化的结果。

4. 鲜味与苦味

鲜味具有一定的减弱苦味的作用，使原本具有苦味的食物其醇厚感增强，但必须与酸、甜、咸味配合，方能有较好的效果。研究发现糖精为甜味物质，其后味显苦，但是加入少量谷氨酸钠后，可以使后味变得相当柔和。使用时添加谷氨酸钠的量为糖精的 1% ~ 5%，肌苷酸钠为谷氨酸钠的 1% ~ 3%。

5. 鲜味与辣味

在 0.1% ~ 0.6%的添加范围内，鲜味对辣味有一定的降低作用。

二、鲜味之间的协同作用和特点

以谷氨酸钠为代表的氨基酸类鲜味剂，以肌苷酸钠、鸟苷酸钠为代表的核酸类鲜味成分和以琥珀酸钠为代表的有机酸类鲜味成分之间的协同作用特点如下：

（1）谷氨酸钠与呈味核苷酸钠之间有很强的协同作用，同时使用鲜味强度显著增加，而且与鲜味相等的单一谷氨酸钠有质的区别。

（2）琥珀酸钠与另两类鲜味剂之间，没有明显的协同作用。

（3）呈味核苷酸钠之间没有明显的协同作用。

（4）L–谷氨酸、α–氨基二羧酸的同系物 L–天冬氨酸和 L–α–氨基己二酸，以及从天然蘑菇类中提取出来的鹅膏蕈氨酸和口蘑氨酸等，都与呈味核苷酸有协同作用，并能提高鲜味。

（5）另外，在核酸类物质中 AMP（腺苷酸）、ADP（二磷酸腺苷）、ATP（三磷酸腺苷）、GTP（三磷酸鸟苷）等核苷酸类物质的钠盐与谷氨酸钠之间也有协同作用，尽管在鲜味强度上与前述的三种核苷酸差距很大，但同样具有相乘的效果。

在配方中常用 I+G 来表示二者在配方中同时使用。因为鸟苷酸钠和肌苷酸钠都是鲜味剂，具有较强的助鲜作用，但是二者助鲜程度不同，鸟苷酸钠的致鲜度要比肌苷酸钠高出 3 倍以上。

0.1%鸟苷酸钠水溶液并无明显鲜味，当在水溶液中加入了等量的 1%味精水溶液后，味精的鲜度不但没有被冲淡，反而明显地提高了，说明鸟苷酸钠与味精之间存在着鲜味的增强作用。研究者曾多次进行了不同配比及不同含量的鲜味增强实验，结果都显示了明显的鲜味增强效应，而且还发现配比及含量的不同会导致增鲜强度的不同。例如，当以味精单独使用时的鲜度为基准时（并以 1 作为基准值），在下列的组合中就可看到不同的鲜味增强效果。

由表 6–7 可以看出：

（1）I 和 G 不论与味精使用任何配比，鲜味都会成倍增加。

表 6-7　味精用量固定为 1 时 I、G 不同配比时的鲜味基准值

I 的配比量及鲜味基准值		G 的配比量及鲜味基准值	
1	7.5	1	30.0
0.5	5.5	0.5	25
0.1	5	0.1	18.8
0.05	3.5	0.05	12.5
0.02	2.5	0.02	6.4
0.01	2.0	0.01	5.5

（2）I 和 G 配得越多，鲜味基准值也越高，但涨幅与配比不成比例，因此我们可以从中选取较为经济的配比，也就是用较少的 I 和 G 获得需要的基准值，见表 6-8。因为 I、G 的价格比味精要贵得多，所以用高 I、G 比，比如 1 ∶ 1 是不可取的，虽然基准值升高至相对应的 7.5 及 30.0。当我们选用 1 ∶ 0.05（味精与 I 或 G 的比）时，基准值也可达到相对应的 3.5 及 12.5。I 对应的 3.5 虽仅为 7.5 的 47%，但我们仅用了基准值为 7.5 时的 5% I；G 的 12.5 虽仅为 30 的 42%，但也仅用了基准数 30 时的 5% G。这说明选用 1 ∶ 0.05（味精与 I 或 G 的比）是可取的。

从调味角度而言，G 具有植物性鲜味，I 具有动物性鲜味，二者各有不同的风味，同时使用可使鲜味更趋于和谐，虽然鸟苷酸钠的鲜度要高于肌苷酸钠的 3 倍以上，但还是二者共同使用为宜。为了核苷酸类鲜味剂在生产、销售、使用上的方便，所以就有了 I +G 型的商品，这也就是我们在配方表上常用的 I +G。

表 6-8　味精和核苷酸的鲜味强度表

味精：核苷酸	混合物的鲜味强度（相对值）	
	5′ –IMP（肌苷酸）	5′ –GMP（鸟苷酸）
1 ∶ 0	1.0	1.0
1 ∶ 2	6.5	13.3
1 ∶ 1	7.5	30.0
2 ∶ 1	5.5	22.0
10 ∶ 1	5.0	18.8
20 ∶ 1	3.5	12.5
50 ∶ 1	2.5	6.4
100 ∶ 1	2.0	5.5

由于L–谷氨酸钠几乎存在于所有的食物中，利用5′–核苷酸钠调味效果最明显的特征是能极大地增强单独存在的谷氨酸的鲜味特性，即能显著地强化食物的鲜味；特别是当食物中的氨基酸类鲜味物质含量在阈值以下时，食物的鲜味是潜在的，通过添加少量的5′–核苷酸就能使鲜味强度提高而被感知，发挥出鲜味效果。

核苷酸类调味料在烹调食物中并不单独使用，一般是与谷氨酸钠进行配合后使用，强力味精往往都是以谷氨酸钠和5′–核苷酸钠配制的复合化学调味料，其标准用量（按含92%谷氨酸钠与8% 5′–核苷酸钠的混合物），对味道清淡的菜肴可以加入食盐量的5%，对味道浓厚的菜肴则加入食盐量的10%。

菜肴的品种繁多，风味特色各异，只有了解并运用鲜味剂调味的规律，烹饪调味时才能得心应手。在调味前首先要确定哪些鲜味剂是可以用的，哪些是不可以用的；采用的鲜味剂中哪些需要突出，哪些只是起辅助作用，做到心中有数。比如在做以鸡为主要原料的菜肴时就要多突出鸡的风味，而肌苷酸是鸡肉的主要鲜味成分，可以多用，同时注意尽量不用或少用味精。因为以鸡为主要原料的菜肴本身鸡的风味就有很自然，有舒适的鲜美口感，加入味精反而会使鸡的风味显得不自然，给人一种不真实的感觉。

同时在烹饪中我们还要注意鲜味剂使用时的酸碱度、温度、食盐量及配比如何等问题。例如，核苷酸类的鲜味剂性质比较稳定，在常规的烹调加工中都不容易被破坏，但是在动植物组织中存在的某些酶能将核苷酸分解，分解产物失去鲜味，所以不能将核苷酸直接加入生鲜的动植物原料中。

第三节 中国烹饪对于鲜美味形成的有利之处

在我国烹饪的技法中，无论是传统的烹饪方法，还是近代的烹饪方法；也无论是菜肴的选料和配料，还是菜肴的不同调味手法，都十分有利于菜肴鲜美味的形成。这一点从世界烹饪的范围来看，具有十分明显的特色。

一、原料的合理选配

我国烹饪对于鲜味原料的选择和搭配很有讲究，因为它是菜肴的鲜美味产生的前提和准备。烹制菜肴所用的原料多种多样，不同的鲜味物质在原料中的分布也各不相同。有的含量高，有的含量低。有的原料中只含有一种鲜味物质，而有的原料中含有几种鲜味物质。即使是同一种鲜味物质，在不同的原料中其含量也互有差异。我们选用不同的原料来烹制菜肴，其菜肴的鲜美味也就各有千秋。我国人民在长期的烹饪实践中创造出了多种多样的鲜味原料搭配方法，如烹调中常利用富含鲜味物质的鸡、鸭、蹄膀、冬笋、蘑菇等原料制成高浓度的鲜汤或鲜汁，用来烹制那些本身鲜味成分含量不足的高档原料，如鱼翅、海参等，形成营养价值高、滋味鲜美的高档菜肴；又如在烹制一些素菜时添加香菇或者菌油等，用来增加素菜的鲜美味。这些都是我国传统的烹饪调鲜方法在实践中的应用。

烹饪界中有句行话叫作“鲜不单行”，它是我国历代厨师在烹饪实践中有关菜肴调味增鲜的经验总结。其意为菜肴制作中必须注意选用含有不同鲜味物质的原料进行巧妙配合，互为提鲜，交相衬托，以使菜肴的鲜味达到尽善尽美的程度。从现代科学的角度来看，这些调味方法是符合科学调鲜原理的，即鲜味的相乘效应。使得烹制出的菜肴鲜味大增，达到令人满意的效果。如我国南方人爱吃的传统菜肴咸菜大汤黄鱼、梅干菜烧肉等，这些传统菜肴即使不添加任何鲜味调料，产生的鲜美味都极为浓郁，其原因就在于肉和鱼中富含呈鲜味的核苷酸，咸菜中则含有呈鲜味的谷氨酸，这两种鲜味物质混合后，便会产生强烈的鲜味相乘效应，使得菜肴的鲜味倍增。同理，我们在烹制许多炖、煨、烩以及火锅类菜肴时，也总是将富含核苷酸的动物性原料与富含谷氨酸的植物性原料有意识的混合在一起，进行较长时间的烹煮，从而烹制出众多味道鲜美的佳肴来。

采用肉鱼合烹的菜其鲜味可大大增加。例如，“羊方藏鱼”这款菜，是鱼、羊成“鲜”的组合。“羊方藏鱼”距今4000余年，经历代名厨改进制作，现在已成为一款久负盛名的佳肴。其实，并非只有鱼、羊才能使菜肴呈现出美味的鲜味，采用肉、鱼合烹的菜其鲜味都很强，像咸鱼烧肉、大黄鱼烧肉、腊鱼焖肉、鱼糕肉圆等，鲜味显得十分醇厚，入口后其鲜味所产生的后味绵长，在味觉上具有使人高度满足的感觉。江南地区较为流行的一道家常菜——腌笃鲜，这是一款由咸猪肉、鲜猪肉和鲜笋烧煮而成的汤菜。该菜集咸肉鲜、鲜肉鲜、笋鲜的“三鲜”为一体，汤菜合一，鲜味醇厚，故而得名，猪肉中的肌苷酸与竹笋中的主要鲜味物质天冬氨酸、钠盐之间发生鲜味相乘作用，使得味道鲜味醇厚，持久留香。如今此菜在制法、配料、盛器等方面已经略有变化，但构成菜肴的咸猪肉、鲜猪肉、鲜笋三种原料，却是必不可少的。

因此，鲜味的相乘作用非常有利于菜肴在风味上具有鲜味浓郁、滋味醇厚的突出特点。只要我们选用含有不同鲜味物质的原料进行巧妙配合，互为提鲜，交相衬托，就可以使菜肴的鲜味达到尽善尽美的程度。

二、砂锅的应用

中国烹饪中有些菜肴如扬州狮子头、鱼头豆腐、焖煨鱼翅、老鸭煲、鸡汤煲等佳肴，必须用砂锅来焖煨，这样才能更好地体现出菜肴的那种醇厚隽永、原味透彻的最佳风味。如果改用铝锅或铁锅，则会觉得菜肴的滋味淡薄，缺少那种余味悠长的感觉，即风味效果欠佳。

之所以会产生这种现象是因为烹饪器具之所以能够导热，是依靠物体内自由电子的运动或者是分子的振动来传递热量的。导热时靠近锅底的热量是从高温区向着低温区逐步传递的。研究表明：金属物体的热导率最大，固体和形金属物体次之，液体较小，而气体的导热率为最低。中国菜肴中有许多靠长时间焖煨而制成的菜肴，往往都选用砂锅。砂锅是用陶土作为制锅原料，形成锅胚后在窑中经过长时间的高温烧制而成。砂锅的内部结构呈多孔性（这在它的断层面上可明显看出），孔内或多或少总是含有一定量的气体。正由于砂锅的这种多孔性内部结构，使得热量在连续传递过程中受到了阻碍，减缓了热量的传递速度。因此砂锅与铁锅和铝锅相比，它传递热量的速度明显要比用铁、铝等金属制成的锅来得缓慢，并且传热也较铁锅、铝锅来得更加均匀一致，非常适合菜肴长时间焖煨。这样就可以使原料中的一些鲜味成分如肌苷酸、谷氨酸、肽和酰胺化合物等，在长时间焖煨的过程中从原料体中逐渐溶出，使得菜肴的鲜美味不断增加。

用砂锅制作的菜肴大多是以畜禽类作为主要原料。熟制中选用的方法是水煮，其目的是改善感官性质，降低肉的硬度，使菜肴熟制，容易消化吸收。肉在水煮时，温度达到50℃，蛋白质就会因受热而发生变性；60℃时肉汁开始流出；70℃时肉组织中的蛋白质出现凝结收缩的现象，肉中的色素也发生变化，由红色变为白色；80℃时结缔组织开始水解，部分胶原纤维逐渐转变为可溶于水的胶原蛋白，各肌束间连接性也由于水煮的作用而减弱，肉组织渐渐变软；在90℃时稍长时间的熟制，蛋白质出现凝固、硬化，盐类及浸出物由肉组织中析出、肌纤维出现强烈收缩，肉反而变硬；100℃时继续煮沸，肉组织中的蛋白质、碳水化合物有小部分发生分解，肌纤维出现断裂，肉被煮熟。根据食品专家对原料在长时间焖煨过程中的风味物质溶出量的研究表明：当原料焖煨的时间在3小时以内，随着加热时间的延长，如果受热的温度能均匀适中，则原料中风味物质的溶出量就会逐渐增大。因此有些中国菜肴的制作之所以选用砂锅，而不选用其他锅，是很有道理的，也是很具中国特色的。菜肴通过在砂锅中长达2～3小时之久的长时间加热，才能更好地体现出菜肴的那种醇厚隽永、原味透彻的最佳风味效果来。例如，用砂锅来焖煨淮扬名菜“扬州狮子头”，这对保持扬州狮子头的鲜嫩和独特的风味大有裨益。砂锅的传热缓慢、均匀，可以避免瘦肉粒中的肌肉蛋白质过度收缩，使瘦肉粒保持柔嫩，不会出现老韧的现象，也有助于扬州狮子头保持独特风味和一定的鲜嫩度。

另外，由于砂锅的内壁涂有一层釉陶，这可使菜肴在长时间焖煨过程中不易贴底焦化，这对保持菜肴的原有风味也很有好处。相反，如果选用铁锅、铝锅作为焖煨的容器，在长时间的焖煨过程中极有可能发生菜肴贴底焦化的现象。一旦出现菜肴贴底焦化的现象，就必然会导致菜肴风味质量下降。

三、注重鲜汤的科学应用

俗话说："艺人的腔，厨师的汤"。自古以来，我国历代厨师都非常重视和极其讲究鲜汤的制作和应用。所谓鲜汤，就是利用富含鲜味成分的动物性原料或者植物性原料，将其进行清洗处理后，经过一定时间的煮炖，取其精华而制作成的一种鲜味感十分醇厚、浓郁的鲜味汁。这种鲜汤在烹调菜肴时起到十分重要的调味作用，是我国历代厨师在烹制菜肴时必不可少的一种重要的鲜味来源。

味精产生的鲜味虽然很鲜，可把它与精心制作的鲜汤所呈现的鲜味相比，却有很大区别。例如，鸡汤在古代是被列为"鲜味之首"的，它的味道极其鲜美。如果我们把只用味精与食盐和水调成的鲜汤与一碗醇厚的鸡汤相比，其鲜美味毫无疑问是鸡汤要大大强于用味精做成的鲜汤。从品尝后的感觉我们可以明显地感觉到，用味精做成的汤其鲜味单一、欠柔和，没有那种给人以舒适的、愉悦的回味感觉。而鸡汤给人的鲜味感觉，则有着明显不同，它的鲜味十分醇厚，入口后其鲜味所产生的后味绵长，而且在味觉上具有使人高度满足的感觉。

究其原理，是因为在味精中能够呈现鲜味的主要成分是谷氨酸钠，它只是我们目前发现并已知的多种呈鲜成分中的一种，成分单一。从生理和心理的角度来说，人的味觉是十分复杂、多层次和丰富的，味道单一的鲜味是无法使人的味感达到尽善尽美程度的。而在鸡汤中除了含有一定量的谷氨酸钠以外，还含有其他多种鲜味物质（如肌苷酸钠、呈鲜味的氨基酸和短肽等），这些鲜味物质之间又可以发生鲜味的相乘作用。这些众多呈鲜因素的存在和相互作用、互相配合，从而使得鸡汤的鲜美味变得格外醇厚浓郁。此外，还需特别提醒注意的是在鸡汤中还含有一些动物性脂类、无机盐和其他一些呈鲜辅助成分。这些呈鲜辅助成分有的虽然含量甚微，但在呈现鸡汤的鲜味感上却能够起到很好的味感辅助和诱导作用。因此，品尝鸡汤后对人所产生的鲜味感觉是成分单一的味精根本无法相比的。若把鸡汤用于菜肴的调味增鲜，其增鲜效果也无疑要大大强于味精的增鲜效果。同样道理，对于用猪骨、蹄膀、鸡架、鸭架等原料制成的各种鲜汤，与鸡汤对人的味觉反应一样，可以产生出令人满意的鲜味感来，使人的味感达到尽善尽美的程度。

因此鲜汤的特征风味鲜明、味感鲜美浓郁、丰满醇厚、留香持久，含有天然原料的全部水溶性成分，能够提供多种氨基酸、有机酸、核苷酸类鲜味成分的鲜味，特别是低分子肽和糖类物质的复杂味感，味感远高于单一的化学调味品，不仅鲜美浓郁，而且更加丰满醇厚。味感的复杂化，会使鲜汤的风味更加柔和协调，这也是化学调味品很难调配出来的。在调味科学上，人们把能在舌和口腔之内保持较长时间的感觉称为后味，而来自于动植物脂肪、肽以及氨基羰基反应生成的某些成分，有使味觉产生满足感受的作用，这种味觉的满足感称为厚味。正由于动植物原料的成分复杂，味感多样，从而产生出醇厚持久的鲜汤味感是很自然的。

在烹制菜肴的过程中，用鲜汤来进行菜肴的调味增鲜，其调出的鲜味效果是多层次的、丰富的，具有特有的鲜味综合感。而单纯用味精来进行菜肴的调味增鲜，则鲜味效果显得单一，鲜味感显得薄弱。因此，烹饪界中常说的“要想味道好，定用鲜汤保”，这句话总结得十分到位，并且非常符合当今鲜味的调味科学原理。这也是中国烹饪在对菜肴进行调味的特色之所在。

第四节　鲜味调料

一、味精

味精是由日本的化学教授池田菊苗博士于 1908 年从海带的汁液中发现的鲜味成分。1909 年开始了作坊规模的试产，并作为商品首次投放市场，取名“味の素”。1914 年，池田菊苗与铃木之朗合作，以小麦面筋为原料在日本川崎市建成世界上第一家味精厂。“味の素”开始进入日本的调味料领域，其销量日渐扩大。在我国它始于1922年的上海天厨味精厂，由化工企业家吴蕴初批量生产，至今已有 90 余年的历史。

味精是用小麦的面筋蛋白质或淀粉，经过水解法或发酵法而制成的一种粉状或结晶状的调味料。味精的主要成分是谷氨酸的钠盐，化学名称为：α－氨基戊二酸一钠或 L－谷氨酸一钠（L–MSG），含有一分子的结晶水。味精和谷氨酸都具有旋光性。谷氨酸钠具有两种构型，即 D－型及 L－型。在动植物体中存在的谷氨酸都是 L－型。用蛋白质水解法和发酵法生产的谷氨酸钠都是 L－型。L－型谷氨酸钠为无色或白色的八面柱状晶体，或白色结晶状粉末。易溶于水，在 20℃时的溶解度为 71.7，不溶于酒精等有机溶剂。比重为 1.65，熔点为 195℃，在 120℃以上逐渐失去结晶水。L－谷氨酸钠具有鲜味，它的水溶液具有味感更纯正的鲜味；在水溶液中加热至 100℃以上时，会引起部分失水而生成焦谷氨酸钠，失去鲜味。温度越高，加热时间越长，生成焦谷氨酸钠越多。

在谷氨酸钠的两种构型中，只有 L– 型谷氨酸钠有鲜味，D– 型谷氨酸钠则毫无鲜味。两种构型的谷氨酸钠结构如下：

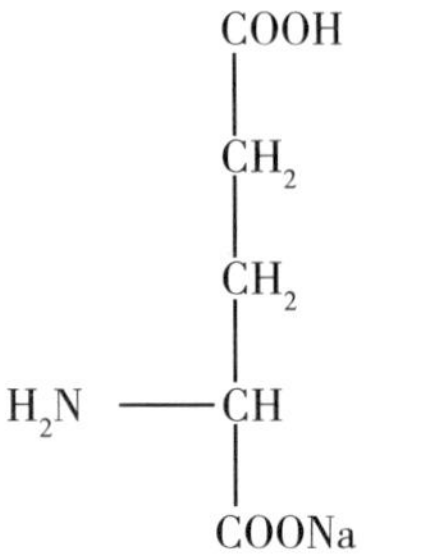

COOH
|
CH_2
|
CH_2
|
H_2N — CH
|
COONa

L－型谷氨酸钠
有鲜味

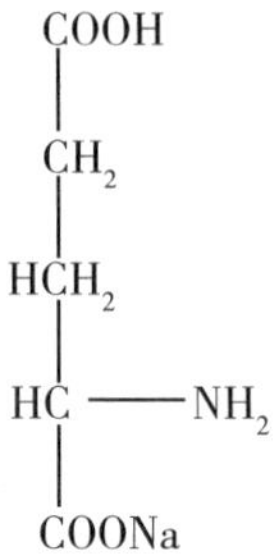

COOH
|
CH_2
|
HCH_2
|
HC — NH_2
|
COONa

D－型谷氨酸钠
无鲜味

商品味精中除含谷氨酸钠外，还含有少量的食盐。味精按谷氨酸钠的含量不同，一般可分为 99%、98%、95%、90%、80%五种。

味精是重要的鲜味调味料，在菜点制作过程中主要起增加鲜味的作用。烹调应用时要注意以下几方面关系：

1. 味精与食盐的关系

调味时味精几乎在所有场合都是同食盐并用，这两种物质呈味强度的平衡在烹调使用中将会产生相当大的影响，两者不同的添加量之间是存有一种定量关系的，并非味精的添加多多益善。我们已知浓度为 0.8% ~ 1%的食盐溶液是人们感到最适的咸味。而在这最适咸味的前提下，味精的添加量是有一定标准的。如在 0.8%的食盐溶液中添加 0.38%的味精，在 1%的食盐溶液中添加 0.31%的味精，只有这样才能达到鲜味与咸味之间的最佳统一。口味清淡的菜肴，如汤类菜、炒蔬菜，食盐的添加量以 0.8% ~ 1.2%为宜，而味精的添加量则在 0.28% ~ 0.38%左右为好。口味浓厚的菜肴，如红烧肉、干烧鳊鱼，食盐的添加量在 1.4% ~ 1.8%为宜，而此时味精的添加量则在 0.18% ~ 0.26%为好。所以我们在使用味精时不能存有菜肴滋味的鲜美是与味精的添加量成正比关系的想法。正确的添加方法应该是根据原料的多少、食盐的用量和其他调味料的用量，确定味精的用量。如果在烹调菜肴时加入过量的味精，反而有损于菜肴的应有美味。

一般烹调和加工食物，味精的使用量为 1% ~ 6%，也可以按食盐量为基准确定 L– 谷氨酸钠的用量。烹调中做口味淡薄的清汤（食盐浓度约 1%）时，最低使用量为食盐量的 10%；如果煮蔬菜或者做口味较重的各种饭菜，使用量必须增至食盐量的 20% ~ 30%。由于各种烹饪加工的菜肴在品尝时其食物的温度常常低于烹饪时食物的温度，所以在各种烹饪加工菜肴中 L- 谷氨酸钠添加的量要适量增加，大致为食盐的 20% ~ 30%。实际用量还应根据原料特性、甜度、食盐浓度进行调整。在食物加工烹调中，肌苷酸钠大多与 L- 谷氨酸钠合并使用，一般情况下，肌苷酸的使用标准量为 L- 谷氨酸钠使用量的 0.02% ~ 0.05%。

2. 高温下可以添加味精

烹调中对于在高温下是否可以添加味精这个问题，近年来一直有人提出味精使用时如果超过 100℃便会产生焦谷氨酸钠，并指出这种物质对人体有害，故味精不能在热油中烹炒煎炸，也不宜在开水中滚煮。然而这是一种不科学的说法，有必要对此加以澄清。

味精在加热过程中是否产生有毒物质，我国曾就这个问题进行过专门的科学实验。根据实验，味精在 120℃的情况下加热时，会失去结晶水而变成无水谷氨酸钠。然后有一部分谷氨酸钠（无水的）会发生分子内脱水，生成焦性谷氨酸钠，这是一种无鲜味的物质。若以 0.2% 的味精及 2% 的食盐水溶液，在 115℃时加热 3 小时，生成的焦性谷氨酸钠为 0.014%，真是微乎其微。对于焦性谷氨酸钠是否有毒性，进行的研究证明是无毒的。专家们曾用焦性谷氨酸钠拌进食物中饲喂大白鼠并进行观察，发现焦性谷氨酸钠对大白鼠的正常生理代谢并无不良影响，反而使体内的肝糖量有所增加而具有营养性。

由上述实验可知：在正常的烹调中，味精的热稳定性很好，不会产生大量的焦性谷氨酸钠。尽管由于长时间的高温而产生了一些焦性谷氨酸钠，其含量也微不足道。再者焦性谷氨酸钠虽然没有鲜味，但由于生成量太少，不会影响整个味精的呈鲜效果，况且它又是无毒的。因此在烹调中味精完全可以同盐、糖等其他调味料一样在高温下使用，大可不必为是否由此会产生“有毒性”的焦性谷氨酸钠而有所顾虑。

3. 味精与菜肴酸碱度的关系

在烹调中，如果菜肴的酸味偏重或碱味偏重，这时可以不添加味精。因为在这两种情况下，味精的呈鲜效果很差，不利于味精的鲜味作用发挥。即使添加特鲜味精也很难增加菜肴的鲜味。因为在特鲜味精的成分中，90% 以上仍是谷氨酸钠，加在酸味偏重或碱味偏重的菜肴中所产生的效果同添加普通味精的效果相同。而且在酸性条件下，特鲜味精中的肌苷酸钠经加热煮沸易水解生成无鲜味的磷酸、核糖和次黄嘌呤，所以也不宜加特鲜味精。

烹调中如果需要在酸味偏重或碱味偏重的菜肴中提鲜增味，可以加入高浓度的以动物性原料或植物性原料及可食菌类原料制成的高汤。动物性原料如鸡、蹄膀、猪骨等；植物性原料和可食性菌类原料如竹笋、冬笋、黄豆、香菇、蘑菇、草菇等。用这些原料制成的高浓度高汤中，富含核苷酸、氨基酸、酰胺、短肽、二肽和有机酸等各种呈鲜成分。这些原料中虽然也含有谷氨酸钠。但它只是多种呈鲜成分中的一种。在酸味偏重或碱味偏重的菜肴中，尽管由于谷氨酸钠鲜味作用的下降或者是转变成毫无鲜味的谷氨酸二钠，但其他各种呈鲜成分的增鲜作用完全可以弥补谷氨酸钠的不足。所以在酸味偏重或碱味偏重的菜肴中可以不添加味精，而改用高浓度高汤的方法来提高菜肴的鲜美味。

二、特鲜味精

特鲜味精又称为超鲜味精、强力味精。它是由呈鲜味很强的核苷酸（肌苷酸钠或鸟苷酸钠）与普通味精混合制成。按不同的配比量，可使鲜度明显提高。特鲜味精中肌苷酸钠和鸟苷酸钠的制取一般是从一些富含核苷酸的动植物组织中萃取或用核苷酸酶水解酵母核酸后得到。

我国所售的特鲜味精是在 98%的普通味精中添加 2%的肌苷酸钠或鸟苷酸钠，混合后其味精的鲜度可提高 3 倍以上。如果是在 97%的普通味精中加入 3%的肌苷酸钠或鸟苷酸钠，其鲜度可增加 4 倍以上。

特鲜味精大致有以下几种配方：

（1）1.5%鸟苷酸钠 + 98.5%普通味精。

（2）1%肌苷酸钠 + 1%鸟苷酸钠 + 98%普通味精。

（3）2.5%肌苷酸钠 + 2.5%鸟苷酸钠 + 95%普通味精。

（4）8%核苷酸钠 + 92%普通味精。

（5）8%核苷酸钠 + 4%枸橼酸钠 + 88%普通味精。

（6）0.5%肌苷酸钠 + 5%鸟苷酸钠 + 94.5%普通味精。

特鲜味精的主要作用除强化鲜味外，还有增强食物滋味，强化肉香味，协调甜、酸、苦、辣味等作用，使菜肴的滋味更加浓郁、鲜味更丰厚圆润，并能降低食物中的不良气味，还能抑制罐头食品中的铁腥气，这些效果是普通味精所无法达到的。因此特鲜味精自问世以来就一直是受欢迎的鲜味调味品。

三、鸡精

鸡精属于特色鲜味调料，是鲜味调料的第三代产品。因为普通味精或特鲜味精虽然很鲜，但作为调味料尚嫌鲜味单一，香味不足。特色鲜味调料不仅比普通味精的鲜味来得鲜，而且鲜中带有不同的风味，风格多样。这种产品最早由日本于 1970 年开发成功，并推向本国的调味料市场，将之取名为鲤鱼精。特点是具自然鲤鱼风味，鲜味强烈，且由多种调料配置而成，口感更丰富，更有层次。此后，在美国、瑞士、韩国、泰国等国家和地区，也先后按当地的口味特点，开发出了各具特色却相类似的鲜味品，如鸡精（欧、美）、牛肉精（韩国）、猪肉精（泰国）等。特别是鸡精，以其特有的风味和纯正的鲜味，又富有营养，为第三代鲜味调料的代表。

鸡精是由调香料和各种呈味作用的调味料配制而成的混合型鲜味调味料。它的成分中，除了普通的鲜味剂（味精或特鲜味精）外，还加有一定比例的呈味核苷酸、精盐、鸡肉粉等，并加有适量的鸡油、水解植物蛋白、葡萄糖、辣椒粉、生姜粉、洋葱、大蒜等辛香粉。上述原料以一定的比例、用量进行配制，即可制成鲜味无比、香醇可口的鸡精来，见表6-9。用鸡精加水做成的一碗鸡汤，其鲜美滋味基本上接近鸡汤。由于鸡味香料大大强化了调料中的鸡香味，使汤散发出强烈鸡香味，所以说鸡精的最大特点，就是它利用添加香料来增强调料的香味。最初的鸡精头香很重，现在生产的鸡精在品质提高的同时，头香已经趋于醇和、柔和，一改过去鸡精的香味。现在的香味持久而不淡，风味浓厚而不腻。

表6-9 鸡精的三种基本配方表

材料名称（%）	配方1	配方2	配方3
食盐	42	38	35
谷氨酸钠	40	40	36
鸡肉提取物		3.5	10
白砂糖	4	5	4
I+G	1.1	1.2	1.5
淀粉	4.5	5.0	4.5
糊精	3.0	3.0	3.0
酵母抽提物	3.0	2.0	3.0
水解植物蛋白		0.5	1.0
鸡肉香精	2.4	1.8	1.5
胡椒粉			0.2
葱粉			0.3

在配方1中，没有使用鸡肉提取物产品的总氮，主要由谷氨酸钠、酵母抽提物来提供，而其他氮则主要来源于酵母抽提物和鸡肉香精。由于食盐用量较

大，其他呈味物质相对较少，可能会出现产品偏咸和味道不够协调、醇厚的问题。但在达到标准的情况下，配方 1 的成本是很低的了。在配方 2 中，加入鸡肉提取物后，其他氮的来源得到更好的保障，而且产品口感更加协调，但成本也相应增加了。配方 3 进一步加大鸡肉提取物的用量和各种呈味成分进行搭配，使产品的肉味口感更醇厚浓郁，而且通过添加香辛料使产品具有一定的特色，当然成本也更高。

鸡精的使用极为方便，它的产品形状大都为颗粒状，有时也有粉状和酱状等，以供不同的用途选择使用。

鸡精在烹饪中使用时的注意要点如下：

1. 原料腌渍时不要直接加鸡精

在烹饪加工中，一些生鲜原料往往要进行腌渍。腌渍时，厨师会将所用调料包括鸡精添加在被腌渍的原料中。然而在腌渍过程中，天然原料的动植物组织内广泛存在着一种生物水解酶——磷酸酯酶。这种酶能对鸟苷酸和肌苷酸进行分解破坏，使这两种核苷酸原有的鲜味丧失，从而使添加的鸡精不能很好地体现出其应有的鲜味来。因此在腌渍时不能直接将鸡精加入新鲜的动植物原料中，可以在菜肴烹制过程中来添加鸡精。

然而，我们可以针对磷酸酯酶对热不稳定性这一特点，通过提高温度来破坏其活性。一般在温度达到 60℃左右时就能有效地破坏磷酸酯酶的活性。因此，如果把生鲜的动植物原料预先加热到 60 ~ 65℃，使磷酸酯酶的活性因受热而破坏后再添加鸡精来进行调味，这样就可以收到很好的调味效果。此外，如果利用生鲜的动植物原料进行冷菜的加工，就必须注意添加鸡精的时间要短，以及在操作中要注意低温控制，尽可能做到即拌即食。因为在菜肴中添加鸡精后到上桌食用之间的时间短，它们被磷酸酯酶分解的量就相应减少；操作时的温度低，磷酸酯酶的活性就低，对鸡精的破坏性就小。

2. 要注意鸡精的溶解性

目前市售的鸡精以颗粒状为多，在水中的溶解速度较慢，完全溶解需要一定的时间，溶解性较味精还要差。因此在制作一些冷菜时，最好能先溶解再使用，以保证调味汁的鲜度均匀一致。在冷菜的调味中要避免直接将鸡精撒到菜肴上，因为这样做，鸡精不能迅速溶解，会造成菜肴的鲜味不均，从而影响到菜肴的口味。

3. 要科学保存鸡精

鸡精的存放与温度、湿度、通风透气情况、卫生条件等都有一定关系。鸡精一旦开袋或开瓶后，应及时用完，不宜长期存放，以免吸湿变质。因为鸡精中含有一定量的含氮物，如蛋白质、多肽等，易滋生细菌，腐败变质。尤其是在夏季闷热的天气更应注意科学保存。

4. 使用中要注意食盐的添加量

因为在鸡精的成分中已经含有30%～40%的食盐，并且在菜肴中鸡精的添加量远比普通味精多，所以我们在烹调中把鸡精与食盐共用时，要考虑到鸡精中已有含盐量的问题。尤其是在烹调少量菜肴时更应注意这个问题。

四、高汤

高汤又称为鲜汤、高汁。烹制菜肴时，高汤是必不可少的鲜味调料。在味精未曾被发现和应用于烹饪中之前，历代厨师都非常重视和讲究高汤的制作和使用。

在高汤的形成过程中，蛋白质的作用极其重要，有着非常重要的价值。蛋白质的水解、变性反应是形成高汤鲜美味的关键所在。蛋白质从不溶变成部分水溶，汤由无味变成有味。在高汤的形成过程中提供了多种氨基酸、有机酸、核苷酸类等鲜味成分，氨基酸呈现出不同的味感，不同的肽也呈现出不同的味感来。因此蛋白质部分水解成肽类和氨基酸类，这就成了高汤鲜美味的基础。特别是低分子肽和糖类物质的复杂味感，使得汤的味感更加丰满和富有层次感，显得鲜美浓郁，丰满醇厚，留香持久。尽管人们一直在努力，希望通过酶解技术来模拟烹调过程中动植物的水解来获得鲜美浓郁的高汤，但是至今未能达到理想的结果。

中国烹饪中用以制作高汤的原料众多，依据原料的性质分为如下种类的汤：

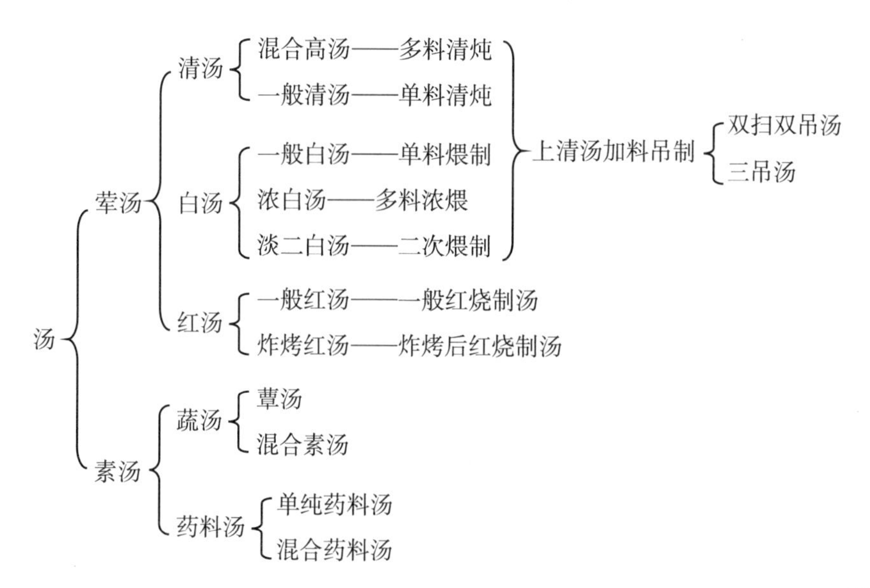

制汤时原料中的呈味物质和在加热过程中分解产生的呈味物质，都因为汤汁温度升高后沸腾时的对流作用，使这些呈味物质扩散到容器的各个部位，形成均匀的溶液。加热时间越长，从原料组织中溶出的物质越多，汤的鲜味越浓。但是不同的制汤原料，不同的制汤工艺，产生鲜味的品质也各不相同。高汤中的主要成分除水以外，基本上包括如下成分：

① 由蛋白质水解而产生的肽、氨基酸。

② 由核酸水解而产生的核苷酸和有机碱类。

③ 由碳水化合物而产生的寡糖和单糖。

④ 由上述水解产物进一步分解或转化的含硫化合物、羰基化合物和氨及胺类化合物。

选用富含鲜味成分的各种动植物性原料，通过加水煮炖、调节不同火候，最终制成味鲜气香的高汤。高汤有清汤、奶汤之分。

制作清汤的原理是：将制汤原料放入水中加热，烧沸后，保持汤水沸而不腾，即保持汤面平静，就可制得清汤。原因就在于油脂的密度小于水，总是浮在水面上，制汤时，保持汤面平静，则油脂只能浮在汤面上，使乳化作用难以发生。加热结束后，撇去浮油即制得清汤。高级清汤一般用于烹制高档菜肴，其特点是汤汁澄清，口味鲜醇。扫汤的目的主要是去除汤中混浊的悬浮物，使得汤色变得澄清透亮。扫汤用的骨架、腿肉、脯肉在扫制前都要先剁碎成泥状，即成为蓉状。这些蓉状物在制汤时所起的作用主要是吸附作用。在科学上我们把具有吸附作用的物质称为吸附剂，被吸附的物质称为吸附质。在吊汤中，蓉状物是吸附剂，汤中的杂质是吸附质。由于吸附是在物质的表面进行的，吸附能力的大小与吸附剂表面积有很大关系，表面积越大，吸附剂的吸附能力越强。因此，一块大的鸡肉其吸附性是很小的，吸附的效果我们用肉眼很难看出。但是将这块鸡肉剁成很细小的鸡蓉后，它的表面积就大大增加，吸附能力也就增加许多倍，这样鸡蓉在汤中就能吸附众多的悬浮杂质以及很小的沉淀物了。在扫汤过程中用手勺在汤中不停搅拌，其目的是增加汤中悬浮杂质以及微小的沉淀物与散布在汤内的鸡蓉相遇的机会，这样会提高鸡蓉的吸附效果。最后待杂质吸附于鸡蓉上一同浮于汤面时，再用手勺撇去。用这种方法便可以去除汤中混浊的悬浮物及微小的沉淀物，使得汤色澄清透亮。扫的次数越多，汤色越澄清透亮，透明度越高。

奶汤的制作原理是：选用含蛋白质和脂肪丰富的新鲜动物性原料，如鸡、鸭的骨架、猪爪、猪蹄膀等。用旺火将原料与水共同煮沸，并保持数小时。在这过程中脂肪组织的脂肪外溢，肌肉组织中的一些水溶性蛋白质溶出，骨骼中的磷脂溶出，肉皮中的胶原蛋白部分水解成明胶分子。这些都为乳化液的形成提供了基础。在锅内不断沸腾的条件下，脂肪组织被粉碎成细小的微粒，而磷脂、明胶分子和一些具有乳化性能的蛋白质分子则担当起乳化剂的重任，将微小的油粒稳定而均匀地分散在整个汤水中，形成油在水中型的乳化液，使得汤色乳白。在这里，汤的沸腾实际上起着一个不断搅拌、振荡的作用。如没有汤不停地沸腾，是很难得到乳白色奶汤的。所以，制作奶汤必须用大火或中火，保持锅内的汤处于不断沸腾的状态，这样才能达到油脂和水在乳化剂的作用下形成乳化液的目的，使得整个汤汁变得浓白如乳。

高汤除了具有鲜醇的滋味和浓香的气味之外，往往还具有一定的黏稠度。其形成主要是胶原蛋白的水解。制汤原料常常含有较丰富的胶原蛋白。它在水中受热后，初始阶段表现为大幅度收缩，随着加热时间的延长，便会逐渐发生水解，生成可溶于热水的明胶。明胶的分子虽然只有胶原蛋白的1/3大小，但仍属于高分子物质，其体积较大，作分子间相对运动具有较大阻力。所以它分散于热水中之后形成溶胶，从而使汤具有较大的黏稠度。明胶溶胶的黏稠度随其浓度的增大而提高。高汤黏稠度的形成，主要是胶原蛋白水解生成明胶，但原料中浸出物的大量溶出，脂肪的乳化等也有一定的贡献。

中西烹饪都有用汤提味的做法。中餐多用清汤、奶汤，而西餐则常用褐色高汤。褐色高汤又名棕红色高汤、深色高汤，在西餐中称为布朗汤。一般以牛骨（肉）、猪骨（肉）、鸡骨（肉）、鱼肉等原料制作而成，以猪骨、牛骨使用较多。

传统的中国烹饪往往使用老鸡的肉和骨架作为制汤原料。鸡汤特征由挥发性的香味成分决定。挥发性成分包括含氮化合物、含硫化合物、羰基化合物，其中羰基化合物是构成鸡香味的特征成分。制作鸡汤时要注意使用肉骨髓、皮、脂肪等不同的部位，对鸡浸出物的香味有很大区别。骨与肉共用是最好的方法，浸出物的风味最好。中国烹饪制鸡汤的方法往往是直接用水煮，同时添加适量的葱和生姜等。欧洲各国多半是先将鸡骨在高温炉中焙烧产生焦香味道，然后煮出生鲜感稍差的汤，在汤中添加一些葱、胡萝卜、芹菜等。而日本常常直接用鸡肉来做鲜汤。

西式高汤往往用制汤的主要原料来命名，如牛褐色高汤、猪褐色高汤、鸡褐色高汤、鱼褐色高汤。随着中餐、西餐的不断交流，褐色高汤在中餐菜肴烹制中的应用也渐趋广泛。褐色高汤色泽棕红，清澈见底，口味清鲜、醇厚，具有一种特殊香味。用这种高汤制作中餐菜肴，能增加菜肴的熏烤香味，符合现代人对口味的时尚追求。

褐色高汤中的褐色是由原料中的氨基酸和糖类在烘烤过程中发生羰氨反应所致，汤中的呈味物质有脂溶性成分（如甘油三酯、磷脂、部分脂溶性香气成分等）和水溶性成分（如蛋白质、肽、游离态氨基酸以及肌苷酸等）两部分；汤中的香味主要由蛋白质、糖类、脂肪等的热降解、氧化作用及加工过程中所发生的美拉德反应产生的香气组成。

中国烹饪有时还会用到素汤。制取素汤的原料主要为富含鲜味成分的植物性原料，如黄豆芽、竹笋、竹荪、口蘑、香菇等。我国利用植物性原料制汤调味也已经有悠久的历史了，在汉代就曾经把黄豆芽、竹笋、菌并列为素食鲜味三霸。制取素汤时既可以用单一原料，也可以通过多种原料产生鲜味相乘原理来提高素汤的鲜美味。所制的汤汁也有奶汤、清汤之分。一般奶汤用料以黄豆芽为主，清汤用料以口蘑或竹荪为主。不论何种素汤，都具有清鲜不腻的特点。素汤一般多用于制作素菜。

五、高汤粉

高汤粉是采用新鲜猪肉、牛肉、鸡肉等原料，通过生物酶解、美拉德反应、真空干燥技术深加工而成的新型餐饮专用产品。高汤粉富含蛋白质、氨基酸等多种营养物质，口感丰满醇厚、鲜香浓郁、耐高温蒸煮、留香时间长。

高汤粉在火锅、炒菜、蒸、煮、炖汤、面食汤料中用于调配高汤，按0.4% ~ 1%的比例加入开水充分溶解，加少许葱花即可得到很好的高汤。高汤粉在应用上比传统的高汤具有如下优势：

1. 使用方便

按0.4% ~ 1%的比例或适当的比例用80℃以上的沸水冲开即可，不用再进行熬制。100kg水冲1kg高汤粉即可。厨师省去了传统熬汤所花费的时间、精力以及加热热源等耗费，大大提高了餐饮工作人员工作效率。

2. 制作的高汤质量稳定

厨师熬制高汤时，因所熬制的时间、精力、火力大小、原材料质量等不同，每天熬制的高汤质量不一致，尤其是连锁餐饮企业较明显。用高汤粉制作高汤可得到风味、口感、鲜度等一致的高汤，保证每天的高汤风味一致，不会因为时间、地点、人为等因素的变化而使高汤质量不稳定。高汤粉使菜肴、火锅、面食、小吃等的质量更稳定，餐饮企业管理更规范化，餐饮的操作更标准化。

3. 适应规范化餐饮作业

应用高汤粉制作高汤，不用花费人力熬汤，没有质量隐患，易实现标准化操作。而传统烹饪工艺所熬制的高汤，很难实现每天风味一致。

高汤粉是采用肉类原料为主，进行精深加工而成，添加量不受限制。高汤粉的用量还与地方特色风味有一定关系，如南方口味比较清淡些，高汤粉的用量可适当少些；北方人口味较重，高汤粉的用量相应要大一些。

市场上所售的有猪肉、牛肉、鸡肉三种汤粉。它们在成分上存在一定的区别，下表列出了较有代表性的三种汤粉的用料比例。

表 6-10　猪、牛、鸡的肉汤粉复合调味料配方

		猪肉汤粉(%)	牛肉汤粉(%)	鸡肉汤粉(%)
盐、糖、味精等增味剂	味精	14	10.3	12
	I+G	0.5	0.3	
	HVP		2.5	(2)
	食盐	12	35.7	40.0
	白砂糖	5	6.0	10
肉制品	肉粉	31	15.7	16
	肉香精	3 ~ 5	1.5	2.5
	肉油		2.5	4
香辛粉及蔬菜粉	洋葱味	1.5		5.0
	白胡椒粉	1.5	2.5	3.0
	五香粉	1.5		
	咖喱粉		3.2	3.0
	八角粉		1.0	
	生姜粉		1.9	2.0
	甘蓝粉	4.0		
	胡萝卜粉			
	芹菜粉		1.9	
其他	变性淀粉	15 ~ 17		
	酵母精粉	2.0		
	抗结精粉			0.5
	生粉		15	

从表 6-10 可以看出这三种汤粉的主要差别。增味剂是必需的，用量也带有规律性，用盐量除与口轻、口重有关外，主要涉及粉料在食用时的兑水比，可以自由掌握。“肉制品”一栏反映了各类肉风味的特征，必须使用肉粉，而且也必须占最大的百分比，这是可以理解的。香精用量甚少，而且用量比较接近。

油的投入与风味和香味有关，但习惯上猪肉粉中不再另加入油脂。表中用“肉油”一词是指某种肉类的脂肪。香辛料也较有规律性，但非重要辅料，种类和用量的选择范围较宽广，有利于自由掌握。蔬菜可以自行掌握，并无明确规定。“其他”则按需而定，仅供参考。

六、蚝油

广东人称牡蛎为蚝。蚝油即为牡蛎油，是广东一带传统的鲜味调料。蚝油的味道鲜美，蚝香浓郁，黏稠适度，营养价值高，是烹制蚝油鲜菇牛肉、蚝油青菜、蚝油粉面等传统粤菜及当今创新菜肴的主要调料。

蚝油的生产方式有三种：一种是用鲜牡蛎干制加工的汁或将鲜牡蛎捣碎熬汁，经过浓缩后制成的一种液状鲜味调料；另一种是新鲜蚝肉捣碎研磨熬汁；再一种就是复加工蚝油。三种方法生产出的蚝油均是高级调味料，而以复加工蚝油为最佳。蚝油的质量以呈稀糊状，无渣粒杂质，色红褐色至棕褐色，鲜艳有光泽，具特有的香味和香气，味道鲜美醇厚而稍甜，无焦、苦、涩和腐败发酵等异味，入口有油样滑润感者为佳。优质的蚝油应呈半流状，稠度适中，久储无分层或淀粉析出沉淀现象。名品蚝油有李锦记蚝油、三井蚝油、沙井蚝油等。蚝油因属于贝类提取物而制成的调味料，其特点是具有原提取物——牡蛎的特殊香气和美味。蚝油的鲜味成分有琥珀酸钠、谷氨酸钠。蚝油中还含有呈甜味的牛磺酸、甘氨酸、丙氨酸和脯氨酸等，这些鲜味和甜味的成分是构成蚝油的呈味主体。它们赋予蚝油鲜中带甜、鲜甜混为一体的浓厚滋味。

蚝油的使用极为方便，调味范围十分广泛，无论是凉拌、热炒，还是烧煮、炖煨，凡是咸食均可用蚝油调味。如拌面、拌菜、煮肉、炖鱼、做汤等。用蚝油调味的名菜品种很多，如蚝油牛肉、蚝油鸭掌、蚝油鸡翅、蚝油香菇、蚝油乳鸽、蚝油豆腐、蚝油扒广肚、蚝油网鲍片、蚝油鸭掌等。再如谭家菜蚝油鲍脯，广西名菜蚝油柚皮鸭等均各具特色，广受人们的欢迎。蚝油很符合粤菜的特点，烹制时少量添加蚝油就可以使菜肴的香气丰厚、味道鲜香，独具特色。在日本使用蚝油（酱）是用其烘托主味，即作为隐味原料使用，以用量极少但能使整个食物的味道发生微妙的变化甚至升华为特点。

蚝油在烹调中应用主要有以下几方面：

（1）在冷菜和点心主食中的应用。主要以拌料和蘸食料的形式出现。如蚝油拌面、蚝油拌三丝，潮州的白切鸡、萝卜糕以蚝油为味碟用于蘸食。

（2）在畜肉类原料中的应用。如蚝油牛肉，牛肉顶刀切片，致嫩处理后，上浆滑油，调以蚝油，滑炒而成，成菜爽滑可口，鲜醇甘腴。煮肉作汤，略加蚝油，汤则更鲜，味则更醇。

（3）在禽蛋类原料中的应用。如蚝油手撕鸡、蚝油焖蛋等。

（4）在水产类原料中的应用。如蚝油焗青蟹、蚝油网鲍片等。

（5）在蔬菜类原料中的应用。可弥补蔬菜原料的一些自身不足。用于菜心、菜薹、食用菌及豆制品中，尤可显示鲜美风味。如蚝油生菜、蚝油菜薹、蚝油百页结等。

需要注意的是，用蚝油调味切忌与辛辣调料、醋、糖共用。因为这些调料均会掩盖蚝油的鲜味和有损蚝油的特殊风味。使用蚝油很有讲究，蚝油若在锅里久煮会失去鲜味，并使蚝香味逃逸。一般是在菜肴即将出锅前或出锅后趁热立即加入为宜；若不加热调味，则呈味效果将逊色些。

七、鱼露

鱼露又称鱼酱油、鲚油，是我国的一种传统调味料，已有千年的历史。我国广东、福建等省均有鱼露生产，尤以福州市所产的鱼露最为有名。日本鱼露的生产也有久远的历史，虽然也用汉字命名这类产品，但用词与中国有同有异，日本往往用盐汁、盐鱼汁、鱼汁来命名，相当于我国的鱼露制品。

鱼露以海产小鱼如鳀鱼、三角鱼、小带鱼、马面鲀等为原料，用盐或盐水腌渍，经长期自然发酵，取其汁液滤清后而制成的一种咸鲜味调料。鱼露的风味与普通酱油显著不同，它带有鱼腥气味，但却深受广东、福建等地区人民的喜爱。

鱼露的制作因地区和习惯的不同，其制作方法也分为两种：

（1）在整条鱼或鱼体的一部分中加入食盐制成的鱼露。

（2）在鱼的煮汤和煎汁或提取液中加入适量的食盐而制成的鱼露。

古老的鱼露制作方法的特点是必须要用高含盐量来防止腐败，高达20%以上的含盐量使生产周期长达1年左右。鱼露的呈味成分主要有呈鲜味的肌苷酸钠、琥珀酸钠等。咸味仍以食盐为主。鱼露中所含的氨基酸也很丰富，含量较多的是赖氨酸、谷氨酸、天门冬氨酸、丙氨酸、甘氨酸等。鱼露以透明澄清、气香味浓、不浑浊、不发黑、无异味、橙黄色、棕红色或琥珀色为上品。如果是呈乳状浑浊，即属次品。

鱼露的烹调运用与酱油相似，可赋咸、起鲜、增香、调色。其含有多种呈鲜味的成分，因此味道极其鲜美，风味与普通酱油显著不同，是某些高档菜式的理想调味料。适用于煎、炒、蒸、炖等多种技法，尤宜调拌，或作蘸料，也可兑制高汤和用作煮面条的汤料，有特殊风味。它可用于鱼贝类、畜肉、蔬菜等菜肴的调味，如鱼露芥蓝菜、铁板鱼露虾等；又可用作烤肉、烤鱼串、烤鸡的佐料，如酒炙鲈鱼即以鱼露为蘸碟。民间常用其腌制鸡、鸭、肉类，其制品的风味独特，如鱼露浸肉。

利用鱼露具有增强鲜味、风味的浓厚感、增强面条的润滑感、消除鱼腥、减弱羊膻、强化香气等特点，可以配制成有香辛料、增味剂、海鲜味等多种风味的鱼露，还可以发展鱼露系列的复合调味料，如鱼露沙拉酱、鱼露沙拉油、鱼露沙拉调味汁；也可以考虑与蛋黄酱结合制成鱼露蛋黄酱；还可用酵母抽提液为载体，吸附鱼露制成系列新产品；或者通过喷雾干燥制成鱼露粉等。

八、蛏油

蛏油是用海产品蛏子为原料而制得的一种鲜味调料。蛏油一般是生产蛏干时的一种副产品。我国南北沿海地区均有蛏油生产。蛏油不是发酵品，是由蛏子的煮汁浓缩调配成的。煮汁是乳白色，溶有许多美味成分，经浓缩、调配，成了鲜美的蛏油。

蛏油具有一种特殊的海产品的鲜香气味，味道鲜美，有一定的黏稠度，颜色由浅黄至棕黄。蛏油的鲜味主要来自于蛏体内的琥珀酸、少量的肌苷酸，这两种鲜味成分的协调效应，可使蛏油的鲜味增强。由于采用了富含蛋白质的水产品作为生产原料，因此它的风味特征和营养成分与普通酱油不同。鲜味和咸味构成了蛏油的呈味主体。两者共同赋予了蛏油咸鲜交融的醇厚滋味。蛏油富含钙、碘等矿物质，所含氨基酸的种类达 17 种之多，其中有人体必需的八种氨基酸，具有较高的营养价值。

蛏油在烹饪中的应用很广，凡咸食皆可使用。蛏油具有特有的香味，是粤菜不可缺少的调味料，也是家庭烹调海鲜、制作凉拌菜的上好作料。蛏油适用于烧、烩、炒、蒸类的菜肴调味增鲜之用，也可用于一般的蘸食和配制调味汁。蛏油的使用，可使菜肴或调味汁的风味别具一格，具有很适口的海鲜风味。用它制作的菜式繁多，代表菜如蛏油浸肉、蛏油拌三鲜、蛏油海鲜烩面等，均各具特色。蛏油适用于蒸、炖、煎、炒等多种技法，尤宜于凉拌菜。煮肉作汤略加蛏油，汤则更鲜；用于菜心、菜薹、菇类及豆制品等调味，尤显鲜美风味；用于味碟，是烤肉、炸鸡、煎鱼类等菜式的理想佐料；也可调配成汤料，浸制荤素熟料，成菜毫不逊色于精制的菜肴；用于兑面条、馄饨，风味堪称一绝。民间常用其腌制鸡、鸭、肉类，可以使制品具有特殊风味。此外，蛏油还是调制诸多复合酱汁不可或缺的原料。

九、虾酱

虾酱又称虾糕、虾泥等名称。虾酱闻之有一股淡淡的虾腥气味，但品尝时却觉得滋味极鲜。虾酱作为调料用于炒时蔬、炒肉丝、炒鱿鱼、肉糜煲等菜肴，滋味鲜美独特。虾酱以其淡紫色均匀的酱体，散发出诱人的香味。

虾酱的制作是以各种小鲜虾为原料，加入适量食盐经发酵后，再经研磨制成的一种黏稠状、具有虾米特有鲜味的酱。我国沿海地区凡产小虾的地方均有虾酱的制作。以河北唐山、沧州所产的虾酱质量最好。虾酱的形状略似甜酱，以色红黄鲜明，质细味纯香，盐足，含水分少，具有虾的特有鲜味，无虫，无臭味者为佳。

虾酱的制作方法为：选用新鲜的小海虾（也可用小河虾）趁新鲜时加食盐腌制，每 2500g 用 400 ~ 500g 食盐。将食盐与小虾拌和均匀，便可让其自然发酵。这个过程实际上是利用虾体内的酶以及各种能耐盐的微生物进行生物发酵，使虾体中的蛋白质发生水解。发酵期为 6 ~ 8 个月。虾在酶和微生物作用下逐渐解体，并且随着水分的挥发，其黏稠度也不断加大，最后形成质细味香、盐足、水分少，具有虾米特有鲜味的虾酱。虾酱的外观色泽为浅红褐色，鲜亮，入口细腻，有鲜香味，并散发出一种独特的海鲜味。咸中有鲜，水分较少。

虾酱常用于烹调肉、鱼、蛋、新鲜蔬菜等菜肴的增鲜调香用，味道鲜美。也可用于汤面、凉面、饺子等面食类的调味料，别具风味。像虾酱炖豆腐是用虾酱和新鲜的嫩豆腐及菠菜等制成。虾酱特有的酱香和鲜豆腐特有的滑嫩感，加之翠绿的菠菜叶点缀其中，色香味俱佳。又如浙江溪口芋艿头最讲究的吃法是蘸虾酱，虾酱做得很精细，其味极为独特。

十、虾籽

虾籽是在味精出现前，中国烹调中的传统赋鲜调味料之一。用于菜肴、面点、小吃等多种肴馔，或用于吊制高汤。用法可同主配料一起下锅烧煮，也可用于调拌。代表菜肴有虾籽大乌参、虾籽玉兰片、虾籽笃豆腐、虾籽茭白等；小吃有虾籽豆腐脑、虾籽馄饨等，成为具有虾籽风味特色的肴馔系列。

凡产虾处均有虾籽出产。虾籽分淡水虾籽（又称河虾籽、湖虾籽）和咸水虾籽（又称海虾籽）两类。前者腥味较少，较后者为优。淡水虾籽多产于江苏高邮、宝应，山东济宁、微山一带；咸水虾籽产于辽宁、江苏、浙江等沿海产虾区。虾籽以色红鲜艳，有光泽，颗粒松散无粘结、无杂质者为上品。最好是籽粒饱满成熟，光滑松散，色泽艳丽，无杂质，卵粒润而不潮，干而不燥。成熟的淡水虾籽为淡黄色，成熟的咸水虾籽红艳金黄。

虾籽的加工方法：一般于每年 5 月间取孕卵之虾置于竹筐中，在清水桶中搅动漂洗，将虾的卵落于水中沉于水底，然后清去杂质，洗净后滤出，即为鲜虾籽。将鲜虾籽下入铁锅内，锅底预先涂油，爆炒至熟，过筛后放在太阳光下晒干，即为成品。也有先经腌制再干制者。

虾籽还可用于虾籽酱油、虾籽腐乳、虾籽辣酱等。

十一、虾油

虾油，并非是用虾榨出来的油，而是生产虾制品时浸出来的汁液，经发酵后制成，是一种调味汁。虾油是用新鲜虾为原料，经腌渍、发酵、熬炼后得到的一种味道极为鲜美的汁液。虾油具有一种特殊香气，咸鲜合一，咸鲜互补，咸而不涩，鲜而不淡，刚柔融合，增鲜提味。虾油清香爽口，是鲜味调料中的珍品。可适用于炒、扒、烧、烩、炸、熘等菜肴的调味增鲜，风味别致，鲜醇爽口。也常用它蘸饺子、涮羊肉或拌面、凉菜，及制卤味和供菜汤调味等。在南方的一些城市，用虾油浸白斩鸡更具风味。

十二、蟹酱

蟹酱是用新鲜的蟹，主要是海蟹（梭子蟹）为原料而制成的一种加盐发酵调味料。味道很鲜美，具有海鲜风味。蟹酱是我国沿海地区常见的一种鲜味调料。

制作蟹酱所选用的海蟹一定要新鲜，死蟹不能用。一般以 9 ~ 11 月份的海蟹为好，这时的海蟹饱满结实、肉质细密。新鲜海蟹用清水洗净后，除去蟹壳和胃囊，沥去水分。将去壳的海蟹置于桶中，捣碎蟹体，越碎越好，以便加速发酵成熟。加入 25% ~ 30%的食盐，搅拌混合均匀。经 10 ~ 20 天的发酵，腥味逐渐减少，则发酵成熟。优质的蟹酱质地细腻，颜色为红黄色，有海鲜香味。制成的蟹酱装入干净的容器内即可。

蟹酱含有丰富的蛋白质，是一种营养丰富、味道鲜美的调味料。在烹饪中可用于蔬菜、肉类、汤类等菜肴的调味增鲜，风味独特。也可单独将蟹酱蒸熟后，淋些麻油，成为别具一格的佐餐佳肴。

十三、蟹油

蟹油自古以来就是我国民间常见的一种鲜味调料。它的味道鲜美，食用方便，堪称百鲜之首。以蟹油入菜，鲜香浓醇，风味独特，其鲜味远胜于普通味精。如冬令的蟹油豆腐、蟹油青菜，素中有荤，趁热食用，更胜一筹。若将蟹油与肉或菜拌成馅心，制成面点，风味别致；若将蟹油用于煮汤面条，则软滑爽口，汤鲜味香，诱人食欲。

蟹油的制作是先把蟹黄、蟹肉剔出，然后在锅里放入与蟹肉、蟹黄等量的素油（或熟猪脂），把姜块、葱结放入油中炸香后拣出，接着将蟹肉、蟹黄、精盐、少许黄酒放入油中，拌和均匀，用旺火熬制。随着锅内蟹肉中的水分排出，锅中出现水花且泡沫泛起，此时可改用中火熬制，待油面平静时，再移入旺火。如此反复几次，使蟹肉、蟹黄中的水分在高温下基本排出，当油面最后趋于平静后，蟹油就算制成。

蟹油的味道特别鲜美，其原因是蟹肉中含有多种鲜味成分。这些鲜味成分大致可分为三类，一类是游离的呈鲜味的氨基酸，据测定蟹肉中游离的氨基酸占整个鲜味成分的55%，这是蟹肉呈鲜主要成分；第二类是核苷酸如肌苷酸，虽然肌苷酸的含量不高，但它的鲜味却高于普通味精；第三类是含氮碱、糖类、盐类等，它们一定程度上起着助鲜作用。

蟹油可给多种食物调味，是百搭的，做狮子头，烧菜心，放一匙蟹油即成味美的蟹油狮子头和蟹油菜心；下面时挑上一点蟹油，味极鲜美；用它来烧蟹油豆腐，味道的鲜美也非一般美味可比；用它烩黄芽菜、菜花或调入菜肉的馅料里包馄饨、包饺子、做包子，无不是极好的美味，使得不是食蟹的季节亦能享用这浓郁的鲜美味。

十四、蟹籽

蟹籽也是中国烹调的传统赋鲜调味料之一。蟹籽为小圆粒，呈细砂状，干燥的蟹籽手感亦如细砂，色泽一般杏红或深红色，光洁鲜艳。生蟹籽以色浅而鲜亮，颗粒松散、光滑，味清淡者为上品。熟蟹籽以色较深，颗粒之间略有粘结，味较淡者为上品。

蟹籽用于菜肴、面点、小吃等多种肴馔的增鲜，或用于吊制高汤的增鲜。用法可同主配料一起下锅烧煮，也可用于调拌。江苏南通吕泗渔场一带，以鲜梭子蟹籽磨成浆汁，加热使之凝固，成豆腐状，色橙红，可直接食用，亦可配料烹制成菜。江苏名菜蟹籽豆腐，即以之配菜心、木耳烧制而成，翠绿橙红，柔嫩腴香，很有特色。

十五、鱼酱汁

鱼酱汁的味道极鲜美，稍带有一点特殊的鱼腥味。它富含蛋白质、氨基酸、钙、碘及多种微量元素。

鱼酱汁在沿海地区常有生产，民间也可自制。制作鱼酱汁的原料可以是淡水鱼，也可以是海鱼；既可用单一的鱼种，也可用杂鱼，还可用虾类掺和。制作方法：取一定数量的鲜鱼与盐按1∶2或1∶3的比例配比。总的原则是盐的量要高于鱼的量，这样在高浓度的盐溶液中细菌不能繁殖生长，可以防鱼体在腌制的过程中发生腐败变质。当把鱼和食盐掺和后，装进陶罐内腌制4～6个月，鱼体缩小并部分解体，罐内的汁液变成浅黄色。这便是鱼酱汁的汁液。将这浅黄色的汁液取出，倒入干净的瓶内，也可过滤后倒入瓶内，再蒸煮10～15分钟以高温杀菌消毒，同时达到去腥目的，即可得到味道鲜美的鱼酱汁了。

鱼酱汁在烹调中既可用作炒、烧、烩等菜肴的调味，又可作为冷菜、拌面、蘸饺子等的调味料。主要起提鲜、增香的作用，使菜点的风味变得别具一格，同时还有提色补咸的作用。

十六、海鲜调味酱

海鲜调味酱的味道鲜美，风味独特，它是我国沿海地区烹制菜肴时常用的一种鲜味调味酱。

制作海鲜调味酱的原料为：蛤肉的酶水解液、油炸大蒜、特鲜味精、花生、I +G 、辣椒粉、食盐、芝麻等。将上述各种原辅料按照一定比例充分混合均匀，同时加入一定量的大蒜油，搅拌均匀，装瓶、封口，然后进行杀菌，最后经过冷却即为成品。

生产前把鲜文蛤用清水洗净后加水煮沸，待壳张开后，将文蛤肉剥下来，继续煮 5 分钟，捞出，放入搅碎机中搅碎。另外事先要将大蒜去皮搅成蒜蓉，在 160℃的色拉油中炸出香味，使蒜蓉呈金黄色时，沥干备用。芝麻要入焙炒锅中炒至金黄色，具有浓郁芝麻香味时，冷却备用。

十七、鱼虾水解汁

鱼虾水解汁是将海洋鲜鱼活虾以现代生物工程技术提取精制而成。因不存在一般以酸水解的植物蛋白（HVP）在制取过程中易产生氯丙醇有害因子的问题，所以更具安全性。它的最大特点是完整地保留了新鲜鱼虾的营养素和鲜美风味，其成分是纯天然海洋生物蛋白水解形成的多种氨基酸和肽及其他海鲜呈味成分和生理活性物质。其蛋白质的含量在 80%以上，胰蛋白酶消化性在 92%以上，人体极易消化吸收。它是一种优良的蛋白质资源，将之添加于食物中，不仅风味和组织得以改善，而且蛋白质含量和效价也大为提高。同时在该提取液中还含有钙、碘等微量元素，是优良的营养健康食物和营养强化剂。再者，提取液中富含谷氨酸钠、琥珀酸、核苷酸、1 —辛烯— 3 —醇等独特的海洋呈味物质，因而具有新鲜鱼虾的浓厚鲜美滋味，是新潮的海鲜增鲜剂，可广泛应用于各种米面调味加工食物和即食调味汤料等。从使用效果看，它主要有五大特点：强化和改善滋味；形成自然的后味和厚味；优良的赋香效果和突出食物原汁原味的风味特性；品质稳定，不怕高温处理，适合高温、冷冻、微波、油炸等现代食品加工的严格要求；营养丰富，使用安全。

十八、鱼精

鱼精是一种高级复合调味品。由于生产鱼精的原料来自于无污染的深海，从而杜绝了携带诸如禽流感病毒等陆生动物病毒的危险。鱼精采用生物工程中的酶解技术、美拉德反应技术，把从东海海域深海食用鱼里抽提出的鱼蛋白、核酸，降解成肽、氨基酸、核苷酸类的小分子及其他海鲜呈味的生理活性物质，生产出纯天然调味料，使其营养成分更容易被人体消化吸收。在其水解液中含有谷氨酸、琥珀酸、核苷酸、癸二烯三醇、二甲基硫醚、糠基硫醇等鱼鲜呈味物质。水解液具有海鲜的浓厚滋味，极大提高了我国鱼鲜调味料的档次。在日本、韩国及东南亚地区已经开始部分替代味精及鸡精来给菜肴提鲜增味。

烹调各式菜肴时用鱼精替代味精、鸡精，按个人口味和菜肴特点适量添加，可使菜肴变得鲜美适口。尤其是用鱼精制作的鱼菜、鱼汤，因为鱼精中含有的核苷酸、海藻糖对鱼的腥味有显著的掩盖和消除作用，从而使鱼香味更浓郁，使烹制出来的菜肴其鱼味更加纯正、更加鲜美、风味也更好。煲制其他汤时使用鱼精，也可以使汤鲜味浓，风味变佳。

十九、鲫鱼粉

鲫鱼粉是古代厨师常用的鲜味剂。鲫鱼粉是把整条鲫鱼通过一定的加工方法制作成粉末状，从而用来作为一种独特的鲜味调味剂。加工方法：把新鲜的鲫鱼5000g洗干净，去除内脏后沥干。接着把处理后的鲫鱼放入锅内，置于旺火上，炒干水分并加以碾碎。这时添加豆油150g，改用微火继续翻炒。炒至锅内的鲫鱼粉手抓不黏，握不成团时，再添加豆油150g，继续炒至锅内的鲫鱼粉呈现出金黄色时起锅即成。江苏镇江在制作白汤大面的白汤过程中，厨师即把鲫鱼粉和猪骨、豆油、熟猪油一同熬制成特有的白汤。其汤汁稠而味鲜，色白如奶，滴汤成珠，爽口开胃。此外，还可以把鲫鱼粉用于吊制高汤，或者用于汤菜的制作，其味亦佳。

二十、蟛蜞酱

蟛蜞属蟹类，最肥美的时间是正月。蟛蜞酱在广东东莞及福建一带加工较多。蟛蜞酱鲜美细滑，香气四溢。可用以蒸猪肉、蘸白切鸡等，滋味隽永。如蟛蜞酱醉肉，此菜色泽银灰，鲜香肥嫩，是福建名肴，沿海地区很流行。用蟛蜞酱扒蒸猪肉，是佐膳佳品，色香味独特。需注意的是：蟛蜞酱本身有浓香鲜味，因此其他调味料适量便可，以免遮盖了蟛蜞酱的味道。锅中放入原料前，一定要爆香蟛蜞酱，否则会有一定的腥味，从而影响成菜风味。

二十一、菌油

菌油又叫蘑菇油。菌油自古以来就是我国各地民间常见的一种鲜味调料。它的味道鲜美，食用方便，可以长期保存。

蘑菇中含有相当数量的核苷酸类的5′－腺苷酸、5′－鸟苷酸、5′－尿苷酸。菌油中的鲜味主要来自于鸟苷酸，这是一种鲜味很强的物质，比普通味精要强几倍。鲜味成分中还有其他一些鲜味剂，它们之间发生的鲜味相乘效应，使蘑菇具有强烈的增鲜作用，从而成为传统烹调的“鲜味剂”。菌油是烹制咸鲜味型菜肴的好调料，尤其适用于凉菜、冷食的调味增鲜。

制作菌油所选用的蘑菇以小蘑菇为好（即那种还没有打开伞的）。如能用野生可食的小蘑菇则更好。制作方法：先将蘑菇洗净，控去水分，加入少量食盐腌制片刻。大的蘑菇可撕成大小均匀一致的块，然后将植物油（一般常用菜籽油、豆油等，最好是茶油）倒入锅中，加热至油面冒出青烟，再将蘑菇倒入油中，用小火熬煮10～20分钟，一直到蘑菇变色萎缩卷边后，即可离火冷却。制作菌油所用原料的比例为1kg蘑菇用1kg植物油。偏爱辣味的还可以加入少量辣椒、花椒、陈皮等一同熬制。

二十二、香菇粉

香菇又叫香蕈、香菌。在两广及港澳地区叫香信。香菇的肉质鲜嫩，清香可口，被人们誉为“厨中之珍”。香菇具有味道鲜美、香气沁脾、营养丰富的特点。干香菇是采集优质的香菇经晾晒或烘烤加工而制成的一种脱水干制的菌类原料。优质香菇只形圆整、盖面黄褐色、色纹细白均匀、菌柄短而粗壮、香气浓郁，肉质比较厚，像铜锣边，肉质也比较细嫩，食之脆口，味道鲜美。

香菇粉的制作方法：采摘香菇（野生可食的小香菇更好），洗净，控去水分，再将香菇干燥脱水，待形成干香菇后，把干香菇研磨成细小的粉粒，即成为独具特色、鲜美可口、香浓醇厚的鲜味调料粉，用于菜点的增鲜。

香菇的主要鲜味成分是鸟苷酸，香菇特有的气味成分属于含硫的环状化合物，称为香菇香精，浓度仅2×10^{-6}～3×10^{-6}时就可产生诱人的香菇气味。香菇粉在烹调过程中使用时，分散性好，使用方便。适用于各种菜肴调味，对面食、汤菜、凉拌菜效果更佳。

二十三、豉油汁

豉油汁最早只用作粤菜中清蒸菜、白灼菜的蘸汁。初始制法很简单，把生抽和老抽按3∶1的比例混合，然后泡入香菜，待入味后使用。由于这种豉油汁在普通的鲜味、咸味之外，多了一股宜人的香菜味道，所以在20世纪90年代初期随着粤菜的风靡而逐渐被外菜系所接受。例如，川菜的豉油汁是在粤菜豉油汁的基础上，结合川菜独特的调味特点而形成。源自于粤菜的川式豉油汁已被广泛用于清蒸菜、白灼菜和凉菜中。为了迎合人们的口味，现在又增加了青辣椒和小米辣椒。如今豉油汁的配方并非一成不变，根据需要有的还在里面加入了鲜花椒或麻辣油等，由此便形成了多种风格的豉油汁。

二十四、微胶囊味精

为了将具有鲜味的核苷酸用于香肠、鱼糕和豆酱等食物的生产，美国制成了一种微胶囊味精。这种微胶囊味精的制作过程是：将核苷酸溶于热水后再喷雾干燥，然后与融化的氢化油脂混合进行封包，其80%的胶囊粒子直径在0.3 ~ 0.6mm，粒子流动性好，使用方便。以往要把具有鲜味的核苷酸加入到含高活力磷酸酯酶的食物原料中就会因磷酸酯酶的活动而被破坏，无法用于生产香肠、鱼糕和豆酱等食物。采用微胶囊味精后，由于有了胶囊的保护，添加进原料时核苷酸不会被磷酸酯酶破坏，等到原料在加工过程中受热时，在磷酸酯酶失活的同时，微胶囊外层被融化，从而使释放出来的核苷酸得以充分发挥提鲜作用，因此生产出更加鲜美的香肠、鱼糕和豆酱等食物。

思考题

1. 菜肴的鲜味是怎么形成的？
2. 常见的鲜味成分有哪些？
3. 鲜味与其他味的关系是什么？
4. 为什么说中国烹饪有利于菜肴鲜美味的形成？
5. 奶汤的制作原理是什么？
6. 蚝油是怎么形成的？

第七章

甜味调配及甜味调料

本章内容： 甜味概述
甜味调配技术
甜味调料

教学时间： 3课时

教学方式： 教师讲述甜味的形成和分类，阐释甜味与其他味的关系，注意在实践中甜味调配的技术要点，介绍糖在面点制作中的作用。

教学要求： 1.让学生了解甜味的形成和分类。
2.掌握甜味与其他味的关系。
3. 熟悉甜味的调配技术要点。

课前准备： 阅读有关甜味剂和烹饪调味方面的文章及书籍。

甜味，也称“甘”。它是人们喜爱的基本味感。人们喜欢甜味而不喜欢苦味，并且在出生时就对它们做出明显不同的反应。在所有文化背景人群和所有年龄组人群中，甜食都广受欢迎。成长中的儿童把甜味和美味等同。

甜味与烹饪的关系十分密切，许多菜肴的味道中都呈现出一定程度的甜味，使得菜肴宜人可口。甜味能调和滋味，能抑制原料中的苦涩味，增加食物美味，不仅改进和提高食物的可口性和食用性质，同时加入的食糖还可以提供给人体一定的热能，有时还能起到一定的预防及治疗疾病作用。

第一节　甜味概述

一、甜味的形成

在人们的印象中所有的糖都是甜的，然而在糖类大家族中却有一些糖并不具有甜味。不甜的糖，如淀粉、纤维素、半纤维素和果胶质等，它们属于多糖。在化学上糖类又叫“碳水化合物”，是由碳、氢、氧组成的一类多羟基醛和多羟基酮化合物。糖的甜味首先取决于糖自身的分子结构。人们发现，一种物质是否具有甜味与它所含羟基的数量有关。一般说来，分子结构中羟基越多，味就越甜。例如，乙醇是含有一个羟基的化合物，没有甜味。乙二醇是含有两个羟基的化合物，便有甜味，所以乙二醇又叫甜醇。丙三醇含有三个羟基，味道就更甜，又因此外观似油，故又叫甘油。而在葡萄糖和果糖分子中含有五个羟基，它对于味觉器官产生的甜味感更强。蔗糖分子中含有 10 个羟基，则甜味感比葡萄糖还要甜。但是我们不能根据一种物质的分子中含有羟基数目的多少来类推其有无甜味，因为物质有无甜味并非只限于所含羟基来决定。例如，上述乙二醇、丙三醇虽然具有甜味，而并非属于糖类，而糖原、淀粉属于糖类，却无甜味，所以并非所有的糖均有甜味。单糖和双糖具有明显的甜味，而多糖则一般不具有甜味。

愉快的甜味感要求甜味纯正，强度适中，能很快达到甜味的最高强度，并且还要能迅速消失。烹饪常用食糖的主要成分是蔗糖，它所产生的甜味就具备上述特点。蔗糖的甜味纯正，食入后能在极短的时间内使人感到甜味的产生，并且约 30 秒后甜味即可全部迅速消失。因此，从对糖的甜味要求来讲，蔗糖是最佳甜味调料。

只有当甜味调料溶于水后，才能刺激人的味蕾，产生出甜味的感觉。固体的糖之所以能产生甜味，是由于固体的糖在口腔中逐渐溶于唾液，然后刺激味蕾的缘故。先溶解的糖可以使甜味很快产生，随后溶解的糖继续刺激味蕾，这样不断持续下去，从而得到持久的甜味。从品尝的角度来看，对于糖在食物中的含量一般控制在 10% ~ 25% 的这个范围内比较适宜，因为这是人们普遍喜爱的甜味浓度，而甜味浓度太强或太低均不能使人感到满意。

甜味的高低称为甜度。它是衡量甜味剂的重要指标。不同的甜味剂具有不同的甜度。至今衡量甜度的高低还没有科学仪器，不能定量地、绝对地用物理或化学的方法来测定。测量甜度还只能凭人们的味觉感受来鉴定和比较。

目前普遍以蔗糖作为比较的相对标准，即以5%或10%（质量分数）的蔗糖溶液在20℃时的甜度定为100（也有人定为1），然后再与其他甜味物质在同样浓度条件下，由专门的品尝小组进行品尝、比较，品尝的结果用统计方法获得相对甜度的数据。表7–1是以蔗糖的甜度定为100作为标准，在与其他各种糖及甜味物质比较得出的相对甜度。表7–2是相等甜度时、几种糖溶液的浓度。

表7–1　几种甜味剂的相对甜度

名　称	相对甜度	名　称	相对甜度
乳　糖	48	蔗　糖	100
麦芽糖	32 ~ 60	果　糖	114 ~ 175
木糖醇	90	葡萄糖	74
甘露醇	70	转化糖	80 ~ 130
麦芽糖醇	75 ~ 95	糖　精	20000 ~ 70000
甜叶菊苷	25000 ~ 30000	甘　草	20000 ~ 25000

表7–2　相等甜度时几种糖溶液的浓度

果糖（g/100ml）	蔗糖（g/100ml）	葡萄糖	麦芽糖（g/100ml）
4.5	5	7.2	14
8.7	10	12.7	21
12.8	15	17.2	27.5
16.7	20	21.8	34.2

二、甜味的本质

甜味受体是位于味细胞顶端的绒毛上的蛋白质。有关甜味受体与甜味分子结构之间关系的认识还在进一步研究中。

20世纪70年代，R.B.Shallenberger和T.E. Acree提出的沙氏理论认为，甜味的产生是由于甜味分子上的氢键给予体（供体）和接受体（受体）与味觉感受器上相应的受体和供体形成氢键结合。呈甜味物质分子内的氢键供体和受体之间的距离在 0.3nm 左右，甜味的强弱和氢键的强度有关，见图 7–1。

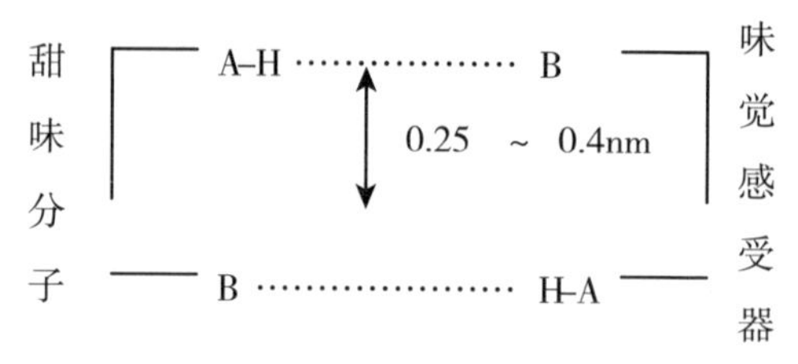

图 7–1　沙氏理论的示意图

克伊尔对该理论进行补充：距离 3.5A 和距离 5A 的地方有一疏水基团存在，可增强甜味。这是因为甜味物质的疏水基团可与味接受膜的疏水部位相结合，使甜味物质易于被接受膜吸附。

糖精等人工合成的甜味剂，如果用量过大时不但不甜，还可能有苦味。如果继续用水漱口，嘴里就会产生甜味。除了引起“甜水”这种后觉外，高浓度的糖精还能掩盖同时所尝的其他甜味剂的效应。在分子层次上所出现的是一个由两个结合点构成的体系。糖精结合到一个高亲和力的结合点上时，会产生甜味；而在高浓度时，它则结合到第二个低亲和力的抑制性点上。当甜味抑制成分被水洗掉时，甜味受体重新激活，甜味的感觉就又回来了。

三、甜味剂的分类

自然界中能够呈现甜味的物质有多种，加之人工合成的甜味剂也很多，近年来新的甜味剂仍在继续不断地发现或合成。但是在烹饪中常用的甜味调料品种其变化并不是太快。常用的主要有红糖、白糖、冰糖、麦芽糖、糖精等，甜蜜素和甜叶菊苷等有时也用于某些菜肴和面点之中。因为红糖、白糖、冰糖的主要甜味成分都是蔗糖，因此从烹饪调料的角度看，蔗糖是最重要的甜味调料。

甜味剂按其来源可以分为天然甜味剂和人工合成甜味剂。其中天然甜味剂还可以进一步分为糖质甜味剂和非糖质甜味剂两类。糖质甜味剂可以根据其化学性质的不同分为糖类和糖醇类，糖醇是糖经加氢（还原）后制得的。非糖质甜味剂也可分为苷和蛋白质两类。甜味剂的分类情况如下所示：

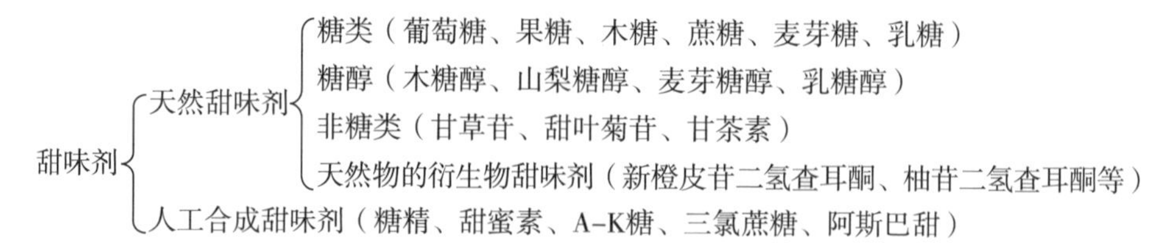

此外，甜味剂也分为非营养性的高倍甜味剂和营养性的低倍甜味剂两类，其中高倍甜味剂又可分为化学合成和天然提取物两类。

有些甜味剂属于非糖物质，却具有很甜的味道，如糖精、木糖醇、甜味菊苷、甘草苷等。这些非糖物质具有甜度高、热量低等优点，并且大多具有医疗保健作用。随着全球性"富裕症"（即高血压症、心脏病、糖尿病）的流行，非糖甜味剂具有广阔的发展前景。非糖甜味剂，按其来源和组成可分为四类，即：合成甜味剂（如糖精）；非糖天然甜味剂（如甜味菊苷）；天然衍生物甜味剂（如蛋白糖）；糖醇甜味剂（如木糖醇）。

第二节　甜味调配技术

一、甜味与其他味的关系

在烹调过程中食糖常常与食盐、食醋等其他调味料配合作用。这些调味料共同作用的结果是改善菜肴的风味，同时这些不同味觉的调味料又将对食糖的甜味产生影响。它们之间的相互影响关系如下：

1. 甜味与酸味

甜味料是5%、10%、25%、50%的蔗糖溶液；酸味料是0.01%、0.1%、0.3%、0.5%的醋酸溶液。甜味和酸味关系见表7-3。

（1）甜味因添加少量醋酸而减少，添加量越大，甜味越少。

（2）酸味因蔗糖的添加而减少。添加量越大，酸味越少，但不是量化关系，与pH值有关系。在0.3%以上的醋酸中即使添加多量的蔗糖，酸味也难消失。

表7-3　不同糖酸比的口味

口味	ω（糖）（%）	ω（酸）（%）	糖酸比
甜味突出	10	0.01 ~ 0.25	100.0 ~ 40.0
酸甜	10	0.25 ~ 0.35	40.0 ~ 28.6
酸	10	0.35 ~ 0.45	28.6 ~ 22.2
酸味突出	10	0.45 ~ 0.60	22.2 ~ 16.7
强酸	10	0.60 ~ 0.85	16.7 ~ 11.8

食物过甜则腻口，过酸则寡，只有甜酸比适当才能体现出既细腻又爽口的宜人风味。

2. 甜味与苦味

由于苦感的特殊性以及苦味阈值很低的特点，在苦味与甜味调配时，苦味很容易出头，口味将受苦味的支配。使用甜味剂抑制苦味，则更容易成功，苦味变得柔和适口。

用10%、25%、50%、60%的蔗糖溶液作为甜味料，苦味料用0.03%、0.05%的咖啡因，甜味和苦味两者之间相互发生影响的结果如下：

（1）在甜味料中加入苦味的咖啡因，随着咖啡因的添加而甜味减小。

（2）在苦味的咖啡因中添加甜味的食糖溶液，其苦味随着食糖的添加而逐渐减少。但是对0.03%的咖啡因溶液来说，必须添加20%以上的食糖，其苦味才能减小。

喜欢咖啡那种独特苦味的人通常在喝咖啡时都不喜欢加糖。而喜欢在咖啡中加少许糖的人，则可以感觉到苦中带甜的咖啡显得醇厚、回味绵长。但是，更加完美的风味还需要有植脂末和牛奶的加入。

3. 甜味与咸味

甜味和咸味之间一般存在着相互减弱的现象。这是味的相消现象。

在大量的甜味料中添加极少量的食盐，却能够增加其甜味，这是味的对比现象。但是在甜味料中加入较多的食盐后，却只能减弱甜味。对于咸味来说，随着食糖在添加量上的增加，咸味的强度将变得越来越小，见表7–4。

氯化钠按下列不同糖的使用顺序其甜度将逐渐增高：蔗糖→葡萄糖→果糖→乳糖→麦芽糖。其中蔗糖甜度增高程度最小，麦芽糖甜度增高程度最大。

在甜味食物中，食盐是风味的最好配角，能与甜味一起决定基本风味，还能起到使整体风味稳定与和谐的作用。咸味还可以减弱高甜食物的甜腻感。

表7–4　食盐和醋酸对蔗糖甜度的影响

蔗糖浓度（%）	浓度（%）	对甜度的影响
3 ~ 10	（食盐）1	降低
5 ~ 7	（食盐）0.5	增高
1 ~ 5	（醋酸）0.04 ~ 0.06	无
6以上	（醋酸）0.04 ~ 0.06	降

4. 甜味与辣味

蔗糖可降低类辣椒素和胡椒碱的辣感，同时类辣椒素也可以降低甜味的感受强度。在1% ~ 6%的添加范围内，蔗糖对辣味有明显的相消作用。但是两者之间并不存在显著的相关性。

二、影响甜味的因素

相对甜度存在以下几个影响因素：

（1）浓度越高，相对甜度越高。

（2）温度对物质的相对甜度有影响，但并没有统一的变量关系。

（3）结晶颗粒大小能影响甜味剂的溶解速度，但只能影响产生甜味感的速度，而不影响真正的甜度。

（4）不同的甜味剂，相对甜度不同。

（5）其他物质的存在有时能显著影响相对甜度，例如，低浓度的食盐可以使蔗糖增甜，而高浓度食盐则刚好相反。

（6）甜味剂在固态与液态食物中的甜度会有不同程度的差异。

三、调配技术要点

1. 确定甜度要考虑食物的含水量

以甜味为主的食物种类很多，在确定其甜度时要参照该食物的含水量或食物的硬度。原则是含水量高或食物的硬度低，甜味就不能太浓。如饮料含水量高达90%以上，其蔗糖浓度仅为10%左右，而奶糖含水量仅8%；口感很硬的食物，含糖量可以达到75%，这样食用可以使人感到适口、满足。果酱虽然质地柔软，但含糖量高达60%，这是因为果酱一般不会单独食用，常涂在面包上或作为原料制作甜点的馅，所以不会有过甜的感觉。

2. 选择合适的甜酸比

甜酸比不仅关系到口感的好坏，更重要的是它是许多食物的主味，是区别不同食物的标志之一。因此，应细心严谨地选择合适的甜酸比。

3. 掌握各种甜味剂的理化性质和功能

甜味是糖的重要性质，但有的情况下某些性质可能比甜度还重要。这就需要对各种糖类的各种性质有充分了解，才能做到选用适当，效果满意。这些物理化学性质包括：结晶性质、吸潮性、保湿性、渗透压、黏度、冰点降低能力、化学稳定性、抗氧化、发酵性和代谢性质等。

4. 调味中注重各种味的协调和相互影响

适当浓度（尤其是在阈值以下）的蔗糖与咸、酸、苦味物质共用时，往往有改善风味的效果。但当浓度较大时，其他味感物质对糖甜度的影响却没有一定的规律。

5. 根据食物的特点及工艺来选择

不同的食物风味和色泽的产生机理不同，与甜味调料关系很大。美拉德反应是根本，有效地控制该反应的进行往往可获得满意的结果。美拉德反应是烹饪加工中能使食物产生香气和颜色发生变化的主要反应之一。例如，烤面包、红烧鱼、红烧肉、烤鸭等食物的风味形成和颜色变化均与此反应密切有关。研究发现凡是氨基化合物（如蛋白质、肽、氨基酸、胺等）和羰基化合物（如醛、酮、单糖、还原性低聚糖、多糖水解物等）经过缩合、聚合后，都会形成深色物质的香气物质。

四、糖在面点制作中的作用

在面点的制作中，除了面粉外，糖是用量最多的一种主要原料。糖在面点制作中，不仅是作为一种甜味调料，而且还利用糖在面点中所发挥的其他特性，从而影响到面点的品质。

（1）促进面团的发酵。面团发酵的初期，我们常常要添加适量的糖。其目的是提供给酵母生长繁殖所需的营养，以加快面团的发酵速度，缩短面团的发酵时间。一般糖在面团中的加入量与所加入面团中的酵母量大致相等，酶的作用可使糖中的蔗糖水解成单糖，供酵母菌作用。但要注意糖的使用量一定要控制，50%的糖浓度就能抑制酵母菌的生长。同时，糖的用量过高，增大了渗透压，使酵母菌体内的原生质分离，菌体萎缩，致使面团的发酵减弱，甚至停止。

（2）改善面团的结构。调制面团时加入糖，由于糖具有吸水性，在面团的调制过程中起着反水化的作用。这种反水化的作用会影响面团中蛋白质的胀润度，使面团中面筋的形成程度降低，筋络网状的牢固度不大，筋力下降，弹性也由此而减弱。据测定，面团中大约每增加1%的糖量，会使面粉的吸水率降低0.6%左右。加入的糖量越大，吸水率降低得越多。利用这一特性，我们在制作普通面点“开花馒头”时，由于加入了适量的糖，从而使得面团的筋力不强，弹性不大，蒸制时被迅速膨胀的气体冲破顶部，犹如开花，故此得名。

（3）改善面点的风味。面点中加入食糖后，在高温烘烤或油炸的条件下，由于糖的焦糖化作用以及美拉德反应，可以使烘烤面点或油炸面点具有令人愉快的金黄色泽和诱人风味。

食糖在面点中的作用除了以上三点主要作用外，还具有一定的抗氧化作用，能延长面点制品的储存期，还能在一定程度上提高面点的营养价值。

第三节　甜味调料

一、蔗糖

蔗糖是从甘蔗、甜菜等植物中提取的一种甜味调料。蔗糖因其最先从甘蔗的汁液中发现而得名，后来发现在甜菜、芦粟等许多植物内也广泛存在，但含量较高的是甘蔗和甜菜。全世界甘蔗糖和甜菜糖的产量之比约为3 ∶ 1。我国的甘蔗糖主要产于东南地区，甜菜糖主要产于东北和西北地区。

纯净的蔗糖为无色透明的大单斜晶形，极易溶于水，常温下100g蔗糖能溶于50ml水中，其溶解度随温度的升高而增加。由蔗糖生产出来的食糖因分类标准和分类目的不同，故有各种名称。根据制糖的原料不同，分为甘蔗糖和甜菜糖；根据制糖的设备不同，分为机制糖和土糖；根据色泽不同，分为白糖和红糖；根据加工程度不同，分为粗制糖和精制糖等。在商业上，通常按蔗糖的色泽和外形，分为白砂糖、绵白糖、赤砂糖、土红糖、冰糖、方糖等。

蔗糖在烹调中的作用十分重要，除了增加甜味以外，蔗糖在烹调中还有如下几种作用：一是消腥去腻，除臭味，校正口味，减少和抑制原料的咸、苦、涩味，缓和辣味的刺激感；二是丰富菜肴的口味，增加香气和鲜美度，使菜肴显得柔和醇厚；三是可以使菜肴的卤汁稠浓，成菜油润明亮，并且还可起到着色、增色和美化的作用。蔗糖也是制作糕点、小吃的重要原料。

在烹饪中蔗糖还可用来制作拔丝、挂霜等特色菜肴。挂霜菜的形成原理是因为蔗糖溶液在过饱和时，不但能形成晶核，而且蔗糖分子会有序排列，被晶核吸附在一起，从而重新形成晶体，这种现象称作蔗糖的再结晶。制作挂霜菜就是利用这一原理。对于拔丝菜的形成，其原理是因为蔗糖溶液在熬制过程中，随着浓度的升高，其含水量逐渐降低。当含水量为2%左右时，停止加温并冷却，这时蔗糖分子不易形成结晶，而只能形成非结晶态的无定形态——玻璃态。玻璃态不易压缩、拉伸，在低温时呈透明状，并具有较大的脆性。拔丝菜的制作就依据于此。

蔗糖晶体加热至160℃时融化成无定形固状物，超过186℃时色泽变深而趋于焦化，若超过200℃时发生焦糖化反应，因此利用蔗糖还可制成糖色，用来增加菜品的色泽。在腌制品中加入适量蔗糖，可减轻加盐脱水所致的老韧，保持肉类制品的持水性和嫩度。另外，蔗糖在一定条件下会被转化为等量的葡萄糖和果糖的化合物，称为转化糖。转化糖因甜度大、易上色，又有防止上浆制品发砂的作用，常常代替饴糖用于多种糕点的生产。

1. *白砂糖*

白砂糖是将甘蔗或甜菜糖汁提纯后，经煮炼及分蜜后所得到的洁白砂糖。白砂糖是机制糖中最主要的产品，也是最常用的甜味调料。白砂糖纯度高，含蔗糖99%以上。色泽洁白明亮，晶粒整齐，水分、杂质和还原糖含量较低。按结晶颗粒的大小，可分为粗砂、中砂、细砂。粗砂多用于食品工业，中砂和细砂多供应市场销售。

烹饪中调味主要是用白砂糖，可以用于许多菜肴的制作。白砂糖也是糕点生产中使用量最大、使用最广泛的糖。因其晶粒大，也常被撒粘在一些糕点制品的表面，增强外观美感；但有时因其晶粒大会造成烘烤制品表面产生麻点或焦点，故不适于水分少、经烘烤的糕点制品。

2. 绵白糖

绵白糖是我国甜菜糖厂的主要产品之一，也是主要的机制糖。绵白糖按其成品的质量可分为精制绵白糖和普通绵白糖。绵白糖在煮糖结晶过程控制的过饱和度大于白砂糖，并在分蜜后加入了2%左右的转化糖浆，因此绵白糖中的蔗糖含量低于白砂糖，而其中的还原糖和水分含量均高于白砂糖。由于绵白糖含一定量的还原糖，故其甜度较白砂糖高；又由于晶粒细小均匀，质地绵软细腻，入口即化，故其甜味较白砂糖柔和。

绵白糖在烹饪中常用于凉拌菜，因含少量转化糖，结晶不易析出，更适宜制作拔丝菜肴。绵白糖在糕点制作中多用于含水分少、经烘烤并要求滋润性较好的一些制品中。

绵白糖由于在其中加入了2%左右的转化糖浆，而转化糖浆中含有一定量的单糖成分，故容易吸收空气中的水分，所以绵白糖在储存中要注意防潮，以免吸潮结块，影响使用。

3. 红糖

红糖是以甘蔗为原料未经脱色和净化的蔗糖。红糖因未经脱色和分蜜，纯度较低，非蔗糖杂质含量有时高达25%左右。非蔗糖成分主要是水分、还原糖、糖蜜、胶体、有色物、无机物和纤维素等。颜色深，结晶颗粒小，容易吸潮溶化。口味甜中带咸，稍有甘蔗的清香气和糖蜜的焦香甜味。有黄褐、赤红、红褐、青褐等多种颜色，一般以颜色浅淡而色泽红艳者质量较好。

红糖因杂质含量较高，在烹调使用较少，一般需化成糖浆、过滤后使用。可用于制作馅料和豆沙、枣泥中，但不宜用于白净、色浅的制品。

4. 冰糖

冰糖是一种纯度较高的冰块状蔗糖大晶体，是白砂糖再结晶的制品。将白糖溶解、过滤、蒸发浓缩成浓糖浆，在恒定温室中保持一定时间，使蔗糖缓缓结晶成块状，经分离母液后得到。根据加工方法不同，分为盒冰糖和单晶冰糖。由于白砂糖原料的色泽不同，盒冰糖有白冰糖和黄冰糖之分。按结晶形状，可分为纹冰、片冰、统冰、冰屑等几种。单晶冰糖为纯蔗糖的单斜晶体，晶粒整齐、规则，晶块坚实，纯度高于盒冰糖。

在甜味调料中，冰糖应属于档次较高的甜味料。质量好的冰糖呈均匀的清白色，半透明，有结晶体光泽，质地纯甜，无异臭，无异味，无明显的杂质。色泽发黄的冰糖质量差。

冰糖在烹饪中常常用于制作扒菜，如冰糖扒蹄、扒烧猪头、冰糖哈士蟆、冰糖甲鱼、冰糖板栗等。也可用冰糖来调制甜味品和熬制糖色。在甜品中多用于银耳、燕窝、莲子等甜品菜，如冰糖燕窝、冰糖银耳、冰糖莲子、冰糖糯米藕等。另外，如果把冰糖用在火锅的汤卤中，则具有缓解辣味刺激，使汤汁具有味道醇厚且回味微甜的作用。

二、麦芽糖

麦芽糖是由淀粉在淀粉水解酶的作用下所产生的水解产物。麦芽糖因在麦种发芽时，其种内的麦芽糖含量较高而得名。

麦芽糖的融点为 102 ~ 103℃，比重为 1.54。易溶于水和微溶于酒精，不溶于醚。麦芽糖的甜度约为蔗糖的 1/3，甜味较爽口。麦芽糖是可发酵性糖，在面团发酵时，它能被麦芽糖酶所水解生成两分子葡萄糖，葡萄糖则是酵母菌生长所需的养料。

淀粉经酶水解后，得到的糊精与麦芽糖的混合物称为饴糖，俗称糖稀。饴糖中糊精占 2/3，具有较强的黏稠性；麦芽糖占 1/3，能产生一定的甜味。饴糖是制作某些菜肴的主要原料，如制作中外闻名的“北京烤鸭”时就需用饴糖涂在鸭皮上，待糖液干后再进炉内，稀释的饴糖能封住鸭子的毛孔使之表面光滑。烤时脱水变脆，而鸭皮脂肪含量较高，口感酥脆。由于在烤的过程中糖的颜色发生变化，使得烤出来的鸭皮色为颜色深红光润，皮脆，肉味鲜美，香味扑鼻。

另外，在制作某些糕点时也需要加入一定量的饴糖，不但可以增加糕点的甜味，而且帮助糕点的着色，保持其色泽的鲜艳，特别是做颜色较深的糕点时很适用。

三、蜂蜜

蜂蜜是蜜蜂采集露蜜或甘露或花蜜后存入体内的蜜囊中，归巢后储于蜂房中经过反复酿造而成的一种甜而有黏性、透明或半透明的胶状液体。蜂蜜按蜜源植物分为许多种，如油菜蜜、紫云英蜜、苜蓿蜜、荞麦蜜、芝麻蜜、苹果蜜、柑橘蜜、梅树蜜、棉花蜜、向日葵蜜等名称的蜂蜜。按蜂蜜的形态一般分为液态蜜和结晶蜜。

新鲜的蜂蜜为黏稠、透明或半透明的胶状液体，有的在较低温下可以凝成固体，比重为 1.40 ~ 1.43，通常带有花的香味。其成分比较复杂，以紫云英蜜为例，其主要成分比例如下：水分 18.3%，葡萄糖 35.37%，果糖 39.75%，蔗糖 3.54%，糊精 0.75%，矿物质 0.05%，还含有微量的蛋白质、酶、有机酸、维生素、色素及芳香物质等。

蜂蜜的甜度比普通的蔗糖甜。这是因为蜜蜂在采蜜过程中将花蕊中的花蜜吸吮到自己体内，花蜜在蜜蜂体内分泌出来的蚁酸（化学名称甲酸）的作用下，逐渐将花蜜的主要成分蔗糖在酸性条件下形成转化糖。葡萄糖约占蜂蜜总量的36%左右，果糖占37%左右。而其中果糖的甜度要比蔗糖的甜度大，约是蔗糖甜度的1.5倍，加之果糖在与葡萄糖混合共存的情况下，有互相提高甜度的作用，可以明显地提高甜度。所以导致蜂蜜的甜度要比蔗糖大，给人以“蜜比糖甜”的感觉。

蜂蜜在烹饪中主要用来调味，同时具有矫味、增白、起色等作用。在制作蜜汁类菜肴时，蜂蜜是一种很重要的原料，如蜜汁湘莲、蜜汁藕片、蜜汁银杏等。蜂蜜也广泛应用于糕点制作中。糕点中蜂蜜不仅具有调味作用，而且能使制品绵软，质地均匀，并能防止糕点制品的表面干燥开裂。使用蜂蜜还可起到改进面制品的色泽、增添香味、增进滋润性和弹性的作用。蜂蜜具有很大的吸湿性和粘着性，在烹饪中应注意用量，防止使用过多而造成制品吸水变软、相互粘连。同时掌握好加热的时间和温度，防止制品发硬或焦煳。

四、葡萄糖和果糖

葡萄糖和果糖都属于单糖类，是自然界中分布最广也是最重要的单糖。葡萄糖和果糖都可通过工业化生产得到。葡萄糖和果糖都易溶于水，稍溶于酒精。在正常温度下，这两种糖都是结晶体，都具有吸湿性，但果糖的吸湿性更强。果糖的甜度是常见糖中最高的，而葡萄糖的甜度比果糖要低得多。

葡萄糖和果糖的甜味具有爽快的口感，很适合食用。葡萄糖在高温下可以发生颜色的变化，生成深褐色的焦糖色素。焦糖色素常用作酱油、醋和某些菜肴面点的增色剂。

葡萄糖和果糖均可被酵母菌所利用。在面团发酵过程中，酵母菌可以利用淀粉水解成的葡萄糖作为养分而繁殖生长，促使面团的发酵。因此，在面团发酵前，也可加入适量的葡萄糖，以帮助面团的发酵。

五、其他甜味调料

1. 甜蜜素

甜蜜素是当今发达国家在各类食物中大量使用的一种甜味剂。美国于20世纪40年代首先研制出甜蜜素。甜蜜素的成分是环己基氨基磺酸钠。经全美科学院等权威机构长期实验证明：甜蜜素不含致病物质。1980年世界粮农组织和世界卫生组织审查了一系列实验报告，再次确认甜蜜素对人体健康无害。

甜蜜素属于低热值的甜味剂，其甜味好，甜度高，具有蔗糖风味，是蔗糖甜度的50倍。甜蜜素的水溶性很好，易溶解于水，溶解后其液体呈中性。它具有性能稳定、耐热、耐酸碱，不吸潮而且无色无味，清澈透明等优点。可适用于烹饪中的烧、煮、煎、炸以及腌制原料。还适于制作各种饮料、甜面点、蜜汁菜肴及糖尿病者的食物。用甜蜜素制成的食物长时间直接与空气接触无回潮黏湿现象。

甜蜜素使用时与水以 1 ∶ 500 的比率配合就有足够的甜度。甜蜜素单独使用时，使用参考量为蔗糖的 1/50。甜蜜素与蔗糖配合使用时，其甜度可达 80 倍以上。

2. 甘草

甘草是我国民间传统使用的一种天然甜味剂。为豆科甘草属多年生草本植物甘草的干燥根状茎及根，也称甜草根、红甘草、美草。

甘草用作甜味调料时，常先将甘草的根、茎干燥后磨碎成粉末。也将甘草切碎，加水冷浸后用纱布过滤，取其浸出汁液。甘草的粉末有微弱的特异气味，具有甜味，并稍带有一定的苦味。甘草的浸出汁液为淡黄色溶液，有特殊的气味和甜味，也带有少许苦味。甘草的甜味成分是甘草酸，含量为 6% ~ 14%，主要分布于甘草的根部，另外有少量甘草苷、甘草次酸、甘草素等成分。甘草在肉制品中常用作甜味剂，其甜味成分的精制剂用于食物的甜味剂。甘草酸的甜度相当于蔗糖的 200 ~ 300 倍。

在烹饪中，甘草或甘草汁可用来代替部分砂糖。在正常使用量下是安全的，不会影响身体的健康。但过于大量食用，有可能对人的心血管产生不良的副作用。

3. 果葡糖浆

果葡糖浆是一种新近发展起来的淀粉糖制品。在国外，尤其是欧美等国，果萄糖浆已经与蔗糖并列成为两大甜味调料。我国目前也已经生产，并逐渐投放市场。

果葡糖浆的甜味成分主要是果糖和葡萄糖，故称为果葡糖浆。又因生产果葡糖浆是以葡萄糖为原料，在异构酶的作用下使一部分葡萄糖异构转变成果糖，因而有时又称之为“异构糖浆”。其产品按果糖的含量不同可分为 42%、55% 和 95% 三种。目前大量生产的果葡糖浆是 42% 这种类型的产品，其甜度相当于蔗糖的甜度。

果葡糖浆是一种无色的水溶液，甜味纯正，无其他异味。它可使食物得到理想的甜度，并且有一定的发酵性、渗透压、保湿性、耐储性，具有很好的色香味。国内广泛应用于面包、糕点、蜜饯等食物的制作。

4. 淀粉糖浆

淀粉糖浆也称葡萄糖浆、化学稀等名称。它是由淀粉在酸或酶的作用下，经不完全水解而制得的含有多种成分的甜味液体。淀粉糖浆的糖分组成为葡萄糖、麦芽糖、低聚糖、糊精等。淀粉糖浆易被人体消化吸收。优质的淀粉糖浆为无色或浅黄色、透明、无杂质，有一定黏稠度的液体。不同的淀粉糖浆在许多性质上存有一定的差别，如甜度、黏度、渗透压、吸湿性、抗蔗糖结晶性等。

淀粉糖浆目前在面点制作中有较多的应用。在面点制作中加入适量的淀粉糖浆，不仅能增加面制品的甜味，改善风味，而且还可起到帮助着色的作用。因为淀粉糖浆中的糊精对色素有较强的吸附能力，使面点的颜色不易脱掉。此外，淀粉糖浆中含有较多的葡萄糖，葡萄糖有较好的吸湿性能。故在面制品中加入淀粉糖浆后，能使面制品绵软，质地均匀，并在一定时间内保持柔软，提高面点的质量。但在制作酥脆面点时，最好不用淀粉糖浆，以免吸湿而影响面点的酥脆性。

对于制作拔丝类菜肴，可以利用淀粉糖浆的阻止蔗糖重新结晶的能力（即具有抗结晶）这一特性。在熬制糖液时，添加适量的淀粉糖浆，可使锅中的蔗糖不容易重新结晶，从而达到较好的拔丝效果。

5. 甜叶菊苷

甜叶菊苷是以菊科植物甜叶菊的茎、叶为原料提取出来的一种甜味剂。甜叶菊原产于南美洲巴拉圭北部高原，现在我国厦门、南京、武汉、北京等地均已引种成功。

甜叶菊苷的成分主要是四环双萜烯类糖苷，分子式：$C_{38}H_{60}O_{18}$，相对分子质量为804。甜叶菊苷为无色结晶粉末，在空气中易吸湿。甜度约为蔗糖的300倍，味感与蔗糖十分相似，甜味纯正，后味长，没有苦味和发泡性，但浓度高时带有微苦味。甜叶菊苷溶解性好，易溶于水和乙醇；不易分解，对热、酸、碱都较稳定。

甜叶菊苷的甜味纯正，后味可口，食入嘴中有一种轻快的甜味感。甜叶菊苷在酸性溶液中稳定，耐高热，没有苦味及发泡性，溶解性好。加入食物后，不易产生酸味感。可单独或与蔗糖混合使用。常用于制作糕点、菜肴、糖渍食物等方面。

甜叶菊苷所含有的甜味成分均不被人体吸收，可作为砂糖、冰糖等的代用品，以减少人体对甜味食物中热量的摄取，尤其适用于糖尿病患者和肥胖者的需要。

6. 麦芽糖醇

麦芽糖醇是高麦芽糖浆加氢还原而形成的一种甜味物质，它的热稳定性很好，保温性好，物理化学性质均类似于蔗糖，因而受到人们的高度重视。

麦芽糖醇主要有以下一些特点：

（1）具有近似于蔗糖的甜味，相对甜度是蔗糖的90%。其甜味柔和，无后味，是一种优良的低甜度食品甜味剂。

（2）发热量低。麦芽糖醇的热值每百克仅为47cal，只相当蔗糖的1/10，是肥胖病、糖尿病、心脏病患者及老年人的理想低热量甜味料。

（3）难发酵性。食用它不会引起龋齿。它对真菌也有很强的抑制作用，防霉天数为同等浓度蔗糖溶液的4倍，所以十分适合制作果酱、果脯等，以及酱油、味精等调味料；还能制作酱菜、儿童食物、口香糖等。

（4）麦芽糖醇在小肠黏膜上的分解度仅为麦芽糖的1/40，所以对糖尿病人具有特殊的医疗保健功能。

麦芽糖醇具有非结晶性，能够保持多量的水分，因此可明显改善面包、蛋糕等烘烤食物的柔软性和焦化性。

7. 蛋白糖

蛋白糖为洁白的针状晶体，其甜度约是蔗糖的200倍。蛋白糖是20世纪80年代问世的低卡高甜度、美味营养型甜味剂和增味剂，是由本来不甜的非糖天然物经改性加工而成的甜味剂。现在已有50多个国家和地区正式批准使用。

蛋白糖的味质很好，与天然精制蔗糖难分伯仲，味感极为相似。它的味质显然优于其他一些低卡强甜味剂，如糖精钠、甜蜜素、甜菊苷、甘草酸盐、罗汉果等。此外，蛋白糖还具有增味、矫味等独特性能，并能与其他糖类或非糖类甜味剂混合使用。蛋白糖与食盐共存时甜度还可成倍增加。它可以广泛地用于普通食物中。

8. 阿斯巴甜

阿斯巴甜又名甜味素、天冬甜母、天冬甜精，学名为L–天门冬酰–L–苯丙氨酸甲酯，于1965年由美国Searle公司在合成四肽的研究时偶然发现，1967年申请将其作为甜味剂使用。阿斯巴甜是由L–天冬氨酸和L–苯丙氨酸分别转化为L–天冬氨酸酐盐和L–苯丙氨酸甲酯盐酸盐，经过缩合得到的一种二肽类物质，是一种白色结晶状粉末。它的特点是安全性高；甜度是蔗糖的200倍；甜味纯正，无任何后味，是迄今开发成功的甜味剂中甜味最接近蔗糖的。它由于低热量可减肥；无须胰岛素助消化，故适合于肥胖症、糖尿病和心血管病人食用；抗微生物、不怕发霉、不会导致龋齿；与其他甜味剂混合使用有协同效应。但阿斯巴甜不耐高温强酸，仅在pH值为3 ~ 5较稳定，强酸、强碱中易水解为苦味的苯丙氨酸和二嗪哌酮，特别是在104℃下即遭破坏，有遗传性代谢病苯丙酮酸尿症患者不宜食用。

9. 木糖醇

木糖醇存在于许多植物中，工业上由还原木糖制得。木糖醇是多元糖醇的一种。多元糖醇是功能性甜味剂，其主要的生理功能类似低聚糖，此外还有保湿功能。木糖醇的溶解性良好，吸湿性低，化学性不活泼，不参与美拉德反应。甜度是蔗糖的65% ~ 100%，当温度较低时显示等同于砂糖的甜味，但当温度较高时它的相对甜度较低。木糖醇发热量稍高于其他糖醇，虽有近似于砂糖的甜味度，但在口中呈现出冷凉感和爽快感的味质。由于木糖醇在代谢时不受胰岛素的影响，所以是糖尿病患者的理想甜味剂。

10. 木瓜酱

木瓜营养丰富，含有葡萄糖、果糖以及多种维生素和矿物质等。成熟的木瓜呈金黄色或肉红色，果肉清香，柔嫩多汁。制成木瓜酱后，其酱的颜色金黄，质地细腻爽口，味道甜中带酸，并有一种十分清香的木瓜香味。木瓜酱可用来调制馅心，佐馒头、面包等，也可在烹制一些特殊风味菜肴和馅心时添加，可使菜肴或馅心的风味独特，别具一格。

木瓜酱含有少量的果胶，具有一定的胶凝能力。但若想提高木瓜酱的黏稠度，可在熬酱的过程中趁热加些适量的黏稠剂以增加木瓜酱的黏稠度。

思考题

1. 什么是甜度？
2. 甜味与其他味的关系是什么？
3. 影响甜味的因素有哪些？
4. 糖在面点制作中有哪些作用？
5. 蔗糖用来制作拔丝和挂霜的原理是什么？

第八章

酸味调配及酸味调料

本章内容： 酸味概述
酸味调配技术
酸味调料

教学时间： 3课时

教学方式： 教师讲述酸味的形成及酸味物质的结构，阐释酸味与其他味的关系，讲述食醋在烹饪实践中的主要作用。

教学要求： 1. 让学生了解酸味的形成原理。
2. 掌握酸味与其他味之间的关系。
3. 熟悉食醋在烹饪中的主要作用。

课前准备： 阅读有关酸味剂和烹饪调味方面的文章及书籍。

酸味是基本味之一。它给人以爽快、刺激的感觉。在制作酸味菜肴中只要适当添加酸味调料，就可予人以愉快的带酸口感；同时酸味能促进人体消化液的分泌，起到增进食欲、促进消化的作用。

第一节 酸味概述

酸味剂的品种繁多，大致可分为有机酸味剂和无机酸味剂两大类。有机酸味剂包括有机酸及其盐类；无机酸味剂包括某些无机酸及其盐类。食物中存在的酸都是有机酸。

一、酸味的呈现

凡在溶液中能电离出氢离子的物质都是酸味物质。酸味是由舌黏膜受到氢离子（H^+）刺激而引起的感觉。但是酸味的强弱与酸的浓度之间并不是简单的相关关系，两者之间没有函数关系。各种酸味剂有不同的酸味，在口腔中引起的酸感与酸根的种类、pH 值、可滴定酸度、缓冲溶液以及其他物质特别是糖类的存在有关。作为定味基，氢离子浓度是影响酸味强度的主要因素。酸味剂的负离子是助味基，直接影响酸味强度和酸味品质。在同样的 pH 值下，有机酸（酸味的阈值 pH=3.7 ~ 4.9）比无机酸（酸味的阈值 pH=3.4 ~ 3.5）的酸感要强。酸味感的时间长短并不与 pH 值成正比，解离速度慢的酸味物质维持时间长，解离快的酸味物质的味觉会很快消失。相同条件下浓度越高，酸味越强，但总酸度是已解离和未解离的氢离子浓度总和。已解离的氢离子浓度（pH 值）相同时，总酸度越大酸味越强。这是因为未解离的酸还可继续提供更多的氢离子，使其酸味持续更长时间。当在酸味剂的溶液中加入食糖、食盐或乙醇时，酸度降低。温度对酸味的影响很大，这与酸味形成时要保持有连续不断的 H^+ 与味受体反复作用有关。当温度升高时，能促使酸的解离，能使与味受体已结合的 H^+ 解脱下来，重新产生作用，所以增强了 H^+ 与味受体的作用次数，味感便大增。

很多酸味物质在 1/1000 mol/L 浓度的溶液中就能感知。常见食物的 pH 值大多在 5.0 ~ 6.5 之间，而人的唾液 pH 值在 6.7 ~ 6.9 之间，两者大体接近，所以一般不会觉得有酸感。只有当食物的酸碱度在 pH 值 5.0 以下，才会产生酸感；若 pH 值在 3.0 以下，就会产生强烈的酸味感。食物中常见的有机酸有：醋酸、柠檬酸、乳酸、苹果酸、酒石酸、富马酸、琥珀酸、抗坏血酸、葡萄糖酸等。味道最美的酸是柠檬酸、苹果酸。在葡萄、山楂及苹果中含苹果酸；柠檬、橘子中含柠檬酸；酸奶和泡菜中含乳酸；食醋中含醋酸等。

酸味强度的评价方法主要有品尝法与腮腺唾液分泌平均流速测定法。品尝法用主观等价值（PSE）来标度酸味强度，表示感受到相同酸味时该酸味剂的浓度。常用柠檬酸作为标准，PSE 值越小，酸味越强。腮腺唾液分泌平均流速常以每一腮腺在 10 分钟内流出唾液的毫升数表示，流速越大，酸味越强。品尝法测定的是大脑中枢感受到的主观感觉，测定的数据难免产生误差。测定腮腺唾液分泌平均流速较客观和精确，但腮腺唾液分泌由大脑感觉到酸味后指令腮腺完成并根据酸度调节分泌量，这种神经调节分泌的过程受到其他生理条件的影响也可能出现误差。事实上两种评价方法有时不一致。现在往往用电生理的方法测定鼓索神经电反应强度，是一种既直接又精确的方法。

二、酸味物质的结构

酸味剂的负离子对酸味强度和酸感有很大影响。对于有机酸，在其氢离子浓度相同的情况下，一元酸的酸味强度随其烃链的增长而减小，C_{10} 以上的羧酸无酸味；二元酸在一定限度内随其烃链的增长，酸性强度也增大，但不及相应的一元酸；在负离子的结构上增加了疏水性的不饱和键，酸味比相同碳数的羧酸增强；若在负离子结构上增加了亲水的羟基，其酸性则比相应的羧酸减弱。食物加工中使用的有机酸有很多种，这些有机酸味质不同，与不同的阴离子构成有关，如羧基和羟基的位置和数量就是很重要的因素。通常羟基给人以柔和感，羟基数多的有机酸呈现的酸味较丰盈。酸味剂的负离子还对酸的风味产生影响。大多数有机酸都具有清新、爽快的酸味，尤其当酸浓度低到某种程度时，产生的与其说是酸味，倒不如说是甜美味；而磷酸、盐酸等却有苦涩感。当酸味剂的结构上具备其他味感物的条件时，它还可能被其他味受体竞争吸附而产生另一种味感。若另一种味感较弱，通常叫副味。

酸味剂分子根据羟基、羧基、氨基的有无、数目的多少、在分子结构中所处的位置不同而产生不同的风味，使得酸味剂不仅有酸味，有时还带有苦味、涩味等。如柠檬酸、抗坏血酸、葡萄糖酸具有缓和温润的酸味，苹果酸稍带有苦涩味，盐酸、磷酸、乳酸、酒石酸、延胡索酸则稍带有涩味，乙酸、丙酸稍带有刺激臭，琥珀酸、谷氨酸带有鲜味。

三、酸味食物的营养作用

作为主要酸味调味料的食醋，人们除了利用它特殊的色、香、味外，平时食入食醋，不仅可以增进食欲，降低糖尿病人的血糖值，而且有利于体内废物的排泄。食醋含有挥发性物质、氨基酸及有机酸等，这些风味成分可刺激人的大脑中枢，使消化器官分泌有助于食物消化吸收的消化液，改善人体的消化功能。

孕妇吃酸味食物对孕妇本人和胎儿的发育都有好处。酸味能刺激胃酸分泌，提高消化酶的活性，增加孕妇食欲，减轻早孕反应。从怀孕 2 ~ 3 个月后，胎儿的骨骼开始形成，酸味物质可促进钙的吸收和骨骼成长，还有助于铁的吸收，促进造血功能。酸味食物主要包括酸奶和新鲜水果等，新鲜水果有酸枣、葡萄、樱桃、杨梅、石榴、橘子、西红柿等。

第二节　酸味调配技术

酸味不像咸味和甜味那样可以单独构成一种美味，所以烹饪中酸味一般不适宜单独使用。高纯度的酸味很难让人接受。然而酸味的最大特点在于它能与各种味交融组合，因此在烹饪中的应用很广泛。例如，酸味与甜味合理搭配时会产生愉快的酸甜口感；少量的酸具有增鲜作用；酸味达到一定量后并与其他呈味物质共同作用时，可产生丰富的风味。

酸味与其他味之间发生相互影响的关系如下。

一、酸味与咸味

酸味与咸味共同存在时，呈味强度有时是减弱，但有时也互相增强。在具有咸味的溶液中加入微量的食醋，可使咸味增强。而在任何浓度的醋酸溶液中加入少量的食盐，则酸味增强。由于少量咸味能与酸味产生对比作用，烹调中常说的“盐咸醋才酸”指的就是这个道理。即在烹制菜肴时如需添加食醋，一定要添加适量的食盐，或者在已有食盐存在的基础上添加食醋，这样才能明显地感觉出食醋的酸味。任何浓度的食醋中加入少量食盐，酸味感会增强，但是加入的食盐过量以后，则会导致食醋的酸味感下降。同理，在具有咸味的食盐溶液中添加少量的食醋，可使咸味感增强。如在 1.2% 浓度的食盐溶液中加入 0.01% 的食醋，可以明显感到咸味增强。但食盐溶液中加入的食醋一旦过量以后，可使咸味感有所减弱。例如，在 1% ~ 2% 浓度的食盐溶液中加入食醋量在 0.05% 以上（pH 值在 3.4 以下），或在 10% ~ 20% 浓度的食盐溶液中加入食醋在 0.32% 以上（pH 值在 3.0 以下）时，均可使食盐溶液的咸味有所下降，并且随加入食醋的量增大其咸味下降得越多。因此，食醋与食盐之间的相互影响关系是：当这两种调味剂中的一种为多量而另一种加入的量为很少时，多量的那种调味剂其原有的味感会有所增强，这是味的对比作用。但是当另一种调味剂加入的量超过一定限度后，则会使得多量的那种调味剂原有的味感反而下降，这是味的相消作用。

二、酸味与甜味

酸味与甜味共同存在时，呈味相互减弱。甜味因添加少量醋酸而减弱，添加量越大，甜味越小。酸味因糖的添加而减小，酸味也会变得更柔和适口，添加量越大，酸味越小，但不是量化关系，与pH值有关系。在0.3%以上的醋酸中即使添加多量的糖，酸味也难以消失。当酸味强于甜味时，食物呈现清新爽口的感觉；而当甜味强于酸味时，食物则呈现温馨愉快的感觉。

就人的味觉而言，能够感觉到蔗糖的甜味和醋酸的酸味这两种不同呈味物质的最低浓度（阈值）是有很大差异的。当蔗糖的浓度在6%以上时，添加相同浓度的醋酸溶液，可以很明显地感到蔗糖的甜味和醋酸的酸味已经有所下降。如果在0.2%的醋酸溶液中加入5%～10%的蔗糖，就可以调配出一种很适口的甜酸味——糖醋味。这是我国菜肴常见的一种特殊味型。糖醋味因地方风味和历史演变不同而有差异，其配方也较多。一般以传统糖醋味、海派糖醋味、广式糖醋味最具代表性。糖醋味型的菜肴深受食客的青睐，如糖醋桂花鱼、糖醋排骨、糖醋咕老肉、糖醋黄鱼等均属于该类风味的菜肴。风味特点是甜中带酸，滋味适口，并且挥发出令人愉快的酸香气味。

作者曾用山西老陈醋与蔗糖对菜肴酸甜味的最佳适口比做过实验研究。发现蔗糖的适口浓度为5%～8%，山西老陈醋的适口浓度为1%～2%。根据烹饪操作的实践和经验，考虑到操作过程中的损耗及不同烹法（煮、炖、凉拌、熘、炒等）和环境、温度等因素，用量一般都会略微提高。实际过程中，蔗糖在菜肴中所占比例往往以8%～15%为宜，而食醋在菜肴中所占比例以3%～5%为宜。山西老陈醋和蔗糖的适口比范围为1∶2～1∶4，最佳配比为1∶3。用此比例在糖醋鱼、糖醋里脊、糖醋莲藕等菜肴的制作中都得到了很好的验证。

三、酸味与鲜味

一般来讲，酸味能使鲜味减弱；同样鲜味也能使酸味缓和。但是食醋的酸味和味精的鲜味关系有些特殊。在菜肴的烹调过程中，食醋的加入可使菜肴的酸碱度在一定程度上偏向于酸性方向。这对味精来说有一定影响。因为味精的成分是谷氨酸钠，它是一种两性分子。它既能像酸一样解离，又能像碱一样解离。在一般菜肴中主要以两性离子的形式存在，从而呈现出那种特有的鲜味。由于谷氨酸的等电点是pH值为3.2，在等电点时，谷氨酸钠全部以两性离子的形式存在。就整个谷氨酸钠的分子来说，它是处于中性状态的。这时它和菜肴汤汁中水分子之间的作用都不如处于阴离子状态或阳离子状态时那么强烈，因此在等电点时谷氨酸钠的解离度最小，所呈现出的鲜味程度也最低。一般菜肴的酸碱度 pH 值为 6 ～ 7。这时的谷氨酸钠电离度较大，所以鲜味的呈味强度也较大。当我们烹调菜肴加入食醋以后，菜肴的酸碱度在一定程度上向着酸味方向移动，即向着谷氨酸的等电点方向移动，这样就会影响到味精中谷氨酸钠的电离度，从而影响到味精的呈鲜味的强度。

如果菜肴中加入食醋的量很少，则对味精中谷氨酸钠所处的酸碱环境影响不大，味精的鲜味呈味强度无明显改变。如果菜肴中加入的食醋较多，尤其是以酸味为主的菜肴，如糖醋类、醋熘类菜肴，在这些菜肴中添加味精，其呈鲜效果很差。对于酸味偏重的菜肴，即使不用普通的味精而改用特鲜味精，也很少能增加菜肴的鲜味，因为在特鲜味精中仍以谷氨酸钠为主。所以，在添加食醋较多的菜肴内，普通味精和特鲜味精都不宜添加。这时可以加入高汤以增鲜。

四、酸味与辣味

酸味和辣味互相减弱作用不十分明显，但可使辣味更适口，并且当酸、甜、辣三味调和时，可使辣味明显减弱，即民间所说的所谓“甘酸化辛”。

在酸味和辣味调味料的运用上，要注意酸味与辣味两者之间的关系。在两者当中，酸味是主体，辣味只起辅助酸味的作用。“酸辣味”在烹饪中具有重要的地位，尤其在我国的北方地区运用非常广泛，在西餐调味中也有广泛的使用，应用于各种冷、热菜式。酸辣味常常以咸味为基础，在盐的用量上要比其他口味的菜肴略多一些。如果咸味不足，它所起的“底味”作用不够，则该口味在酸辣味上就显得薄而飘。一般应先定好“底味”，调好咸鲜味的基础上再调以酸辣。如果是以胡椒类调料来调辣味的菜肴或汤羹时，应先在调好咸、鲜、辣的基础上，再调以酸，否则该“酸辣味”不易调正。在热菜中要注意胡椒的运用应以菜肴入口有胡椒之辛香味为好。中餐中“酸辣味”的组合用料一般以米醋、胡椒、盐、味精、鸡粉最为常见。西餐中形成“酸辣味”的组合用料，以番茄酱、辣椒酱（或红辣椒粉）、盐、牛精粉最为常见。

五、酸味与苦味

苦味可使酸味更加明显。例如，在酸味中加入少量苦味物质或单宁等涩味物质，可使酸味增强。因为苦味物质会使酸味增强，形成不可口的酸苦味，又酸又苦的食物是难以下咽的，所以在调味中要尽可能避免这种现象。

第三节　酸味调料

一、食醋

食醋的主要成分是醋酸。它是由植物性原料经发酵而成。食醋的酸味主要来自于醋酸解离时产生的氢离子。当食醋与舌头黏膜相接触时，溶液中的氢离子刺激黏膜，通过味觉神经的脉冲而达到大脑中枢，使人产生酸味感。它的酸味感随着食醋的浓度不同而有一定的差异。随着食醋浓度的增高，其醋酸的含量也相应增高。

无论是国内还是国外，食醋都是烹饪菜肴时常用的一种基本调味料。食醋主要起显酸味、加香味、增鲜味、除腥味、解腻味等作用。在烹饪中是调制糖醋味、荔枝味、鱼香味、酸辣味等许多复合味型的重要调料。用食醋作为主要调味料制作的菜肴有北京的醋椒鱼、江苏的醋熘鳜鱼、浙江的西湖醋鱼、上海的醋熘鲨鱼、广东的咕咾肉、山东的酸辣汤、福建的酸甜竹节肉、四川的醋烧鲶鱼、河北的金毛狮子鱼、河南的糖醋黄河鲤鱼、云南的酸辣螺黄、湖南的糖醋排骨等。

我国主要是以谷物为原料酿制食醋的，北方多以高粱、小米；南方多用大米、黄酒糟等。常见的有米醋、糖醋、香醋、麸醋、酒醋和熏醋等。酿造醋除含有5%～20%的醋酸外，还含有氨基酸和乳酸、琥珀酸、草酸、烟酸等多种有机酸、蛋白质、脂肪、钙磷铁等多种矿物质、维生素 B_1 和维生素 B_2、糖分以及芳香性物质醋酸乙酯。而以米为原料酿成的米醋，有机酸和氨基酸的含量则最高。

食醋的分类方法有几种。若按原料处理方法分类，粮食原料不经过蒸煮糊化处理，直接用来制醋，称为生料醋；经过蒸煮糊化处理后酿制的醋，称为熟料醋。若按制醋用糖化曲分类，则有麸曲醋、老法曲醋之分。若按醋酸发酵方式分类，则有固态发酵醋、液态发酵醋和固稀发酵醋之分。若按食醋的颜色分类，则有浓色醋、淡色醋、白醋之分。若按风味分类，陈醋的醋香味较浓；熏醋具有特殊的焦香味；甜醋则添加有中药材、植物性香料等。食醋的品种虽因选料和制法不同，性质和特点略有差异，但总的来说，以酸味纯正、香味浓郁、色泽鲜明者为佳。

- 食醋
  - 酿造醋
    - 以谷物和薯类为原料（经糖化、酒化、醋化过程）：米醋、高粱醋、薯干醋、麦芽醋、苦荞醋
    - 以含酒精物质为原料（经醋化过程）：酒精醋、酒糟醋
    - 以含糖物质为原料（经酒化、醋化过程）：苹果醋、葡萄醋、枣醋
  - 果醋：柠檬醋、梅醋、红果醋
  - 合成醋：冰醋酸及有机酸等
  - 混合醋：酿造醋与合成醋的混合物

醋酸是食醋风味的决定性成分。谷物原料醋中含醋酸等挥发性酸较多（约占总酸量的70%～80%），粮谷制成的食醋特点是挥发酸量大，不挥发酸量较少；而水果醋则含不挥发性酸较多，不挥发性酸中乳酸含量最多，其他有苹果酸、葡萄糖酸、琥珀酸、柠檬酸等，不挥发酸约占总酸的10%，不挥发性酸含量高，食醋味柔和、刺激性小。有人认为食醋的鲜味是因为含有琥珀酸、苹果酸和葡萄糖酸；而有人则认为琥珀酸、谷氨酸和核酸决定了食醋的鲜味。如果乳酸发酵过度，会抑制酵母菌的酒精发酵，使食醋产生"馊味"。

食醋一般含有0.1%～3%的还原糖，最多的是葡萄糖，其次是果糖、麦芽糖，另外还有蔗糖、木糖、山梨醇、甘露糖、半乳糖、阿拉伯糖、甘油和糊精等成分。这些成分不仅调整了食醋的甜度和甜酸比，而且增加了食醋的醇厚感，见表8-1。

表8-1　常见食醋的一般成分

种类	比重（%）	总酸（%）	不挥发酸（%）	酒精（%）	全糖（%）	全氮（%）	无盐固形物（%）	灰分	pH
香醋	1.094	5.88	0.58	2.79	3.45	0.71	12.50	5.02	3.68
米醋	1.072	5.13	0.69	2.02	8.91	0.32	12.79	1.14	3.65
镇江香醋	1.086	6.82	0.55	1.50	1.84	0.69	11.91	4.39	3.73
白米醋	1.012	6.33	0.016	0.17	0.18	0.007	0.25	0.003	2.87
山西老陈醋	1.094	10.38	0.78	11.25	12.82	1.22	30.47	9.42	3.87
浙醋	1.060	3.62	0.16	2.48	3.66	0.18	6.95	3.56	3.61
四川三汇特醋	1.114	7.18	0.59	4.50	7.32	1.25	21.37	3.39	3.83

食醋中的芳香成分种类多、含量少、影响大。主要包括酯、醇、醛、酸、酚和双乙酰等类。这些成分根据食醋的品种具有不同的组合。食醋的特征香气是各种芳香成分平衡的结果。酯类具有果香气，在名醋中含量较高，是形成食醋特有香气的重要成分。乙酸丁酯占食醋香气成分的60%以上，其次为乙酸乙酯、乙酸丙酯、乙酸异戊酯、乙酸甲酯等。醇类中以乙醇含量最多，是各种食醋的共同成分，还有甲醇、丙醇、异丙醇、异丁醇、仲丁醇、异戊醇等，过量的高级醇是引起苦涩感的根源。酚类中4-乙基愈创木酚含量在1～2 mg/L就能呈现香气。丁香酚、香草酸、阿魏酸、酪酸、水杨酸等都能起到呈香作用和助香作用。另外，双乙酰、3-羟基丁酮等含量少时给予蜂蜜样的甜香气味，含量多时呈酸奶臭或饭馊气味。双乙酰只有0.2 mg/L时就可以察觉，适量的双乙酰、3-羟基

丁酮和其他成分的均衡存在是构成酿造食醋的特征香气成分。

二、食醋在烹饪中的作用

食醋的味酸而醇厚，液香而柔和。它是烹饪中最常用的一种酸味调料。在常见的酸味调料中，食醋的用量最大，用法最多。食醋在烹饪中对菜肴的色香味影响很大，同时对菜肴的营养也会产生一定的影响。

1. 食醋对味的影响

在烹制菜肴过程中，食醋作为一种酸味调味剂常常与食糖、食盐、味精等调味剂同时使用，这时菜肴所呈现出的滋味是一种复杂的综合风味。它们之间的相互影响见第二节所述。

2. 食醋的去腥增香作用

食醋的去腥作用：在用海产类动物性原料烹制菜肴的过程中，尤其是海产鱼类的烹调，有时会有意识地添加一些食醋用以除腥。因为海产鱼类具有代表性的气味是鱼腥味，这种腥味的大小是随鱼体新鲜度的降低而增高。鱼腥味的主要成分是三甲胺，在刚捕捞上来的新鲜鱼中三甲胺含量很少，而鱼死亡后会生成并且累积。三甲胺是由鱼体内的氧化三甲胺经过体内的还原反应而形成，尤以海产鱼体内的含量为著。在海产鱼的鱼腥味中，除了三甲胺以外，还含有少量的氨、硫化氢、粪臭素以及某些脂肪酸氢化的产物等。这些鱼腥味成分大都属于碱性物质，在烹饪过程中随着食醋的加入，发生酸碱中和反应，鱼腥味可明显减少。所以海产鱼烹调时加入黄酒和食醋，一部分三甲胺与黄酒受热一同挥发出去，另一部分三甲胺则与食醋中的醋酸中和形成盐类，故残留下来的三甲胺量已很少，从而使鱼腥味大大下降。

食醋的增香作用：在烹制红油鸡丁、炒腰花、麻辣腰花、宫保肉丁等菜肴时，需添加少量的食醋，以求菜肴出锅时能达到香气更加浓郁的效果。这是因为烹调时加入了黄酒和食醋，食醋中的主要成分为醋酸，黄酒中的主要成分是乙醇。当酸类与醇类同在一起时，就会发生一种称为“酯化反应”的化学反应，在风味化学中有时也称之为“生香反应”。烹制菜肴时的高温给化学反应增加了能量，从而加速酯化反应的速度。酯化反应的生成物是酯类化合物，生成的各种酯都具有各自的香气。在烹调过程中原料中的其他有机酸与黄酒中的醇在高温下都能很快生成各种不同的酯，从而使得菜肴的香气大增。

3. 食醋对菜肴颜色的影响

食醋对菜肴颜色所产生的影响，主要是绿色蔬菜在烹制过程中，由于食醋的加入而导致绿色的褪色。绿色蔬菜的绿色是通过体内所含有的叶绿素来体现的。当叶绿素处在酸性环境下烹调时，绿色蔬菜的绿色很容易褪去，呈现出一种黄褐色。这是因为叶绿素本身是一种不稳定的化合物。在酸性环境下分子中的镁离子被氢离子所置换，生成黄褐色的脱镁叶绿素，从而使绿色转变为一种黄褐色。此外，烹调加工中的加热，由于热量的提供导致了置换反应的加速进行。热量提供得越多，反应速度就越快，从而使蔬菜的绿色褪却得越快。正由于绿色蔬菜的叶绿素在酸性环境下容易生成黄褐色的脱镁叶绿素的缘故，厨师在制作一些凉拌类绿色蔬菜的菜肴时，一般是不添加食醋的。如凉拌黄瓜、凉拌菠菜均不添加食醋，以尽可能地保存菜肴的绿色。而在烹制一些糖醋类绿色菜肴时，如糖醋青椒，应注意烹调后尽快上桌食用。以免时间稍长，青椒的翠绿色容易褪去，达不到应有的颜色效果。因此在烹饪加工过程中，要尽可能地避免绿色蔬菜与食醋（包括其他酸性物质）接触的机会和时间，防止蔬菜中绿色褪却的现象发生，以保持菜肴应有的绿色。

食醋还能有效防止果蔬褐变现象的发生。因为许多新鲜果蔬在烹调加工前，组织中的代谢活动仍在进行，当把果蔬削皮或切开后，正常的代谢活动即遭到破坏，组织中的多酚类物质在空气中氧的作用和酚酶的催化下，使其氧化为醌类物质并氧化聚合或褐变。例如，土豆、马蹄削皮后放置案板上，时间稍长洁白色变成了浅黄色。据实验，引起酚酶氧化最适宜的 pH 值范围在 6 ~ 7，而 pH 为 3 时酶催化活性则明显降低。为此，通过调节 pH 值就能抑制酚酶的催化作用，从而达到防变色目的。根据这一原理，容易变色的原料削皮切块后用醋拌或浸渍后再进行下一步加工，可明显收到防止变色的效果。这种方法可以用于爆炒带有酸味的菜或易变色的凉拌菜（酸辣或甜酸类）。此外，食醋能使某些蔬菜产生美丽的色泽，如做心里美萝卜汤，做好后一般呈紫红色，盛进汤盘上菜时放些醋，汤的颜色会变得鲜红透彻。

4. 食醋对营养素的保护

在制作炖排骨、焖猪蹄、烹酥鱼等带骨的菜肴时，加点醋不但能去除异味，产生香气，而且易使食物酥烂，有利于骨中的钙溶出，增强人体对钙的利用和吸收。研究发现，煮熟后肉类的纤嫩程度，取决于鲜肉的吸水性和保持水分的能力，而这种能力的大小又取决于浸泡这些肉的水溶液的酸度。根据实验，用 pH 值为 4.1 ~ 4.6 的醋溶液浸泡生鲜肉 1 小时后再烹制，肉易嫩且鲜美。另外，加醋能使菜品处在偏酸的环境中，而营养素如维生素 B_1、维生素 B_2、维生素 C 等均在酸性环境中稳定，而在碱性环境中易破坏，所以加醋有益于营养素的保护。值得指出的是烹调中加碱的做法是不可取的。如煮粥、做豆沙馅、煮粽子、炒牛肉时放碱或小苏打，这种做法会使维生素受到破坏。

5. 食醋的其他应用

把生肉浸渍在醋、油各半的液体中 1 ~ 2 小时后再行烹调，尤其是烤制，这样可以获得口感柔软的成品。其原因是醋能促进胶原纤维蛋白变性膨润，成为可溶解的明胶离开肉块而使成品柔软可口。

使用醋进行调味时，尽可能使用铁锅。因铁锅烧烹菜肴时若加些醋，能使铁锅中的铁在烹饪时溶出量增加，有利于增加铁的膳食来源，对缺铁性贫血的患者有一定的预防和治疗作用。而对铝锅或铜锅则不然。用铝锅或铜锅烹调食物时加醋，同样增加溶出量，溶出的铝和铜会对人体产生有害的影响。

三、其他酸味调料

1. 番茄酱

番茄酱是烹饪中常用的酸味调料。它以番茄为主要原料，将番茄洗净去皮，切成小块，然后加热使之软化，软化后经搅打成浆状，最后浓缩而成。番茄酱的制作以工业化生产的番茄酱罐头为多。

番茄酱的色泽红润，质地均匀细致，酸味适中，并带有一种番茄所特有的风味。番茄酱中的酸味来自于苹果酸、草酸、酒石酸、枸橼酸、琥珀酸等。番茄酱中含有多种营养成分，如糖、粗纤维、钙、铁、磷，还有少量蛋白质、游离酸等。番茄酱中含有维生素 C、B 族维生素、维生素 P 等。

番茄酱在烹饪中常用于甜酸味的菜肴，如茄汁锅巴、茄汁鸡球、茄汁鸡丁等。番茄酱还可用于制作沙司、汤品等。加番茄酱调味的菜肴不仅色香味好，还增加了维生素和钾、钙、镁等营养素。番茄酱也可以作为小吃、面点的佐料。

2. 柠檬汁

柠檬汁是以柠檬经挤榨后所得到的汁液。它的颜色淡黄，有着浓郁的柠檬芳香，味道极酸并略带微苦味。柠檬汁中的酸味主要来自于柠檬酸和苹果酸。柠檬酸最初在柠檬中发现并制取而得名。柠檬中所含有机酸量居各种水果之冠。柠檬汁的营养成分很丰富，含有糖类、维生素 C、维生素 B_1、维生素 B_2、烟酸、钙、磷、铁等营养成分。

柠檬汁在烹饪中常用于西式菜肴和面点的制作中，以调和滋味。柠檬汁是西餐必备调味料之一。在欧美，人们制作西餐时往往都辅以柠檬汁调味，正如中国人常用食醋来进行调味一样。西餐桌上往往摆有切成小瓣的柠檬，将柠檬汁挤出滴在菜肴上，清香可口。在制作冷盘凉菜时，加入柠檬汁可使菜肴芳香四溢。吃生鱼片的调料有芥末、柠檬汁等。生蚝是法国人爱吃的海产品，法国人直接剥开来滴上柠檬汁生吃，鲜美多汁。秘鲁人用土豆泥混合柠檬汁、橄榄、洋葱、盐、胡椒和辣椒做成辣酱。

柠檬汁如今在中餐菜肴的制作中也多有应用，使菜肴的酸味爽快可口，入口圆润滋美，别具风格。例如，传统的糖醋汁口味比较单纯而淡薄，而在原来糖醋汁中添加适量的柠檬汁，马上可以使糖醋汁的口味变得厚实和自然起来。

柠檬汁可以使菜品形成特殊的风味，如珊瑚雪莲、柠檬鸡柳、果味鱼片等。像制作柠檬鲈鱼片这道菜，鲜鲈鱼片要用柠檬汁腌 2 个小时，番茄、黄瓜等各种蔬菜丁也要事先用精盐、胡椒粉等腌渍 2 个小时，最后组合装盘时，还要浇一次调味汁。品尝时人们首先感到的是清新的蔬香和果香，然后是鲈鱼特有的鱼香，从而综合为一种特有的味觉审美快感。

另外，柠檬汁能减少原料中维生素 C 在烹调过程中的损失，提高营养价值。柠檬汁还可起到防止果蔬原料“锈色”的产生，达到保色、护色之目的。

3. 酸菜汁

酸菜汁是腌制酸菜时的汁液。它的酸味适口、清鲜，口味独特，有特殊的酸香味。酸菜汁的酸味主要来自于乳酸。在腌制酸菜的过程中，乳酸菌利用蔬菜汁液中的糖分等可溶性物质作为自身生长繁殖的营养料。在不断繁殖生长的过程中，酸菜汁液中的乳酸大量积累，使得汁液变酸，pH 值下降。

酸菜汁在烹饪中主要用于一些蔬菜类的调味，以求达到淡雅、清香和咸中略酸的目的，具有开胃爽口之功能。酸菜汁在民间烹制小菜时应用较多。用其烹制的酸辣汤，风味浓郁，口感醇厚，总体评价好于用食醋调味的酸辣汤。

4. 酸木瓜

酸木瓜是以生鲜的木瓜为原料，经乳酸发酵后腌制成的酸味制品。制作时将木瓜削皮去子，切成 0.2 ~ 0.3cm 厚度的木瓜片，待用。冷开水中加入 1%的食糖及 3%的食盐，配制成发酵液。把发酵液倒入木瓜片中，压紧木瓜片，尽量把空气排出，在瓜片上面加入 1% ~ 2%的去皮大蒜、辣椒、生姜片等，要求发酵液浸过原料表面，最后在上面加入少量三花酒，然后加盖密封。在 25℃左右，一般 3 ~ 4 天乳酸生成量可达到高峰，然后生成量又下降，4 ~ 5 天发酵便可结束，无味木瓜就变成酸味柔和而具乳酸芳香的酸木瓜了。

酸木瓜的酸味柔和且具芳香，可用于调制酸味菜肴。也可作为餐前小吃或开胃小菜。是仫佬族、白族、景颇族等少数民族常见的酸味调料，在景颇族的酸扒菜、白族的酸辣鱼等菜肴的制作时使用。

5. 浆水

浆水又称为酸浆水、米浆水。它是一种白色或稍显白色的酸味液体，具有柔和的酸味及淡淡的清香，常常用于调味。多见于西北的甘肃、宁夏、青海、陕西一带，一般为自制。浆水富含乳酸钙、醋酸乙酯、谷氨酸钠等成分，有抑制腐败菌生长的作用。浆水冷爽可口，曲甜甘香，酸味适口。西北民间常作为主食的调味料，例如，炝锅后加浆水烧沸，以此下面条，叫浆水面。此外还可以做浆水饭、浆水拌汤等。夏天还可以用浆水制作饮料，用于清热解暑。

浆水的制作有多种，其中甘肃的方法为取适量蔬菜切碎，煮熟，放在缸中；另用豆面和面粉煮成稠汤，倒入缸中，加适量冷开水搅拌均匀，密封。夏季 1 ~ 2

天即成。揭盖可见白花漂浮，酸香扑鼻，即可食用。制作时如果加入原制浆水（俗称引子、老汤、酵子），风味则更佳。

6. 苹果酸

苹果酸是一种分布于水果、蔬菜中的有机酸。苹果酸为白色的结晶或结晶粉末，有吸湿性，无臭，有特殊的酸味，易溶于水。苹果酸的酸味较柠檬酸强，酸味爽口、新鲜。酸味在口腔中的持续时间也较柠檬酸长。工业上生产苹果酸常以酒石酸为原料，经碘化氢还原后制成。它的成品为无色结晶或粉末，无异味，略带有刺激性的爽快酸味。苹果酸的结晶很容易溶解于水中。

苹果酸原是食品工业中的一种重要酸味调料，现在烹饪中制作糕点时有一定的应用。用其制成的糕点具有一种典型的果酸味，并且由于苹果酸的吸湿性很强，制成的糕点成品其表面不易因水分的挥发而干燥开裂。苹果酸在制作糕点时其添加量应控制在 0.05% ~ 0.5%之间。

7. 青梅

青梅又称梅子、梅果。为蔷薇科植物梅的未成熟果实。青梅果肉中含有多种保健成分，多种天然有机酸，如柠檬酸、苹果酸、琥珀酸、丙酮酸等，其中柠檬酸含量占总酸量的 90%左右，青梅中有机酸含量一般为 3% ~ 6.5%，远远高于一般水果。青梅中矿物质含量高，主要含有钙、钠、铁、磷、锰、锌等。

青梅以酸取胜。烹调中可用来调制酸味菜肴，代表菜肴有梅子排骨、梅子蒸鱼卵豆腐、梅子甑鹅、明炉梅子鸭等。青梅还可作汤羹的调味。

8. 柚子

柚子又名文旦。在我国用柚子作酸味调味料很少见，但在日本却早已使用柚子作酸味调味料了，而且这种调味料凭借它的酸中带甜的酸味诱人食欲的香气，在日本的食物和烹饪领域中有较宽广的应用范围。其应用如下：

（1）柚子有适度酸味，可以直接加在涂抹性的调味料中。

（2）柚子可以直接加入专为生鲜蔬菜调味用的味汁中。

（3）用柚子制成柚子酱。柚子酱在日本主要用作萝卜的涂抹调料，在食用萝卜（包括煮白萝卜、胡萝卜和煮冬瓜）时，以之作为佐食酱。柚子酱的制法有两种：一种是在米酱里加白砂糖和鲣鱼汁，再加柚子汁，和匀后即为柚子酱。另一种同样是在米酱里加白砂糖和鲣鱼汁，但不加柚子汁，改加磨碎的柚子皮，和匀后也是一种柚子酱。

（4）用于凉面的调味汁，因为柚子的香气能诱发食欲。

9. 酸牛奶

酸牛奶是奶制品，但也是配制复合调味料的原料。用酸牛奶制作的复合调味料，在西方国家已有久远的食用历史，特别是在法国菜肴中更是常见。在法兰西调味料的制作中酸牛奶已成为一种必不可少的主要原料。国内西餐馆中也常用酸牛奶配制一些菜肴的复合调味料。

下面是几种以酸牛奶配制法兰西调味料的实例。

（1）法式基本调料。这是一种基本调料，以此为基料，即可配制出多种风味的法式调料。配制方法如下：

①在碗内投入下列各料：1 杯原味（未加风味剂）酸牛奶；2 汤匙橄榄油；2 汤匙已过滤的柠檬汁，此汁需现榨现用，用量可视口味增减之。

②在碗内搅打至充分混合均匀，并加入食盐等常规调料，即可制得基本法式调料。

（2）咖喱酸奶法式调料。在基本法式调料中加入 1 茶匙咖喱粉，用量亦可按口味增减，再加入 2 茶匙切碎的大葱，视需要酌加已去皮、去子的切碎番茄。此调味料用于水产品、鸡、肉、蔬菜时均可获得良好的调味效果。

（3）蛋及橄榄的酸奶法式调料。在基本法式调料中加入 2 个已切碎的熟鸡蛋，再取 8 枚已塞有牙买加胡椒的青橄榄，切碎后加入其中。

（4）香草酸奶法式调料。在基本法式调料中加入下列香草：紫苏、莳萝、细香葱叶、香菜、茵陈蒿等。可以单独选一种，或选几种组合使用。香叶若是干制品，则须先碾碎之；如是鲜草则切碎后使用。

（5）红辣椒酸奶法式调料。在基本法式调料中加入 1/2 茶匙匈牙利甜味红辣椒，用量可以自行增减。

（6）洋葱酸奶法式调料。在基本法式调料中加入 2 茶匙切碎的冬葱（又名小洋葱）、辣味较淡的洋葱或大葱。

（7）蒜味酸奶法式调料。在基本法式调料中加入 1 瓣中等大小的蒜瓣，蒜瓣必须先切成细粒，加入后搅拌均匀即可。

思考题

1. 酸味是如何形成？
2. 酸味与其他味之间的关系有哪些？
3. 食醋在烹饪中的主要作用是什么？
4. 食醋为什么会对菜肴颜色产生影响？
5. 食醋的去腥增香原理是什么？

第九章

辣味调配及辣味调料

本章内容： 辣味概述
辣味调配技术
辣味调料
教学时间： 2课时
教学方式： 教师讲述辣味感的形成、辣味的分类，阐释烹饪实践中辣味与其他味的关系，注意辣味的调配特点。
教学要求： 1.让学生了解辣味感的形成和辣味的分类。
2.掌握辣味与其他味的关系。
3.熟悉辣味的调配特点。
课前准备： 阅读有关辣味调料和烹饪调味方面的文章及书籍。

辣味常常使人既爱又怕，入口之后产生的特殊灼烧感和尖利的刺痛感对味感产生了强烈刺激，令人胃口大开。辣味在烹饪调味中早已被广泛应用。适度的辛辣味作为五味之一，是许多食物中不可缺少的特有风味，在调味中有极其重要的作用。

第一节　辣味概述

辣味给人以一种强烈性的感觉，是舌、口腔和鼻腔黏膜受到刺激所感到灼烧感的痛觉，同时对身体的其他部位也会产生类似的感觉。辣味是一些特殊成分对人体引起的一种尖利的刺痛感和特殊灼烧感的总和。

辣味成分一旦接触到舌和口腔中的味觉神经末梢，神经末梢中的传递物质会将这种火烧般的刺激和疼痛的信息迅速传递到脑部，脑部的直接反应是身体受了伤，为了免除外来物的进一步侵袭则不断释放出一种叫内啡呔的物质。与此相对应，全身处于戒备状态：如心跳加速、口腔内分泌物增多、呼吸频率加快、肠胃道蠕动加剧、全身出汗、血液循环加快等。内啡呔是一种天然止痛剂，由于辣味不会对身体造成任何伤害，因此在不断释出内啡呔后会使人感到轻松兴奋，产生食用辣味后的快感。辣味在烹调中有增香、去异味、解腻和刺激胃口、增进食欲的功效，还有祛风御寒、治疗伤风感冒等功能，在消化器官内还具有杀菌的作用。适度的辣味可以给予菜肴风味以紧张感，能够促进食欲。辣味调料可以用来增加食物的特殊口味，丰富风味，形成美味佳肴。

喜爱单一辣味的人并不多，但是喜欢辣味与其他味结合起来形成复合辣味的人却很多。市场里琳琅满目的各种特色辣酱品种越来越多就是最好的证明。在我国辣味具有地区特色，已经成为各个地区饮食风俗和习惯的标志之一，像四川的麻辣、湖南的干辣、西北的酸辣等，说明辣味与其他呈味物的复合，才是辣味调味特色的关键所在。例如，油辣子是辣椒最普通的产品，但以此为基础的发展变化是无穷的。同样是辣，有的辣得浓烈，有的辣得燥热，有的辣得平和，有的辣得沉稳，有的辣味中带麻、香、苦、带酸等。

辣味调料大都来源于植物，如辣椒、胡椒、姜、蒜、葱等。它们是产生辣味最初始和最基本的原料。人们对不同的辣味调料所感受的辣味程度强弱不等，其辣味调料按辣味强度大小可排列如下：

热辣 ——————————→刺鼻辣

辣椒、胡椒、花椒、生姜、蒜、葱类、芥末

调节或改善辣椒的灼烧感，各地的饮食文化中有许多民间的方法，如用富含淀粉的玉米、酥油、菠萝、糖和啤酒等。用不同味型的物质入口试图洗去辣椒灼烧感的研究表明，甜味（大多数的发现）、酸味、咸味有一定的作用。另外，对于辣椒的灼烧感，冷刺激会提供一种暂时而有效的抑制。酸性物质会刺激唾液分泌，可能会减轻一些口腔组织的痛觉。还有将含脂的、酸的、冷的、甜的相互结合，例如，冷的酸奶也是一个很好的选择。当然从这一观点来看，印度人在热咖喱饭中加入又冷又甜的印度酸辣酱，这种方法对减轻辣味有一定作用。

一、辣味的分类

辣味分为热辣味、辛辣味、刺激辣味三种。

1. 热辣味

热辣味物质在口中能引起灼烧感觉而无芳香的辣味。如辣椒中的类辣椒素、胡椒中的胡椒碱。属于此类辣味的物质常见的主要有辣椒、胡椒、花椒 3 种。辣椒的主要辣味成分是类辣椒素。不同辣椒的类辣椒素含量差别很大，乌干达辣椒可高达 0.85%，印度萨姆椒为 0.3%，牛角红椒含 0.2%，红辣椒约含 0.06%，甜椒通常含量极低。胡椒的辣味成分是胡椒碱，是一种酰胺化合物，其不饱和烃基有顺反异构体，顺式双键越多时越辣；全反式结构也叫异胡椒碱。胡椒经光照或储存后辣味会减弱，这是顺式胡椒碱异构化为反式结构所致。花椒的辣味成分是花椒素，花椒素是酰胺类化合物，花椒还有异硫氰酸烯丙酯等。

2. 辛辣味

辛辣味物质类包括姜、肉豆蔻和丁香等。辛辣味物质的辣味伴有较强烈的挥发性芳香味物质。鲜姜的辛辣成分是邻甲氧基酚基烷基酮类。鲜姜经干燥储存，最有活性的 6- 姜醇会脱水生成姜酚类化合物，辛辣变得更加强烈。但姜在受热时 6- 姜醇环上侧链断裂生成姜酮，辛辣味变得较为缓和。肉豆蔻和丁香中的辣味成分是丁香酚和异丁香酚，它们也含有邻甲氧基苯酚基团。

3. 刺激辣味

刺激辣味物质最突出的特点是能同时刺激口腔、鼻腔和眼睛，具有味感、嗅感和催泪性。此类辣味物质主要有蒜、葱、韭菜类和芥末、萝卜类两类。二硫化物是前一类辣味物质的辣味成分。在受热时二硫化物都会分解生成相应的具有甜味的硫醇，所以蒜、葱等在煮熟后不仅辛辣味减弱，还有甜味。后一类辣味物质的辣味成分是异硫氰酸丙酯，也叫芥子油。它的特点是刺激性辣味较强，在受热时会水解为异硫氰酸，导致辣味减弱。

二、辣味物质的化学结构

一般辣味物质在溶解性上属于两性物质，既有亲水性又有亲油性。定味基是亲水基或极性基，助味基是疏水基或亲油基、非极性基。辣味物质不仅刺激舌头上的味觉受体，还刺激咽喉、鼻腔的感觉受体，从而产生辣味感。辣味与物质的化学结构有着一定的关系。它们的结构特点是具有酰氨基、异氰基、—CH=CH—、—CHO、—CO—、—S—及—NCS 等基团。

辣味物质的辣味强度随分子尾链碳原子数目的增加而加强，链长 9 个碳原子左右达到高峰，再增加碳原子数则辣味强度陡然下降。这个现象称为 C_9 最辣规律。辣味分子尾链如无顺式双键或支链时，链长 12 个碳原子以上将丧失辣味，若链长虽超过 12 个碳原子，但有顺式双键，则还有辣味。顺式双键越多越辣，反式双键对辣味的影响不大。双键在 C_9 位上影响最大，苯环的影响相当于一个 C_4 顺式双键。受体生物膜脂质主要由偶数碳 C_{12} ~ C_{24} 脂酸的甘油磷脂组成。奇数碳脂酸和带支链的脂酸不超过 1% ~ 2%，应该指出的是其不饱和酸中双键的位置很重要的。第九碳原子以前或者以后虽有双键，然而其功用却大不相同。如果双键在第九碳原子位置，在此处对外界的刺激力最强。

第二节　辣味调配技术

一、辣味与其他味的关系

食用辣椒时，辣椒中的类辣椒素可以降低甜味、酸味、咸味和苦味的感受强度。胡椒中的胡椒碱也可降低四种基本味的强度。用类辣椒素处理受试者舌头的一侧，然后进行味感强度品评。结果甜味、苦味和鲜味在处理的一侧强度低，但咸味和酸味不受明显影响。对这种刺激感和味感相互作用的机制研究发现，类辣椒素对舌上单通道神经元的味觉反应的作用不是由三叉神经复合体调节的，而更可能由周缘神经机制调节。

1. 辣味与咸味

咸味可以使辣味在一定程度上有所减弱。在调味实践中，咸味有着控制辣味的作用。在辣味中加入少量的食盐，则可使辣味显得不那么单一的辛辣。在 1% ~ 6%的添加范围内，食盐能够提高辣味的阈值，这表明食盐在一定程度上降低了辣度。但是两者之间并不存在显著的相关性。

2. 辣味与甜味

蔗糖的甜味可降低辣椒素和胡椒碱的辣感，同时类辣椒素也可以降低甜味的感受强度。在 1% ~ 6%的添加范围内，蔗糖对辣味有明显的相消作用。但是两者之间也不存在显著的相关性。

3. 辣味与酸味

辣味和酸味互相减弱作用虽不十分明显，但可使辣味更适口。在辣味和酸味调味料的运用上，要注意两者之间的比例关系。另外，当辣、甜、酸三味调和时，可使辣味明显减弱，即民间所说的“甘酸化辛”。

4. 辣味与苦味

具有辣味的辣椒素在一定程度上能起到降低苦味的作用。

5. 辣味与鲜味

在 0.1% ~ 0.6% 的添加范围内，鲜味对辣味有一定的降低作用。

二、辣味调味剂的复配

有的辣味成分其辣味尖利但却短暂，有的辣味成分丰盈却很悠长。我们将具有不同辣味成分的调味剂配合使用，可以增加其辣味的内涵和特征，这就是辣味的复配。辣味复配一般有以下两个目的：一是通过类似辣味调味剂的互相复配可以使辣味达到十分和谐融洽的程度；二是通过几种不同辣味调味剂的复配以提升整体的辣味层次。我们在进行辣味复配时，要做到辣而不强，不能超过人的承受能力，但也不能仅仅是单一味的辣，缺少了层次和回味。要做到辣中有香，辣中有味，要有层次感和立体感。

一般来说，芥菜、蒜、花椒等属于入口辣味强度大，但不持久的辣味料；辣椒是属于后辣，但辣味却能够长留的辣味料；最辣的调味料常常是芥子和红辣椒的组合；川味的麻辣型调味料往往是花椒和辣椒的组合。

辣椒中的类辣椒素是一种刺激性物质，当把它与柑橘和香草的气味混合时，气味感觉受到抑制，感觉柑橘和香草的气味强度变低了。由于刺激物的存在，甜味和香味间的感觉混淆可能是导致香味受到抑制的原因。

三、影响辣味发挥的因素

辣味在五味中占有相当重要的位置。如何充分发挥辣味剂的辣味，或有意识地将辣味控制在一定的程度，这是制作辣味食物及烹制辣味菜肴的关键。影响辣味发挥的因素有温度、pH、粉碎程度等。

1. 温度

温度除对味道、气味和触觉有影响外，也影响对刺激的感觉。已经证明加热对化学刺激具有增效作用，使刺激感增强。相反地，降温可减低对许多刺激剂强度的感觉，包括类辣椒素、胡椒碱和乙醇。刺激性常常是由对类辣椒素敏感的受体调节，而该受体可由温度调节。

辣椒、胡椒和姜相对于芥末和辣根中的辣味成分而言，它们中的辣味成分对热相对稳定，所以它们可以通过加热来烹调。姜中的辛辣成分相对于辣椒和胡椒中的酰胺类成分来说，稍微不稳定一点。芥菜和辣根不适合于烧煮，它们中的辣味成分受热会很快分解和消失，有时甚至会转变成带苦味的物质。花椒中的麻辣成分也因受热而分解，失去其原有的价值。

蒜和洋葱中的辣味必须有酶的降解才能产生，用加热的方法可以方便地将洋葱和蒜中的酶失活，使其不产生辣味。

2. 粉碎程度

对辣椒和胡椒等热辣型辣味料来说，粉碎只是提高辣味成分的利用率，并不能提高它的总量。对于蒜和洋葱来说，加以粉碎则有助于辣味成分的前体与酶接触，从而能即时的提高其辣度。

同样是酶降解，洋葱和蒜中的降解反应速度没有芥菜中的芥菜酶来得大，因此将芥菜切碎后放置一段时间后，辣味会更强。

3.pH

pH 对热辣型的辣味物质的辣度影响不大，但是酸能妨碍蒜、洋葱、芥菜中酶的降解反应速率，从而降低其辣度。例如，在芥菜或辣根中加入一些米醋，可以使这些菜肴的辣味不至于太刺激。

第三节　辣味调料

一、辣椒

遍布世界的辣椒大约有 7000 多个品种。我国种植辣椒广泛。西南、西北、中南等地喜食辣味强的品种；华北及华东、华南沿海各省则以栽培甜椒为主。我国栽培的辣椒果实形状大致有 5 个变种：

（1）长椒。果实为长角形，顶端似牛角、羊角状，微弯，色泽艳丽，味辣。供干制、腌渍或制辣椒酱。主要品种有长沙牛角椒、陕西大辣椒等。

（2）圆锥椒。果实为锥形或者圆筒形，味辣。主要品种有广东仓平鸡心椒。

（3）樱桃椒。果小如樱桃，圆形或扁圆形，皮红、黄或微紫色，辣味甚强。用作制干辣椒或供观赏。品种有成都扣子椒、五色椒等。

（4）簇生椒。果实簇生，深红色，果肉薄，味极辣，油分高。多作干椒，主要品种有四川七星椒等。

（5）灯笼椒。肉质好，味甜、微辣。

因为辣椒是重要的辣味调味料，调味者多选用辣味较重的干辣椒及辣椒制品，这在四川、湖南菜中运用甚广。例如，川菜中的红油味、麻辣味、鱼香味、都离不开辣椒。红辣椒以其口感辛辣而普遍为厨师所看重，不论是烹调稍辣的牛腩烩饭，还是很辣的辣子鸡丁烩饭，都是不可或缺的主要调味原料。用于烹调时，加一些食盐会有利于辣椒辣味和色素的溶出，并有改善辣味的作用。

常见的辣椒调味料有辣椒粉、辣椒油、辣椒酱、泡辣椒、辣椒汁等，在烹调中运用广泛。使用辣椒时，应注意因人、因时、因物而异的原则。青年人对辣一般较喜爱，老年人、儿童则少用；秋冬季寒冷、气候干燥当多用；春夏季，气候温和、炎热，当少用；清鲜味浓的蔬菜、水产、海鲜当少用，而牛、羊肉等腥膻味重的原料可多用。

1. 干辣椒

干辣椒是用辣味较重、红熟色泽较好的尖头辣椒制成的干制品。主要品种有朝天椒、线形椒、七星椒、羊角椒等。我国各地均有干辣椒生产，以四川和湖南为主产区。

干辣椒在烹调中应用广泛，具有去腥味、压异味、增香味、提辣味、解腻味的作用。主要用于炒、烧、煮、炖、炝、涮等烹调方法制作菜肴。干辣椒在烹调运用时应特别注意投放时间、加热时间及油温，以保持辣椒味道和鲜艳色泽。炒制蔬菜，只取干辣椒香味，不要辣味的，应使用整条干辣椒；用干辣椒调制酸辣味的，应使用干辣椒段。用干辣椒调制酸辣味，应遵循“以咸味为基础，酸味为主体，辣味助风味”的原则。

2. 辣椒酱

辣椒酱是一种人们常用的辣味调料。以四川为多，有油制和水制两种。油制是用香油和辣椒制成，颜色鲜红，上面浮着一层香油；水制是用水和辣椒制成，颜色鲜红。

辣椒酱适用于拌菜及小吃，也适用于炒、烧、煸、煮等技法烹制的菜肴。代表菜有辣酱肉丁、辣酱鸡丁、辣酱豆腐、辣酱排骨、辣椒酱炒鱿鱼等。使用时必须注意其酱中已有一定的咸味，用量不可大，以免影响菜肴正常口味。

3. 辣椒油

油脂特有的香味和浓厚味感，是辣味最好的载体。在辣椒中往往含有类辣椒素、辣椒红素和辣椒玉红素等类胡萝卜素等色素成分，这些色素成分大都为脂溶性。用辣椒制作辣椒油时，最好将辣椒适当破碎，以增大与油脂的接触面积（否则要延长时间），并采用120℃油脂热浸提，保证辣味和色素浸提的充分。辣椒油使辣椒的辣味成分转移到植物性油脂中，可赋予各种菜肴独特的风味，在烹调中与醋、酱油、味精等调味料共同调味时更显示独到的优势。用干辣椒制作辣椒油应严格控制油温，以利于香辣味的溶出并使油呈红色，要防止因油温过高影响辣椒油的质量。辣椒油的制作分为两种：一种方法是直接将干辣椒磨成粉状后加入一定的菜油或其他植物油，然后将其放在炉上慢慢熬制，即成辣椒油。热油处理，对增强辣椒的芳香味和鲜红色泽有贡献。如用红色尖头朝天椒磨粉后熬制，熬制成的辣椒油其色泽红润，辣味极强，俗称“红油”。第二种方法是将干辣椒或干辣椒粉放入一定量的清水中，用小火慢慢熬煮，使辣椒中的辣味成分充分溶入水中，将水分蒸发大半时，将植物性油倒入锅中，继续熬制，熬至水分基本挥发完毕，冷却下来便形成辣椒油。这两种方法制成的辣椒油中，以“红油”的辣味最强，如红油水饺、红油拌面等均以红油作为特色辣味调料而成。

辣椒油广泛运用于拌、炒、烧等技法的菜肴和一些面食。在调制麻辣味、蒜泥味、酸辣味、红油味、怪味时均需用到辣椒油。由于辣椒油与其他调香料进行的香化处理，可以赋予辣味更加丰富的香感。

4. 辣椒面

辣椒面是将老熟了的尖头辣椒经日晒或烘烤成干制品后，再配以少量的桂皮混合磨成粉末状而成。辣椒面的质量以身干、色红、味香辣、无杂质、无霉变者为佳。

辣椒面在烹饪中适用于炒、拌、烧、蒸等多种技法，可以使菜肴增辣提香，丰富菜肴滋味。辣椒面在使用中应注意防止油温过高和加热时间过长，否则会减弱其香辣的效果。

5. 辣椒糊

辣椒糊是用红辣椒为原料制成的辣椒制品。加工方法为：将红辣椒去柄，洗净，碾细后入缸，加盐腌制，每天搅拌 1 次，封缸储存 10 天后即成。

辣椒糊色红鲜艳，味辣细腻，是常用的辣味调味料。在烹饪中适用于炒、拌、烧、蒸、炖等技法，还可用于点心的制作。代表菜如酸辣汤、盆里碰、羊肉火锅等。

6. 泡辣椒

泡辣椒又称为鱼辣子、泡海椒、鱼辣椒。它是将新鲜尖头红辣椒加盐、酒和调香料，经腌渍而成的一种辣味调料。川菜中泡辣椒有着特殊的作用。用它作为主要调料的鱼香味菜肴，其色泽红亮，咸甜中带辣和微酸，已成为川菜中特有的风味佳肴。泡辣椒所选用的辣椒必须是鲜品，以色泽全红的为佳。一般不选用干辣椒和青辣椒。

制作泡辣椒时一定注意要腌透，这样才能使泡辣椒的滋味辣中有咸，咸中有香。反之，就会只有辣味而失去咸香味，减弱了泡辣椒应有的特色风味。

泡辣椒在烹调中适用于炒、烧、蒸、拌等技法，是烹制鱼香肉丝、鱼香肚尖、鱼香茄子等鱼香菜肴重要的调味料，起到提辣补咸、提鲜增香作用。

7. 煳辣椒

煳辣椒是用鲜辣椒为原料，用火烤香或用油炸香后制成的辣椒制品。主要产于贵州。煳辣椒色泽褐红，干香微辣，吃起来另有一番风味。煳辣椒有素煳辣和油煳辣之分。素煳辣椒是将辣椒用火炉炕香或用热草木灰焐香，再捣搅碎加工而成；油煳辣椒是将辣椒切段，用油炸香，再加以主料、辅料、调料制作而成。

素煳辣椒食用时与盐、味精、酱油、姜、葱、蒜等来拌素菜。油糊辣椒制作的菜肴有煳辣鸡丁、脆皮四季豆等。

8. 渣辣椒（剁椒）

渣辣椒是一种很特殊的辣味调料。做法是将 2.5kg 的鲜红辣椒洗净，去蒂，放进沸水中焯一下，捞出，晾凉。控净水分，用刀剁成细末，装入盆内。放入糯米粉 100g、大米粉 500g、细盐 250g、花椒面 10g、白糖 10g，拌匀，装入坛内压紧。把坛口盖严密，倒转过来，坛口向下放在一个装有清水的盆内，以坛口浸在水中为宜，使空气不能进入坛内，约 15 天左右将辣椒等物取出，再次充分拌匀即可。

渣辣椒一般可用来蒸鸡、鱼等，风味独特。

9. 辣椒骨

辣椒骨是苗族特有的辣味调料。它是将所杀的猪、牛或其他畜类的骨头捣烂，拌上干辣椒粉、核桃粉、八角、生姜、花椒、五香粉、酒、盐等，置于坛内密封，经半月以后即成可食用的独特辣椒制品。辣椒骨味香而辣，可增进食欲，促进血液循环。辣椒骨是苗家常备的辣味调料，也是待客佳品。

辣椒骨可用于调味煮菜或者煮汤，香中带辣，油而不腻。也可作佐膳的小菜。

二、胡椒

胡椒是目前世界上消耗最多的一种天然调香料。世界年贸易额为 8 万 ~ 10 万吨，占世界调香料贸易总额的 30%左右，由此可见胡椒受欢迎的程度。

胡椒又称白川、红川、椒红等名称。胡椒吃起来麻辣可口，具有开胃增加食欲等功能。胡椒在烹调中取其辛辣味用来调味，起提味、增鲜、和味、增香、除异味等作用，主要适用于咸鲜或清淡香的菜肴、羹汤、面点、小吃等，制作的菜肴如黑胡椒牛柳、海南胡椒肚、黑椒牛扒、胡椒鸡、黑椒芥菜煲、黑椒蛇片等。

胡椒有黑胡椒、白胡椒之分。不论黑胡椒或白胡椒，都来自同一种胡椒果实，因为果实的成熟程度和加工过程不同而形成不同的颜色。黑胡椒是在果穗基部的果实开始变红时，剪下果穗，用沸水浸泡到皮色发黑，晒干或烘干而成，果皮呈黑褐色，称“黑胡椒”。白胡椒是在全果实均已变红时采收。用水浸渍数天，擦去外果皮、晒干，使表面成灰白色而成，称“白胡椒”。黑胡椒以粒大饱满、色黑、皮皱、气味强烈者为佳；白胡椒以个大、粒圆、坚实、色白、气味强烈者为佳。

胡椒有特异的香气，强烈的辛辣味。胡椒含有的主要成分为胡椒碱、胡椒脂碱等多种酰胺类化合物及粗蛋白、淀粉、可溶性氮等；又含有挥发油（香精油），其主要成分为水芹烯及丁香烯。黑胡椒含的香精油量为1.2%～2.6%，而白胡椒含0.8%，胡椒碱的含量二者差不多，但白胡椒的淀粉含量为黑胡椒的16倍，因此黑胡椒的香辣气味更加浓烈。胡椒中的辣味来自于胡椒碱和类辣椒素。这两种化合物味都很辣，对口腔有较强的刺激性，属于热辣性辣味化合物。

胡椒入肴应注意两点：一是与肉食同煮的时间不宜太长，因胡椒含胡椒辣碱、胡椒脂碱、挥发油等成分，受热太久会使辣味和香味降低。二是掌握调味的强度，保持热度，可使香辣味更加浓郁，故在铁板菜肴中使用效果尤佳。

1. 胡椒粉

胡椒作调味料通常是加工研磨成粉状后使用，即胡椒粉。当胡椒粉使用时，由于粉末飞扬到鼻腔，刺激鼻腔的黏膜组织，使人易打喷嚏。

黑胡椒粉颜色黑褐，白胡椒粉呈米黄色。白胡椒粉的品质比黑胡椒粉好，它的味道没有黑胡椒重，但也有刺激性辣味。白胡椒因为颜色好看，在市场上较受欢迎。白胡椒粉颜色淡黄，香气浓烈，入口辛辣，能解除腥膻，增香提鲜；黑胡椒多炒香后碾成碎粒使用，口味辛辣，并且有种特殊的香味，也可以与其他调料配伍，制成黑椒汁，用于烹制别具风味的黑椒系列菜肴。

胡椒粉适用于咸鲜类或清香类的菜肴、羹汤、面点、小吃中，如拆烩鲢鱼头、鱼皮馄饨、清炒鳝糊和西餐的沙司等。这些菜肴大都是出锅前或是装盘后，再将胡椒粉撒入。食用时稍加拌和，便可使菜肴的香辣味四溢。在较咸的汤中添加少量胡椒，能起到使汤的味道变得圆润柔和的作用。

胡椒粉虽有调味增辣、除异增香的作用，但使用时量不宜过多，否则将会喧宾夺主，压抑了菜肴的本味，而且对人的消化器官也有较大的刺激，不利于食物的消化吸收。

2. 胡椒油

胡椒油是以优质胡椒仁为原料，经过化学溶剂的浸提，然后经蒸馏分离出化学溶剂，将所得到的棕色液态产物按一定比例与食用调和油进行配制，再经消毒、杀菌等步骤处理之后，即可得胡椒油。胡椒油中含有一定比例的胡椒油树脂，而胡椒油树脂浓缩了胡椒中多种有效化学成分，保持了胡椒的原有特色，因而使得用其配制的胡椒调味油具有独特的胡椒风味，可作为调味油在佐餐、烹调中应用。

胡椒油外观为金黄色，色泽清亮，有少许赤褐色沉淀物，气味辛香。胡椒油具有明显的提味、增香、增鲜作用。胡椒油与胡椒粉相比，辛香味更浓，使用起来更方便，效果更佳。它保持了胡椒的固有特色，同时更便于使用，在汤、面和鱼、肉类等菜肴中，只需加入少量，即可达到辛香四溢的效果。胡椒油不仅适用于家庭菜肴调味，还可用于餐饮烹调、鱼肉类制品和方便食品等工业添加使用，风味独特，使用方便。

三、芥末

芥末原产于我国。芥末调味料是用芥末粉为基料而制成的。芥末粉是十字花科植物芥菜的种子经碾磨而成的粉末状辣味调料。芥末粉以含油量多、辣味大的为佳，用以拌菜，是开胃通窍的上品。芥末粉的辣味很大，具有催泪性的强烈刺激性辣味。它的辣味是由几种不同的辣味成分共同作用而形成。主要有异硫氰酸丙烯酯、异硫氰酸丁酯等。在用芥末粉时，芥末粉的辣味除了作用于口腔黏膜外，还具有挥发性，能够强烈地刺激人的嗅觉器官，所以芥末粉中的辣味化合物是具有味感和嗅感的双重刺激作用的化合物。芥末粉除可以单独使用外，还可与多种调料混合制成各种复合调味料。如芥末沙司，这是调制冷菜和佐餐熟菜的常用复合调味料。其他的有凉拌芥末汁、生鲜蔬菜调味汁等。

芥末常用于生鱼片、凉拌菜或是某些面食小吃中，尤其是夏季，开胃解腻，更是常备调料之一。芥末在菜肴芥末墩、芥末鸭掌中必用，其独特的风味为很多人所青睐。

常见的是芥末酱是一种乳化型辛辣调味料，以芥子为原料加工而成。有些芥末酱是用山葵的根茎部分磨成粉状后制成。具有辛辣解腻，使菜肴味浓爽口的作用。芥末酱是食用生鱼片时所必备的蘸料，具有去腥、杀菌的功效，其辛辣呛鼻的口感来自芥子油。市场上多为牙膏式的芥末酱，口感分微辣、中辣和高辣三种不同的类型。质优的芥末酱其外观润泽，晶莹翠绿，辛辣呛鼻，口味纯正，后劲十足。一旦入口，辛香风味会缓缓地释放出来（俗称后辣攻鼻），产生出浓厚的辛香风味，其辛辣生香之味，强烈而且持久。

芥末还可制成香辣的芥末糊。因为单纯的芥末粉除了辣味外，还稍带有一些苦味，必须经过处理去除苦味。芥末糊的制法；先将芥末粉用温开水和醋将其调拌，再加入植物油和糖拌均匀（糖、醋有减少和去除苦味的作用，植物油可起到使芥末糊色泽光润的作用）。然后静置几个小时，使味与味之间相互渗透，以使苦味消除，成为香辣而无苦味的芥末糊。

烹饪中有时还用到芥子油。芥子油是芥菜的种子经压榨后得到的具有挥发性的液体油。芥子油的颜色为浅黄色至黄褐色，外观呈油状液体，具有浓郁的香辛气味。芥子油可溶于油脂中，并可使油脂带有一定的颜色，清澈透明，具有特殊的辛辣味，且耐储存，食用方便。芥子油常在制作蛋黄酱、芥末酱中使用，它适用于制作沙拉及其他西餐菜肴，更适用于凉拌菜、包子、饺子以及烹制汤类。味道辛香，鲜辣爽口。芥子油也可以在腌制动植物原料时使用，还可用作调味汁的配制。

在食用海鲜产品（生鱼片、龙虾、扇贝、生蚝等）时会配上芥末，虽然芥末有较强的杀菌能力，但并不能杀死所有的寄生虫与虫卵。而且强烈刺激性的调味料还会对肾功能不利，这是需注意的。

四、辣根

辣根为十字花科辣根属中以肉质根为食用部位的多年生草本植物。俗称山嵛菜、马萝卜。日本称山葵。原产欧洲东部和土耳其，已有2000多年的栽培历史。

辣根的新鲜肉质根含水分约75%，切成片再磨成糊后可作为调料使用；或者切成片、干燥再磨成粉使用。含有烯丙基硫氰酸、异芥苷等具有特殊而强烈的辛辣味，加醋后可以保持其辣味。

辣根常常用于肉制品，可以作为肉食制品的调香料，可用于禽肉、鱼类等菜肴的调味增香，特别是鱼肉的调香除臭。在欧美国家，多将辣根磨碎后干藏备用，作为煮牛奶及奶油食物的调料；或将辣根鲜品切成片状，用于某些罐头制品中调香，也用作辛辣香料及配制咖喱粉。

思考题 

1. 辣味感觉是如何产生的？
2. 常见的辣味分为哪三类？
3. 影响辣味发挥的因素有哪些？

第十章

苦味调配及苦味调料

本章内容： 苦味概述
苦味调配技术
苦味调料

教学时间： 1 课时

教学方式： 教师讲述苦味物质的特点和种类，阐释苦味与其他味的关系，介绍苦味调料的应用。

教学要求： 1. 让学生了解苦味物质的特点。
2. 掌握苦味与其他味的关系。
3. 了解常见苦味调料的科学应用。

课前准备： 阅读有关苦味剂和烹饪调味方面的文章及书籍。

苦味属于基本味。在自然界中有苦味的物质要比甜味物质多得多。苦味成分大多都有药理作用，可以调节生理机能。单纯的苦味使人感到不愉快，但与甜、酸或其他味调配得当时，却能起着丰富和改善食物风味的特殊作用，使食物的风味复杂化。

第一节　苦味概述

从表面上看，人是喜欢鲜、香、甜的，但从生理和心理上对苦味却有很强的适应性。良苦味最容易产生习惯性，却不会成瘾（除非成瘾性的苦味物质）。因此，不使用成瘾性苦味剂来调摄一些食物和饮料的口感或风味大有可为之处。

许多食物有苦味，代表物有茶、咖啡和可乐饮料中的咖啡因；可乐饮料和巧克力中的可可碱；柚子或者葡萄果皮中的柚皮苷；啤酒中的酒花葎草酮类；苦瓜中的苦瓜苷；苦杏仁中的苦杏仁苷；莲子中的莲心碱、异莲心碱；银杏中的银杏萜内酯类等。

一、苦味的呈现

苦味的感觉最初是动物在长期进化过程中形成的一种自我保护机制。几乎每种自然出现的毒素都有苦味，所以感受苦味的能力对于动物避免毒性物质来说是至关重要的。因为多数天然的恶臭和苦味物质大都含有毒性，特别是腐败和未成熟的食物。产生毒性的原因主要是低价态的氮、硫和不饱和键与细胞核内的核酸作用，通过改变体内生理活性物质的化学结构，或者含有能与酶中的巯基起反应的物质，或者能与酶中金属辅因子形成螯合物的基团，抑制了酶的正常作用，改变甚至破坏了正常的代谢活动。发霉食物中产生的各种苦及毒的霉素；蛋白质和氨基酸被细菌分解生成又臭又苦又毒的腐胺、尸胺、酪胺或者色胺；鲜肉发生腐败其中5′－核苷酸降解为有苦味的次黄嘌呤；油脂氧化后生成多羟基化合物及胆碱等苦味物质；烧焦的食物中含有致癌的苯并芘等。对于这样有恶臭和苦味的食物，人及动物会本能地选择厌弃。但是这种本能反应有时却妨碍了人们的判断，因为有些味苦的物质不仅没有毒，反而对身体有益，多数苦味剂都具有药理功能。

二、苦味物质的种类

苦味物质种类繁多，多半是药品，与食物有关的比较少，而与食物无关的却很多，范围也较广。食物的组成中有机物占多数，而有机化合物产生苦味的一般规律是：同族的有机化合物，低分子量者有甜味，高分子量者多有苦味。叔胺、硫氢化合物、二硫化合物有苦味。氨基酸的无水物也多半是苦味的。一般有 $-(NO_2)n$、$=N-$、$-SH$、$-S-$、$-SO_3H$、$-S-S$、$=C=S$ 等基团的化合物都有苦味，这些基团也被称为苦味基团。它们最基本的功能特征首先是能作为配基形成金属离子螯合物，其次是具有较明显的脂溶性。苦味物质的种类主要包括：生物碱、黄烷酮苷、萜类和甾体类化合物、氨基酸和多肽类、矿物质。

1. 生物碱

生物碱来自植物，是具有特殊生理作用的碱性含氮化合物的总称。多半是在环内含氮原子的杂环化合物。已知约有59类6000余种，绝大多数的阈值很低。已经发现最苦的是的士宁（番木鳖碱），它有痉挛毒性作用，可以毒杀老鼠。而苦味的奎宁是抗痢疾特效药，并作为苦味基准物。在食物中属于苦味的生物碱有咖啡因、可可碱、茶碱、槟榔碱、莲心碱、异莲心碱等。可可碱是可可豆中的生物碱；咖啡中的咖啡因具有兴奋神经中枢的作用。

2. 黄烷酮苷

黄烷酮苷是呈苦味的物质。在柑橘类果皮和中草药中广泛存有黄酮、黄烷酮和二氢黄酮等，其中黄烷酮大多有苦味，而黄酮无苦味。柑橘类皮中橙皮的苷都有苦味，而芳香糖配体则无苦味。另外，作为糖部分，含有 α-1，2-鼠李糖苷基葡萄糖苷是苦味的，含有 α-1，6-鼠李糖苷基葡萄糖则无味，因为鼠李糖结合的位置不同而味不同。

3. 萜类和甾体类化合物

萜类化合物种类繁多，超过万种。通过含有的内酯、内氢键、内缩醛、糖苷羟基等形成有苦味的螯合物结构。例如，啤酒花中的葎草酮（α-酸）、副葎草酮和蛇麻酸（β-酸）。胆酸存在于动物胆囊中，有甾环骨架，味很苦。

4. 氨基酸和多肽类

氨基酸的多官能团与多种受体同时作用，产生丰富的味感，所以氨基酸的味感是多种多样性的。一般而言除了小环亚胺氨基酸以外，D型氨基酸大多以甜味为主。在L-型氨基酸中，因为R基的碳数和所带基团的性质不同，会引起味感较大的变化。当R基的碳数 $n>3$，并且带有碱基，通常以苦味为主。符合这一条件的有亮氨酸、异亮氨酸、己氨酸、苯丙氨酸、酪氨酸、色氨酸、组氨酸、赖氨酸、精氨酸等。

低聚肽的味感变化也有一定的规律性。寡肽特别是二肽的味感取决于其组成氨基酸的原有味感。各种肽相对分子质量的大小及其所含疏水基团的本质差别很大，因而与苦味受体作用的结果就不一样。

5. 矿物质

矿物质的苦味随其相对分子质量的增加而愈发明显，如镁盐、钙盐、铵盐等许多盐有苦味，溴化物微苦，碘化合物味苦，重碱金属呈现出味苦。另外，盐的苦味还与其正、负离子的半径之和有关。随着离子半径的增加，咸味逐渐减小，苦味逐渐增强。

三、苦味理论

迄今为止，苦味理论创建了不少。现将几种主要的苦味理论要点概述如下：

1. 夏伦贝格尔（Shallenberger）的空间位阻理论

夏伦贝格尔认为氨基酸和糖之所以会产生苦味是由于其分子在受体上遇到了阻力。

2. 尤鲍泰（Eubota）的内氢键理论

尤鲍泰认为在苦味分子中，首先必须有分子内氢键存在，即分子中存在有氢原子供给基和氢原子接受基。它们相互间的距离为1.5Å以内（分子内氢键的距离）。分子内氢键的形成，使整个分子的疏水性增加，这是产生苦味的主要原因。

3. 诱导适应模型理论

该理论认为：苦味受体是以多烯磷脂构成的，成口袋状，内层为与表蛋白粘贴的一面，外部为与脂质块接触的一面，最外层即口袋入口处有相互排列的金属离子Ca^{2+}、Zn^{2+}、Ni^{2+}等形成盐桥，它们对进入口袋的分子起识别和监护作用。凡能进入受体任何部位的物质，都能改变其磷脂的构象，产生苦味信息。改变磷脂构象的作用方式有三种，即盐桥置换、氢键的破坏和疏水键的生成。

人的味感受器对苦味最为敏感。当消化道障碍、味觉出现衰退和减弱时，苦味最容易达到使其恢复正常味觉的目的。人对苦味的感受力差异很大，生理学家把对苦味不敏感，品尝不出苦味的人称为味盲。经过广泛的研究发现，人类的苦味感受器是一种隐性基因，不完全显性遗传，在不同民族中味盲的比例不一，欧美国家的白种人味盲的比例高达30%以上，因此他们相当一部分人对苦味并不在乎。东方人该比例较低，汉族人只有9%，广东省的黎族味盲者仅4.62%。非洲人中味盲的比例也很低，只有3% ~ 5%。

四、苦味食物的保健功能

长期以来，人们的饮食中往往嗜甜厌苦，久而久之容易造成人体的阴阳失衡，抵抗力降低。适当食用苦味食物可以改变五味失衡的状况，起到防病健体的作用。虽然苦味并不令人喜爱，但是苦味的阈值最低，微量的苦味物质就能够刺激味蕾，通过味觉神经兴奋，刺激唾液腺，增加唾液分泌，还能刺激胃黏膜分泌胃液，促进胆汁分泌，增加食欲，促进消化、提高免疫力。苦味食物中含有丰富的营养物质，有机化合物、维生素、氨基酸、生物碱等多种成分等。这些物质为人体生长发育、强健机体所必需。

苦味食物具有多重保健作用。这不仅仅是其中的苦味成分的功效，苦味食物中所含的其他多种组分均在机体中发挥着各种各样的作用。现代营养学认为苦味食物所含的许多生物碱类物质具有消炎退热，促进血液循环，舒张血管等良好的药理作用。中医也认为：从调整人体阴阳平衡预防疾病角度来看，一年四季均应适当吃一些苦味食物，尤其夏季更为适宜。

（1）提神醒脑、消疲劳。苦味食物中都有一定的可可碱、咖啡因，它们能兴奋中枢神经，提高精神活力，使肌肉收缩增强，促进机体代谢，加快疲劳的消除，并帮助人们从紧张的心理状态中松弛下来，缓解由疲劳和烦闷带来的恶劣情绪。以有苦味的咖啡、茶叶、巧克力及啤酒为例，人们常常习惯在疲劳、烦闷时饮一杯啤酒或咖啡，或者为了缓解紧张的情绪，常饮浓茶一杯。这些苦味的饮料，能够调节神经系统功能，帮助消除疲劳，消除由疲劳和烦闷带来的恶劣情绪。因为它们都含有一定量的可可碱和咖啡因，故食用后可以产生提神醒脑的功效，使人们从紧张的心理状态中松弛下来，有利于消除大脑疲劳，恢复精力。

（2）调节酸碱平衡。苦味食物以蔬菜和野菜居多，其中不仅富含胡萝卜素和多种水溶性维生素，还富有钾、钙、镁等矿物质，都属碱性食物。它们可以有效抵消酸性产物，保持人体酸碱平衡，消除致病隐患。

（3）排毒解毒。苦味食物一般都具有较强的排毒解毒的功能。研究发现，咖啡（粗制咖啡）对重金属有过滤作用，可防止铅、汞、砷等重金属的吸收。茶叶中的茶多酚、多糖和维生素 C 都能加快体内有毒物质排泄。

（4）防癌抗癌。苦味成分对正常的人体细胞不起破坏作用，但对癌症细胞却有较好的杀伤力。苦味食物中还含有其他抗癌防癌的组分，如咖啡和茶叶中的绿原酸、苦芦笋中含量丰富的谷胱甘肽等，都具有较强的抗癌能力。

（5）苦味还能促进肠道内乳酸杆菌的生存与繁殖，抑制有害菌的生成，减少毒素的产生，保持肠道生态环境的平衡，有助于肠道功能，特别是肠道和骨髓造血功能的发挥，改善贫血的状态。

第二节　苦味调配技术

过多的苦味会严重影响食物的风味，甚至令人苦不堪食。但是当苦味与其他味恰当组合时，却可以形成独特的风味。苦味与其他味的关系如下：

1. 苦味与甜味

在甜味料中加入苦味的咖啡因，随着咖啡因的添加而甜味减少。在苦味的咖啡因中添加甜味的食糖溶液．其苦味随着食糖的添加而逐渐减少。但是对0.03%的咖啡因溶液来说，必须添加20%以上的食糖，其苦味才能减少。由于苦味的特殊性以及苦味的阈值很低的特点，在苦味与甜味进行调配时苦味很容易出头，口味将受苦味的支配。

在15%蔗糖溶液中添加0.001%苦味的奎宁，与未添加者相比较，出现强烈的甜味感，这是很好的对比作用。在苦味中添加甜味，会有抑制的效果，使苦味变得柔和。蔗糖能减弱苦味感，特别是在高浓度下苦味减弱更明显。咖啡等饮料中加糖的主要原因就是为了减弱苦味。

2. 苦味与酸味

苦味可使酸味更加明显；而在酸味中加入少量苦味物质或单宁等涩味物质，则可使酸味增强。

3. 苦味与咸味

咸味溶液中加入苦味物质可导致咸味减弱；苦味溶液中由于加入咸味物质而使苦味减弱。如在0.05%的咖啡因溶液（相当于泡茶时的苦味），随着加入食盐量的增加而苦味减弱，加入食盐超过2%时则咸味增强。

4. 苦味与鲜味

鲜味氨基酸如天门冬氨酸、谷氨酸钠能有效地抑制苦味，两者共用效果更好。糖精为甜味物质，但是其后味苦，若加入少量谷氨酸钠等，可使其后味变得相当柔和。

5. 苦味与辣味

具有辣味的类辣椒素在一定程度上能起到降低苦味的作用。

调味时要注意：一是将苦味物质的用量控制在“中间阈值”以下，不能产生过苦的味，让品味者不能接受；二是用刚刚能感觉到的甜味剂作诱导剂，产生苦尽甜来的感觉；三是用药食同源及食品法规允许使用的苦味剂。掌握这三条原则就可以丰富和提高食物和菜肴的风味，同时还可以开发出一系列具有相应风味的新产品和新菜肴。单纯的苦味剂迄今未被正面列入调味剂的范畴。基于上述分析，我们有必要关注苦味的调摄和运用，以调配出食物的立体口感及多味、余味、良苦味，发挥出苦味物质应有的作用。

第三节 苦味调料

烹饪实践中人们并不拒绝所有的苦味，有不少带有苦味的烹饪原料是人们常常使用的，如茶叶、啤酒、咖啡、苦瓜、苦菜、菊花、杏仁、陈皮、可可、莲子、白果、苦竹笋、香椿等。用这些苦味原料入馔，可赋予菜肴独特的风味，使苦味与其他味调和为一体，成为美味。常见的龙井虾仁、鸡丝碧螺春、啤酒蒸鸡、啤酒焖鱼、苦瓜牛肉、陈皮鸭块、蜜汁白果、莲子扣鸡等，都是人们所非常喜欢的菜肴。

一、茶叶

茶叶是一种常见的烹饪原料，它的苦味使茶叶具有特殊的风味。茶叶在烹调中的作用是因其特有的苦味可以带给菜肴一种很清新的口感。茶叶中的苦味主要是由咖啡因、茶碱、可可碱所形成。从化学的结构和性质上来看，这三种苦味物质都属于苦味嘌呤碱一类。

用茶叶制成的菜肴已有多种，有些茶叶菜肴已成为我国的名肴，受到人们的欢迎。如今，茶叶菜肴已从最初的五香茶叶蛋、茶叶焖牛肉逐步发展成为龙井鱼片、龙井虾仁、碧螺春饺、新茶煎牛排、鸡丝碧螺春等。这些佳肴都是利用了茶叶所特有的苦味而制成，别具风味。茶叶可适用于多种烹饪技法，如炒、熘、爆、煮、焖等均可。茶叶除了赋予菜肴特殊滋味外，含有的芳香族化合物还可以增加菜肴的清香气味，刺激并增强人的食欲，在夏季食用，效果更佳。另外，经过烘制后的茶叶，尤其是红茶，除了能赋予食物特殊的味和香外，还能使食物着色，如五香茶叶蛋、红腌咸蛋、红茶焖牛肉等菜肴，都是利用红茶中的色素溶于水后使原料吸附着色的，整个菜肴的色香味得到完美的统一与和谐。

二、啤酒

啤酒是以大麦为主要原料，大米或玉米为辅助原料，配加酒花经酿制而成的低度酿造酒。啤酒具有淡苦味，沁人心脾。啤酒用于烹调，其味很独特，如风靡英国的啤酒焖牛肉，其味异香，肉嫩汁鲜。又如啤酒焖仔鸡、啤酒蒸鸡、啤酒焖鱼、啤酒肉饼等，都是风味独特的佳肴。

啤酒的酒精含量一般为 3% ~ 5%。除了乙醇和水外，还含有糖类、糊精、含氮物质、甘油、有机酸、高级醇、酯类、醛类、矿物质、维生素、二氧化碳等，含氮物质包括 10 多种氨基酸。啤酒的风味成分很复杂，主要有葎草酮、香叶烯等碳氢化合物、高级醇类、乙醛、乙酸、酯类等。啤酒的滋味是由多种呈味成分协调而成的，其苦涩味主要来自于酒花中的 α – 酸、β – 酸，以及其衍生物，如异 – α – 酸等。

啤酒作为调料，在烹调一些脂肪含量高的动物性原料（如鸡、鸭等禽类和海鲜菜品等）时适量的加入，可以起去腻、增香、起鲜的作用。啤酒在烹调中运用甚广。啤酒与茄汁、糖、精盐、生抽、湿淀粉调制成的啤酒汁，酒香浓郁、口味酸甜、色泽红艳，在热菜的调味中运用频繁。在一些凉拌菜的制作过程中，将原料投入啤酒中浸煮片刻后捞起，再经过一定的调味，可以使菜肴更具鲜美味道。在对菜肴进行着衣保护时，用啤酒代替水或其他溶剂与面粉、淀粉等进行调和，无论是采用熘、炒还是炸等烹调方法，都能够增强成菜的鲜嫩美味。在制作特色菜肴时，用啤酒代替水或者高汤，可以烹制出令世人叹服的美味佳肴，如美国的啤酒焖牛肉、德国的啤酒烧鲤鱼、加拿大的啤酒肉饼、中国的啤酒鸭、啤酒仔鸡等。另外，在制作面饼或其他发酵面点时，调和面粉时加些生啤酒进去，可以利用生啤酒中的酵母菌帮助面团发酵，制成的发酵面点酥松，而且风味别致。烤制面包时，用等量的啤酒代替牛奶，不但容易烤制，而且面包还具有肉香味。

三、苦瓜

苦瓜属葫芦科一年生攀缘性草本植物，以幼嫩的果实供食用，因其味苦而得名。又称凉瓜、辣瓜、菩提瓜等。

苦瓜中苦味的产生主要是生物碱、毒蛋白和苷类物质所引起。由于这些苦味物质存在于葫芦科植物中，所以也常称它们为“葫芦素”。过量的葫芦素对人体有毒害，而少量的葫芦素却有提高人体免疫力的功效。另外，在苦瓜中还发现有极少的奎宁（金鸡纳霜）的成分。

苦瓜是一种以苦为特色的瓜果菜。用它制作的菜肴，其味显苦，别有滋味。这种带有苦味的菜肴爽口不腻，使人开胃、舒适、清心。苦瓜可做许多菜肴，如广东的金钱苦瓜、苦瓜牛肉、虾胶酿苦瓜、苦瓜焖黄鱼；四川的干煸苦瓜；湖南的苦瓜酿肉、干菜苦瓜炒肉丝；台湾的苦瓜封；香港的凉瓜三鲜煲等。其他还有苦瓜烧田鸡、苦瓜烧肉、嵌宝苦瓜、苦瓜排骨汤等都早已成为风味独特的地方佳肴了。尤其是夏令时节，用苦瓜做菜，更是深受人们的欢迎。广州在夏季还用苦瓜作为煮凉茶的原料之一。

四、陈皮

陈皮是柑橘果皮经干燥处理后得到的干性果皮。因干燥后可放置陈久，故称之为“陈皮”。陈皮的味苦，有芳香。它的苦味物质是以柠檬苷和苦味素为代表的“类柠檬苦素”。类柠檬苦素的味极苦，易溶解于水。此外，陈皮中还含有一些低分子的挥发性物质，可以刺激消化道内的消化液分泌，有助于食物的消化。因此，陈皮用于烹制菜肴时，既可调味，又可除异增香。使用前应洗净、泡软，然后再改刀放入锅内，也可直接使用陈皮粉。

陈皮常用于烹制某些特殊风味的菜肴，如陈皮牛肉、陈皮鸭块、陈皮鸡丁、陈皮海带等。用陈皮烹制的菜肴能起到开胃、解腻的作用。炖煮牛、猪肉或煮肉汤时，放入适量陈皮，能使味道鲜美，减少油腻感。做面食时，往面粉中添加少许陈皮粉，可使面食的味道清香。煮粥时，在粥将熟之际放入一些陈皮，吃起来芳香爽口。

五、白果

白果是银杏树的果实。又名灵眼、佛指甲、鸭脚子等。其可食部分是种子的核仁。炒熟后的白果仁碧绿香糯，味道微苦，风味清香别致，是做菜、做羹和制作糕点、蜜饯的好原料。

白果在烹饪中的应用是广泛的，常与猪、羊、牛及禽肉蛋类等食物相配，采用多种烹饪方法制成各种美味佳肴，如白果蒸鸡蛋、白果熘仔鸡、白果全鸭、白果炖猪肠等。白果的烹调方法主要有煮、炒、蒸、煨、炖、焖、烩、烧、熘等10余种，与副食品、干货、主食相配，可制成十三类400余道菜，无不体现白果独特的风味和特有的魅力。

白果虽然营养丰富，可是历来制作菜肴时总是当配角，这是因为白果中含生物碱，对人有一定毒性。烹熟后虽毒性大减，但食之也应有控制。所以入菜不为主料，不可多食。

六、香椿

香椿是叶乔木椿芽树枝头上生长的嫩枝芽，又叫香椿头、香椿芽。香椿芽以清明前后采摘的头椿为上品，梗肥质嫩，吃时无渣，香味浓郁，略显苦味，鲜嫩爽口。

香椿芽因其质脆嫩又具有特殊的香味和隐隐的清苦味，用来烹制的菜品，不但风味好，还具有良好的营养价值。香椿芽入馔，吃法很多。通常有香椿拌豆腐、香椿炒鸡蛋、盐渍生香椿、油炸香椿鱼，也可将香椿与大米同煮，调以香油、味精、精盐等，香糯可口。还可将香椿和大蒜一起捣烂成糊状，加些香油、酱油、醋、精盐及适量凉开水，做成香椿蒜汁，用其浇拌面条，别具风味。此外，还可将香椿芽晒干后研磨成粉末，可较长时间储存。香椿粉可用于拌、炝、炒、蒸、烧、烩等各式荤素菜品，如拌干丝、炒肉丝等，还可用于包子、饺子、锅贴等馅料中，也可用于拌面条、凉粉等，风味独特。

七、莲子

莲子即莲藕的种子。又叫莲实、藕实、水芝丹等名称。其味清香甘甜，微带苦味。

莲子在烹饪中可用来配菜、做羹、炖汤、做糕点。鲜莲子既可当水果，又可与肉、鱼、鸡、虾同炒，做成清香爽口、别具风味的菜品。干莲子则可煮食，也可加工成糕点馅料和酒宴佳肴，如冰糖莲子、莲子桂花糕、八宝莲心菜、莲子扣鸡、莲子鸡丁、莲子百合瘦肉煲等；做糕点可做成莲子豆沙等。莲子用于炖汤，常见的有莲子肚片汤、莲子芡实猪肉汤、桂圆莲子汤等。

八、菊花

菊花为菊科属多年生宿根草本植物菊的花。气味芬芳，味道微苦。用菊花叶、茎等可烹制别有风味的菜肴。以白菊花在烹调中运用最为普及，其次有蜡黄、细黄、广州的大红菊等。

菊花可鲜食、干食、生食、熟食、蒸食、煮食、炒食等，可凉拌，可做馅，如菊花豆腐、菊花肉卷、菊花里脊、菊花火锅、菊花拌鸡丝、菊花鱼球、菊花雀巢、菊花扣肉、菊花熘蛋等。点心有菊花糕、菊花元宵、菊花春卷、菊花鱼片粥、菊花鲜粟羹、馄饨等。我国民间还用菊花作馅料做成菊花水饺、菊花馅饼等。

九、苦杏仁

苦杏仁是杏仁的一种，它是杏的种子。它的苦味成分是苦杏仁苷。苦杏仁苷味道极苦，虽然在苦杏仁中的含量很低，但是却使苦杏仁的苦味显得很强。

苦杏仁作为一种烹饪原料，在烹饪中要利用并控制好这种苦味。烹饪前常需将苦杏仁放入水中浸泡，以除去部分苦味。然后配以芹菜、胡萝卜、黄豆等蔬菜炒食或拌食。菜品如五彩杏仁、杏仁鸡丁、杏仁三丁等。也可将一些果蔬原料与苦杏仁一块腌渍，腌渍成的小菜风味独特，极为爽口、开胃。民间也用苦杏仁加些谷类磨碎，再放些蔬菜煮成杏仁粥。

苦杏仁不能一次食用过多。如食入苦杏仁过多，可使人体组织降低或失去运输氧气的功能，甚至能够抑制呼吸中枢神经，严重者会危及生命。因此，一定要先在水中浸泡，使其中的苦杏仁苷大部分溶于水中而去除，这样即可减少苦味，又可保障安全。

思考题

1. 为什么多数天然的恶臭的苦味物质大都含有毒性？
2. 苦味食物有哪些保健功能？
3. 苦味与其他味的关系是什么？

第十一章

其他味及调配

本章内容： 涩味
碱味
清凉味
金属味
教学时间： 1 课时
教学方式： 教师讲述几种其他味的形成和感觉特征。
教学要求： 1.让学生了解几种其他味的形成。
2.了解其他味的感觉特征。
3.了解烹饪中应该避免一些不好的其他味的出现。
课前准备： 阅读有关烹饪调味方面的文章及书籍。

除了前面所述的咸味、鲜味、甜味等几种味以外，在饮食中有时还会遇到以下一些味。

第一节 涩味

涩味，严格地说不属于味觉的范畴，因为它并不由味觉感受器所感觉。涩味是一组复杂的感觉。涩味物质与口腔黏膜上或唾液中的蛋白质生成了沉淀或聚合物而引起口腔组织粗糙褶皱的收敛感觉和干燥感觉，这两种感觉的统和就是涩感。一个长期的理论认为单宁与唾液蛋白和黏多糖（唾液的润滑组分）相结合，引起聚集和沉淀，从而使得唾液失去覆盖和润滑口腔组织的能力，即使口腔中有流体存在，我们在口腔组织上感到的仍是粗糙感和干燥感。注意：如果不贴着其他口腔组织移动舌头（如我们吃东西时所做的那样），“粗糙”和“干燥”实际上是两种不同的感觉。

对于涩味的感知要求感受者的敏感性较好。一般人都觉得涩味是一种使人非常不愉快的味感。但是极淡的涩味近似苦味，与其他味道掺杂可以产生独特的风味。由于很多人不了解涩味的本质，加上许多涩味也会引起苦味，故两者常易混淆。

涩味的成分可分为以下几类：

①铝、锌、铬等多价金属离子。

②植物多酚类化合物。

③乙醇、丙酮等脱水性溶剂。

④卤化醋酸。

食物中的涩味成分主要是多酚类化合物。一般情况下，食物中的涩味物质常对食物风味产生不良影响。例如，未成熟的柿子具有典型的涩味，其主要成分是以原花色素为基本结构的糖苷，当未成熟柿子的细胞膜破裂时，它从中渗出并溶于水而呈涩味。生香蕉的涩味成分主要也是原花色素。由于水溶性多酚才产生涩味，因此用酒精可使柿子中的单宁质凝固为不溶性的，利用这种方法可以使柿子脱去涩味。橄榄果的涩味物质主要是橄榄苷，用稀酸或稀碱加热可脱涩。

虽然大多数情况下人们是嫌弃涩味的，但有时涩味的存在对形成食物风味却是有益的。因为有些食物需要一定的涩感，这时我们将某些具有轻微涩味的成分当作风味物质来看待。涩味的存在不仅对形成风味有益，而且是一些食物的特征风味，像茶和葡萄酒中带有的涩感。绿茶中多酚类化合物与绿茶滋味浓度和涩味间有显著的相关关系，可以作为绿茶滋味的化学鉴定指标。

红茶中茶黄素双没食子酸当量与感官评定结果高度相关。葡萄酒也是一种同时具有涩、苦、酸和甜味的传统酒精饮料，其中的涩味来自于酒中的多酚类物质。主要成分是单宁，来自葡萄果皮和葡萄籽。红葡萄酒更是如此。

在酸感较强时，降低酸度可使涩感减弱；增加甜度可使酒中涩味变弱。

下面是几种涩味物质的分子结构式：

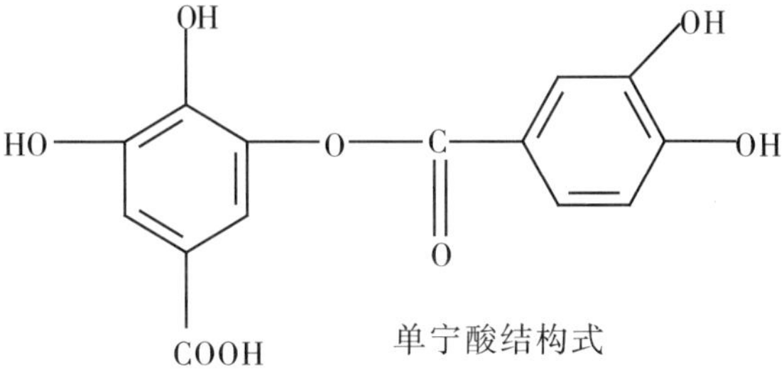

单宁酸结构式

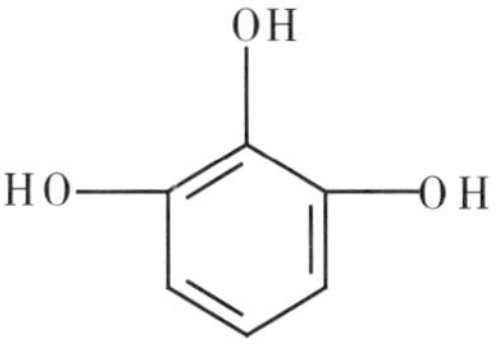

焦棓酚

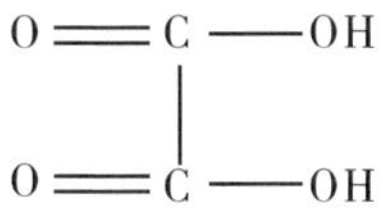

草酸（乙二酸）

单宁分子具有很大的横截面，易于同蛋白质发生疏水结合；同时它还含有许多能转变为醌式结构的苯酚基团，也能与蛋白质发生交联反应。这种疏水作用和交联反应都可能是形成涩感的原因。因而有人认为涩味不是作用于味蕾的味感，而是触角神经末梢受到刺激而产生的。涩味强度与植物单宁和蛋白质形成不溶性复合物的生成量之间并没有比例关系，但是单宁的涩感强度在阈值附近是与浓度成比例的。几种涩味物质的阈值与特点见表11-1。

烹饪行业中涩味通常都被认为是不良口味，是烹调菜肴时必须去除的。烹饪原料中最突出的涩味成分是单宁和草酸，如黄瓜皮的涩味源于单宁，菠菜中的涩味来自草酸（乙二酸）。涩味的存在将破坏整个菜肴的风味，因此在烹调前应将涩味的原料进行预处理。如春季里的菠菜含草酸较多，可经沸水焯之，将其草酸去除一部分。又如用焯水方法除去竹笋中的部分单宁。因为大多数的涩味物质是水溶性的，经过这样处理的菠菜和竹笋中的涩味可大为减少。

表 11-1　涩味物质的阈值与特点

涩味物质	涩味阈值（%）	味质	感觉何种味道	
			浓度（%）	味
单宁酸	0.075	涩	0.038	药样
柿子单宁	0.038	涩	0.038	涩
表儿茶酸棓酸酯	0.075	苦涩	0.038	苦
表棓儿茶酸棓酸酯	0.075	苦涩	0.038	苦
表棓儿茶酸		苦（甜）	0.075	苦
表儿茶酸		苦（甜）	0.075	苦
$AlCl_3$	0.038	甜酸涩	0.088	甜酸涩
$Al(NO_3)_3$	0.038	酸涩	0.019	甜酸
$ZnSO_4$	0.075	涩酸	0.038	甜酸
$CrCl_3$	0.038	甜涩	0.019	微甜
一氯醋酸	0.075	酸刺（甜）	0.019	甜酸
二氯醋酸	0.075	酸涩	0.019	微酸
乙醇	4.0	灼热感		
丙酮	4.0	灼热感		

第二节　碱味

食物一般是中性和微酸性的，还没有 pH 值大于 8 的食物。食物中的碱味常常是在加工过程中形成的。pH 值稍有升高，正常的味感即消失并转化为不良的碱味。碱味是羟基负离子的呈味属性，溶液中只要含有 0.01%浓度的 OH^- 即会被感知。目前普遍认为碱味没有确定的感知区域，可能是刺激口腔神经末梢所引起。

在面点制作中，用老酵发酵的面团，由于在发酵过程中多种微生物菌群的共同作用，面团中的有机酸会产生和积累，使其口味酸涩。必须要通过加碱水来进行中和，以去除酸味。这就是发酵面团中的对碱工艺。它是发酵面团制作中的重要环节。面点师把对碱看成是面点制作的一项关键技术，拿准了对碱量，就能基本保证成品的质量。如果对碱过量，面制品会偏碱发黄，表面易开裂，品尝时能够感觉到有碱味的存在，使得面团中较多的 OH^- 存在而被感知。作者通过实验表明，面团对碱后立即制作时的 pH 在 6.15 ~ 6.20，对碱饧发一段时间后再制作时的 pH 在 6.12 ~ 6.15，其各项指标均满意。这澄清了烹饪行业界长期存在的一个误解：即老酵发酵面团所产生的酸性物质，必须加入碱水以使面团中的酸性物质完全中和，而中和点就是 pH = 7。以往认为只有 pH = 7 时的面团制作成的成品，其口感既不偏酸，也不偏碱，达到理想效果。而作者通过多次实验证明，当面团的pH值为7时，其制成品已明显出现较严重的碱味，成品颜色也发黄，根本达不到满意的食用效果。

第三节　清凉味

清凉味是指某些化合物与神经或口腔组织接触时刺激了特殊受体而产生的清凉感觉。清凉味是辛辣味感的对立面。这是一种带有穿透性的凉感。典型的清凉味是薄荷风味，包括留兰香和冬青油风味。很多化合物都能产生清凉感，常见的有L-薄荷醇、D-樟脑等。而对于木糖醇等多羟基甜味剂所产生的轻微清凉感，通常被认为是由其结晶吸热溶解而产生的。

下面是几种具有清凉味化合物的结构式：

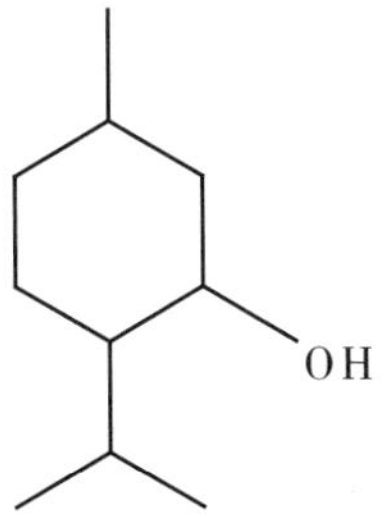

OH

薄荷醇

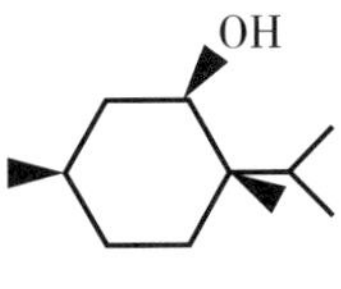

OH

O

L-薄荷醇 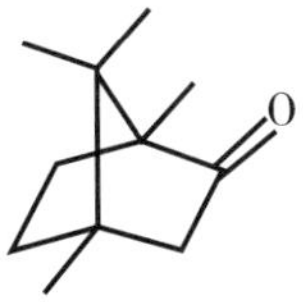　　D-樟脑

葡萄糖、山梨醇、木糖醇固体在进入口腔后产生清凉感，是因为固体在唾液中溶解时吸收口腔接触部位的热量所致。由于它们的溶解热明显较蔗糖的溶解热大，所以其清凉感比蔗糖明显。

清凉味是一种愉快的感觉，在一些具有特殊风味的食物中起重要作用，例如，在糖果、饮料中作为风味物质。它能和甜、酸、咸、鲜这几种味很好地进行调配。清凉味的调配可以甜酸型为风味基础，也可以甜咸型为风味基础。但是要注意以清凉味为主味时，口感不可过于浓厚，否则整体不协调。

鲜薄荷往往具有较好的清凉味，可作为蔬菜食用，也可用作拌沙拉、煮鱼、烹煮动物肝脏、家禽时放入，风味别具一格。用鲜薄荷制作菜肴时要根据菜肴的风味特点来选择配料，既要达到菜肴所要求的凉味感觉，同时又要考虑到薄荷风味是否与菜肴风味协调和统一。

第四节　金属味

金属味并不是指用舌头接触金属的口感，因为那种感觉常常是酸味。金属味是食物经过长时间接触金属后显现出的一种味道。有人认为这是呈味的金属离子溶解于食物的原因所致。然而只要食物中有金属味的存在，肯定会使食物的风味恶化。

金属味很难理解，有时它可以表达为甜料（如乙酰磺胺 –K）的副口味；有时它只是一种表述，用于表述特定的病理复发性幻觉味觉紊乱和烧嘴综合征。在人的舌头和口腔表面，确实有很多部分能感知金属味，金属味的感知阈值在 20×10^{-6} ~ 30×10^{-6}ppm 离子浓度范围内。一些铁皮装的罐头，放的时间稍长，就会有一种令人不快的金属味，这时已经有呈味的金属离子溶解于食物中了。

在舌和口腔表面可能存在一个能感知金属味的区域，金属味的感知阈值在 20 ~ 30mg/kg 离子浓度范围。这种味感往往是在食物的加工和储存过程中形成的。由于容器、工具、机械的金属部分与食物接触，可能存在着离子交换的关系，使人的味觉产生金属味感。有时金属味并不完全是由金属造成的，例如，在乳品中就发现有一种金属味的非金属物质 1 - 辛烯 - 3 - 酮。

思考题

1. 涩味的感觉是如何形成的？
2. 发酵面团制作中如何正确对碱，以避免碱味的出现？
3. 烹饪中应该怎样合理应用清凉味？

第十二章

菜肴香气与调香

本章内容： 原料自身的香气成分

烹饪过程中香气的形成

调香原理

调香方法

面点调香

教学时间： 4 课时

教学方式： 教师讲述常见原料的香气成分，阐释烹饪过程中香气的形成以及调香原理和方法。

教学要求： 1.让学生了解常见原料中的香气成分。

2. 熟悉烹饪过程中香气的形成。

3. 掌握烹饪中的调香原理和方法。

课前准备：阅读有关调香料和烹饪调味调香方面的文章及书籍。

菜肴的香气是评判菜肴质量好坏的重要感官指标。它是菜肴风味的一个重要组成部分。菜肴的香气是由其所含有的香气成分所形成。香气成分主要是指菜肴原料中已经存在以及在烹调过程中生成香气并具有确定了的化学组成和结构的化合物。

从风味科学的角度来看，菜点中挥发出来的香气成分，经过鼻孔刺激人的嗅觉神经，然后传至中枢神经从而使人感到菜肴的香气。菜肴的香气是品味的先导和铺垫，是引发食欲的重要前提。未见其菜，先闻其香。良好的菜肴香气有助于增强人的食欲，间接地增加了人体对营养成分的消化和吸收，所以烹调中如何使菜肴产生良好香气一直受到烹饪工作者的重视。

影响菜肴香气形成的因素有多种，既与原料自身所含有的香气成分有关，又与菜肴在烹调过程中的变化有关，但主要与后者有关。烹调过程中的加热方式、调香料的应用、油脂的应用等都有影响。因为绝大多数菜肴香气的形成依赖于烹调师在烹调过程中应用不同的烹饪方法和调香技术而成。除了上述各种影响因素外，我们对菜肴香气的感受，有时还与不同的人群、不同的年龄、身体健康状况、不同的环境、情绪的好坏有关，使得我们对菜肴香气的敏感性也不一样，对香的感觉也就有差异。

第一节　原料自身的香气成分

原料自身所含有的芳香成分对菜肴香气的形成是重要的。这是菜肴原料的本味，是菜肴产生香气的来源之一。因此是菜肴制作过程中所要尽力予以发掘和利用的。如果原料缺少了自身的香气成分而仅仅依赖调香料的香气，制作出来的菜肴常常会失去自身应有的风味特色。

一、生鲜蔬菜

除少数外，蔬菜的总体香气较弱，但气味却多样。百合科蔬菜（葱、蒜、洋葱、韭菜、芦笋等）具有刺鼻的芳香；十字花科蔬菜（卷心菜、芥菜、萝卜、花椰菜）具有辛辣气味；伞形花科蔬菜（胡萝卜、芹菜、香菜等）具有微刺鼻的特殊芳香与清香；葫芦科和茄科中的黄瓜、青椒和番茄等具有显著的清鲜气味，马铃薯也属茄科蔬菜，具有淡淡的清香气；食用菌则具有土壤的香气等。下面列举几种：

1. 蒜、葱

中餐厨师视大蒜、洋葱、香葱、韭菜、芦笋等百合科蔬菜为香辛类蔬菜，它们都有刺激性的气味。它们的风味物质以硫化物为主，特别是含有丙烯基、烯丙基、正丙基、甲基等构成的二烯丙基二硫化物、二烃基硫醚类、硫代丙醛类、硫氰酸类等，甚至还有烃基次磺酸、硫代亚磺酸酯、硫醇和二甲基噻吩等。嗅感物质都是在其组织被破坏以后，在酶的催化下产生的，它们具有穿透性很强的特点。除此之外，它们的风味物质中也有含氧和含氮的化合物。由于刺激性太强，它们的多种成员都要经过烹调后再食用。

2. 洋白菜（结球甘蓝）

洋白菜、西蓝花、芥菜、小萝卜和辣根等十字花科蔬菜，其香味成分的特征化合物都是硫代异氰酸酯（即异硫氰酸酯），因品种不同而有不同的特征化合物。在中餐中除小萝卜外，其他品种都需经过烹调后食用；但西餐中，洋白菜和西蓝花常被生食。

洋白菜的嗅感成分很多，主要有二甲基二硫化物、甲基丙基二硫化物、3－烯丙基二硫化物、二甲基硫醚、二丁基硫醚、甲基乙基硫醚、甲基苯基硫醚等；相关的硫醇类；异硫氰酸的甲酯、烯丙酯、丁酯、3－丁烯酯等；乙醇、丙烯醇、2－反－丁烯醇、2－顺－戊烯醇、3－顺－己烯醇等醇类；乙醛、丁醛、丁酮、丁二酮、2－丁烯醛、2－反－戊烯醛、2－反－己烯醛等羰基化合物。其中以硫化物为其特征香气。

3. 黄瓜

黄瓜含有2.5%～9.0%的总糖，故大多有一些甜味，含有0.4%～1.2%的含氮化合物，含有3%以上的果胶，故有脆感。

黄瓜清香气味的特征成分是2，6－壬二烯醛、反－2－顺－6－壬二烯醇、壬醛、反－2－壬烯醛和反－2－顺－6－壬二烯醛等。

4. 番茄

番茄含有2.5%～3.8%的总糖，0.7%～1.5%的含氮物质，0.52%的有机酸（主要是柠檬酸），2.0%～2.9%的果胶，还含有红色的属于类胡萝卜素的番茄红素。故番茄兼具甜酸二味，柔嫩的口感和艳丽的红黄色。

番茄的香气成分已鉴定出300多种，主要是醇类、醛类、酯类、内酯类、呋喃类和含硫化合物；其次是烃类、酚类、胺类和吡嗪类化合物；还有少量缩醛类、腈类等。其特征香气物质是顺－3－己烯醇、反－2－己烯醛和顺－3－己烯醛。辅助成分有2，6－二甲基－2，6－十一碳二烯－10－酮、2－甲基－2－庚烯－6－酮等酮类、己醛、2，4－癸二烯醛、香叶醛等醛类和2－异丁基噻唑等。氨基酸，特别是蛋氨酸为番茄香气的前体物，烹熟的番茄气味由此而来。

5. 胡萝卜

胡萝卜含有6.2%～10.4%的总糖，0.3%的有机酸（其中80%为苹果酸，20%为柠檬酸），1%的果胶，α－胡萝卜素和β－胡萝卜素。所以它具有味甜带酸、质脆、色黄红的特色。

胡萝卜的香气成分主要是萜烯类化合物，以及丁二酮、甲基庚烯酮、紫罗兰酮、糠醛等羰基化合物。

6. 芹菜

芹菜因含有2%的糖而有微弱的甜味，而其温和的苦味可能是由葎草烯所引起的。

芹菜含有数十种挥发性成分，多属于萜烯类烃及其含氧衍生物，还含有少量的肽类、有机酸和酚类化合物。而西芹（荷兰芹）的香气成分是芹菜醇、硫化物、吡咯类化合物、多种萜类化合物。芹菜的刺激性气味可能与非类黄酮苷类化合物有关。

此外，青椒、莴苣（菊科）和马铃薯也具有清鲜气味，有关特征气味物包括吡嗪类。例如，青椒特征气味物主要是2－甲氧基－3－异丁基吡嗪，马铃薯特征气味物之一是3－乙基－2－甲氧基吡嗪，莴苣的主要香气成分为2－异丙基－3－甲氧基吡嗪和2－仲丁基－3－甲氧基吡嗪。青豌豆的主要香气成分是一些醇、醛和吡嗪类，罐装青刀豆的主要香气成分是2－甲基四氢呋喃、邻甲基茴香脑和吡嗪类化合物。生大豆磨碎后有豆腥气味，其主要成分是乙醇、己醛、乙基乙烯基酮等。鲜蘑菇中以3－辛烯－1－醇或庚烯醇的气味贡献最大，而香菇中以香菇精为最主要的气味物。经过干燥加工的干香菇有诱人的香气。常见的几种蔬菜的香气成分见表12-1。

表12-1　部分蔬菜的香气成分

菜名	化学成分	气味
萝卜	甲基硫醇、异硫氰酸丙烯酸	刺激辣味
蒜	二烯丙基二硫化物、2－丙烯基硫代亚磺酸烯丙酯、丙烯硫醚	辣辛气味
葱类	丙烯硫醚、丙基丙烯基二硫化物、甲基硫醇、二丙烯基二硫化物、二丙基二硫化物	香辛气味
姜	姜酚、水芹烯、姜萜、莰烯	香辛气味
椒	天竺葵醇、香茅醇	蔷薇香气
芥类	硫氰酸酯、异硫氰酯、二甲基硫醚、二甲基二硫化物	刺激性辣味
叶菜类	叶醇	青草气味
黄瓜	2，6-壬二烯、反－2－顺－6－壬二烯醇、壬醛	清香气

二、肉类

肉类原料的气味往往随屠宰前后及屠宰过程的条件、动物的品种、年龄、性别、饲养状况等而有所改变。生肉的风味是清淡的，但经过加工制熟后香气十足，统称为肉类原料的肉香。

牛、羊、猪和禽肉的香气各具特色。一般来讲，畜肉的气味稍重于禽肉，特别是反刍动物。猪和羊肉的风味种类相对少于牛肉。野生动物肉的气味重于家养的。但总体看来，动物肉在新鲜时气味很小，有一些血腥味，这主要是乳酸及一些氨、胺类物质和一些醛、醇所致。肉的后熟作用会增加醛、酸等物质，从而使肉的气味有上升的趋势。肉类原料的气味来源与肌肉组织和脂肪组织有关，而脂肪组织的气味则往往更大。

不同肉类的气味是不同的，这主要取决于其脂溶性的挥发性成分，特别是短链的脂肪酸，如乳酸、丁酸、己酸、辛酸、己二酸等。与纯瘦肉不同，肥肉中因含有较多的脂肪因而对加热后的禽畜肉风味的形成有决定性作用。由于不同禽畜的脂肪其脂肪酸的组成不同，受热的程度、时间等环境条件的不同，造成脂肪氧化的程度不同，因此生成的风味成分必然有差异，故而反映出不同的禽畜肉风味。与牛脂肪相比，猪脂肪和羊脂肪对各自肉味的贡献和影响更大，这源于猪脂肪和羊脂肪含有更多的形成特征风味的前体物质。但是猪脂肪和羊脂肪的特征风味前体物质物性不同：前者是水溶性的；而后者是脂溶性的。

肉类脂肪中的分支脂肪酸、羟基脂肪酸常常使肉味带有臊气。带有中等碳链长度的含支链脂肪酸具有羊肉特有的膻气。不同性别的动物肉，其气味往往还与其性激素有关。如未阉的性成熟雄畜（种猪、种牛、种羊等）具有特别强烈的臊气，而阉过的公牛肉则带有轻微的香气。4-甲基辛酸是羊肉和羔羊肉风味中最重要的脂肪酸之一。动物的生长年龄对肉的风味也有影响，如老牛肉比犊牛肉风味更浓郁；老母鸡炖出来的鸡汤更浓、更香等。即使是同一类型的动物，肉的风味也有差别。如山羊肉比绵羊肉更膻；种猪肉带有公猪骚臭味。畜肉在后熟过程中，由于亚黄嘌呤类、醚、醛类化合物的积聚会改善肉的气味。但腐败的肉，由于微生物的繁殖使得硫化氢、氨、尸胺、组胺等形成而具有令人厌恶的腐败臭气。这类肉不应再作为烹调加工的原料。

市场上出售的鸡有圈养与散养两种，它们的肉质、风味都有差别。散养的土鸡之所以比圈养的大型鸡香味醇正、鲜美，是因为前者亚麻酸和亚油酸含量高。据分析，土鸡亚麻酸含量是圈养鸡的 11.78 倍。鸡肉香气的特异性与它含有更多的中等碳链长度的不饱和羰基化合物相关。鸡肉香气的特征化合物可能是由脂类氧化产生的。它可能是2–反–5顺–11–碳二烯醛和2–反–4顺–7反–癸三烯醛等羰基化合物产生炖鸡的特征风味，从亚油酸和花生四烯酸衍生而来。鸡能积累 α–生育酚（一种抗氧化剂），而火鸡却不能，因而烹调时火鸡肉生成的羰基化合物的量要比普通鸡多得多。

三、水产品

水产品包括鱼类、贝类、甲壳类等动物种类及水产植物。这里主要是指鱼类，因为鱼类水产品的气味突出。每种鱼类的气味因新鲜程度和加工条件不同而互不相同。

1. 新鲜鱼类的腥气

生鲜的鱼带有极其特殊的腥味。河中淡水鱼类腥气的主体成分为六氢吡啶类化合物。当六氢吡啶与附于鱼体表面的乙醛聚合，则生成河中淡水鱼类的腥味。鱼体表面的黏液内均含有 δ–氨基戊酸和 δ–氨基戊醛，它们都具有强烈的腥气味。在鱼类的血液中也含有 δ–氨基戊醛，所以也有强烈的腥气味。

2. 新鲜度降低的臭气

鱼类新鲜度降低后的臭气成分有氨、三甲胺、硫化氢、甲硫醇、吲哚、粪臭素以及脂肪酸氧化的生成物等。其中三甲胺为鱼腥臭的主要代表，当鱼体中三甲胺的浓度在 1×10^{-6}，还察觉不出来；如果含量达到 2×10^{-6} 左右时，就能被嗅察出较明显的鱼腥臭。三甲胺是鱼体中一种无臭的氧化三甲胺在鱼体发生腐败时，被细菌产生的还原酶还原生成的。反应如下：

$$(CH_3)_3N{=}O \xrightarrow{\text{还原}} (CH_3)_3N$$

尤其是鲨鱼鲜度降低时会发生强烈的腐败腥臭味，这是由于鲨鱼体中含有的大量氧化三甲胺都被还原成三甲胺的缘故。

鱼类品种不同，氧化三甲胺的含量不完全相同。一般淡水鱼中所含的氧化三甲胺较海水鱼中少，鲤鱼甚至没有，故其鲜度降低时，其腥臭味不如海水鱼那样强烈，见表12–2。

表12–2　鱼体中氧化三甲胺含量

鱼类品种	氧化三甲胺含量（mg/100g）
淡水鱼	4 ~ 6
海水硬骨鱼	40 ~ 100
海水软骨鱼	700 ~ 900

鱼体表面的黏液中含有蛋白质、卵磷脂、氨基酸等，因细菌的作用即产生

氨、甲胺、硫化氢、甲硫醇、吲哚、粪臭素、四氢吡咯、四氢吡啶等腥臭物质，见表12–3。

表12–3　鱼腥臭味的主要成分

气味成分	鲜淡水鱼	鲜海水鱼	鲜度略差的鱼	鲜度差的淡水鱼和海水鱼		腐败
三甲胺	–	+	+	–	+	+
六氢吡啶	+	+	+	+	+	+
δ–氨基戊醛	–	–	+	+	–	–
甲硫醇	–	–	–	+	+	+
丁酸	–	–	+	+	+	+
吲哚	–	–	–	–	–	+

注：+为有；–为无。

因为鱼腥成分大多都为胺类，为碱性物质，故烹调中可用食醋中和，除去腥臭味；此外乙醇、醋酸的气味也能掩盖一些腥臭味。

四、发酵食品

常见的发酵食品包括酒类、酱类、食醋、发酵乳品、香肠、馒头、面包等。

酱油的香气物包括醇、酯、酸、羰基化合物、硫化物和酚类等。醇和酯中有一部分是芳香族化合物。

食醋中有机酸、醇和羰基化合物较多，其中乙酸含量高达4%左右。

馒头和包子的香味物质主要是在发酵阶段产生的芳香物质如乙醇、有机酸及其他醛酮类化合物；对碱的馒头还具有碱香味；有馅的包子则带有馅心的香味。

面包的香味物质除了在发酵阶段产生的乙醇、有机酸及其他醛酮类化合物外，还有在烘烤阶段发生美拉德反应产生的多种香味物质包括糠醛、羟甲基糠醛、乙醛、异丁醛、苯乙醛等，因而其香味比馒头浓郁。

五、乳类

鲜牛奶有淡淡的香味，而乳品、奶油、黄油、奶粉、炼乳、乳酪等各种乳制品，都是以鲜乳为原料经过加热消毒处理后的产品，所以香气成分大体相似，既有天然的嗅感成分，也有因加热、酶促、微生物、自动氧化等产生的嗅感成分，主要有挥发性有机酸、羰基化合物、酯类和硫化物，其中仅有机酸就测出了140多种。

六、食用菌

食用菌是一大类可食用的菌类，种类很多。鲜味和香味是食用菌风味的主体。消费量最大的白色双孢菌，俗称蘑菇，其挥发性成分中有1－庚烯－3－醇、2－庚烯－4－醇等醇类；糠醛、茴香醛等羰基化合物；肉桂酸甲酯、茴香酸甲酯等酯类；乙酰胺、苯甲醛氰醇等含氯化合物；蘑菇精、硫氰酸苯乙酯、异硫氰酸卡酯等硫化物。异硫氰酸卡酯、硫氰酸苯乙酯和苯甲醛氰醇被认为是特征香气成分，它是氰苷在酶的水解途径下生成的。有人认为由亚油酸生物合成的辛烯醇是鲜蘑菇的主要香味物质。

香菇的子实体内含有一种特殊的香气物质，称为香菇精。它是由香菇酸在S－烷基－L－半脱氨酸亚砜裂解酶的作用下生成的风味活性物质。香菇精是含有1～6个硫元素的环状化合物。这些反应只有在组织破损后才开始，因此香菇只有经干燥和复水或者浸软后才能产生浓郁的香气。而松蘑的芳香成分主要为桂皮酸甲酯和1－辛烯－3－醇。

七、食用油脂

食用油脂自身的气味主要是由挥发性的低级脂肪酸和非脂成分引起的。油脂的异味产生则往往是因使用和储存、加热、氧化而产生的小分子物质所引起。这些低级脂肪酸多是偶碳原子数的，如酪酸（丁酸）、己酸、辛酸、癸酸、月桂酸（十二酸）和肉豆蔻酸，而相对分子量低的羰基化合物则是形成油脂酸败气味的主要原因。

油脂中大多数天然成分有愉快、清淡、新鲜的风味，它决定了特定的脂肪型气味。而如果油脂中出现了从轻微的异味到腐败味等令人不快的气味和滋味，这是由于油脂发生了化学变化而产生的。尽管这些不良气味成分的含量极低，但对食用油脂的品质和菜肴风味的影响却很重大。

每一种食用油脂都有其固有的气味，动物油脂中猪油、牛油、羊油特征气味差异明显，但都有其相应的肉的特征风味；香油、花生油、菜籽油的特征气味同样鲜明独特；一般常用的黄油、人造黄油和藏族的酥油都是经过各种特殊加工而赋予它们一种特征气味。

油脂的这些气味的产生与油脂中所含的脂肪酸有关，也与油脂中所含的某些特殊物质有关，如牛油、羊油的膻味主要是由一些低分子的脂肪酸引起的；菜籽油的特殊气味则是由甲基硫醇形成的；香油的芳香味主要是由乙酰吡啶产生的。香油是中餐最广泛使用的调香油脂特有的浓郁香气可使人产生一种十分愉快的感觉，使菜肴具有芝麻的香气，让人在品尝佳肴时感到更加柔和、完美。

第二节 烹饪过程中香气的形成

菜肴、面点等所有食物，由原料经过加工、烹制、调配等技术措施以后，风味物质的种类和含量都大量增加及变化，香气更加浓郁。

一、畜禽肉类与菜肴的香气

肉类在烹调加工时，热处理方法不同，产生的肉香特征也明显不同。煮肉或炖肉的特点是温度不高于100℃，而且水分很多，香气的特征成分以硫化物、呋喃吡嗪类成分为主，例如，煮牛肉的代表性挥发性成分有二甲基硫醚、甲硫基–异硫醇、噻吩甲醛、2，5–二甲基–1，3，4–二硫烷。在油锅中炸肉时的特点是温度高而水分少。炸肉所用不同种类的油脂在高温条件下产生的芳香成分，与禽畜肉受热产生的肉香成分构成了炸肉香，如炸牛肉的代表性成分有2–乙酸–呋喃、3–甲硫基–丙醛等。而烤肉的特点是温度高而肉的水分因蒸发而降低，此时非酶褐变反应是生成香气成分的主要过程。吡嗪类、吡咯类、吡啶类化合物等碱性组分以及异戊醛等羰基化合物等是烤肉香气的主要特征成分，其中以吡嗪类化合物为主，烤牛肉代表性挥发性成分有1–辛醇、2–烯–庚醛、4–酮–环丁醇等。炒肉丝、炒肉片的加热条件则介于煮肉与烤肉之间。微波加热原理与通常的食物热处理完全不同，此条件下肉香气特征成分特点是醇类和吡嗪类化合物含量较多。

因美拉德反应、氨基酸热降解、脂肪热氧化降解以及硫胺素的热降解而得到的反应产物是畜禽熟肉制品和菜肴香气的主体。仅以熟牛肉而言，起重要作用的化合物就达到40种，它们的特征成分见表12–4，而风味物质总数在240种以上。

表12–4 熟牛肉香气的特征成分

硫化物	甲硫醇、乙硫醇、硫化氢、二甲硫醚、2–甲基噻吩、四氢噻吩–3–酮、2–甲基噻唑、苯噻唑、3，5–二甲基–1，4–三噻戊烷、5，6–二氢–2，4，6–三甲基–5–三噻烷基甲硫氨酸、2–甲基–3–甲硫基呋喃、3–羟基–2–丁硫醇、2–甲基–3–呋喃硫醇、2–甲基–3–呋喃基二硫化合物、2，5–二甲基–4–羟基–2，3–二氢噻唑–3–酮、2，5–二甲基–2，4–二羟基–2，3–二氢噻唑–3–酮
氮化物类	2–甲基吡嗪、2，3–二甲基吡嗪、2，5–二甲基吡嗪、2，3，6–三甲基吡嗪、2，3，5，6–四甲基吡嗪、2–乙基吡嗪、5–甲基–2–乙基吡嗪、2，5–二甲基–3–乙基吡嗪、2–乙基吡啶、2–戊基吡啶、乙酰吡啶

续表

呋喃类	2- 戊基呋喃、二甲基呋喃、三甲基呋喃、6- 甲硫基糠醛、4- 羟基 -5- 甲基 -3（2H）呋喃酮、4- 羟基 -2，6 二甲基 -3（2H）呋喃酮、2，4- 二甲基 -4- 羟基 -3（2H）呋喃酮、2，5- 二甲基 -4- 羟基 -3（2H）呋喃酮、2，5 二甲基 -3（2H）呋喃酮、5- 甲基 -2- 糠醛、2- 甲基环戊酮

糖、脂质、核苷酸和氨基酸特别是含硫氨基酸的热降解也是肉香味的重要来源。肉香成分中的硫化氢含量与肌肉中的蛋白质及加热温度有关。禽畜肌动球蛋白、肌纤蛋白受热后都能直接生成硫化氢，硫化氢的生成量与受热温度成正比。不同热处理方法，硫化氢的生成量相应有所差别。硫化氢在多数情况下能与其他组分共同形成肉类的特殊风味，如炒肉丝、炒肉片中的主要风味物质就是含硫挥发性化合物；将含硫多肽及硫胺素等一起加热时，可产生类似于禽肉的风味。硫化氢的含量对肉类加热香气的影响比较微妙：硫化氢的含量过低将造成肉的风味下降；而含量过多又会使肉香带有一种硫臭气味。煮、炖肉的过程中，不断产生硫化氢，却无臭鸡蛋味，是因为所产生的硫化氢与酮类物质作用生成了含硫的肉香成分的缘故。

熟猪肉的香气成分与牛肉多有相同之处，但以 γ - 内酯和 δ - 内酯居多，不饱和的羰基化合物和呋喃类化合物含量也较多。

熟羊肉的香气成分主要受羊脂肪的影响，含硫和含氮的成分与牛肉相似。

熟鸡肉的特征香气是硫化物和羰基化合物，见表 12-5。

表 12-5 熟鸡肉风味中挥发性成分的化学分类

化合物类型	鸡肉中该类化合物数量	化合物类型	鸡肉中该类化合物数量	化合物类型	鸡肉中该类化合物数量
碳氢化合物	84	内酯类	24	噻唑和噻唑啉	18
醇和酚类	53	呋喃和吡喃类	16	非杂环有机硫化物	17
醛类	83	吡咯和吡啶类	24	噻吩	7
酮类	53	吡嗪类	20	其他杂环硫化物	6
羧酸类	22	其他含氮化合物	7	其他化合物	11
酯类	16	噁唑和噁唑啉	5		—

畜禽肉类制品的香气成分与热处理方式有很大的关系，所以同一块肉，用不同的烹调方法加工，则其风味也会不同。

二、鱼贝类与菜肴的香气

鱼、贝、虾、蟹气味的有关成分是胺类、酸类、羰基化合物和含硫化合物，还有少量的酚类和醇、酯等。这些成分经加热煮熟后产生了很大的变化，熟鱼所含的挥发性酸、含氮化合物和羰基化合物构成了诱人的香气。但不同品种的鱼，其香气组成的变化很大。而烤鱼、熏鱼等则因调料改变了其风味成分。

甲壳类和软体类水生动物熟制后，非挥发性的味感成分的风味远大于嗅感成分。例如，章鱼、乌贼、贝类等的鲜味是由氨基酸、肽、酰胺和琥珀酸等共同作用的结果，但也不能忽视嗅感作用。蒸煮螃蟹的香气成分是某些羰基化合物和三甲胺；牡蛎、蛤蜊的头香成分是二甲硫醚；煮青虾的特征香气成分有乙酸、异丁酸、三甲胺、氨、乙醛、正丁醛、异戊醛和硫化氢等；海参、海鞘类香气特征成分为2，6－壬二烯醇、2，7－癸二烯醇、辛醇、壬醇等。

三、蔬菜烹煮时的香气

生食蔬菜的香气成分已如前述，但大多数蔬菜都要烹熟后才能食用，即使是生食品种，有时也要烹熟的。可是一经烹熟后，其香气成分将会发生显著的变化。例如，刺激性气味很强的百合科蔬菜洋葱、韭葱、细香葱、大蒜、韭菜、芦笋等，在烹煮受热后，特征气味的含硫化合物都要降解，香辣催泪的气味下降，例如，二丙基硫醚热降解产物丙硫醇是具有甜味的。而十字花科的洋白菜、西蓝花、芥菜、小萝卜和辣根等的特征香气成分异硫氰酸酯也因加热而分解成腈类产物，并促使其他含硫化合物的降解和重排。茄科的番茄、柿子椒、马铃薯等受热烹调后，某些氨基酸特别是蛋氨酸分解产生硫醇、硫醚等新的香气成分。马铃薯烹调后含有的芳香气味成分近50种，计有C_2～C_{10}的饱和与不饱和的醛和酮、芳香醛和酮，C_3～C_8的饱和与不饱和的醇，还含有芳香醇、橙花醇和香叶醇等萜类醇，以及硫醇、硫醚、噻唑等含硫化物，此外还有一些含氮化合物和呋喃类化合物等。伞形科的胡萝卜、芹菜等在烹熟以后风味变化也很大，例如，烹熟的芹菜含有较多的甲醇和乙硫醇。烤紫菜的头香成分达40多种，主要是羰基化合物、硫化物和含氮化合物。

四、瓜果及其制品的香气

水果如果受热，其香气成分会发生降解，与生鲜状态有显著差异。

对于加热而言，坚果类的香气变化很大，例如，栗子、核桃、榛子、香榧子等都是如此，更典型的是咖啡、可可、甜杏仁和花生。以花生为例，生花生仁的香气成分主要是由己醛、辛醛和2－壬烯醛产生的适中的青豆香气；而炒花生的香气成分有300余种，以羰基化合物为主要成分，还有多种吡嗪类化合物。

五、粮食类制品的香气

稻米和小麦粉是我国人民的主食，大米饭和面食是最值得研究的对象，大米饭刚煮好时，有一股诱人的香气。过去认为是 H_2S、CH_3CHO 和 NH_3，后来对新蒸煮的米饭顶空成分分析结果证明，其挥发性成分有40种，主要是低分子质量的醇、醛、酮类化合物，计有 C_2 ~ C_{10} 的醛、反-2-庚烯醛、反-2-反-4-癸二烯醛、异戊醛、苯甲醛和苯乙醛等；C_7 ~ C_{10} 的2-酮、6-甲基-5-庚烯-2-酮等；C_5 ~ C_7 和 C_9 的醇、1-辛烯-3-醇等，还有苯、萘以及乙酸乙酯、呋喃类和苯酚类化合物，而且还有脂肪酸、内酯、缩醛、噻吩、噻唑、吡啶、吡嗪、吲哚、喹啉等，总数在150种以上。稻米的特殊品种香米，其香气的关键成分是2-乙酰基-1-吡咯啉，其阈值为0.0001mg/kg，具有爆玉米花的香气，在香米中的含量是普通米的10倍。

米糠也有特殊的香气。谷类外层部分的挥发性成分特别是酮类等化合物，对米饭的香气贡献较大。已鉴定出其挥发性成分有250种之多，计有烷烃、烯烃、芳香族化合物、醇类、醛类、酮类、酯类和内酯类、酸类、酚类、乙缩醛类、呋喃类、吡啶类、吡嗪类、喹啉类、噻唑类、噻吩类等。将糙米加工为各种精度的精米后分别煮成米饭，发现精度为92%的米和85%以下的米煮成的饭在香气上存在明显差别，精度过高的米煮成的饭香气变弱。对米饭香气贡献最大的是酮类化合物，用完全去掉米糠的精白米所煮的米饭其香气是很淡薄的。加工精度越高的米，由于谷粒外层被去掉得更多，酮类等香气物质损失得就多，因此煮成的米饭其香气就弱。

另外，米粒中含有1%的脂肪，它在储藏期间逐步被脂肪酶分解为甘油和脂肪酸，游离的脂肪酸进而氧化形成羰基化合物。陈米中的 C_3 ~ C_6 羰基化合物的含量相当于新米含量的10倍，其中已醛、戊醛、反-2-烯酸和酮类等化合物是形成陈米味的主要成分。储藏时温度高会使脂肪的活性增强，进而加快陈米味的产生。经研究发现，陈米的羰基可以和氨基反应生成无色、无味的成分，使用L-半胱氨酸和赖氨酸可以有效地去除陈米臭味。

小麦本身的挥发性成分种类较少，主要是 C_1 ~ C_9 的饱和醇；C_2 ~ C_{10} 的醛类和2-庚烯醛、2，4-癸二烯醛等；C_3 ~ C_7 的脂肪酮类；还有乙酸乙酯、二甲苯、萘、二甲基萘等。但是特殊香气还不清楚。对小麦面粉的香气研究也不多，我国喜吃的面条、馒头、包子等的香气研究也不多，倒是面包、糕点、饼干等有相当多的数据。显然这些都是国外的研究成果，但是中国烹饪工作者也应朝着这个方向努力。

玉米的挥发性组分已经鉴定出60多种，主要是C_1～C_9的饱和醇类和不饱和的顺－4－庚烯－2－醇及1－辛烯－3－醇；饱和的C_2～C_9的醛类和2，4－癸二烯醛等；4－庚烯－2－酮、香叶基丙酮和C_6～C_9的饱和的脂肪族甲基酮类；月桂烯、苧烯等萜烯类和2－戊基呋喃，但特征香气也未定。经过烘烤后变化很大，有相当多的吡嗪等含氮杂环化合物出现。

烘炒大豆的香气则以12种吡嗪类化合物为主，还有糠醇、癸醛、苯乙醛、5－甲基糠醛、愈创木酚和N－乙酰基吡咯等。中餐中常用的红豆沙，在其原料生红豆中没有明显的香气，但煮烂后有特殊的香气，其主要成分是3，5－二甲基－1，2，4－三硫环戊烷、2，4－二甲基二噻嗪、2，5－二甲基噻吩、四氢噻吩和4－甲基－2－甲氧基苯酚等。

通过大量的研究分析得知，食物经烹调后所呈现的香气往往不是单一的，而是一种十分复杂的综合香气。许多食物的香气中含有300～500多种成分，尤其是肉类菜肴。目前在已经鉴定的各种食物的香气成分中，没有哪一种单独的成分能产生该食物十分明显的特征香气。所以，食物香气的形成是多种成分经过不同的反应而得到的最终的结果，由此可见食物香气的复杂性。

六、油脂与菜肴的香气

脂肪是香味物质最好的载体，因为绝大部分香味物质是亲脂性的。通常油脂气味对人的影响是直接的、显性的，因为人们更多的是利用油脂与油溶性香气成分所挥发出来的香气。

食用油脂的气味取决于用途或消费者的爱好。调配肉类食物时，特征油脂的气味是不可缺少的，人们倾向于采用调香、加香、转味的方法强化动物油脂的特征气味和风味。在中国菜肴中经常使用香油，并认为香油是很高贵的油品。香油的气味很强，即使少量的混入也仍能迅速地辨别出来，因而有很强的加香调味作用，被认为是重要的增香油脂而被广泛地用于饮食的烹调，特别是餐桌用油（冷调油）和煎炸油。

经油脂烹调制成的菜肴面点，其香气都很浓郁，食用时更觉香气扑鼻。例如，油炸类菜肴或食物往往能产生诱人的香气，其中各种羰基化合物是油炸食物气味中的重要成分。其他还包含有高温生成的吡嗪类和酯类化合物。另外油脂还起着一种保香剂的作用，能够溶解很多香味物质。在烹制菜点过程中，菜点所产生的香味成分有很多已转移到了油脂中，从而在食用时达到满意的效果。因为味觉和嗅觉这两方面同时作用的结果，使得我们在品尝美味食物时产生出满口生香、余味无穷的愉快感觉。这种效果在热制热吃（这也是中国菜肴食用时一大特点）的过程中，显得尤其突出。因为温度的升高加强了芳香物质的挥发。

例如，一碗温度很高的鸡场，上面漂浮着一层油脂，从外观上看，看不见鸡汤的热气蒸腾，而且鸡汤的香气也不那么浓郁，然而用勺子在鸡汤内搅动后再食用，鸡汤的温度之高和香气之浓郁均可明显地表现出来。

基于大部分香气物质具有亲脂性，并且能很好地溶解于油脂中这一原理，烹饪中常常将一些调香料与油脂一同熬炼成香气强烈的调香油脂，例如，将花椒、五香、丁香、葱等香味调料与植物油一同熬炼后，分别形成各具一格的花椒油、五香油、丁香油、葱油等。它们都各自具有强烈的芳香，尤其适合在冷菜、凉拌菜及某些面点和小吃中使用，以达到增香、调香的效果。在使用上述这些调香油时，要注意尽可能避免在高温或在加热时间较长的情况下使用，否则香气会挥发速度加快，减弱了应有的呈香效果。如果是在热菜中添加这些油脂，可在临出锅前或装盘时淋浇在上面即可。

中国传统的烹调技法——炝葱姜油、花椒油、辣椒油等就是食用油脂香化处理的典范，采用不同的火候，产品的风味各异。其特点是以调香料为香化剂，处理温度一般在120℃左右。更丰富的香化必须使用各种油溶性香精或香料。用工业化生产出有烹调风格的香化油脂时，是在50℃左右用各种油溶性香精或香料调配出所希望和要求的香型和风格，所用的香精香料被油脂吸收，在可能的情况下采用低温对保护芳香成分、获得最佳质量有利。但是目前的香精香料尚不能调配出中国传统烹调技法所产生出的香化特征，也就是说炝葱姜油、花椒油、辣椒油等的香化技术是目前工业化生产不可替代的。而我们可以通过这两种技法的组合运用，实现优势互补，突出各自特点，以满足不同的消费要求。

另外，在烹饪过程中为了增加一些菜肴的香气，我们常在菜肴即将出锅或出锅后淋上一些香味较浓的油脂，如麻油、葱油、花椒油、蒜油、鸡油、奶油等。例如，在红烧鳗鱼出锅时淋入麻油可去腥增香；榨菜肉丝汤出锅时滴上几滴麻油则香气四溢；在松子炒玉米出锅前加少许奶油，成菜奶香扑鼻；还有麻辣豆腐淋入花椒油；鸡油菜心淋入鸡油等，都能使成菜的香气各具特色，别具一格。应用淋油的方法来增加菜肴的香气也需注意三点：一是淋入的油脂要与原料的香气和谐；二是淋入的油脂不能影响成菜的色泽；三是淋入的油脂不能掩盖原料本身的香味。

七、加热方式的影响

应用不同加热方式得到的食物香气有着较大的差别。蒸、煮、炒、烤、炸、熏的风味各具一格，这主要与不同的加热方式有关。在烹调过程中，烧煮、油炸、烘烤方式是烹调加工中最主要的三大加热方式。因为受热的方式、条件不同，从而导致食物在烹制过程中产生的香气大为不同。

食物在蒸煮、焙烤及煎炸中产生香气物质，即食材经加热而分解、氧化、重排或降解，形成风味前体，进而生成具有特殊的风味，一般称之为热加工生成香气，亦可称反应生成香气。如烤面包、爆花生米、炒咖啡等所形成的香气物质。这类风味物质形成的化学机理就是美拉德反应。食物在加热过程中所发生的美拉德反应包括氧化、脱羧、缩合和环化反应，可产生各种香味物质，如含氧、含氮和含硫杂环化合物，包括氧杂环的呋喃类，氮杂环的吡嗪类，含硫杂环的噻吩和噻唑类，同时也生成硫化氢和氨。研究美拉德反应，掌握食物香味生成规律，可以使烹饪技艺更加精湛，制作的食物味道更鲜美。

1. 烘烤方式

烘烤是人类最早掌握的对食物进行热处理的方式。这种方式的特点是温度较高，时间较长，为大量的香气物质产生创造了有利条件。如今的人们已经很熟悉烘烤食物所挥发出来的那种愉快的香气。例如，烤鸭、刚出炉的烧饼、新鲜面包、爆玉米花的香味等都是这类风味。一般说来，当肉类表面处于比较干燥的状态并用高温烤炙时，其香气成分的生成主要依靠非酶褐变反应。肉类烘烤时产生的香气除了肉的品种外，还与受热温度、时间等因素有关。例如，烤鸭在 250℃下烘烤 30 分钟，可产生诱人的烤鸭香气；若温度低于 250℃，鸭肉夹生，香气缺乏；若高于 250℃，会因烘烤过度而产生焦煳气味。因此，通常在烤制过程中当食物色泽从浅黄色变为金黄时，这种由烘烤产生的风味往往能达到最佳；但当继续加热使色泽变褐，有时反而会出现焦煳气味和苦味。

现在还无法说明实际的烘烤食物的主要香气贡献成分具体是由哪几种挥发物组成，因为任何一种烘烤而制成的食物香气中都发现了非常多的香气成分。例如，从烘烤的可可中已经测出 380 种以上香气成分，在烘烤的咖啡豆中已测出 580 种以上香气成分，炒花生中已测出 280 种以上香气成分，炒杏仁中已测出 85 种香气成分，烤面包中已测得 70 多种羰基化合物和 25 种呋喃类化合物及许多其他挥发物质。

不同烘烤食物中气味物的种类各不相同。但从大的类别看，大多有相似之处。这类香气的产生往往与加热过程中的羰氨反应、焦糖化反应、含硫氨基酸和维生素 B_1、维生素 B_2 的热解反应有关，从而形成焙烤类食物所特有的焙烤香气。面包等食物除了在发酵过程中形成醇、酯类等香气成分外，在焙烤过程中发生的羰氨反应还能产生出许多具有香气的羰基化合物来。炒花生的香气是迷人的，而我们在炒花生的香气成分中已检出 8 种吡嗪类化合物以及一些羰基化合物和吡咯化合物等。

2. 烧煮方式

烧煮是食物熟制的重要手段，在烹调中常常使用。由于通常烧煮的温度比烘烤和油炸来得低，时间也可长可短。有的食物在烹调时烧煮时间只需几分钟，有的则要数小时。因此不同的食物，烧煮对其香气的产生所造成的影响也互不相同。在烧煮条件下发生的非酶反应主要有美拉德反应、含硫化合物和多酚化合物的氧化反应、维生素和类胡萝卜素的分解反应等。对于肉、禽、鱼等动物性原料，通过加热烧煮能产生大量浓郁的香气，对嗅感所产生的刺激较为强烈。另外，不同的肉类原料烧煮加热后其香型也不同，如鸡肉烧煮时的香气主要由羰基化合物和含硫化合物构成，尤其是含硫化合物常使鸡汤具有轻微的硫化合物的气味。如果除去羰基化合物，则失去了鸡肉的香味。又如在羊肉烧煮时出现的含有特殊膻气成分的是4－甲基辛酸和4－甲基壬酸。而这些化合物是支撑特殊风味所必不可少的，能够很好地体现这些原料的特色。

对于蔬菜而言，不同的蔬菜和谷类所含呈香物质的组成不同，烧煮加热产生的香气也有所不同。一般来说，受热往往容易使蔬菜、谷类原有香气的大部分损失，新的香气成分却生成得较少；而对水果、乳品等食物常常造成原有香气挥发损失，而热反应生成的新香气成分极少。需要注意的是，对于一些具有清淡香气或易挥发较浓香气的蔬菜原料，长时间的烧煮会造成原有风味的严重损失。因此，对于绝大多数的蔬菜应该大火短时、旺火速成，不宜长时间烧煮。

烧煮米饭产生的香气很受人们欢迎。新米的颜色白中泛青，含水分较多，煮熟的饭糯性大，柔软清香。大米的加工精度不同，形成米饭香气前体的成分组成也不同。在一定时间内，蒸煮时间越长，大米淀粉的糊化程度越高，米饭产生的香气也较浓郁；随着蒸煮压力的增加，米饭糊化速度加快，糊化充分，蒸煮时间缩短，但是米饭的香气反而下降。结合感官鉴定，常压下蒸煮米饭30分钟时，口感和香气都比较满意。

3. 油炸方式

油炸已成为当前许多食物生成芳香风味的重要手段。油炸类食物所产生的诱人香气能够强烈刺激人的嗅觉器官，非常刺激食欲，给人留有深刻的印象。例如，炸鸡、炸乳鸽、煎牛排、炸油条、炸麻团等。对于油炸过程中产生香气物质的途径除了与上述烘烤相似外，更多地还与油脂的热降解有关。油炸食物的各种羰基化合物是气味的重要成分，其中对特征风味贡献最大的组分是2，4-癸二烯醛，它被认定是油脂热分解出的特有香气，阈值为5×10^{-4}mg/kg。除此之外，油炸食物的香气成分还包含高温生成的吡嗪类和酯类化合物。油炸方式对食物香气的形成，既与原料成分在高温下的变化有关，还与油脂本身在加热过程中的变化有一定的联系。油脂变化的产物主要为多种羰基化合物。这些羰基化合物有些可以构成食物煎炸的香气，另外有些可以与原料及调香料中的化合物进一步反应，生成多种其他的呈香物质，以丰富油炸或者煎炸食物之香。使用不同油脂煎炸同一种原料有时也可以获得不同的香气，这可能与各种油脂的脂肪酸组成不同和所含风味成分不同有关。例如，用香油炸的食物带有芝麻香；

用椰子油炸的食物带有甜感的椰香；而色拉油因无特征香气，可以适合各种原料的油炸制作，因此常常成为烹调中的油炸常用油。

对于食物在上述三种不同加热方式中所产生的香气物质，从营养科学的角度看，既有有利的一面，也有不利的一面。有利的一面是提高了食物的风味，增强了人们的食欲，有助于食物的消化吸收；而不利的一面是有可能降低了食物的营养价值，有时还会产生人们所不希望的颜色褐变等。究竟是利大，还是弊大，还很难得出肯定或否定的结论，要根据食物的种类和工艺条件的不同来具体分析和对待。对于大多数蔬菜、鱼肉等菜肴来说，因为它们必须经过加热后才能食用，如果是在温度不是很高及受热时间不长的情况下进行烹调，这时菜肴中的营养物质损失得不多，而同时又产生了人们喜爱和熟悉的香气，这样的加热过程是人们认同并欢迎的。而对于有些烘烤或油炸菜肴，如烤猪、烤鸭、炸鱼、烤面包、油炸饼、炸油条等，虽然其独特香气受到人们的偏爱，但在高温条件下长时间的烘烤或油炸，会使营养价值有较大程度降低，尤其是对人体重要的限制性氨基酸如赖氨酸明显减少，这对我们来说是应该引起关注的。

第三节　调香原理

调香与调味一样重要。调香是一门技术性很高的工作。烹调中的调香虽然不像香料行业那样突出和重要，但是如何调制出好的菜肴香气也同样是一门学问。所谓“调”主要是利用物理的和机械的混合，调制出诱人的香气来，而且能控制它们的烈度和释放时间的长短。同时，调香往往是伴随着调味一道进行，任何一种菜肴没有一个是只调香而不调味的，因此好的菜肴总是香、味俱佳，两者相辅相成，互相映衬。

呈香物质必须具备两个条件：一是饱和蒸气压相对较低，在空气中易于发挥，即使在水、油或其他溶剂中存在，其分子也容易扩散逃逸，否则感觉不到。二是呈香物质的相对分子质量都不会太大，常温下为液态的呈香物质容易挥发，固态的容易升华。

还有一些物质本身虽无气味，但它们能通过各种生物化学反应转化或降解为香味物质，这些物质被称为香气的前体物质。

有些呈香物质在浓度太大时，气味使人感到厌恶，但是将其稀释到一定的浓度，气味反而变得优雅宜人。如 β – 甲基吲哚在其浓度大时有粪便臭味，故称粪臭素，但是浓度在小于 10^{-6}ml/L（空气）时，则有一股素馨花的香气；又如 H_2S 和 NH_3，单独存在时，都是很难闻的气味；可是当它们与若干种有机化合物混合在一起，便呈现出新鲜米饭的香气，这是从米饭开锅时所放出的顶空气体分析得出的可靠结论。因此，对人产生美好香气的呈香物质在空气中是必须有一定适宜浓度的。

从科学的角度看，烹饪中的调香原理主要包括了物理和化学作用，例如，挥发与扩散、吸附、渗透、美拉德反应、酯化反应、中和反应、降解反应等。

一、物理作用

1. 扩散与挥发

香气馥郁的菜肴之所以香气扑鼻，就是因为呈香物质的分子从浓度高的区域（菜肴）向浓度较低的外界扩散并进入鼻腔的结果。凡呈香物质都具有一定的挥发性，挥发性物质达到一定的浓度（阈值）时，便引起嗅觉。浓度越大，香气越浓。

在烹饪中菜肴散发的香气是由于呈香物质分子在空气中通过扩散进入人体鼻腔而感觉到的。扩散速度与温度成正比，加热能够有效促进呈香物质的挥发。所以饭菜只有在热的时候更能明显闻到其特有的香气。出锅后随着温度的逐渐降低，其香气也随之减弱。姜、葱等因其所含的呈香物质挥发性较弱，常温下香气较淡，但是通过加热可促进其挥发。而有些调料常温下即可显现浓郁的香气，则不需加热，如香油在常温下就能挥发出强烈的香气，可直接入菜调香。又如在凉菜中拌入香醋，在热菜出锅前滴入香醋，使得香醋中的醋酸分子挥发于空气中，使菜肴发出香醋的酸香味。

呈香物质的相对分子质量越小，分子的平均截面积越小，其扩散系数就越大。调香料经过高温烹制，许多呈香物质的前体发生裂解，形成小分子的香气物质，具有较大的扩散系数，在空气中的扩散速率快，所以菜肴的香气能很快闻到。

2. 吸附

吸附是指呈香调料通过加热挥发出的大量呈香物质，可被原料表面吸附，达到使菜肴带香的目的。

在烹饪中吸附作用主要有以下两种形式：

（1）炝锅。炝锅是中菜烹调的一大特点。炝锅原料主要有葱、姜、蒜、干辣椒等，通过一定温度及油脂的作用，达到生香效果。炝锅时调料中挥发出的呈香物质，一部分挥发进入空气，而另一部分则被油脂所溶入。当锅内下入原料烹调时，含有呈香物质的油脂便吸附于原料表面，使菜肴带香。

（2）熏制。熏制是以木料末、花生壳、香树叶、茶叶、大米等作为熏料，通过加热使熏料冒烟来熏制原料。熏烟中带有大量的呈香物质，其中有一部分会被原料表面吸附，使菜肴带有烟熏的香气。这些被原料吸附的熏料香气，缓慢地散发于盘子上空或是咀嚼时香气分子进入鼻腔而感知其烟熏的香味。

3. 渗透

香气分子往往具有亲脂性，非常容易融入到油脂中。当肉类原料与植物原料共烹时，肉类原料中的香气分子常常能随着油脂渗透到植物原料中去，使其有肉香味；与此同时植物原料中的香气分子，以相同的途径渗透到肉类原料中，从而使肉中也具有了植物原料的香味，达到互相渗透，互相交融的结果。例如，干咸菜烧肉这款菜，常说的“菜中有肉味，肉中有菜味”就是这种互相渗透作用的结果，它除了指滋味互相交融以外，也指香味的互相渗透。

二、化学作用

1. 美拉德反应

美拉德（Maillard）反应又称羰氨反应，是氨基化合物和羰基化合物之间的反应。法国著名化学家 Maillard L.C. 于 1912 年发现了该反应，并对其进行了深入研究。以后的研究表明，美拉德反应不仅能影响食物颜色，对风味也有重要作用，几乎所有含羰基（来源于糖）和含氨基（来源于蛋白质）的食物在常温和高温条件下都能发生反应，并生成内酯类、呋喃和吡喃类等各种嗅感物质。这些物质是形成食物风味的主要来源。在煎、炸、烤、焙、烘、炙等方法中，美拉德反应是产生风味物质的必要过程，例如，北京烤鸭、炸乳鸽等，而在面点制作中，恰如其分的美拉德反应是形成色泽和香气的最好方法，例如，烤面包。

美拉德反应过程可以分为初期、中期和末期三个阶段，每一阶段又可细分为若干反应。美拉德反应的产物十分复杂，既和参与反应的羰基化合物及氨基化合物有关，还与受热的温度、时间、pH、水分等因素有关。一般来说，当受热时间较短、温度较低时，反应产物除了 Strecker 醛等以外，还有特征香气的内酯类和呋喃类化合物等；当温度较高、受热时间较长时，生成的嗅感物质种类有所增加，还有吡嗪、吡咯、吡啶等具有焙烤香气的物质形成。

2. 焦糖化反应

在没有任何含氨基化合物存在的情况下，单一组分的糖在 120 ~ 150℃的高温下，也能发生降解、缩合、聚合等反应，从而形成黑褐色的焦糖色素（俗称糖色），同时会产生焦糖香气，其气味主要来自于低分子的醛、酮类等挥发物质，这种反应称为焦糖化反应。食物发生轻微的焦糖化反应，能产生愉快的焦糖气味，焦糖香气甚至作为高温加热后食物香气的一个明显标志和特征。加入糖色的菜肴不仅具有一定的色泽，而且还带有特殊的香味，如广州名菜太爷鸡等。但如果加热温度过高或时间过长，便会产生令人厌恶的焦煳气味和苦味。

3. 酯化反应

所谓酯化反应，是在一定条件下，原料及调味料中的有机酸与醇类物质发生一定的化学作用，其结果是生成具有芳香气味的酯类物质。酯化反应也称之为“生香反应”。低级脂肪酸形成的酯都有令人愉快的香气。烹饪过程中原料及调味料中的酸类物质与醇类物质不同，因而酯化后所形成的产物也不一样，菜肴的香气也因此不同。这种“酯化反应”由于烹制菜肴时的高温给反应体系增加了能量，从而加速了这种反应的速率。

料酒是烹调中最常用的一种调料，它常常能与原料中不同的有机酸发生酯化反应而产生出香气。不同的酯有着不同的香气。最典型的酯化反应就是食醋中的醋酸与料酒中的乙醇之间形成酯，其生成产物为乙酸乙酯，这是一种具有新鲜水果香气的物质。当然，在使用食醋或料酒时，它们本身还带有其他的一些呈香物质，这些呈香物质在烹调中对菜肴的生香也有一定的帮助。另外，在烹制某些菜肴如红油鸡丁、炒腰花、麻辣腰花、宫保肉丁等菜肴时，需添加少量的食醋，既可以解腥除异，又能够增加香气，以求菜肴出锅时能达到香气更加浓郁的效果。

4. 中和反应

所谓中和反应是指酸和碱两者之间发生化学反应，互相交换成分，反应的结果是生成盐和水。在用海产类动物性原料烹制菜肴的过程中，尤其是海产鱼类的烹调，厨师有时会添加一些食醋，用以去除腥味。鱼腥味的成分大都属于碱性物质，随着酸性物质食醋的加入，两者之间将会发生酸碱中和反应，使得碱性鱼腥味的成分大大减少，鱼腥味也就明显降低。另外，用老酵发酵的面团，由于面团中的有机酸积累，常常散发出酸气味，这时必须用碱水来进行中和，以去除酸气增加发酵香气。

5. 降解反应

大多食物在加热和烘烤过程中都会产生诱人的香气，许多香气成分是由加热过程中的降解作用而形成。如炒花生产生的香味中至少有 8 种吡嗪类化合物是因为降解作用而形成；富含脂肪的肉类原料在烹制时脂肪可降解为低分子的醛、酮、酸等香味物质；鱼类在加热后产生的香味成分也是由降解作用产生的一些含氮有机物、有机酸、含硫化合物与羰基化合物而构成；花生、芝麻、咖啡等焙炒后生成了降解产物呋喃、吡嗪、吡咯等，从而使香味更加浓郁；烧烤、油炸类食物的香气成分则许多是来自于脂肪降解时产生的低级脂肪酸、羰基化合物和醇类等。

总之，菜肴香气的形成其实是与诸多因素有关的。菜肴香气的来源包括许多方面，例如，有原料固有的香气、调料调配的香气、主配原料合理搭配后产生的混合香气等。在原料和调料都具有呈香物质前提下，把握火候的“度”和原料与调料之间恰当的配比量，又是达到菜肴香气标准的充要条件。否则，即使原料和调料含有很好的呈香成分，也难以将它们充分发挥到极致。

第四节　调香方法

在烹饪中常常要根据不同菜肴的特点来选择不同的调香料，同时还要根据调香料的耐热性和产生调香效果来选择调香方法。调香的方法较多，根据调香原理及烹调工艺的不同，我们大致可以将常用的调香方法分为烹前调香法、烹中调香法、烹后调香法三类。

一、烹前调香

烹前调香法使用范围很广，兼有入味、增香、增色的作用。这种方法常常是在加热前采用腌渍的方法来调香，例如，用生姜、葱、蒜、酒、醋、茴香、八角、桂皮、麻油、酱类、糟等，将原料进行一定时间的腌渍，使调料中的有关香气成分或吸附于原料表面，渗透到原料之中，或与异味成分充分作用，再通过洗涤、焯水、过油或正式烹制，使异味成分得以挥发除去。如烹前肉类用料酒腌过后，有利于酒中的部分乙醇与肉中的有机酸结合生成香气的酯类物质。

我们还可以通过发酵生香的方法使得原料形成一定的特殊香气，例如，泡菜、酸菜等。有时也采用冷熏法：温度不超过22℃，所需时间较长，烟熏气味渗入较深，烟香气较浓厚。有时还可以采用硝水腌渍肉类原料，既可以使肉类原料上色，又可以使肉类增香。

二、烹中调香

烹中的调香法运用非常广，几乎各种热菜的调香都离不开这种方法。这种方法是指借助加热的作用，除去原料异味，迅速增加菜肴的香气。在加热过程中除了原料本身受热形成的香气外，还使得不同调香料之间的香气得以互相融合并挥发，以及与原料自身的本香相互交融，形成浓郁的香气。通过加热，调料中的呈香物质迅速挥发出来，或者溶解于汤汁中，或者渗透到原料内，或者吸附在原料表面，或者直接从菜肴中散发出来，从而使菜肴带有香气。通过热力使香气向原料内部渗透，如在煮、炸、烤、蒸等过程中都有这种现象发生。

加热过程中的调香，调香料的投放时机很重要。香气挥发性较强的，如香葱、胡椒粉、花椒面、小磨香油等，需要在菜肴起锅前放入，才能保证香气浓郁；香气挥发性较差的，如生姜、干辣椒、花椒粒、八角、桂皮等，需要在加热开始就投入，让它有足够的时间将香气挥发出来，并充分渗入到原料之中。

烹饪中的调香方法大致可以分为两类。一类是菜肴制作过程处于开放式或者是半开放式的情况；另外一类是菜肴处于封闭式或半封闭式的情况。

1. 开放调香法

对于开放式或者是半开放式的加热调香，其具体操作形式如下：

（1）炝锅助香：通过调香料加热及油脂的作用，使调料香气挥发，且大部分被菜肴和油所吸附或溶入，有利于菜肴调香。

（2）余热促香：在菜肴起锅前后，趁热淋浇或撒入调香料，或者将菜肴倒入有热度且较大的盛器内，通过余热保温作用促使其增加香气。

（3）酯化增香：在较高温度下，利用原料或者调料中醇与酸的酯化生香，酯化速度可以明显加快，产生的香气物质也多，增加了菜肴香气的浓度。

（4）烟熏调香：把熏料加热至冒浓烟，产生浓烈的带有这种特殊物料的烟熏气味，使烟熏气味与被熏原料接触，并被原料吸附的调香法。

2. 封闭调香法

这种方法是指将原料保持在封闭的条件下加热，食用前开启，以获得浓郁香气的调香法。此法是一种比较特殊的方法。开放调香法容易使部分呈香物质在烹制过程中散失掉了，存留在菜肴中的只是其中一部分。尤其是在加热过程中，加热时间越长，呈香物质挥发得越多，香气损失得就有可能越严重。而采取封闭调香方法能很好地解决这一问题。封闭调香的方法归纳起来主要有以下几种：

（1）容器密封：如加盖并封口烹制的汽锅炖、瓦罐煨、竹筒蒸等。

（2）泥土密封：如叫化鸡就是用泥土完全密封调香的典型代表。

（3）纸包密闭：用可食性玻璃纸、威化纸等，包上已调配好的原料，炸熟或烤熟上盘。如纸包鸡、纸包虾、锡纸回锅肉、纸包罗非鱼等。

（4）面皮密封：用面皮包封原料，如响铃三鲜、麦香盒子鱼等。

（5）荷叶密封：用新鲜的荷叶或者干荷叶，包上已调配好的原料进行烤制或者蒸制。例如，荷叶包鸡、荷叶粉蒸肉等。

（6）糨糊密封：利用上浆、挂糊，可起到调味、保嫩、调香的三重作用。

（7）其他原料密封：是以一种原料包裹其他原料的调香法，既丰富了菜肴层次，变化了触感，调和了味感，同时一定程度上又密闭了香气。如荷包圆子、鱼咬羊、八宝鸭、三套鸭等。

三、烹后调香

烹后调香是指在烹调成菜后，再另外加入一些带有浓香气味的调香料，用以掩盖轻微的异味或者是再增加某种特殊的香气，主要是作为一种补充调香的手段。方法是在菜肴盛装前后淋入麻油，或者是经过特别加工形成的风味油脂，如花椒油、辣椒油、红油、葱油等；或者撒一些香葱、香菜、蒜泥、胡椒粉、花椒面等；或者是淋上一些特殊制作的调味汁，或者将香料置于菜上；或者是跟味碟随菜上桌。烹后调香主要是用来补充菜肴香气之不足或者完善菜肴风味。

四、冷菜调香

冷菜又分为冷制冷食和热制冷食两类。对冷制冷食的冷菜来说，它的香气是原料自身所固有的天然香气与调味料香气混合而成。冷制冷食的冷菜有些需要预先用一定的调味料来腌制入味；有些是在食用时将调味汁淋入，拌匀后食用。由于未经加热，所以原料本身的香气要突出一些。冷菜的香气成分往往蕴藏在菜肴之中，如果仔细嗅闻冷菜，原料中固有的香气可以闻到。对于冷制冷食的冷菜在制作过程中，由于原料的香气不明显，常常要加以一些调味料及调香料，用以增加菜肴的香气。例如，常用的有芥末汁、糖醋汁、花椒油、辣椒油、香油、芝麻酱、香葱油、蒜末等。根据生香原理，冷菜的香气肯定不如热菜来得强烈。除了香型特别明显的冷菜外，一般很少有如热菜一样给人以先入之香感觉的。

而对于热制冷食的冷菜，这类冷菜实际上是加热制作，冷却后食用，其生香过程主要是在烹调加热中完成。加热过程不但促进了原料中香气成分的逸出，也有助于改善原料特有的天然香气，加之在加热过程中调味料及调香料的加入，使得热制冷食的冷菜其香气变得复杂及丰富，香气也较为浓郁。因此热制冷食的冷菜香气要比冷制冷食的冷菜香气容易生成并容易调控。由于加热烹调，热制冷食的冷菜香气的效果也明显，香气种类也要丰富得多。

第五节　面点调香

面点中总是或多或少含有油脂的。含有油脂的面点之所以能感觉到它的味道，实际上是含有油脂的乳化液或混浊液对我们的味觉神经起作用。当水溶性的各种呈味物质与油脂形成乳化液，或形成混浊液后，这些乳化液或混浊液将使我们进食面点时产生良好的味觉。另外，水溶性呈味物质一般在舌头的表面有油脂时，会影响到食物中的部分呈味物质向嗅觉感受器发生移动，丰富了味感，这也是油脂能使食物味道更加可口的又一个原因。在面点馅心中加入油脂可以增加香味，因为大多数呈香物质为脂溶性，增加油脂的摄入，相对增加了香味的来源，使面点变得芳香可口。

不同的面点品种往往含有不同的呈香物质，即使有主体的香气成分，但也绝不是由某一种呈香物质单独产生的，而是几种呈香物质的综合反应。利用原料本身的自然香气，还须懂得利用原料在生坯成形、熟制过程中产生的生化反应。例如，发酵面团（简称发面、酵面），它是面粉加入适量发酵剂（酵母），用冷水或温水调制而成的面团，具有轻微的酒香味。经过蒸制后，制品具有酵面特有的香味。面点在烤、烙、煎、炸中主要通过在高温条件下，发生美拉德反应和焦糖化反应，从而形成特有的色泽和诱人香气。如生煎包子就既有酵面之香，又有油煎之香，富有特色。

面点产生的香气，由于氧化或蒸发等原因，一般都具有散失性，虽有一部分仍保留在面点成品中，但随着时间的延长不断地减弱，特别是随着成品温度的下降，其香味散失越明显。为了保护面点中的香气成分不至于过分散逸，在面点制作中应注意以下几点：其一，面点要及时熟制，及时品尝。防止温度降低，香气散失殆尽，最好及时趁热品尝。其二，根据原料的特性不同，采用合适的加工方法，掌握最佳时机。如蔬果类原料大都带有清香气味，制作馅心时加热时间不宜太长；而香菜、香油等原料，最好在面点成品制作完成后再投放，以保持较浓烈的芳香。其三，提倡包馅制品。这是我国面点中颇具特色的一类制品，如饺子、包子、春卷、馅饼等，成熟后面皮形成了不透气的隔层，很好地保留了香气。

在制作葱花油饼、烙饼等面点时，一般都使用葱、茴香、花椒等天然香料以增加香气。制作包子时在酵面中如果揉入3%～5%的天然黄油，包子制熟后，别具黄油清香。有的面点在生胚的外表粘上芝麻或者花生仁末，然后再煎炸，最终形成的香气中既有面的油煎之香，又夹杂有芝麻或者花生仁末的香。还有在面点馅心中加入油脂用以增加香味，使得面点变得更加芳香宜人。

思考题

1. 食物的香气来自于哪几个方面？
2. 鱼腥味的主要成分三甲胺是怎么形成的？
3. 油脂对菜肴的香气有什么影响？
4. 不同的加热方式对菜肴香气的形成有什么影响？
5. 什么是美拉德反应和焦糖化反应？
6. 常用的调香方法一般分为哪几类？

第十三章

烹饪中使用的调香料

本章内容： 调香料概述
调香料的作用和调配要点
烹饪中使用的调香料

教学时间： 6课时

教学方式： 教师讲述天然调香料的特点及产品形式，阐释调香料在烹饪中的主要作用及调香料的使用要点。

教学要求： 1.让学生了解调香料的产品形式和特点。
2.熟悉调香料在烹饪中的作用。
3.掌握常见调香料的主要性质和应用。

课前准备： 阅读有关调香料和烹饪调味调香方面的文章及书籍。

广义的调香料是指被称为香料、香原料的并具有挥发性能用于配制香精的一类芳香物质。狭义的调香料则是指可用于各类食物加香调味，能赋予食物以香、辛辣等风味，并有增进食欲作用的植物性物质的总称。加入调香料后，将使食物的香味得到明显的体现和改善。调香料在我国烹饪中的应用非常普遍，历来受到人们的重视。我国利用调香料的历史源远流长，早在公元前 551 ~ 479 年就有了有关调香料的文字记载。人们最早是用调香料来掩盖食物存放期间产生的异味，而现在的调香料在食物中主要起着赋香、矫臭、抑臭及赋予辣味等功能。不仅有助于食物产生出变幻无穷的风味，而且有增进食欲的效果，使人胃口大开，有可能成为人们的嗜好因子，有些调香料甚至是地区、民族饮食的标志。

第一节　调香料概述

当今，天然调香料正得到越来越多的烹饪工作者的青睐。在人们生活中用于菜肴和食物中的有特殊香味的植物几乎都属于天然香料植物。另外，很多天然食用香料植物还具有着色、防腐、抗氧化等机能。目前已被国际组织确认的天然香料植物有 70 多种，通常使用含香最浓的植物部位。较为常见的天然香料植物有葱、姜、大蒜、辣椒、八角、茴香、肉桂、花椒、胡椒、小茴香、洋葱、丁香、草果、橘皮、白芷、薄荷、砂仁、肉豆蔻、芫荽、月桂叶等。

一、调香料的种类和特点

天然调香料是非常重要和历史悠久的食用香料，来源多样、种类繁多、用途各异、特点突出。烹饪中使用的调香料可以分为烹调香草和调香料两大类。

1. 烹调香草

烹调香草主要来自于亚热带和非热带，是具有特殊芳香气味的软茎植物，如罗勒、牛至、皮草、薄荷、百里香及桂叶等，用于食物调味时多取其枝梢部分，鲜品、干品都可使用。香草通常含有较高浓度的由萜烯生物合成的对 – 薄荷烷类化合物。因多产自温带地区，精油含量较低，且干燥时挥发性香气成分有损失，故鲜品香气比干品强。用干品时还应剥掉其硬质的外皮。

2. 调香料

调香料多产自热带和亚热带地区，通常含有高浓度的苯丙基类化合物。它是由莽草酸途径产生具有明显芳香气味及精油含量高的干燥芳香植物。使用其果实、种子、花及花蕾、球根、鳞茎、树皮等部分，见表 13–1。常用调香料约有 20 种。生产各种传统酱肉制品使用的调香料就有八角、肉桂、陈皮、肉蔻、丁香、山柰、白芷、良姜、砂仁、草果等 18 种之多，其肉制品香味醇厚。各地依当地食用习惯和传统风味都有独特的调香料配方，所以能生产出多种多样、风味各异的食物。例如，日本人喜爱在烤鳝鱼时加入花椒；五香菜串中加入芥末；寿司和金枪鱼做的生鱼片、鱼糕中要加入辣根；鲤鱼酱要用生姜和大蒜调味。所用调香料也多与当地特产有关，这也是构成区域风味特点的基础之一。

表 13-1　天然调香料植物的使用部位

植物部位	代表性香料植物	植物部位	代表性香料植物
果实	小茴香、八角、辣椒、胡椒、众香树、葛缕子、草果等	果荚	香荚兰
		地下茎	姜、姜黄、白芷、辣根、广木香等
种子	豆蔻、芹菜、芫荽、莳萝、芥子等	假种皮	肉豆蔻
叶及茎	月桂、百里香、薄荷、留兰香、迷迭香等	柱头	番红花
花及花蕾	丁香、桂花、玫瑰、辛夷等	鳞茎	大蒜、洋葱等
树皮	中国肉桂、斯里兰卡肉桂等		

二、天然调香料的产品形式和特点

天然调香料可以采用按使用形态和气味这两种方法来分类。

按使用形态主要有三种形式：即完整调香料、粉碎调香料和调香料提取物。目前，常用的是完整形态和粉末产品。

1. 完整调香料

完整的调香料原形保持完好，不经任何加工，不仅用它来增香，而且还可利用其口感和视觉的特点，使食物具有特色。有的情况下，也用纱布袋将调香料包裹起来再使用，这样可以更好地满足菜肴品质的需要。使用完整调香料的缺陷是在使用时香气成分释放缓慢，香味不能均匀分布和完全释放在食物中。由于释放风味的持续时间较长，适合在小火慢炖的酱卤菜肴中使用。

2. 粉碎调香料

粉碎的调香料是指初始形成的完整调香料经过干燥过程后，再粉碎成颗粒状或粉末状，在使用时直接添加到食物中。使用粉碎调香料的优点是香气释放速度快，味道纯正。其缺点是有时会影响食物的口感，如颗粒粗糙，这样就影响了食物的味道。

调香料单独使用，香气比较单调、生硬、不协调，因此更多情况是多种调香料一起使用。由于粉末状的调香料具有更易混匀、使用方便、效果更好等优点，从而研制出混合调香料，主要是利用其特殊的混合香气。代表品种有西餐的咖喱粉、中式的五香粉和十三香、墨西哥的辣椒末和日式七味辣椒等。此外，奥尔良香料、西班牙香料等西方香料也在我国流行。由此可见调香料具有国际化的发展趋势。这些混合型调香料都以香味为主，兼有辣味和苦味，在使用时要注意用量。混合型调香料可以直接在烹调时加入；也可在原料挂糊上浆时放入糊浆中；也可以在菜肴烹制后再放，如爆鱼、炸排骨等。粉碎调香料中用量最大的是黑胡椒，特别是美国人食用较多，而欧洲人偏爱白胡椒。胡椒粉的粒子大小随各地食用习惯而定。

3. 调香料提取物

调香料提取物是指调香料通过蒸馏、萃取等方法，将调香料中的有效成分提取出，通过稀释后形成液态油，或是通过喷雾干燥等方法制成粉末状，直接加到食物中。

（1）调香料油。调香料油简称为精油。调香料的香气大部分来自精油，最早的调香料提取物就是利用精油的挥发性，采用蒸馏法将精油提取出来。精油的优点是：香气浓郁，颜色较浅；易于溶入各种食用油脂中，因而可以调整和控制其赋香力；对产品的关键成分有质量标准，可避免使用调香料植物产生的香味质量差异。由于精油中的各种萜类在高温下容易发生氧化、聚合，因此应保存在冷暗处。精油没有微生物的污染、虫蛀、鼠咬等问题，且便于运输。精油的最大缺点是有些在口味上有重要作用的非挥发性树脂类成分没能与精油一起提取出来。如胡椒和生姜精油中不含表现各自特征的麻辣成分。另外，精油不含调香料原有的天然抗氧剂，因而易于氧化，而且在固体产品中使用时不易分散。

（2）油树脂。选用适当的溶剂浸取粉碎的调香料原料，将溶剂蒸馏回收后，得到颜色较深而黏稠、含有精油的树脂性产品。油树脂几乎含有调香料原料中全部的香气和呈味成分。目前有用油树脂代替调香料植物粉末的趋势。油树脂的优点是：在食物中溶出完全，在第一时间香气体现得完整、饱满；能最大限度地发挥作用，可节约调香料；不会引起微生物污染，对食物的卫生安全有利；其精油和色素含量可用相应精油、色素或食品级丙二醇补充调整，实现加香的定量化、标准化和产品的一致性，从而保证食物质量的相对稳定；分散均匀，加香食物无外观变化；油树脂中成分被脂肪所包围，又含有天然抗氧剂，不易氧化变质和挥发散失，调香料中的酶不会转入油树脂中，使油树脂和加香食物的稳定性很好。另外，油树脂使用、管理方便经济，占地面积小，适宜放在冷库中保藏，运输方便。

（3）其他。采用食品级丙二醇、异丙醇、甘油和油脂作稀释剂，对精油、油树脂进行稀释就形成调香料香精。对于油溶性的精油、油树脂经乳化处理就成为调香料乳液；使用环糊精、树胶、明胶等将其包裹包埋保护起来，经喷雾干燥还可以制成微胶囊化制品，可以防止精油香气的挥发损失和使油树脂更加稳定，有利于使用和储藏，但是成本较高。此外，还有调香料煎液、速溶调香料等。

有实验证明，在烹饪过程中使用调香料提取物对菜肴进行科学的调香，其调香效果明显优于传统的调香方式。这是目前较先进的调香形式，不影响被调香食物的感官状态。而且，可将提取物根据传统调香配方进行复合，并通过一定的工艺进行粉末化，具有无渣、味浓、速溶性好、使用方便等优点，应用前景广阔。

按调香料的气味来分类，大致可分为四种：辣味调香料，如胡椒、辣椒、芥末、姜等；苦味调香料，如陈皮、砂仁等；芳香型调香料，如百里香、洋苏叶、月桂、小豆蔻、芫荽、罗勒、牛至等；香及味兼有的调香料，如肉豆蔻、肉桂、多香果、丁香、洋葱、大蒜、香芹、花椒、小茴香等。

第二节　调香料的作用和调配要点

在烹饪加工过程中常常需要添加适量的调香料，用以改善或增加菜点的香气，或掩盖原料中的不良气味，如腥气、膻气、臭气等。需要注意的是调香料在菜肴烹饪和食物加工中仅仅限于调香之用，禁止用于其他目的，如把调香料作为防腐剂使用。

一、调香料的作用

天然植物调香料种类多、香味特点各异，几乎都有非常强烈的气味，而且作用特点也不同。有的提香增香，有的助味提味，有的可除腥抑臭，调配不同的风味应选用不同的调香料。辣味物质通常能增进食欲，芳香味强烈的物质则有脱臭、矫臭的效果。在鱼、肉等动物性食物中，调香料的矫臭作用很重要。能强烈抑制鱼臭的有葱类、月桂、紫苏叶等，而肉桂、丁香、姜等也有一定的抑制效果。此外，调香料的香味还可抑制其他不愉快的气味。抑制膻臭有效果的有紫苏叶、麝香草、丁香、葛缕等调香料。鸡肉、鱼贝类主要选用有脱臭性效果的调香料；多数蔬菜自身香气较淡，使用调香料要慎重，以适量芳香性调香料为宜；对于牛肉、猪肉、羊肉等肉类不仅要选用脱臭作用较强的调香料，还要用芳香性调香料提香，同时使用可增强食欲的调香料，以克服浓厚的油脂带来的厌食效果。不同种类的调香料植物其加香调味的对象各有不同，见表13-2，如芫荽子适用于禽类、水产类、蔬菜类、豆类；生姜适用于禽类；黑胡椒、花椒、红辣椒、姜黄、芥末、葱和大蒜几乎适合于所有肉类、禽类和蔬菜；而丁香和小豆蔻则可用于不同风味食物的增香、提香。西餐也大量使用调香料，用以增香、提味、配色，其配比较复杂且特点突出；另外某些香辛类蔬菜如洋葱、芹菜、辣根、西芹、香芹等也广泛应用于荤素菜肴、汤类、沙司等制作过程中的调香。一般说来，不同的食物要使用不同的调香料。但也有一些是习惯性做法，像油浸沙丁鱼罐头和肉罐头中要放入一片月桂叶。

表 13-2 与各种肉类相适应的调香料

牛肉	胡椒、肉豆蔻、肉桂、洋葱、大蒜、芫荽、姜、小豆蔻、多香果、茴香等
猪肉	胡椒、肉豆蔻、肉豆蔻衣、多香果、茴香、丁香、月桂、百里香、香芹、洋葱、大蒜等
羊肉	胡椒、肉豆蔻、肉桂、丁香、多香果、月桂、姜、芫荽、洋苏叶、茴香等
鱼肉	胡椒、姜、洋葱、大蒜、肉豆蔻、芫荽、香芹、咖喱、多香果等
禽肉	洋葱、大蒜、姜、芥末、胡椒、辣椒、茴香、桂皮等

烹饪中调香料主要用于烹制动物性原料制作的菜肴中，尤其是肉类、鱼类、禽类等菜肴中。这些菜肴如果缺少调香料，那就根本无法保证菜肴的风味。肉类菜肴中使用调香料的主要目的是掩盖原料中的腥膻气味，并赋予独有的香型。调香料的组合与变化对肉类菜肴最终风味的影响尤为重要。用于肉类菜肴中使用的调香料品种和种类很多。一般情况下，在调香料使用的选择上，猪肉与八角、花椒、小茴香搭配使用；羊肉与孜然、白蔻等搭配使用；牛肉与白芷、良姜等去腥臭的调香料搭配使用。这样既能突出肉的固有香味，又赋予肉类菜肴独特的风味。

调香料不但在烹制动物性原料时使用，在烹制蔬菜类菜肴及小吃中也常有应用。如常见的葱油豆芽、蒜泥拌黄瓜、葱油面、五香饼中常需用到调香料。近几年来我国许多城市还流行一些新鲜的果香型风味菜肴。为了增添菜肴的特殊风味，烹饪中厨师会用一些花卉、果汁、茶叶等来烹调菜肴。在面点的制作中，尤其是西式糕点中有时也用一些香料制品以及食用香精。

在烹调中更多的是使用新鲜的和自然状态的调香料，常常是在较高温度下使用，这样可以比较好地发挥调香料赋香、除臭、矫味的作用，相对而言可以使用较低的用量，在不影响食用的前提下，人们通常并不在意留存在菜肴中的调香料。

值得注意的是，现在一些火锅店、餐馆或酒店里做火锅时，会用罂粟壳粉或罂粟籽粉做香料，以让食客“回味无穷”。吃少量的罂粟籽粉对人体在短时间内看不出影响，但一般人对量很难把握，即使开始时吃得少，也会让人上瘾，产生依赖性。长此以往，就像吸毒一样。轻的症状会出现食欲低下，便秘、皮肤干燥、性功能低下，稍重的会头痛、打哈欠流鼻涕、失眠。国家有关部门出台规定：禁止买卖、食用含罂粟的调料。根据我国刑法规定，种植、制售罂粟都是违法的。

调香料各有特点，在烹调各类食物时应该选何种或哪几种调香料，必须在了解调香料风味特征的基础上再选择适应性良好的组合。表 13-3 是几种常见调香料的风味特征。

表 13-3　几种常见调香料的风味特征

名称	特点	各种特性及其强度						
		辣味	芳香	苦味	甘味	脱臭性	着色性	防腐性
胡椒	强烈芳香并具麻辣味	强烈	强			强		强
芥末	刺激性香气并有辛辣味	强烈						强
小豆蔻	樟脑型香气而微苦	强	强烈	强				
花椒	芳香有麻辣味	强烈	强			强		
肉桂	芳香而有刺激性	强	强烈		强			
丁香	强烈芳香有麻辣味	强	强烈			强		
小茴香	芳香浓郁		强烈		强	强		
芫荽	特殊芳香		强烈		强			
洋苏叶	强烈芳香及凉苦味		强	强		强		
月桂叶	清香		强	轻微		强		
砂红	芳香浓醇而清凉		强	强				

二、调香料的使用要点

使用调香料的目的是再现和强化菜肴的香气、协调风味，突出菜肴的特性、特征。不同的菜肴、不同的加工条件、不同的调香料，使用量的差别很大。在使用各种调香料前，要明确使用的目的，要认真确定使用的条件和菜肴的原材料特点，选用适当的调香料以获得好的效果。在烹饪实践中使用各种调香料时，应根据不同的原料、菜肴的质量要求、工艺过程等方面来选用调香料，以求获得最佳风味效果。使用时应注意以下几个要点：

1. 目的要明确

在使用各种调香料前，要明确使用目的，认真确定使用的条件和食物原材料的特点，选用适当的调香料以获得好的效果。可以根据调香料的主要特征对其大致归类。以芳香为主时可选用多香果、大茴香、肉桂、小豆蔻、丁香、芫荽、莳萝、茴香、肉豆蔻、芹菜、紫苏叶、罗勒、芥子等调香料；当要增进食欲时用辣味调香料的姜、辣椒、胡椒、芥子、辣根、花椒为主；要脱臭、矫味则必须使用大蒜、月桂、葱类、甘牛至、紫苏叶、玫瑰、麝香草等调香料；需要给食物着色可用红辣椒、姜黄、藏红花等调香料。属于相同功能的调香料，使用时可以相互替代，但是有些调香料的主香成分具有显著的特殊性，用这些调香料时就不能用其他品种调换，如肉桂、小豆蔻、紫苏叶、麝香草、芥子、芹菜等。

2. 用量要适当

因为调香料通过口腔、鼻腔等多个器官接受刺激产生作用，所以人类对调香料的感觉较敏感，调香料在味、香上各有突出，因此用量一定要适当，并要注意比例，否则只会恶化食物的风味。调香料的搭配一方面要考虑对异味的掩盖去除效果，另一方面要考虑与原料的协调性，适时适量使用。通常将以味道为主，香、味兼有和以香味为主这三类调香料按 6 ∶ 3 ∶ 1 的比例混合使用。除葱、姜、蒜、辣椒等几种外，调香料总量一般控制在 0.08% ~ 1%，超过则味道偏重或产生中药味。例如，酱卤肉制品的老汤在反复使用中，投加量应递减，一般为前一次的一半即可。香辛调料粉末添加量一般为 0.8%或低于此量。使用具有苦、涩味的香辛调料用量不宜过大。

葱类、大蒜、姜、胡椒等都既能消除肉类特殊异臭，又能增加风味，是最普通的调香料。其中大蒜和葱类并用的效果最好，而且应以葱味略盖过蒜味为佳。胡椒的区域色彩最浓。肉豆蔻、多香果、小豆蔻等是使用范围很广的调香料，但用量过大会产生涩味和苦味。此外，月桂叶、肉桂等也可产生苦味，例如，肉桂在使用超量时会产生涩苦味，月桂超量会产生苦味，豆蔻用量过多时会产生苦味和涩味。丁香、白里香和芥末用量过多会产生草药味，使用时要注意。适量使用月桂叶、紫苏叶、芥子、麝香草、莳萝、丁香等会提高整体的风味效果，但用量过大有药味。

3. 使用要协调

多种调香料混合使用时，特别是混合调香料产品，要进行熟化工艺，以使各种风味融合、协调。调香料也会产生协同、消杀作用。烹饪中调香料的使用往往是两种以上混合使用效果更好，可以起到较好的协同作用，产生较理想且柔和的综合效果。在混合过程中，调香料之间有的会产生香味的相乘作用（即混合后香味大大增强），但有时也会产生相反的作用即相杀作用（混合后香味反而有明显降低的现象出现）。紫苏叶更多地表现为消杀作用，使香气效果减低，因此在与其他调香料混用时要特别小心。

另外，调香料的使用还要注意调香料产生的香气与食材原有风味之间的协调。有香气无味感是空洞，有味感而少香气是浅薄。在食物中味是香气发挥作用的基础，香气是风味的增效剂和显效剂。应注意调香料对食物风味可能产生的不利影响，注意香与味的和谐，不过分突出某一种味，调香料产生的香气必须与菜肴味感协调一致。

在使用调香料时，一般先考虑遮盖异味的效果，其次考虑与加香产品的适应性。肉类菜肴使用的基本调香料，有的以味道为主，有的以香及味为主，还有的以香为主。在烹饪中往往是将这些基本调香料按一定比例混合后使用。在多种调香料共同使用时，应先加香味较淡的，再加香味较浓的，这样调香的效果比较好。

4. 注意调香料可能对食物色泽的影响

食物有特征风味，也有特征色泽。特别是调香料产品多带有相当量的色素成分，因此，使用时要注意选择，不可喧宾夺主。有些调香料的不当使用会造成对食物的色、香、味的统一和完整感受的破坏。不要因视觉错误引起质的错觉，导致使用效果的降低，甚至反感。

5. 注意调香料的耐热性

烹饪过程中调香料在加热时有的香气成分会因挥发而有所损失，各种调香料的耐热程度是不一致的，原则上尽量使用耐热性好的为宜，见表 13-4。

表 13-4　各种调香料的耐热性

调香料名称	耐热性	调香料名称	耐热性	调香料名称	耐热性
胡 椒	差	大 蒜	良好	甘 草	良好
月 桂	一般	多香果	良好	小茴香	良好
小豆蔻	差	芫 荽	一般	肉 桂	差
百里香	差	生 姜	差	肉豆蔻	良好
丁 香	一般	花 椒	良好		

6. 不同的食用条件注意不同的处理方法

菜肴常常分为热制冷食和热制热食两类。如果要求热制冷食的熟食在食用时与烹制时有相同的香气感受，调香料的使用方法是不同的。热制冷食的熟食要求将烹调热处理后的调香料中风味物质保留好，而热制热食则要求保证调香料在烹调时避免加热时间过长或加热温度过高而使香气成分挥发过多。

7. 香气不能太新异

菜肴的香气不能太新异。随着人们消费饮食水平的逐渐提高，他们对菜肴风味的追求也越来越丰富，有求新求变的一面。但人类对未体验过的新异香气有本能的警惕，要注意调香料香气特征变换与现实基础和认同的协调，在现实的香气特征基础上适度的、可接受的变换，要能为人们接受和喜爱。因此要注意不要盲目地追求标新立异。

8. 注意卫生安全

在我国传统的烹饪行业中，多数情况下还是使用天然形态的调香料，天然形状的调香料往往都带有数量不少的细菌，即使进行杀菌处理，仍有死的昆虫以及虫卵残留在调香料上，因此调香料的杀菌问题不容忽视。现已有经辐照杀菌的粉末调香料产品供应，也可采用煮沸杀菌的方法。

9. 注意民族风俗和习惯

选用调香料有时需要注意到民族、宗教的特殊要求和习惯。因为不同民族，特别是不同宗教对饮食都有一些特殊的要求和禁忌，因此在香辛料的使用上也不例外，需要特别重视。

第三节　烹饪中使用的调香料

一、天然植物调香料

1. 葱

葱有小葱与大葱之分。我国北方以培育大葱为主，南方培育小葱居多。葱既是蔬菜又可作调料，虽用量不多，但可增加菜肴香味，去腥除膻。葱的辛辣味比蒜弱。葱的辛辣味只有在生食葱时才产生，并且有葱所特有的辛辣气味。葱的辛辣味成分主要是二正丙基二硫化物和甲基正丙基二硫化物。这两种辛辣味化合物在葱中的含量不高，不及蒜中的含量，因此在生食葱时的辛辣味也就比蒜来得小。葱中的辛辣成分能刺激胃液分泌，增进食欲。

葱被广泛应用于烹饪中。用葱作为调香料时，可将葱切成葱段、葱丝、葱末或取其葱汁，也可以加工成葱油、葱泥等，适用于爆、炒、炸、烤、蒸、煮、熘、扒以及凉拌等多种技法烹制的菜肴，能使菜肴提味增香。在鱼、肉、蛋菜肴中适量加入可提升香气，消除腥味，例如，香葱烧鱼、葱煎猪扒、葱烧豆腐等；在我国传统熟肉食品的酱制、红烧类产品中，特别是酱猪肝、肚、蹄、心、舌等，葱的调香非常重要，是产生特征风味必不可少的调香料。另外，在面点制作中也常有一定的应用，如香葱饼、葱花椒盐花卷等。还可用于沙拉调味料、汤料和腌制品调料。烹调前的葱油炝锅是中国菜肴的经典风味。把葱作为调香料来使用时，葱的香味受热反而会加强，因加热有助于香气成分的挥发。

值得一提的是，如果将葱加热烹熟后，它的辛辣味也会明显消失，同时会感觉有一种甜味感产生。葱加热后产生甜味，是因为所含二硫化物加热生成有甜味的正丙基硫醇。所以在食用烹熟的葱时，不但辛辣味消失，反而感觉有甜味的产生。一般来说，大葱多采用加热方式，小葱多在菜肴起锅时加入，加入小葱后最好翻拌几下，使小葱与原料混合，这样效果佳。

2. 球葱

球葱，又叫葱头、圆葱等。现在世界各地都有种植，但各品种间风味相差较大，国外球葱固形物含量高而风味弱，国内品种风味强度大，固形物含量较低。新鲜的球葱一般用作蔬菜，而脱水球葱、脱水球葱粉、球葱精油则用作调香料。

球葱含多种挥发性芳香物质，这是形成其特殊香味的主要原因。球葱的辛辣味主要成分是二丙基二硫化物和甲基丙基二硫化物。挥发性芳香物质的香气能增进食欲、帮助消化，有杀菌、解腥、除腻和降膻的作用，所以球葱成为人们膳食生活中的必备调味佳品及绝好的配菜。在烹调实践中，用球葱作配料或调香料十分普遍，它既可用于凉菜，也可用于热炒，既可用于中餐，更是西餐必不可少的。

球葱是西式菜肴的重要调香料，有特征性意义。西方国家中用得较多的是美国和法国。作为调香料使用，脱水球葱可显著提升菜肴的风味，但使用的量必须把握好。脱水球葱末可用于大多数的西式汤料、卤汁、番茄酱、肉类作料（如各式香肠、巴比烤肉、炸鸡、熏肉等）、蛋类菜肴的调料，腌制品作料、各种调味料（酱、酱油）等。球葱在中国烹饪中也有较多的应用。用它做凉菜辛香可口、清爽不腻。用它做热菜味道醇厚，或清香滑嫩，或鲜香适口，比较常见的菜有球葱烧排骨、球葱烧牛肉、球葱爆猪肝、球葱炒鳝鱼、球葱炒鸡丁、球葱炒肉丝等。

在烹饪中吊汤可用球葱增鲜，炖肉用球葱去腥，味碟用球葱加香。创新菜铁板鱼露虾是将适量球葱切丝炒出香味，盛入烧热的铁板内，顿时热浪滚滚，香气扑鼻。用球葱最多的莫过于各种调味汁了，比如调制喼汁要用球葱，调制柱候酱要用球葱，调制蚝油汁、海鲜酱汁、新烧汁、玫瑰酱汁、葱香汁、串烧汁、陈皮汁等都离不开球葱，可见其在调香中的作用非同一般。

3. 蒜

蒜是一种具有辛辣味的调香料。浓烈穿透性的辛辣味和特殊气味分别是由蒜辣素和蒜新素引起的。蒜辣素不是蒜中的固有成分，只有在切开或因挤压使细胞壁破坏时，由蒜酶水解蒜氨酸而产生。蒜新素是特征蒜臭味的根源，有较强而稳定的抗细菌、霉菌的能力。生食蒜时其辛辣味最强，做成蒜泥后，它的特有风味更为突出。在烹饪中主要是利用生蒜的辛辣气味。蒜的辛辣味与醋、酱油、麻油、味精等其他调味料共用时效果甚佳，可使菜肴的滋味丰富，蒜香味诱人，同时也可增强食欲，开胃提神。生蒜含有蒜辣素，它可以杀死流感病毒、金黄色葡萄球菌、脑膜炎球菌、伤寒菌、痢疾杆菌、大肠杆菌等。所以平时多食用蒜，不但可用蒜来进行调香，而且可以帮助防病健身。

当蒜组织处于完整而未受到破坏时，蒜的辛辣味很小。而一旦蒜的组织受到破坏后，组织中的蒜酶就会立即将蒜氨酸进行分解，最终生成具有辛辣气味的二丙烯二硫化物、丙基烯丙基二硫化物、二丙基二硫化物等化合物。蒜的组织破坏得越严重，越完全，这些具有辛辣气味的化合物便产生得越多，辛辣味也越强。这就是为何生蒜捣成蒜泥以后其辛辣气味比受破坏程度小的蒜瓣、蒜片强得多的原因。

蒜中的辛辣气味有一个明显的特点：只有在生食时才能强烈地感到辛辣气味。有这样的实验：将蒜分成四组，第一组是将去皮的整瓣蒜放入开水中煮5分钟。第二组将蒜瓣去皮后轻轻拍破，放入凉水中烧开后煮5分钟。第三组是将蒜捣成蓉状后放入凉水，烧开后煮5分钟。第四组是将蒜蓉放入等量的温水中（37℃左右）搅匀。其结果是第四组的蒜味最浓。这是因为蒜中的蒜酶是一种生物催化剂，它受热的影响很大，加热会使蒜酶失去活性，不能再将蒜氨酸继续分解为具有辛辣气味的二丙烯二硫化物等化合物。所以蒜经过烹调加热后，辛辣气味将大大减小。

因此，在烹调中用蒜来调香时，应尽量使用生蒜，并将蒜加工成蒜米、蒜蓉或由蒜蓉加水兑成的蒜汁，以便产生较多的具有辛辣气味的二丙烯硫化物。即使必须用整个蒜瓣时，也最好将其轻轻拍破，使蒜的组织受到一定程度的破坏，释放出较多的蒜酶而将蒜氨酸分解成辛辣味的化合物。为了避免蒜酶在加热中失去活性，并能在菜肴中突出蒜的特有风味，在烹制热菜中，最好在菜肴临近成熟时或者临出锅前将蒜加入，经过很短暂的加热，就能够很好地保持蒜的原有风味。另外，与葱相似，在蒜的辛辣气味减小的同时，会有一种甜味感的产生，这是蒜中的二硫化物在受热后生成具有甜味的硫醇类化合物所致。

蒜中所含有的硫醚类化合物经油热炒，在150 ~ 160℃的加热中，能够形成特殊的滋味和特有的焦香气，配蔬菜的清香，特别有风味，为许多人所喜爱。

4. 姜

姜与葱、蒜一样，都是烹饪中常用的调香料。姜有穿透性辛辣气和温和的芳香，是烹制荤腥原料的主要调香料。姜的去腥力较强，做鱼烧肉时用上几片生姜，不仅能除腥去膻，还能为菜肴增香提味。做糖醋鱼时用姜末对汁，可使菜肴的滋味能产生一种甜酸中带有香辣的特殊风格。将姜汁与食醋调和，用来蘸食清蒸螃蟹，不仅可以去腥增鲜，酸中显辣，而且还可以借助姜的热性来防止螃蟹寒凉伤胃的不良作用。

制作鱼圆、虾圆、肉圆时，还常常需加入泡好的生姜汁，一般是姜与葱、黄酒同泡后所制成的汁水。不但可以起到除腥去异的效果，还能使制品质地细腻，持水量高，入口滑爽。姜中的辛辣味可与主料的鲜味有机地融为一体，鲜美适口。姜有时也用于腥味较重的肉类及海鲜类炒饭及烩饭中，如三鲜烩饭、广式烩饭等。

姜分为嫩姜和老姜两种。嫩姜的皮薄肉嫩，纤维脆弱，所含辛辣味成分的量较少，故食用时辛辣味较为淡薄。嫩姜在烹饪中可用作菜肴原料，主要适用于炒、拌、泡等技法，如子姜炒肉丝、香油子姜、姜丝拌笋丝等菜肴。其滋味香辣可口，风味独特。老姜的皮肉粗厚，质地较老，水分少，辛辣味成分含量多，辛辣味强烈。老姜在烹饪中主要用于动物性原料的去腥除膻。使用时切片，或把姜块用刀拍松，或是取其浸泡的汁液等。尽可能使老姜中的辛辣味成分更多的溶出，发挥其最大的调香效果。

姜含有0.25%～3.0%挥发油，主要成分为姜醇、水芹烯、苧烯、龙脑、芳樟醇、桉油精等，呈特殊的芳香气味。姜的辛辣气味成分主要有三种，它们分别是姜酮、姜醇、姜酚。这三种辛辣味物质都具有增强和加速血液循环的作用，能够刺激胃液的分泌，起到促进肠道蠕动和帮助消化等作用。

另外，姜因具有较强的抗氧化能力，可以在一定程度上阻断亚硝胺的合成，并且不会因受热而失效，在生产制作肉类（如肴肉）尚无法取代硝酸盐的情况下，此特性很有现实意义。

使用姜时应注意烂姜不能用。因为腐烂后的姜会产生一种毒性很强的有机化合物——黄樟素。这种有毒化合物能诱发肝细胞的变性。在动物实验中，还发现黄樟素能诱发肝癌和食道癌。

5. 八角

八角又称大茴香、大料、八角香等。以颗粒整齐、色泽深褐、气味浓郁者为佳。

八角有独特的浓郁香气，是烹调肉、禽、鱼类的主要调香料。它的香气主要来自于茴香脑（占80%～90%），其他还有少量的茴香醛、水芹烯、柠檬烯等香味成分。八角除含有较多的芳香成分外，还含有较多的糖分，所以具有一定的甜味。八角可去除腥膻、增加肉香，是我国传统烹调作料，肉类的烹调加工经常需要使用八角，因为它可以提高肉食的香味和改变肉食中的某些异味；制作烧烤汁、熏烤汁、素炸酱、沙茶酱等也需要八角。在菜肴的炖、焖、烧以及制作冷菜时都可用八角来增香去异，调剂风味。配制五香粉时，八角更是主要原料之一，五香粉中配入了20%的八角，个别配方中可高达50%以上。

6. 小茴香

小茴香又叫小茴、小香。以颗粒均匀、饱满、色泽黑绿、气味香浓者为最佳。

小茴香有樟脑般的气味，微甜略苦，有灸舌之感。小茴香的香气主要来自茴香脑（占50%～60%）、葑酮、茴香醛、莰烯等香味物质。烹饪中以利用它的芳香为主，脱臭为次。小茴香既可单独使用，也可与其他香味调料配合使用。小茴香是肉类加工中常用的香料，炖牛羊肉时加入小茴香则香气更浓郁。小茴香也常用于卤菜的制作中，往往与花椒配合使用，能起到增香味除异味的功用。小茴香也是配制五香粉的原料之一。

7. 桂皮

桂皮即桂树的树皮，也称肉桂、玉桂、丹桂等。桂皮以皮层厚、油性大、香气浓，无虫蛀，无霉斑者为上品。

桂皮有强烈的香气，入口先有甜感，后为辛辣味，略苦。含有1%～2%的桂皮油。桂皮是五香粉的基本成分。桂皮也是肉类加工中的一种主要调香料，是烧鸡、烤肉及酱肉制品中特殊香气和风味的来源。桂皮的香味主要来自于桂皮醛（占65%～75%），其他如丁香酚、蒎烯等成分也能挥发出一定的香味。烹饪中常将桂皮用于卤菜、烧菜等菜肴中。对原料中的不良气味有一定的脱臭、抑臭、增香的作用。炖肉时为了除掉或掩盖动物性原料（如牛羊肉及内脏）的腥、臊、膻、臭等异味，可将桂皮、大料、花椒等各种香料或调味料按一定比例搭配好后放入纱布口袋中与肉同炖，既能除异味又能使其香气渗透进菜肴中。烹饪中把桂皮和砂糖放在一起共同使用，还能够起到提高砂糖甜度的作用，因此在制作有些甜味的菜肴和糕点时，常常把桂皮作为辅料来应用，就是基于这个原理。

桂皮还常常用于调味汁的调配上。如香醋汁，米醋加酱油、味精、少量白糖和精盐，再把大料、桂皮、花椒、丁香、草果、沙姜、甘草七种调香料放入纱布包内投入锅中，煮两小时即可。又如五香汁，用酱油、糖、黄酒、葱、姜、桂皮、茴香、甘草等熬成汁即可。

西方人比东方人更喜欢桂皮的芳香气，尤以美国人、墨西哥人和西班牙人为最。他们把桂皮用于制作面包、蛋糕、糖果、点心、冰淇淋、口香糖、腌渍水果、饮料（可口可乐）、葡萄酒、咖啡巧克力等方面，在烹调牛肉、鸡、羊、米饭、蔬菜、番茄酱汁和汤时更少不了要加些桂皮粉。有时甚至把桂皮粉和细砂糖混合做成桂皮糖，以供油炸圈饼、苹果、香蕉等蘸食之用。

市场上还出现了一种桂皮调香油，它是将桂皮先熟制成粉，再通过提取装置将“桂皮熟粉”中的挥发油提取出来，最后按一定比例将桂皮挥发油与熟制（或精制）食用植物油进行调配，便可形成具有桂皮香味的调香油了。

8. 花椒

花椒又称为大椒、蜀椒、秦椒、巴椒、川椒等名称。品质以鲜红光艳、皮细均匀、气香味麻辣、种子少、无异味者为佳。

花椒具有特殊的辛香气味，芳香强烈，辛麻持久，味微甜。花椒的果皮含挥发油，主要是25.1%的柠檬烯以及芳樟醇和月桂烯等。生的花椒其味麻且辣，只有炒熟后香味才能溢出。

花椒是我国常用的麻香味调香料，具有促进食欲的作用。花椒具有增香、解腻、除腥之效，又具有辛香味麻的特点，适用多种烹饪技法。在烹调过程中，厨师要将花椒爆香，使其香味完全散发出来，或与红辣椒搭配热炒，更增添麻辣的浓香味。花椒在烹调中既可用于原料的加工、腌制，又可在炒、炝、烧、烩、卤、拌等烹调方法中使用，用于除异味，增香味，提高菜肴的风味。还可用于制作面点、小吃的调香。花椒整粒使用时，常用于炝油锅或是制作花椒油，也可用于配制卤汤，还可以用于腌制荤腥类的原料。此外，花椒在烹调中还常与其他的调香料配制成花椒盐、葱椒盐、花椒粉、花椒水、花椒油等。花椒也是配制五香粉的必备调香料之一。

川菜的众多味型几乎都少不了花椒，主要作用在于构成“椒麻”“麻辣”和“怪味”等特殊味型。“椒麻”主要是利用花椒的麻味及香味做成。而“麻辣”是将花椒剁细，配合辣椒做成，吃起来舌头有麻和辣的感觉。一般凉菜中麻重于辣，热菜中则辣重于麻。“怪味”中更少不了麻的滋味。

四川麻婆豆腐和麻辣豆腐的主要调料之一就是花椒。山西、河北有用花椒代替葱花炒土豆丝、炒萝卜丁的烹调习惯，别有风味。清蒸鱼和干炸鱼时放点花椒可去腥味，炖肉（特别是羊肉）放点花椒或做羊肉馅饺子用花椒水调馅，可减少膻腥气。腌榨菜、泡菜时放点花椒可以提高腌菜的风味。煮五香豆腐干、花生、蚕豆和黄豆等的调料中用些花椒，味道更佳。

花椒可制成花椒盐。在吃香酥鸡、香酥鸭、炸虾排、软炸肝、软炸蘑菇时，需要蘸花椒盐。用于蒸炸类的菜肴时，是在菜肴已具有咸鲜味的基础上，添加适量的花椒盐，用以增加菜肴的香麻味。花椒盐用于制作怪味菜肴时，必须注意怪味的咸、甜、麻、辣、鲜、香、酸诸味均要具备。因此花椒盐的用量不可大，各种调香料之间互不压抑，以求得诸味调和，形成“怪味”。花椒还可制成花椒油，使用很方便。多用于凉拌菜类，如凉拌鸡、凉拌豇豆等，也可用于冷、热面条的调味。花椒油也可用于烹制腥味浓厚的水产类菜肴。

花椒在制作麻辣味时还需视冷热菜两种不同情况而有所区别。冷菜的麻辣味只需将花椒末与其他调香料调匀后即可；而热菜的麻辣味却宜在烹熟后投入花椒末，这样可使菜肴的麻辣效果更佳。

9. 孜然

孜然又名安息茴香、藏茴香。为伞形科植物藏茴香的果实。在我国主要产于新疆。孜然果实有黄绿色与暗褐色之分。干燥后磨成粉末状，含挥发油3%～7%，具有独特的薄荷味和水果香味，略带苦味，咀嚼时有收敛作用。

孜然是烧烤食物必用的调香料，口感风味极为独特，富有油性，气味芳香而浓烈。它主要用于调香，提取香料等。孜然也是配制咖喱粉的主要原料之一。

孜然在烹调中可去除异味、增加香味、解羊膻味。多用于羊肉菜品的制作，如烤羊肉串、孜然羊肉，还可以用于制作如孜然牛肉、孜然鸡翅等菜肴。我国西北地区的维吾尔族、回族、克尔克孜族、哈萨克族等民族群众擅长利用孜然作为重要的调料，尤其常用于烧烤肉食中，风味独特。有时还可用于糕点、洋酒和泡菜中，起增香作用。

在印度和中东等地的咖喱粉或辣椒粉中必加孜然。孜然也用来做酱料，蘸着烤出来的面包吃。把肉剁碎后制成饼状的菜肴，可用孜然除去腥味。德国人做香肠时也加入孜然；荷兰人做奶酪时，也加入孜然；西班牙人做海鲜饭也用孜然。

烹调时既可以用整粒的孜然，也可将它磨成半碎，或直接用孜然粉。整粒孜然在食用前，应先去除杂质，再用清水反复淘洗，然后晾干或烘干。存放时应放入密闭的瓶罐中，以防香味挥发。孜然用油经高温加热后，香味会越来越浓烈。因此，在烹调中除了烧烤以外，比较适合煎、炸、炒等烹调方式。

近年，孜然调香料逐渐扩展到了素菜、海鲜、火锅等广泛食谱中。除了烤肉放孜然之外，在制作炒土豆丝、青椒炒肉丝、红烧豆腐等菜时，都可以放一点。不仅使菜肴味道浓郁，而且很有特色。

孜然可制成孜然精油，这可将孜然中的风味物质利用率提高 70%。孜然精油作为牛、羊肉风味的煎烤及微波食品的调香剂，广泛应用于诸如中西式火腿、羊肉串、肉丸等，也可用于冷冻食品和膨化食品以及家用调香料中。

10. 丁香

丁香为桃金娘科番樱桃属常绿乔木植物丁香的花和果实。丁香秋季开花，花蕾由白色变为绿色，最后呈鲜红色，有浓香；椭圆形浆果红棕、有香气，含长方形种子数粒。当花蕾呈鲜红色时即可采集，除去花梗后晒干即成。以朵大，油性足，香气浓郁，入水下沉者为佳品。

丁香的香气浓烈，有热辣感。花蕾含挥发油（丁香油）14% ~ 20%，油中含丁香酚、乙酰丁香酚和丁香烯等。丁香磨碎后加入制品中，香气极为显著，能掩盖其他香料香味，用量要适当。丁香在烹饪中的应用很广泛，常用于卤、酱、蒸、烧及炸等制作的菜肴中，起增香压异的作用。丁香的香味浓郁，在使用时用量不宜太大，否则会影响菜品的正常风味。

11. 草果

草果是烹饪常用的一种调香料。为姜科豆蔻属多年生草本植物草果的果实，别名草果仁。

草果有特异香气，味辛辣微苦。种子内含挥发油约 0.4%，主要成分为碳烯醛、香叶醇、柠檬醛和蒎烯等，还有淀粉和油脂。草果在烹饪中除了具有增香作用以外，还有一定的脱臭作用。常用于卤菜的制卤和一些烧菜中。既可单独调香，也可与其他调香料配合使用。草果特别适于牛羊肉去膻除腥，令味道更好。还可用于烧猪肉和五香蛋的增香。使用时应注意将草果用刀拍开或用手撕裂后使用。这样香味效果更加显著。为了防止草果的碎屑粘连在原料上，可用纱布包扎好后再放入锅内，成菜后即弃之。如将整个草果用于调香时，香味效果差些，但可再次使用。第二次使用前用刀拍破，其香味效果并不比第一次差。

12. 薄荷

薄荷有清凉的芳香。调香用的是薄荷的鲜叶、干叶和精油。薄荷叶有甜凉的薄荷特征香气。味觉为薄荷样凉味，极微的辛辣感。薄荷油的主要成分是薄荷醇、薄荷酮、乙酸薄荷酯等。

薄荷的香味常在烹饪中使用，主要用薄荷的叶片为多。一般以新鲜的薄荷叶为好。新鲜的薄荷可拌沙拉，煮鱼，烹煮动物肝脏、家禽中加入。吃野味时放入，风味更加浓郁。薄荷在烹饪中使用的季节性很强。它主要应用于夏季制作冷食、点心、清凉饮料等，用于菜肴也可。薄荷还适合西餐中的甜点，在英国和美国较为常见。另外，印度在烹调中也喜欢添加薄荷，在欧美吃羊肉时一定用薄荷冻调味，北非常将薄荷叶与茶共饮。

另有同科植物椒样薄荷，别名欧洲薄荷、胡椒薄荷、黑薄荷。椒样薄荷有新鲜、强烈的薄荷味，微带青草气，味觉上有甜香、清凉、辛辣味。干的椒样薄荷叶片常用来调理汤类、沙拉、炖肉等。

13. 紫苏

紫苏为紫苏植物的叶片、梗干。具有一种特殊的香气，可用于烹饪中调香。紫苏的香气主要来自于左旋紫苏醛（占 50%左右）、芹醛等香味物质。使用时可单独调香，也可与其他香味调料配合调香。因紫苏的香气很浓郁，使用中以少量为宜，可将紫苏用纱布包扎后放入锅中，出锅前将纱布袋取出，有时还可再继续使用一次。

日本人吃生鱼片（金枪鱼、鲑鱼及鲤鱼等）时把鱼片放入盘中，再放萝卜丝、紫苏枝、紫苏叶和海草，在另一小碟中放酱油，把芥末、白萝卜末和紫苏花放入酱油中作为佐料，然后把鱼片蘸着这种佐料吃。这跟我国明代的“鱼脍”吃法近似，要放萝卜汁、姜丝、生菜、香菜，并浇以芥末和醋。吃蟹时，紫苏叶子加盐及花椒，炒后研末，撒在蟹脐中，捆好，蒸熟，可解毒去腥。

14. 白芷

白芷又叫大活，有浓郁的香气。白芷是传统酱卤制品中的常用香料。白芷的香气主要来自白芷醚、香柠檬内酯、白芷素等香气成分。烹饪中主要利用它的香气为主，脱臭为次。使用时用量不可过大，以免影响风味。

白芷常与八角、桂皮、丁香、小茴等组合应用，多用于卤酱类，如卤肉、烧鸡等，可以赋香、矫除腥臊异味和减少油腻。酱猪肉、酱牛肉，河北的酱驴肉，河南的道口烧鸡，辽宁的沟帮子熏鸡等，均用其作组合香料之一。另外在山东菏泽地区熬羊汤常习惯带有浓烈的白芷味。白芷也可将其与其他香料配合，研成粉末使用，用于香肠、灌肠之类，或用于调拌荤素凉菜。其他制品如黑龙江所产的颗粒牛肉松、五香牛肉干等，也加白芷调香增味。

15. 砂仁

砂仁为姜科豆蔻属多年生草本植物阳春砂的成熟果实或种子。砂仁有浓烈的芳香气味，味辛凉微苦。阳春砂仁和缩砂仁都含挥发性香精油1.7%～3%，主要成分有右旋樟脑、龙脑、乙酸龙脑酯、芳樟醇、橙花醇等。海南当地以山姜属植物华山姜的种子为土砂仁，种子含0.6%主要为α－丁香烯、桉油精等成分的挥发油。福建省有一种建砂仁，香气较阳春砂仁弱，约含0.8%主要为桉油精、樟脑棕榈酸等成分的挥发油，在当地代替砂仁使用。

砂仁在烹饪中常用于炖、焖、烧等菜肴以及制作卤菜的调香。既可单独调香，也可与其他调香料配合使用。主要起解腥除异、增香、调香的作用。砂仁是肉类加工中一种主要调香料，有解腥除异的作用；还可用于糕点和腌制榨菜以及制作卤菜和炖制菜肴的调香。

16. 月桂叶

月桂叶又称香叶，它是桂树的叶子，是烹饪中的一种调香料。

月桂叶的气味清香诱人，具有桂皮和芳樟的混合香气，味凉苦。叶子中约含有1%～3%的香精油，其主要成分是桉叶油素、月桂素、丁香酚、芳樟醇、倍半萜烯等。月桂叶在制作西餐时常用来作为调香料，是西餐中用途很广的调香料之一。月桂叶在烹饪中以脱臭为主，增香为次。在焖、烩、烤等肉类菜肴中常用来脱除腥臭味，增加香味。在腌制蔬菜以及制汤时也可以用月桂叶来增香。

17. 荷叶

荷叶为睡莲科植物莲的叶子。荷叶具有独特的香气，香气中含量较大的组分有顺–3–已烯醇、二苯胺、长叶烯等。通常干品荷叶的香气要比新鲜荷叶浓郁得多，这是因为干制后成分浓缩的缘故。

利用荷叶制成具有特殊风味的菜肴和点心，在中国烹饪中有悠久的历史。荷叶由于特殊的清香，体积大、折叠不易破碎，自古以来就被用作为香味调料、包裹食物的材料，起到调味增香的效果。适用于蒸、烤、煮、炖等烹调方法，通常多包裹在食材原料的外面。主要利用其特有的清香味给菜肴调香。常以干荷叶为多，包裹肉类、鱼类、米面，通过以蒸为主的加热方式，荷叶的香气成分充分挥发，形成特有的风味。代表菜点如荷叶粉蒸肉、荷叶熏鲢鱼、荷叶鹌鹑片、田鸡戏荷叶、荷叶粽子、荷叶粥、荷叶粉蒸鸡、荷香河鳗、荷香牛蛙、荷香鸡球、荷叶冬瓜汤、荷叶八宝饭等。

采用荷叶作为包裹原料的外皮，胜过锡纸、糯米纸包，原因是锡纸、糯米纸并没有自身的香气。但是荷叶不同，它包裹肉、鸡、鸭、鱼等原料时，荷叶的风味物质就能在受热过程中，与原料的本味和调料之间互相进行交融、渗透、复合，形成了香气十足的独特风味。食用时打开荷叶香气扑鼻，食欲大增。

18. 柠檬叶

柠檬叶为芸香科植物柠檬的叶子，具有柠檬的香气，可作为菜肴的调香料，也可作为菜肴的配料，还可做糕点的馅心料。制作的菜点如七彩炒羊丝、柠檬叶猪肺汤、莲蓉月饼等。

19. 豆蔻

豆蔻为姜科豆蔻属多年生草本植物白豆蔻的种子，别名圆豆蔻、白豆蔻等。豆蔻有浓郁的芳香气味，略带辣的辛味。豆蔻的种子、豆蔻壳及豆蔻花都含有主要成分为豆蔻素、右旋龙脑、右旋樟脑的挥发油，以种子中含量为最高。

豆蔻用于烹调可增强菜肴风味。多与诸种调香料组合使用，凡卤、酱菜品均用之。例如，在酱卤猪、牛、羊肉类及烧鸡、酱鸭时，常用豆蔻作为组合香料之一。豆蔻有时也可单独用于烧、煮、烩等的菜肴，但较为少见。也可研制成粉末来用，或作五香粉的配料。例如，道口烧鸡的制作要用到豆蔻，“要想烧鸡香、八料加老汤”点出了制作道口烧鸡的关键，而豆蔻正是八料中必不可缺的一种香料。另外，人们为了去除羊肉中的腥膻气味，在烧煮羊肉时，用纱布包好碾碎的豆蔻、丁香、砂仁、紫苏等调香料，放在锅内与羊肉一同烧煮，不但可以去膻，还能使羊肉具有一种独特的风味。

豆蔻除了可以在菜肴中使用外，还可以在一些特色的面点和食疗粥中添加。例如，绍兴的香糕，它是用精白上等粳米，经过水磨成粉，配以独特的辅料（豆蔻、桂花、松花、砂仁、茯苓、丁香、消食草、松仁等），拌以白糖制成糕坯，放入烘炉烘制，烘出的香糕脆而不焦，香气独特，诱人食欲。还有豆蔻粥，原料为豆蔻（研磨成粉末）、生姜、大米，先用大火煮粥，熟后加入豆蔻末及姜粉，煮沸后服食。

20. 红豆蔻

红豆蔻为姜科山姜属多年生草本植物大高良姜的干燥果实，别名大良姜、山姜。

红豆蔻的香辛气味与肉豆蔻、高良姜等近似，可作香料用于卤制菜肴，红卤、白卤均可。可与诸种香料组合应用，也可单用于烧、炖等。也可研制成粉末用，或作五香粉的配料。

21. 肉豆蔻

肉豆蔻为肉豆蔻科肉豆蔻属常绿大乔木植物肉豆蔻的干燥种仁或肉豆蔻衣，别名肉果、玉果、肉蔻等。肉豆蔻有温和的辛香，略带甜味。种仁含芳香性挥发油 8% ~ 15%。挥发油的主要成分是异丁香酚、右旋蒎烯、左旋龙脑，右旋芳樟醇、肉豆蔻醚等。

肉豆蔻具浓郁芳香，多用于荤料的矫味、赋香，并有防腐、杀菌作用。肉豆蔻是西方烹调常用的调香料，种仁为粉末、粒状两种，肉豆蔻衣为粉末。我国多将其用于肉类的调香，是酱卤制品必用的香料，也用于高档灌肠制品中。在酱卤猪、牛、羊肉类及烧鸡、酱鸭中，用其作为组合香料之一。也可单独用于烧、煮、炖、烩菜式，但较少见。又可研制成粉末状，称玉果粉，配成糊或汁用作码味或腌制食物的香料。还可作为五香粉的组成香料之一。

肉豆蔻精油中含4%左右的有毒物质肉豆蔻醚，过量食用会使人麻痹，昏欲嗜睡，有损健康，因此使用时必须谨慎，严控用量。

22. 草豆蔻

为姜科山姜属多年生草本植物草蔻的种子团，别名草蔻、草蔻仁。种子中含挥发油约1%，有效成分为山姜素。有弱的草果样香气，辣味略重，为肉类去腥矫味的辅助调香料。

草豆蔻具有浓郁芳香，主要用于赋香，卤、酱菜式常用，多与诸种香料组配应用。如辽宁的沟帮子熏鸡，即以草豆蔻与陈皮、桂皮、砂仁、豆蔻、山柰、丁香、肉桂、白芷等香料配合卤制。也单用于烧、炖等菜式。也可研制成粉末，或作五香粉的配料。

草豆蔻除可赋香外，还具矫味等功用。但一次用量不宜过大。

23. 莳萝

伞形科莳萝属多年或一年生草本植物莳萝的果实和叶，别名土茴香。

莳萝有明显的大茴香和柠檬香味。由于莳萝种子精油中含有香芹酮，所以闻起来甜甜的，口感有一点锐利。干果实含芳香油2.5% ~ 3.5%，主要成分为香芹酮、二氢香芹酮、柠檬烯、莳萝脑等。

莳萝有提高食物风味、增进食欲的作用。莳萝其叶子香味特殊，是腌渍小黄瓜的必备香料，还可与别的调香植物搭配使用。需提醒注意的是莳萝在高温煮后气味立刻消失，所以应在装盘后再撒莳萝。

莳萝的叶子和种子都可以用在腌渍食物中。北欧人会将莳萝子加到面包和蛋糕中，他们也会拿莳萝与醋进行调味。印度使用莳萝更普遍，是配制咖喱粉必不可少的组分。莳萝常见的用法是撒在鱼类餐食上，以去腥或作盘饰，也可加入泡菜、汤品或调味酱。莳萝的种子气味较强，普遍用于食物腌渍、烤制面包、马铃薯和蔬菜等食物调香方面。莳萝的叶子气味温和，又称莳萝草，将之切碎放入汤、生菜沙拉及海产品中，可增进风味。适宜用于鱼类、海鲜、蔬菜、调味酱等。在火腿、香肠、腊肠、肉干、肉脯等肉类品加工中，普遍采用莳萝为调香原料。

24. 百里香

百里香别名麝香草、千里香。有强烈香气，类似胡椒的香味，尝起来辣辣的，有丁香与薄荷的味道，还隐约带着樟脑味，具有清洁口腔，使口气清新的效果。

百里香全草含0.15%～0.5%的挥发油，茎、叶含挥发油。油中主要成分为芳樟醇、龙脑、香芹酚、麝香草酚。

西方视百里香为一种最基本的调香料。跟大多数的调香料不同，百里香耐煮，所以只要用量控制得当，百里香不但不会盖过其他香草的味道，反而会相互辅助，融合出更加美好的风味。

百里香是烹煮菜肴时的调香佳品。烹煮肉类时，用百里香配上洋葱、啤酒或红酒，味道都非常好。百里香有较强的去腥膻、矫异味的作用，可用于烤肉、鱼类等，尤其是用于烤羊肉制品。还可用于鱼类的烹饪加工以及汤类的调味增香，另外也可作为“燕麦炒面”的配料。

百里香由于香味浓郁，干燥后气味更为浓烈，因此在烹饪中不宜多放。

25. 莨姜

莨姜也称高良姜，为姜科山姜属，是我国广东的特产之一，以高良地区所产为佳。用刀将姜切片后，气味芳香，味道辛辣中略带酸味，其气味如同生姜和胡椒混合后所产生的气味。

莨姜有特殊的香辣气味，含0.5%～1.5%挥发油，有20多种香气成分共同形成了莨姜的特有气味，主要有为1，8－桉叶素、萜烯、丁香油酚、高良姜酚、桂皮酸甲酯等。莨姜在烹饪中常常与其他调香料配合使用效果更好，如八角、胡椒等。使用时可切片也可拍扁，以使莨姜的香气成分更多地挥发出来，增加香味效果。莨姜在烹饪中主要用于卤菜的制卤和烧菜，可起增香、调香、去异的作用。莨姜是具有地方特色的肉制品调香料，北京特色肉制品的香料秘方中就配有莨姜。

莨姜可使用新鲜的，也可用其干制品。莨姜切片干制后，肉色会逐渐变深，这主要是由于酶促褐变的作用所致，但不会影响莨姜的调香效果。

26. 山柰

山柰别名沙姜、三籁、山辣等。山柰有樟脑样香气，味辛辣。含挥发油3%～4%，挥发油中主要成分为龙脑桉油精、对－甲氧基桂皮酸和桂皮酸。

山柰主要用于制作卤味制品等的调香料，与诸种香料组合应用，主要用于赋香，减少油腻感，矫除腥臊异味；也可起到抑制微生物生长、防止制品腐败变质的作用。在卤肉、烧鸡中常用。如在天津的酱猪肉、酱猪肚、酱猪头肉、酱猪蹄、酱猪心；北京的拳头肉（元宝肉）、方头肉；冀州驴肉；德州扒鸡；符离集烧鸡中常有使用。

27. 荆芥

荆芥为一年生草本，有强烈香气。荆芥含有特殊的异香味，可作多种菜肴的调香料。荆芥的嫩尖及其嫩茎叶可直接食用，适于凉拌、作汤或面条的浇头，不仅味道鲜美，并具有防暑、增进食欲、开胃健脾的功能。制作的菜点有荆芥拌辣椒丝、清炒荆芥、荆芥蛋等。

28. 罗勒

罗勒也称为九层塔、金不换。罗勒是一个庞大的家族，品种有甜罗勒、圣罗勒、紫罗勒、绿罗勒、密生罗勒、矮生紫罗勒、柠檬罗勒等。罗勒的香味特征有如丁香般的芳香，也略带薄荷味，稍甜或带点辣味，香味随品种而不同。罗勒可分为亚洲与欧洲的品种，气味上略有差别。一般说来，亚洲品种的气味较浓烈一些。

罗勒作为芳香蔬菜在沙拉和肉料理中使用。常见于西式食谱及东南亚菜肴，中式改良菜中也广泛应用。新鲜的叶片和干叶用来调味。罗勒的柔嫩茎叶，可以做菜，凉拌、清炒、汆汤、作馅及做调料配菜均可；也可晒干磨成粉，用于各种料理；或直接用它作为泡茶的饮料。在国外烹调鸡、鸭、鱼、肉等菜肴时，罗勒粉是不可缺少的调香料。罗勒非常适合与番茄搭配，意大利人将它们视为天作之合，不论是做菜，熬汤还是做酱，风味都非常独特。还可用作比萨饼、意粉酱、香肠、汤、番茄汁、淋汁和沙拉的调香料。罗勒还可以和牛至、百里香、鼠尾草混合使用，加在热狗、香肠、调味汁或比萨酱里，味道十分醇厚。许多意大利厨师常用罗勒来代替比萨草。在日本它和紫苏都作为香味蔬菜在料理中使用。在泰国及越南料理中，罗勒也扮演着不可或缺的重要角色。

29. 迷迭香

迷迭香又称香艾。香味非常浓郁，有温暖的胡椒味儿以及隐隐的松木和樟脑香。入口后，余韵有着树木香脂的涩味儿。味道微涩、微苦。它适合搭配煎烤菜肴，与番茄、蘑菇共同烹煮或是煮鱼，和汤搭配也很适宜。

迷迭香的气味非常强，不容易被其他味道盖过，即使长时间炖煮，气味也不易消散。使用时要注意用量。在烤肉或烘烤家禽肉时，在肉的下面铺上迷迭香，会为食物增加一股淡淡的烟熏风味。质地较韧的迷迭香叶还可以串入食物中一起烤。

30. 芝麻

芝麻原产非洲。我国种植芝麻的历史悠久，原名胡麻。种子有黑白两种，皆可榨油。根据其种子的颜色不同可分为黑芝麻和白芝麻。

芝麻营养丰富，味香可口，除主要用于榨油外，还可用于制作食物。烹调中主要用于增加香味，如芝麻肉片、夫妻肺片、芝麻鱼排等。挂糊时在糊中加芝麻，可增加炸制菜肴的香气；也可用于糕点小吃的制作，如芝麻烧饼、芝麻汤团等；还可制作黑芝麻粥等药膳。此外，芝麻还能加工芝麻粉、芝麻酱、芝麻糊、芝麻糖、芝麻盐等制品。

31. 香油

香油又名麻油。它是芝麻经过炒制、压榨而成的植物油，具有特殊的浓郁芳香气味，是烹调菜肴、制作面点不可缺少的调味油。

香油的香气组成比较复杂，香气的呈香能力很强，即使将少量的香油混入其他气味中，仍可以明显感觉出麻油香来。香油的香气成分中有愈创木酸、酚、糖醇、2－乙酰吡咯、2－甲基吡咯、2－乙酰3－甲基吡喃、乙酰吡啶等成分。其中，乙酰吡啶被认为是麻油香气的主要成分。

香油在烹饪中主要可起增香、调香、调味等作用。可广泛用于炒、熘、爆、炒、烧、蒸、烤等方法制作的热菜中，同时也是制作冷菜必不可少的香味调料之一。在制作面点、小吃中也常有应用。使用香油时，可在菜肴出锅前淋入，也可直接用香油烹制菜肴，还可在菜肴装盘后添加。例如，红烧鳗鱼出锅时淋入香油可以起到去腥增香的作用；制作榨菜肉丝汤时滴上几滴香油则马上显得香气四溢。香油用于面点，既可加入馅心中用于调香、调味；也可与面团一同调和，使面点的口感更加适口宜人；还可在面点成熟后涂抹上一层香油，以使面点增加光泽和香气。

32. 槟榔子

槟榔子又叫宾门油、青仔油。槟榔子破碎后可挥发出独特的芳香气味，味道有些涩而微苦。

槟榔子在西餐烹调中常作为调香料使用，主要用于红烩牛肉、羊肉、猪肉以及鱼类菜肴中。使用时需将槟榔子压碎成小粒状，以利于槟榔子的香气逸出。烹制成的肉类或鱼类菜肴，其气味浓香、醇厚，独具一格。有时也可将槟榔子碾压成细粉状掺入肉馅中，使肉馅的风味醇香、独特。

槟榔子除作为调香料使用外，还有一定的药用价值。有治疗食积胀满、水肿等症及驱虫作用。

33. 桂花

桂花为木犀科植物木犀初放的花。桂花在开花时采摘，阴干，密闭储藏备用，也可经糖渍加工成“糖桂花”。桂花具有强烈芳香气味。在金桂、银桂、丹桂这3种桂花的香气成分中均含有顺式罗勒烯、乙酸－4－己烯酯、顺式芳樟醇氧化物、反式芳樟醇氧化物、β－芳樟醇、α－紫罗酮、β－紫罗酮和 γ－癸酸内酯等8种化合物。

桂花制成糖桂花，主要在制作糕点、小吃时应用，如桂花糕、条头糕、桂花饼、豆沙馅、桂花元宵等。糖桂花不但有增香作用，还有一定的矫臭作用，如脱除蛋腥味等。另外，在制作某些桂花香型的甜味菜肴时也需要使用糖桂花。可在酒酿中加入桂花以增加香味，也可加入酒中名为“桂花酒”。

34. 茉莉花

茉莉花为木犀科植物茉莉的花。鲜花为白色，干后黄棕色至棕褐色，气味芳香，以纯净洁白者为佳。茉莉花鲜花含油一般为0.2%～0.3%，主要成分为苯甲醇及其酯类、茉莉花素、芳樟醇、苯甲酸芳樟醇酯。

茉莉花不但用于制作茉莉花茶，也可用于菜肴的调香。宫廷名肴茉莉银耳，就是在传统的银耳汤的基础上加鲜茉莉花，突出花香。用茉莉花茶与武昌鱼同蒸的茉莉花武昌鱼，能衬出武昌鱼的嫩肉美味。苏州人好茉莉花，不仅观赏，还引为口腹之美。苏州民间就普遍用茉莉花烹制佳肴，如茉莉蒸鱼、茉莉虾仁、茉莉鸡花、茉莉炒肉丁等，还将茉莉花瓣点缀于汤肴中。还可将鲜茉莉花洗净后，在沸水中一焯即起，再入凉开水中漂清，捞起晾干后放入调料翻拌，即成"老苏州"的夏令凉菜。

35. 香菜

香菜，又名芫荽、盐荽、胡荽、漫天星。香菜因其茎叶中含有一种特殊的芳香味，所以民间俗称香菜。香菜全株皆可食用，但一般只吃它的嫩株和叶。

香菜广泛用于烹调领域，因具有一种独特的香味，能爽口开胃，有调香去腥臭和增进食欲的作用。做汤时加入香菜可使汤散发出特殊的清香；烹制畜肉类菜肴时加些香菜，可去腥膻。香菜既可凉拌，又可炒制，还常用于菜肴的装饰，是家庭和宴席上不可缺少的蔬菜。

香菜的香气主要来自芳樟醇（占60%～70%），其他还有少量水芹烯、蒎烯、香叶醇等香味物质。香菜虽然香精油含量较高，香气浓郁，但香精油极易挥发，且经不起较长时间的加热，因此，为保留其香气，宜在食用前加入，往往是在汤菜起锅前撒于汤内，也有出锅后再放入的，既可起到汤菜的点缀作用，同时又起到增香作用。香菜的叶子细而卷曲，有的叶子则比较光滑，香味更加芬芳。香菜气味芳香且增进食欲，粉蒸猪肉、清炖牛肉、羊肉火锅，以香菜配合，既美味又可去腥膻。香菜还常用来凉拌肉类三丝、豆腐干，或用作拼盘配角点缀。烹制豆瓣鱼、鱼香茄子等以香菜做调香料，风味别具一格。香菜还可以用于某些凉拌菜中，先将香菜用沸水烫一下，切成小段，再拌入菜中，如拌花生米、拌香干等民间小菜。

使用香菜时，需注意用量，否则会将菜肴的本味压抑下去，同时还使人感到有一种药味。

36. 香椿

烹饪常用的香椿指的是叶乔木椿芽树枝头上生长的嫩芽，称为香椿芽，又叫香椿头、香椿、香椿尖。香气成分以烯烃类化合物为主。香椿分为紫椿、油椿两种。紫椿质优，香味浓郁，略显苦味。

香椿芽入馔，吃法很多，但主要是取其香。通常有香椿拌豆腐、香椿炒鸡蛋、盐渍生香椿、油炸香椿鱼等，香气扑鼻，风味独特。也可将香椿芽与大米同煮，调以香油、味精、精盐等，香糯可口。香椿芽还能制成腌香椿芽，这是香椿芽经食盐腌制而成的制品。腌香椿芽可以炒肉丝、也可以拌豆腐，还可以拌入面粉蒸或油炸，都显得香气浓郁。还可将香椿芽和大蒜一起捣烂成糊状，加些香油、酱油、醋、精盐及适量凉开水，做成香椿蒜汁，用其浇拌面条，别具风味。

此外，还可将香椿芽晒干后研磨成粉末，可较长时间储存。香椿粉具有香椿的独特香气，可用于菜肴或其他食物的赋香，使之呈现香椿的芳香。可用于拌、炝、炒、蒸、烧、烩等各式荤素菜品，如拌干丝、炒肉丝等，香气别具一格。香椿粉还可用作包子、饺子、锅贴等馅料以增香。还可与其他调香料调制成调味酱，用于拌面条、凉粉等，风味独特。

37. 干香菇

香菇又称香菌、香信、冬菇、香蕈等名称。在两广及港澳地区叫香信。香菇具有香气沁脾、味道鲜美、营养丰富的特点。在烹饪中我们常常用干香菇作为调香料来增加菜肴的香气。干香菇是采集优质的香菇经晾晒或烘烤加工而制成的一种脱水干制的菌类原料。

平时见到的干香菇，闻起来有一种与蘑菇相同的所谓“霉气味”，并没有独特的香菇香气味。但干香菇用水泡软后，香菇的特征香气会立即释放出来，而且逐渐增强。如果将鲜香菇剁碎，其香气也会逐渐增强，这都是水解酶的作用。因为香菇所特有的香气成分属于含硫的环状化合物，称为香菇精，浓度仅 2×10^{-6} ~ 3×10^{-6} 时就可产生出诱人的香菇气味来。香菇精的前体物质是香菇香精酸，它是由谷氨酸和胱氨酸的复杂诱导体肽结合而成的。把干香菇浸入温水中，香菇体内的香菇香精酸的量在水解酶作用下将逐渐减少，而香菇精的生成量则逐渐增加，因此香菇的香气逐渐变浓。研究发现生成香菇香精需要有两种酶：一种是从香菇香精酸中能够水解分离出谷氨酸的酶，另一种是在分离后产生的半胱氨酸诱导体作用下能够生成香菇香精的酶。香菇只有经干燥和复水或者浸软后才能产生香气。

烹饪中还常常使用香菇粉。其制作方法是：选用鲜美的香菇，采摘野生可食的小香菇则更好。先将香菇洗净，控去水分，将香菇干燥脱水，待形成干香菇后，把干香菇研磨成细小的粉粒，即成为独具特色、香浓醇厚的香菇粉，用于菜点的增香。香菇粉在烹调过程中使用时，分散性好，使用方便。适用于各种菜肴的增香，在面食、汤菜、凉拌菜中使用，效果更佳。

38. 荜拨

荜拨又称荜茇、鼠尾等，为胡椒科植物荜拨的干燥果穗。有胡椒的特异香气，味辛辣，以肥大、质坚实、味浓者为佳。荜拨含有 1%的挥发油和 6%的胡椒碱，挥发油中的主要成分为丁香烯和芝麻素。

荜拨在烹调中多用做卤、烧、烩等菜肴的调香，具有矫味、增香、除异味的作用。主要用于除去鱼类、畜禽肉和内脏的异味。荜拨还常与多种香料组合，用于酱卤制品，很少见单独使用。我国在酱卤肉制品中常用荜拨；国外用其干叶在制作火腿及香肠时作为香料使用。

39. 姜黄

姜黄为姜科植物郁金的地下肥大根状茎及纺锤状肉质块根。姜黄具有较强的香辛味。将姜黄的块茎洗净晒干，磨成粉末，即为姜黄粉。将姜黄粉用丙二醇或乙醇抽提，得到的色素液再经浓缩干燥，即为姜黄素。

姜黄具有胡椒状香味，稍带苦味，因此具有增香作用。姜黄所含挥发油中的主要成分为姜黄烯、倍半萜烯醇、樟脑、莰烯，还含有含姜黄素、脱甲氧基姜黄素、姜黄酮等。

姜黄是咖喱粉中不可缺少的配料之一。咖喱粉的黄色主要是由姜黄色素所呈现。姜黄具有的香辛味在咖喱粉中具有增香作用。

40. 五香粉

五香粉也称五香面。是将五种或五种以上调香料的干品粉碎后，按一定比例混合而成的复合调香料。五香粉是我国最常使用的复合调香料之一。调香原料大体有八角、桂皮、小茴香、砂仁、豆蔻、丁香、山柰、花椒、白芷、陈皮、草果、姜、甘草等，或取其一部分，或取其全部调配而成，见表 13-5。

表 13-5　五香粉的几种配方

香辛料	配方一	配方二	配方三	配方四	配方五	配方六	配方七	配方八	配方九
八角	10.5		31.3	55		20		15	20
桂皮	10.5	10	15.6	8	9.7	43	12	16	10
小茴香	31.6	40	15.6		38.6	8		10	8
丁香	5.3	10			9.6		22	5	4
甘草	31.6	30		5	28.9			5	2
花椒		10	31.3		9.6	18		10	5
山柰				10	3.6		44	4	3
砂仁				4			11	4	6
白胡椒				3				6	4

续表

香辛料	配方一	配方二	配方三	配方四	配方五	配方六	配方七	配方八	配方九
陈皮						6		5	5
豆蔻							11	8	10
干姜				15		5		2	5
芫荽								5	14
高良姜								2	4
白芷			6.2					2	5
五加皮	10.5								5

五香粉在烹饪中有较多的应用。五香粉入肴，可赋香增味，除腥解异，增进食欲。由于多种调香料共同发挥作用，使得菜品的香味和谐而浓郁。可用于烧、卤、蒸、拌、炸、酱、腌等多种烹调技法，并可用于馅心调制。多用于牛、羊、猪、鸡、鸭、鹅、鱼等动物性原料中，也用于萝卜、土豆、白菜、芥菜等蔬菜中。添加量一般在0.02%～3%之间。

41. 十三香调料

“十三香”集众家香料之所长，独成一派，既解膻提鲜、去异掩腥，又香味浓郁、风味独特。在烹饪中许多场合下都适宜使用。我国地方特产道口烧鸡、草山烧鸡和沟帮子烧鸡之所以驰名中外，其成功的秘诀之一就在于加工制作时巧妙地使用了“十三香”。江苏盱眙的十三香龙虾名扬江浙沪皖地区。在烹制龙虾的过程中，由于添加了“十三香”，从而使十三香龙虾具有麻辣爽口、肉嫩味美、汤汁浓烈等特点。

所谓“十三香”是指13种（并不一定指13种，是个约数）各具特色香味的调香料，包括红豆蔻、砂仁、肉豆蔻、肉桂、丁香、花椒、大料、小茴香、木香、白芷、山柰、高良姜、干姜等，见表13-6。这些原料配比在一起为十三香，分开用又各有千秋。如小茴香气味浓烈鲜香，做素菜及豆制品最好，誉满中外的茴香豆即为绍兴一带酒店的著名小菜。牛羊肉用白芷、大料、肉蔻，可去膻增鲜，使肉味可口；熏肉用肉桂、花椒、陈皮、干姜粉，可使香味浓郁、增香解腻；氽汤用陈皮和木香，使汤味淡雅而清香；熏鸡、鸭、鹅等用肉蔻和丁香，使熏品香味独特。总之，十三香是难得的调香佳品。十三香风味较五香粉更浓郁，调香效果更明显。

表 13-6 十三香配方（单位：%）

香辛料	配方一	配方二	配方三	配方四	配方五	配方六	配方七	配方八	配方九
八角	15	20	25	30	50	40	35	10	17
丁香	5	4	3	5	3	7	8	4	6
花椒	5	3	8	4	7	12	10	11	15
云木香	4	5	4	3	2	1	4	3	5
陈皮	4	4	2		2	3	2	4	2
肉豆蔻	7	8	5	3	3	2	4	5	3
砂仁	8	7	6	5	4	5	8	6	3
小茴香	10	12	8	10	9	7	10	30	15
高良姜	6	5	7	4	4	3	5	4	5
肉桂	12	10	9	12	8	8	9	10	12
山柰	7	8	6	7	2	3	2	3	4
草豆蔻	8			5	2	3	2	4	10
姜	9	8	10	8	4	3	1	6	3
草果		6	7	4		3			

值得一提的是，制作时并非使用“十三香”香料越多越好，要掌握适量。须知像桂皮、木香、茴香、生姜以及胡椒等香料，它们虽然属于天然调香料，但如用量过度，同样具有一定的副作用乃至毒性和诱变性。在烹调经验不足的情况下使用它们，以“宁少勿多”的原则为宜。

42. 咖喱粉

咖喱一词最早是 Kart，来自印度南部泰米尔地区。印度的 Kart 实际上是一种辣酱油，用各种调香料加上食盐和酸味调料（如柠檬汁）以及椰奶甚至奶酪等调配而成。组成咖喱的调香料非常多，它们相互交融在一起，各自拥有独立的迷人香气却又绝不冲突。咖喱一词虽出自印度，在冷拌、烹调、蘸食时，印度居民却很少使用商品咖喱。因调香料都来自天然植物，印度又是盛产各种调香料植物的农业国，所以往往用新鲜的调香料植物，更加富有诱人的食欲，且更经济实用。

咖喱并非指哪一种调香料，例如，常用的组合有小豆蔻、胡荽、丁香、枯茗、小茴香、生姜、肉豆蔻、干辣椒、白胡椒、姜黄。其中胡椒、干辣椒为辣味剂；姜黄、生姜为增色剂又是调香料。通过变换各种调香料用量就可以调整口味和用途。当然，可以用来调制咖喱的调香料种类远不止于上述那些品种，全部加起来可达到 30 多种。由于地区不同，风俗各异而演变出各种风味流派。有欧洲英国风味、印度风味和东南亚风味等各种咖喱配方。按地区民族流派区分，有重辣型、轻辣型、重香无辣型；按形态分则有粉状咖喱、油咖喱、仿印度熟咖喱（烹调用，由天然调香料熬制）和彩色咖喱。

目前，我国市场上所出售的各种咖喱粉，实际上是由 20 多种原料配制而成，它是一种将各种风味统一了的混合型调香料。不少咖喱粉中的原料品种和比例大小是有所不同的，但主要是姜黄、胡椒、生姜、胡荽菜等。核心是姜黄，可谓没有姜黄即不成咖喱粉。产生颜色的原料如姜黄根粉、陈皮等；产生香气的原料如胡荽、小茴香、肉豆蔻、丁香等；产生辣味的原料如胡椒、辣椒、生姜等。随着这些原料混合比例的变化，便可形成各种风格的咖喱粉，见表 13-7。

表 13-7　典型的咖喱配方

天然调香料	组成比(%)	性能特点
胡荽子粉	43	具有水果香气、微甜、有花的后味，与其他调香料配合能起到很好的效果
姜黄粉	17	深黄色，并有柔和的香气，同时可用作色素
黑胡椒粉	8	有辛辣的感受，并有愉快的清香，稍带柠檬香味
莳萝	12	具有强烈的刺激性气息，是咖喱香气的主要成分
辣椒粉	9	使咖喱具有辣味，可使人出汗，印度咖喱的辣椒粉用量比欧洲地域大得多
葫芦芭子粉	8	香味似芹菜，但有苦味
小豆蔻粉	3	稍带樟脑气味；但有水果的甜味。有时由于成本的考虑，可用月桂叶或栓皮替代

咖喱的组成香料均各自拥有独特的香气与味道，有的辛辣、有的芳香。不管搭配肉类、海鲜或蔬菜，均有不同的口味。在不同的地域，咖喱有着不同的风格。印度咖喱注重辛辣浓郁的感觉；巴基斯坦则偏向清香的味觉；泰国、马来西亚等南洋国家则喜爱添加地方风味佐料。咖喱食物也是日本人最喜爱、最普遍的食物之一。咖喱进入日本已有 150 年的历史，经过日本文化的熏陶和融合，咖喱变得更加温和、甘甜，更加适合东方人的口味。

咖喱粉用于烹调可赋色添香，去异增辛，促进食欲。它是烹饪中的一种特殊调香料，可适用于多种原料和菜肴。无论是中餐、西餐均能使用。可用于多种烹调技法，如炒、熘、烧、烩、炖、煮、蒸等；适用于多种原料，如牛肉、羊肉、猪肉、鸡肉、鸭肉、鹅肉、鱼肉、大豆、菜花、萝卜、米饭（日本咖喱饭）等。制成的菜肴有咖喱牛肉、咖喱鸡块、咖喱鱼、咖喱蛋、咖喱饭等。咖喱粉可直接放入菜肴；也可制成咖喱汁浇淋于菜肴上；或与葱花、植物油熬成咖喱油使用；还可做成调味汁用于冷菜、面食、小吃。在烹饪中对咖喱粉的正确使用，可使菜肴的色、香、味等各方面均可获得满意的效果。使用时应根据顾客对象和菜肴特点及要求而使用，不可随意乱用。添加量一般在 0.15% ~ 4%，或根据个人喜好及咖喱粉的辣度酌量添加。

43. 七味辣椒

七味辣椒是日本的传统混合型调香料。由花椒、辣椒、陈皮、芝麻、麻子（苴麻）、紫菜等混合制成。常用于日本料理中的腌菜、面类、火锅、猪肉汤、酱汤、烤肉串等。七味辣椒的口感带有清爽的香气，日式串烧少不了它，吃面或搭配其他料理都非常适合。七味辣椒的两种配方如表 13-8。

表 13-8　七味辣椒的两种配方

调香料	配方 1	配方 2
辣椒	50	50
山椒	15	15
陈皮	13	15
芥子	3	3
芝麻	5	5
麻子	3	4
油菜籽	3	3
紫苏		2
紫菜		2

二、酒类

酒在烹饪中发挥着特殊的调香作用。在烹饪中适时适量地使用酒可以产生良好的效果。酒在一定程度上协调各种调香料的风味；可以通过酒中的乙醇促进鱼体内三甲胺的溶出和挥发，达到去腥的目的；可以利用自身的风味物质，强化肉制品的香气，形成特殊风味。

酒中的乙醇是烹饪中菜肴产生香气的重要因素之一，特别是在烹制动物性原料的菜肴时，酒具有较强的去腥除膻、增香调味的作用。因为在肉类、鱼类、禽类等原料中，总是或多或少含有一定的腥臭味或异味成分，如三甲胺、硫化氢、甲硫醇、四氢吡咯、四氢吡啶等。这些腥臭味的成分或异味成分有些可以溶解在酒中，在烹饪中受热随酒的挥发而散发出去。另外，酒中的醇类与原料中所含的有机酸发生化学作用，生成具有令人愉悦的、带有香气的酯，从而可使菜肴增香。

酒在烹饪中除了具有调香作用外，酒中的乙醇对于食物中的其他味也会产生一定的影响。例如，乙醇会对甜味产生影响，蔗糖的溶液中加入乙醇会使甜味变淡；还有在酸味中加入乙醇会使阈值升高。

烹饪中常用的酒往往有这样几种：

1. 黄酒

黄酒又称料酒，是烹饪中必备调料之一。黄酒是我国的民族传统发酵食品和世界上最古老的饮料酒之一，也是营养丰富的酿造酒。黄酒因酒的色泽黄亮而得名。黄酒中酒精含量一般在10% ~ 20%，属于低度的发酵原酒。黄酒是用糯米、大米、黍米为主要原料，通过酒药、麦曲的糖化发酵，最后经压榨而制成的。黄酒的酒性比较醇和，宜储存，而且具有在一定时间内“越陈越香”的特点。黄酒一般呈黄色至琥珀色，黄中略带有红色，香气浓郁，是烹饪中作为调香料的佳品之一。黄酒以浙江绍兴生产的黄酒最负盛名。在我国的名菜中，许多菜所用的黄酒都指定用浙江的绍兴黄酒，可见绍兴黄酒的影响力非同一般。

黄酒的香气浓而不艳，香而不冲，显得十分和谐协调。黄酒中的挥发性风味物质成分十分复杂，香气成分有100多种。黄酒香气随品种不同而有差别。香气由酒香、曲香、焦香和储存香构成。酒香是指发酵的代谢产物形成的芳香特征，酯和高级醇等能形成黄酒特有的芳香。

烹饪中添加了黄酒后，菜肴的风味变得更加柔和、适口，香气更加和谐、浓郁，氨基酸和糖类在加热过程中发生的美拉德反应，对菜肴的香气和颜色的产生起到了一定的作用。

使用黄酒的形式有多种，大致分为三种用法：一是在烹制前将原料充分与黄酒拌匀，放置一定的时间，使黄酒逐渐进入原料的表层组织和内部组织。二是在烹制过程中的某个时间段单独加入黄酒，可感觉到菜肴中香气向外溢出。三是将黄酒预先放入对汁芡中，大火爆炒时最后加入到菜肴中。烹调中使用黄酒的最佳时间是锅内温度最高的时候。例如，炒虾仁时，虾仁滑熟后就要放酒；煸炒肉丝时，应在煸炒完毕时加黄酒；做红烧鱼时，应在煎制完成后即放酒，这样效果才最好。一般来讲，在所有调料中黄酒必须最早加入。

总之，黄酒的使用要根据烹饪原料的不同，菜肴制作要求的不同而灵活掌握。必须注意黄酒在菜肴中添加量不可过大，以免菜肴品尝时吃出酒味。

2. 葡萄酒

葡萄酒是以葡萄为原料，经发酵酿制而成的一类低度果酒。诸如白兰地、威士忌、味美思以及香槟酒等，均属葡萄酒之列。葡萄酒是制作西餐菜肴时常用的调香料之一。

葡萄酒的种类很多。按葡萄酒酿造时所选用的原料和工艺不同，以及酿造后葡萄酒的色泽不同，一般可分为红葡萄酒和白葡萄酒两类。红葡萄酒是用红色或紫红色葡萄为原料。为了使果皮中的葡萄色素和单宁在发酵过程中溶于酒中，采用皮和汁混合发酵制成。红葡萄酒的酒色为暗红色，澄清透明，含糖量较高，酸度适中，香气芬芳。而白葡萄酒是用黄绿色或红皮白肉的葡萄为主要原料，为了使葡萄皮中的色素及单宁不溶于酒中，特地把葡萄的皮和汁分离，单独将葡萄汁经过一系列的发酵而制成。白葡萄酒的酒色呈浅黄色，澄清透明，但含糖量较红葡萄酒低，酸度较高，酸甜爽口，香气清新。

葡萄酒本身所具有的香气包括两部分。一部分来自于葡萄原料本身，而另一部分则是葡萄酒在酿造发酵过程中产生的，香气成分主要是一些酯类。据分析得知，葡萄酒中含有各种成分 200 多种，其中乙醇为 12% ~ 15%，另外还含有多种糖分、有机酸、无机物质、含氮物质、单宁以及酯类等各种呈味和呈香成分。

由于葡萄酒与中国的黄酒在酿造方法和原料上有所不同，故其风味也与黄酒截然不同。葡萄酒在制作中式菜肴时不常使用，但制作西餐菜肴时常常使用。葡萄酒的香气很浓，这对于除去西餐制作中肉类（如牛肉、羊肉）特有的味道是必不可少的。西餐中许多菜肴可用葡萄酒进行调香和增香。西餐烹调中所使用的葡萄酒以优质葡萄酒为最好。例如，法式红酒烩牛肉就要用红葡萄酒来制作；而法式煮鱼和白酒鲜蘑沙司，则要用白葡萄酒来烹调。在法国的宴席上，用白葡萄酒烹制的鱼类或虾类菜肴属高级菜肴之列，常常是用来招待贵宾的美味佳肴。在西餐菜肴的制作中，尤其是制作以动物性原料为主的菜肴时，使用少量葡萄酒，还可起到使原料中的各种血腥味、乳臭味、土腥味大为减少的功用。例如，用羊肉、鲸鱼肉、兔肉、猪肉等制作菜肴时，加些红葡萄酒或是事先有意识地将原料在葡萄酒中浸泡一段时间，这样做出的菜肴基本上闻不到肉的异味和怪味。在加工制作动物内脏时，加些葡萄酒会使制作出来的菜肴其色香味效果更好。在烤鸡肉串和炒鸡杂的调料中有意识的添加些葡萄酒，不但可去除鸡的不良风味，而且使菜肴的口味更加诱人可口。葡萄酒对于除去某些不新鲜原料的异味，也有比较明显的效果。此外，使用白葡萄酒可以有效除去河鱼的土腥味，故西餐中烹调河鱼时，一般都要使用白葡萄酒。白葡萄酒配白肉类菜肴或海鲜是通用的好方式。常见搭配见表 13–9。

表 13-9　葡萄酒的烹饪应用

菜名	葡萄酒	用量（g）	口味特点
煎仔牛肉	白	50	肉鲜嫩，少司奶香味浓
炸鸡腿	白	25	外焦脆，肉质细嫩
炒意大利南瓜	白	100	鲜咸、微酸、利口
炸鱼条	白	5	外焦里嫩，酸咸香鲜适口
煎鱼柠檬黄油少司	白	50	鲜香，酒香，酸咸
俄式牛肉丝	红	15	浓香，酸咸
红酒汁焖猪排卷	红	100	浓香，酒香，微咸
莳萝烩海鲜	白	30	鲜香，间有莳萝的香味
酒烧鸡翅	白	150	酒香味浓，肉质软烂
法式球葱汤	白	250	葱香，褐色
酥皮烤牛里脊	红	30	外酥里嫩，浓香

注：表中原料按净重 500g 计

3. 啤酒

啤酒是以大麦为主要原料，大米或玉米为辅助原料，配加酒花经酿制而成的低度酿造酒。啤酒的酒精含量一般为 3% ~ 5%。啤酒的香味成分很复杂，主要有葎草酮、香叶烯、高级醇类、乙醛、乙酸、酯类等。其苦涩味主要来自于酒花中的 α－酸、β－酸及其衍生物，如异－α－酸等。

在制作一些特色菜肴时，用啤酒代替水或者高汤，可以烹制出众多的美味佳肴。如美国的啤酒焖牛肉、德国的啤酒烧鲤鱼、加拿大的啤酒肉饼、中国的啤酒鸭、啤酒焖仔鸡、啤酒焖鱼等。在一些凉拌菜的制作过程中，将原料投入啤酒中浸煮片刻后捞起，再经过一定的调味手段，可以使菜肴更鲜美。烹饪中有时用生啤酒，生啤酒与茄汁、糖、精盐、生抽、水淀粉调制成的啤酒汁，酒香浓郁、口味酸甜、色泽红艳，在热菜的调味中运用频繁。有时将生啤酒与淀粉拌匀后拌和在肉丝、肉片之中，用作上浆，这时生啤酒中的蛋白酶还将发挥肉类嫩化剂的功能，烹制成的肉类菜肴口感很鲜嫩。

另外，在制作面饼或其他发酵面点时，在面粉调和时加入一些生啤酒进去，可以利用生啤酒中的酵母菌帮助面团发酵，制成的发酵面点酥松，风味别致。若在发酵面粉面团中加入少量经过热水烫制的玉米面，则使制品具有糕点风味。烤制面包时，用等量的啤酒代替牛奶，不但容易烤制，而且面包还具有肉香味。常见应用见表13-10。

表13-10 啤酒的烹饪应用

菜名	地域	用量（g）	口味特点
啤酒牛肉扒	意大利	150	里脊肉嫩，色泽棕红，酒香诱人
啤酒烩牛肉	比利时	350	牛肉味道鲜美，香气扑鼻
啤酒焖鸡	意大利	250	鸡肉软烂，酒香浓郁
啤酒蒸鸭	意大利	250	肉嫩汁鲜，味美可口
啤酒焖鱼	意大利	250	鱼肉鲜美，风味别具一格
啤酒汤	法国	1000	浓稠不腻，芳香可口
牛奶啤酒汤	爱沙尼亚	100	适口好，有浓郁的啤酒芳香
啤酒汽锅鸡	中国	250	清汤见底，酒香，味醇
啤酒鲶鱼	中国	100	汤美肉嫩，啤酒味浓
啤酒三元炖牛腩	中国	50	汤浓味美，营养丰富
红羊肉汤	法国	60	肉烂、味鲜

注：表中原料按净重500g计

4. 白酒

白酒又称白干、烧酒。白酒是以高粱、玉米、大麦、大米、糯米、甘薯等含淀粉的粮谷或含糖分的植物为原料，通过特定的加工工艺，在酒药（小曲）、麦曲（大曲）或麸曲（纯种曲霉菌）酒母等糖化发酵剂中多种霉菌、酵母菌和细菌的共同作用下，经糖化、发酵、蒸馏制成的高度蒸馏酒。白酒的香气主要是由酯类、醇类、酸类等成分所组成。不同的品牌，其所含成分也不同，从而形成不同风格的香气。

白酒在烹饪中主要用于烤、炸、熏、煸、腌、腊等，如叉烧肉、炸仔鸡、熏肉、块烧鸡、醉虾、醉蟹以及各种腊货。此外，白酒还有杀菌防腐作用，这是因为白酒中含有的乙醇能使微生物中的蛋白质变性，使酶失活，菌体死亡。白酒具有较强的渗透作用，能渗透到原料内与相关物质发生反应，形成独特的酒醉风味，如醉虾、醉蟹等。

由于白酒的酒精度较高，使用时不易准确掌握其用量，容易破坏菜肴的风味，因此其烹饪应用范围不如黄酒广泛，见表13-11。

表 13-11　白酒的烹饪应用

菜名	地域	酒名	用量（g）	口味特点
白花酒焖肉	江苏	白花酒	150	酒香浓郁，肉烂入味
白酒烤羊排	江苏	白酒	5	肉嫩鲜美，酒香浓郁
酒醉银芽	江苏	白酒	15	质地脆嫩，香气扑鼻
醉蟹	江苏	白酒	250	肉质鲜嫩，味美可口
湖南腊肉	湖南	60° 白酒	15	肉色红亮，咸淡适中

注：表中原料按净重 500g 计

5. 香糟

香糟是一种有糟香味的发酵制品。香糟的香味很浓郁，由于含有少量的乙醇，所以带有一种诱人的酒香，醇厚柔和。香糟的香味成分有酯、醇、醛等酒香物质，主要成分是酯类，如乙酸乙酯、丙酸乙酸酯、异丁酸乙酯等。香糟按颜色可分为白糟和红糟两类。白糟即普通的香糟，颜色白色至浅黄色。红糟是因酒糟内含有一定的红曲色素成分，使得酒糟的颜色成为粉红至枣红色。白糟常用绍兴黄酒的酒糟加工而成；红糟是福建的特产。山东有一种香糟是用新鲜黍米黄酒的酒糟，加入 2% ~ 3%的五香粉和 15% ~ 20%炒熟的麦麸制成。香糟一般含有 10%左右的酒精，有与黄酒同样的调味作用，糟制的食物具有特殊的酒香。

香糟一般不直接用于烹调，往往先制成香糟卤后再使用。香糟卤的制作方法是将加入盐、葱、姜的鲜汤烧开后晾凉，倒入香糟中拌匀浸泡 30 分钟，再用布袋滤出糟卤，用黄酒、味精调味。另一种方法是将干糟放入黄酒中浸泡，上屉蒸后过滤，用糖、盐、味精、鲜汤、桂花调味，静置后取上层的卤汁用纱布过滤得香糟卤。

香糟以烹制动物性原料为主，用于植物性原料的不多。常见的如糟扣肉、糟炒鱼片、糟香螺、糟熘白菜梗等。可用于烧菜、熘菜、爆菜、炝菜等，有独特的风味，同时能改善菜肴的色彩。闽菜、杭州菜、苏菜往往以擅用香糟而闻名，方法很多，如糟煎、干炸、糟腌等。红糟调味是福州菜的一大特色，鸡、鸭、鱼、肉、蔬菜均可用红糟调味。红糟能添香增味，还可增色美化。

香糟对于生或熟的原料均可糟。熟糟就是先将白煮成熟的原料，放入坛内，加入香糟或香糟卤以及食盐，密封坛口，经数日后便可开坛取出食用，如糟鸡、糟鱼等。所谓生糟就是将用食盐腌制过的原料，再浸入香糟中（有时也可直接将生的原料浸入香糟中），经数日后，取出原料再进行调味烹熟后食用，如糟青鱼块等。

6. 糟油

糟油并不是油，而是在用上等糯米为主料制成的酒浆中，加入以丁香、肉桂、茴香、甘草、陈皮、花椒、白芷、玉竹等天然香料和食盐酿制而成的水溶液。

糟油因具有香气馥郁、除腥气、提鲜味、增食欲的特点，在烹调过程中作为调料使用。特别在夏季用量尤甚。适宜于多种烹调方法，无论红烧、清炖或者凉拌都能体现糟香浓郁的特色。只要在烹调时放入少许，便能增加风味。热菜如糟油鱼片、糟油鸡片、糟油豆苗等；点心中常作为蘸食调料，如吃面条、馄饨、水饺、春卷等，用以热蘸，清香可口。糟油在冷菜制作中运用也较广，制成的糟腌菜品种类繁多。在制作时原料一般先经煮、焯水等初步处理，将糟油与3倍的鸡汤混合，加些盐、糖和味精，再把煮好的原料盐腌或在盐汤（加香料）中浸腌入味后，浸泡于糟油汤中，进冰箱冷藏3小时即可食用。可供糟制的原料很多，如鸡、鸭、肉、肚、蹄、爪等；蔬菜中的毛豆、花生、黄豆芽等。

三、烟熏香味料

烟熏香味料又称为烟熏香料、烟熏液。烟熏香味料为淡黄色至棕色液体，具有浓郁的烟熏香气。

传统的烟熏食物是选用特定的硬质木材如枣木、松木等，经暗火燃烧时产生的熏烟来熏烤食物，其熏烟的主要成分是酚类、羰基化合物、有机酸类等。而烟熏香味料也含有酚类、羰基化合物和有机酸类，总量在19%以上，共有100多种化学成分。其中酚类物质是烟熏香味的主要成分，在这基础上再辅以羰基化合物和有机酸类物质时，其烟熏的风味更佳。若把烟熏香料添加到食物制作中去，便会使食物也染上烟熏香味，从而形成具有烟熏香味的食物。

烟熏香味料易溶解于水，用它可以调配成任何浓度的烟熏香味水，很容易添加到原料中去，如肉类、鱼类、禽类、蛋类以及植物性原料。烟熏香味料的添加量一般在0.05%～0.3%的范围内，也可根据实际需要适当增减。使用的方法有多种：掺合法、浸渍法、喷洒法、喷雾法、涂抹法、注射法等。一般以掺合法使用较多，因其简便。掺合法是将烟熏香味料直接添加到原料中，并调和均匀，再按原制作工艺进行加工，即可制成有烟熏香味的食物。

烟熏香味料在食品工业中已广泛应用，能很好地除去肉类的异味，如羊肉的膻味、鱼的腥味等。在制作红肠、鱼香肠、圆火腿、火腿午餐肉中常有应用。目前也已应用到烹饪行业中，如制作烤鹅、烤鸡、烤方、烤羊肉等。使用烟熏香味料较之传统的烟熏方法好，主要有以下几个优点：

（1）制成的食物具有浓郁的烟熏香味，并且色香味均匀一致，无异味；对水产品具有一定的除腥作用；对某些肉类食物还有一定的发色作用，以及能够抑制某些微生物的活动，延长储藏期。

（2）可以革除传统的老式烟熏方法和烟熏设备，如熏房、熏具等，从而采用先进的现代化设备，如电烤箱等。

（3）用烟熏香味料制作食物，工艺简单、操作方便，劳动强度低。

（4）使用烟熏香味料较传统的烟熏方法卫生，不污染环境和食物。

四、咸味香精

近几年来咸味香精正在餐饮行业中悄然兴起。烹饪过程中把咸味香精添加在各种卤菜、烧、烤、烩等菜肴以及羹、汤、面食、米线、火锅中，使其香味十分浓郁。目前，咸味香精在餐饮行业中尤其是大型中式餐饮连锁企业中常常使用，已普遍为消费者所接受和喜爱。常见的咸味香精有鸡粉调味料、浓缩鸡汁调味料、鲜味酱油、麻辣鲜、排骨味王、肉味王、卤肉料、饺子料、包子料、炖肉料、火锅底料、肥羊底料、各种蘸料和涮料等。

咸味香精（Savory flavoring）是20世纪70年代兴起的一类新型香精。“咸味香精”这个名词是从国外引进的“舶来品”，英语原文为“savory flavor”，指的是开胃菜肴的风味是咸的、香辣的、美味可口的、味道极佳的。然而许多人认为把“savory”理解为“咸味风味”的翻译似乎更加准确。为了更深入的了解人们对“savory”的理解，英国一家香料公司做了调查，将146种与“savory”有关联的香气描述列出，供被调查者挑选。经过统计，以下10种描述排在最前面：①油炸鸡肉；②烹调的肉制品；③调味品；④大蒜和球葱；⑤辛辣的；⑥温暖的；⑦黑胡椒；⑧烟熏样；⑨奶酪样；⑩烟熏鲱鱼样。由此可见，所谓咸味食物，就是具有上述风味的食物，包括用各种牛肉、猪肉、鸡肉、羊肉、鱼肉、海鲜等做成的食物，以及番茄酱、球葱、大蒜、炸薯条、各种调香料、烧烤肉、烟熏肉、烟熏鱼、火腿、香肠、奶酪等。所以咸味香精也就是为了模仿上述各种咸味食物的风味而开发的香精。如今，咸味香精定义为：由热反应香料、食品香料化合物、香辛料（或其提取物）等香味成分中的一种或多种与食用载体和或其他食品添加剂构成的混合物，用于咸味食物的加香。主要包括牛肉、猪肉、鸡肉等肉味香精；鱼、虾、蟹、贝类等海鲜香精；各种菜肴香精及其他调味香精。

生产咸味香精用畜禽肉、骨、脂肪，鱼、虾、蟹、贝，以及调香料作为基础原料。制造方法主要有调香法、热反应法及调香与热反应相结合的方法。调香所用的香料包括天然香料和合成香料两大类。热反应的主要原料是氨基酸、还原糖和其他配料。而水解植物蛋白（HVP）、水解动物蛋白（HAP）、酵母等是很重要的氨基酸源。

咸味香精在餐饮行业中常常使用。厨师在烹饪中用何种肉作为烹制菜肴的原料，常可选用相应肉香味的咸味香精。例如，用牛肉原料做菜就用牛肉香精；用猪肉原料做菜就用猪肉香精等。质量好的咸味香精其香味和口感与菜肴十分协调，使用后可以明显改善菜肴的风味，香气逼真醇和。

中国餐饮业已经进入了连锁化发展的轨道，而大型的快餐连锁企业在制作大批量的菜肴时，往往要用到各种咸味香精。有些品种的咸味香精使用频率和使用量上还很高。在大型的快餐连锁企业中咸味香精使用频率比较高的主要原因：一是因为同一品种菜肴的批量很大，常常是同一品种的菜肴有几百份或者几千份；二是菜肴品种与酒楼饭店相比，比较单一，易于使用咸味香精；三是大型的快餐企业常常配备了专门的调味人员，负责调味料和咸味香精的称量和调配，用量易于合理控制。

思考题

1. 天然调香料是如何分类的？
2. 调香料在烹饪中有什么作用？
3. 调香料的使用形式有哪几种，有何特点？
4. 调香料在烹饪中的使用要点有哪些？
5. 什么是咸味香精，它有什么作用？

第十四章

食物的感官品评

本章内容：感官品评的意义和类型

感官品评的方法

影响感官品评的因素

感官品评人员的筛选和培训

感官品评基本手段

菜点的感官质量评分标准范例

教学时间：4课时

教学方式：教师讲述感官品评的意义、类型及品评方法，阐释感官品评的影响因素，讲述感官品评的基本手段，通过范例讲述菜点的感官质量评分标准。

教学要求：1.让学生了解感官品评的意义。

2.了解感官品评的方法。

3.掌握感官品评的基本手段。

4.通过范例了解菜点的感官质量评分标准。

课前准备：阅读有关食品感官品评方面的文章及书籍。

感官品评也称感官分析或感官检验、感官检查。它是指用感觉器官检查产品感官特性的一种分析检验方法。是运用人体感觉器官的感觉对食物的色香味形质进行判断和分析，并且通过科学、准确的评价方法，使获得的结果具有统计学特性。目前对于食物而言，最常用的评价方法主要还是感官品评。

第一节　感官品评的意义和类型

一、感官品评的意义

自从人类学会了对衣食住行所用的消费品进行好与坏的评价以来，可以说就有了感官检验，然而真正意义上感官检验的出现还只是近几十年。最早的感官检验可以追溯到20世纪30年代左右，而它的蓬勃发展是由于20世纪60年代中期到70年代开始的全世界对食物和农业的关注、食物加工的精细化、降低生产成本的需要以及产品竞争的日益激烈和全球化。

感官品评是最简捷、最普通、采用最广的国际通用方法。感官品评能在接触食物后的很短时间内，迅速确定食物的质量状况，较常规分析、仪器分析所得结果快，准确率高。通过感官品评可为企业提高产品质量或开发新产品提供重要的信息。目前还没有检验并全面判断风味的仪器，感官品评是检验质量的重要手段。世界上各国几乎都建立有感官品评组织。

虽然感官检验已经得到了发展和逐步完善，但在这个领域还有许多工作需要去做，需要去完善。同时，新产品和新概念的不断出现，也为感官品评创造了市场；反过来，对新产品评价方法的研究也会促进感官品评本身的发展和完善。

二、感官品评的类型

感官品评分为两大类型：即分析型感官品评和偏爱型感官品评。

1. 分析型感官品评

分析型感官品评也称为Ⅰ型或A型感官品评。它是把人的感觉器官作为一种分析仪器来测定物品的质量特性或鉴别物品之间的差异等，例如，食物的品质鉴定等都属于这种类型。

由于分析型感官品评是把人的感官作为仪器使用，因此为了降低个人感觉之间差异的影响，提高测试结果的精度，在进行此类型的感官品评时，要注意如下事项：

（1）评价基准的标准化。为了防止品评人员采用各自的评价基准和尺度，使评价结果难以统一和比较，对于每一测定评价项目都需要有明确具体的评价尺度和评价基准物，即评价基准应统一、标准化；在对同类食物进行感官品评时，其基准品和评价尺度必须具有连贯性和稳定性。因此制作标准样本是评价基准标准化的最有效方法。

（2）实验条件的规范化。在感官品评实验中，分析结果很容易受环境的影响，因此实验条件应该规范化，才能避免实验结果因受环境条件的影响出现大的波动。

（3）品评人员的选定。分析型感官品评是品评人员对物品的客观评价，其分析结果不应受人的主观意志干扰。参加分析型感官品评实验的品评人员，必须经过恰当的选择和训练，只有具有一定水平的品评人员，才能保证感官品评的结果。

2. 偏爱型感官品评

偏爱型感官品评也称Ⅱ型或B型感官品评。它不像分析型感官品评那样需要统一的评价标准，而是依赖人们生理和心理上的综合感觉，即人的感觉程度和主观判断起着决定性作用。分析的结果受到生活环境、生活习惯、审美观点等多方面因素的影响，因此其结果经常与时间、地点和参评人员有密切的关系。

在食物的新产品开发过程中对产品的评价、市场调查中使用的感官检查，都属于偏爱型感官品评。例如，我们研制一种新型食物或者创新菜肴，对其口味的调配就必须进行偏爱型感官品评实验，以确定它在市场上的受欢迎程度。

开发食物的新产品时，经常需要进行消费者感官检验。感官检验的主要目的是评价当前消费者或潜在消费者对一种产品或一种产品某种特征的感受，其中包括偏爱度和接受程度。在偏爱检验中，鉴评小组需要从一组产品中选出最喜爱的一种产品，或对产品的喜爱程度进行排序；在接受度检验中，消费者鉴评小组对单一产品就可进行检验，并不需要与另外一个产品进行比较。通常在多项产品的感官检验中将两种检验结合起来最有效，消费者鉴评小组按接受程度对产品打分，根据得分的多少可间接地测定他们对产品的偏爱程度。

第二节　感官品评的方法

感官分析的方法很多，要根据评价的目的、要求等，选择适宜的检验方法。根据检验的目的、要求及统计方法的不同，常用的感官分析方法可分为差异检验、使用标度和类别的检验、分析或描述性检验等三类。

一、差异检验

差异检验是要求品评人员辨别出两个或两个以上的样品中是否存在感官差

异（也可以是指出偏爱），得到的是样品间是否存在差异的结论。以每一类别的品评人员数量为基础，即有多少人偏爱样品 A 及多少人偏爱样品 B，主要运用统计学的二项分布参数检验分析和解释差异检验结果。常用的差异检验方法有：两点检验法、两 – 三点检验法、三点检验法、“A” – “非 A”检验法、五中取二检验法、选择检验法和配偶检验法。

为了得出结论以及统计分析的需要，差异检验一般强迫做出选择，规定不允许回答“无差异”。但是当品评人员辨别不出样品间的差异，而只能回答“无差异”的情况时，就不能不允许出现“无差异”的答案，为此通常采用两种处理方法解决：① 忽略“无差异”答案，从评价结果的总数中减去此类答案数；② 将所有“无差异”答案数平均分配给其他类别的答案中，在两点检验和两 – 三点检验中将各一半结果归于 A 和 B 类中；在三点检验中将 1/3 结果归于回答正确的答案；在五中取二检验中将 1/10 结果归于回答正确的答案。

为了避免出现“无差异”答案，还可以运用序贯方法，通过不断积累检验的结果，直至做出是否有差异的判断为止。序贯方法还有需要检验的次数和品评人员数一般较少的优点。

1. 两点检验法

要求品评人员对随机顺序同时出示的两个样品进行比较，判定整个样品或某些特征强度顺序的检验方法称为两点检验法。目的是确定两种样品之间是否存在某种差异、差异方向如何，是否偏爱两种产品中的某一种。此方法还可用于对品评人员的选择与培训。

具体检验方法：要求品评人员根据问答表，对同时送来的 A、B 两个样品进行评价。应使出现样品 A、B 和 B、A 这两种次序的次数相等。为避免品评人员从提供样品的方式中获得有关样品性质的结论，应随机选取 3 位数组成样品编码，而且品评人员之间所得的样品编码应尽量不重复。

2. 两—三点检验法

要求品评人员根据对照样品，从连续提供的两个样品（其中一个与对照样品相同）中，挑选出与对照样品相同的样品的检验方法称为两 – 三点检验法。目的在于区别两个同类样品间是否存在感官差异，常用于成品检查，尤其适用于品评人员很熟悉对照样品的情况。

具体操作是：先提供一个对照样品，再提供两个编码样品，并告知其中一个样品与对照样品相同，要求品评人员挑选出与对照样品相同的样品。应在检验对照样品后有 10 秒左右的停息时间。应注意：① 若可通过色泽、组织等外观明显地区别这两个样品，那么不适于用此检验方法；② 若样品有后味，该检验方法不如成对比较检验适宜。

3. 三点检验法

要求品评人员从同时提供的3个编码样品（其中有两个是相同的）中，挑选出其中单个样品的检验方法称为三点检验法。适用于鉴别两个样品间的细微差异，也可用于挑选和培训品评人员或者考核品评人员的能力。

具体操作是：向品评人员提供一组3个编码的样品，并告知其中两个是相同的，要求品评人员挑出其中单个样品。为了使3个样品的排列次序、出现次数的几率相等，可运用6组组合：

BAA　ABA　AAB　ABB　BAB　BBA

而且要6组出现的几率也相等。当品评人员人数不足6的倍数时，可舍去多余样品组，或向每个品评人员提供6组样品做重复检验。

4. "A" - "非A"检验法

在学会识别样品"A"后，再将一系列有"A"和"非A"的样品提供给品评人员。要求品评人员辨别出"A"和"非A"的检验方法称"A" - "非A"检验。适用于确定因原料、加工处理等环节造成的产品感官特性的差异，特别适用于评价具有不同外观或后味样品的差异。也适用于确定品评人员能否辨别一种与已知刺激有关的新刺激或确立品评人员对一种特殊刺激的敏感性的检验。

具体评价方式是：首先要求品评人员对反复提供的对照样品"A"有清晰的体验并能准确鉴别，必要时应让品评人员对"非A"，也作同样的体验。检验开始后，以随机的顺序、适当的间隔向品评人员发送样品，但品评人员不能再接近清楚标明的样品"A"，要求品评人员识别出"A"和"非A"。给每个品评人员的样品数应相同，但样品"A"和"非A"的数目不必相同。

5. 五中取二检验法

对于同时提供的5个随机顺序排列的样品（其中两个是一种类型，另外3个是一种类型），要求品评人员将样品鉴别后按类型分成两组的检验方法称为五中取二检验法。用于鉴别两样品间的细微差异。由于该方法的判断易受感官疲劳和记忆效果的影响，在利用视觉、听觉和触觉的感官分析中，以及仅有少量优选品评人员时，可使用该方法。

具体检验方法是：向品评人员提供一组5个编码的样品，其中两个是一种类型，另外3个是一种类型，要求品评人员将这些样品分成两组，并填写问答表。通常品评人员数目不足20名，随机地从以下20种不同的排序中决定样品出现的次序。

AAABB　BAABA　BABBA

AABAB　BBAAA　ABBBA

ABAAB　ABBAA　BBAAB

BAAAB BABAA BABAB
AABBA BBBAA ABBAB
ABABA BBABA BAABB
ABABB AABBB

注意：①尽可能使样品的外观一致；②该检验方法需要较大量的样品，样品数目较多不仅不经济，而且样品准备工作量大。

6. 选择检验法

从3个以上样品中，选择出一个最喜欢或最不喜欢的样品的检验方法称为选择检验法，此方法常被用于进行偏爱调查。

具体操作：品评人员根据问答表的内容，对以随机顺序排列的3个以上样品进行评价，并具体指出认为最好（或最不好）的样品。

7. 配偶检验法

从分成两群的数个样品中逐个取出各群的样品，鉴别后进行两两归类的方法称为配偶检验法，用于鉴别样品间的差异和检查品评人员的识别能力。

具体操作是：检验前先把数个编号的样品分成A、B两群，各群中样品的顺序是随机的。品评人员要从同时出现的两群样品中逐个鉴别，将相同的两两样品归类。

二、使用标度和类别的检验

要求品评人员对两个以上的样品进行评价，并具体指出样品的好坏以及样品间的差异大小。这个检验的目的是得出样品间差异的大小、顺序，或者样品的类别、等级等。需要根据检验的目的以及所检验的样品数量选择分析、解释数据的方法或手段。常用的使用标度和类别的检验方法有：排序检验法、分类检验法、评分检验法、成对比较检验法和评估检验法等。

1. 排序检验法

比较数个样品，按指定特性的强度或程度排出顺序的方法称为排序检验法。特点是不鉴别样品间的差别大小，在评价6个以下的样品质地、风味等复杂特性或20个以上样品的外观时迅速有效。主要用于消费者的可接受性检查、确定偏爱的顺序，确定因原料、加工、包装和储藏等对产品感官特性造成的影响，以及更精细的感官分析前的筛选。品评人员在限定时间内，按规定（评价的某一特性、排列的方式等）和要求，将全部被检样品排成一定顺序。可先初步排定一个顺序，然后再作进一步的调整。对于实在无法鉴别的样品应在问答表中注明。

2. 分类检验法

要求品评人员将样品归入各自所属的、预先定义类别的检验方法称为分类检验法。不易进行评分的样品可用分类法鉴别好坏或质量级别以及缺陷等。具体方法是品评人员按顺序来评价以随机的顺序（如拉丁方）提供的样品，按问答表中规定的分类方法进行分类。统计人员统计每种产品归属每一类别的频数，然后用 X^2 检验比较两种或多种产品归入不同类别的分布，从而得出每种产品所属的级别。

3. 评分检验法

品评人员对样品的品质特性用等距标度或比率标度的数字标度形式来表达的检验法为评分检验法。由于可以同时评价一种或多种产品的一个或多个指标，因此该法应用广泛。

具体方法是首先确定使用的标度类型，然后评价采用拉丁方随机排列的样品，品评人员对样品特性强度的语言描述转换成数值（见表 14-1）表示。采用 F 检验及 Duncan 的复合比较实验，分析样品的特性间的差别。

表 14-1　评价的数值化

评价	评分	评价	评分	评价	评分
很好	3	一般	0	不好	－2
好	2	不太好	－1	很不好	－3
较好	1				

4. 成对比较检验法

将样品任意 2 个组成组，品评人员评价每组样品，通过综合分析所有组的结果，获得对全部样品的相对评价方法为成对比较检验法。常用于一次全部鉴别数个样品的差别，以及确定对某产品的偏爱情况。样品增多时要求比较的数目就变得很大，工作量也就很大。

具体方法是品评人员对组合几率相同、顺序随机、均衡的一对编码样品进行评价，根据问答表指出在某特性上的强弱，以及是否更受欢迎。应注意评价的样品数目不同、目的不同，问答表的形式也不同。品评人员人数较少时，可同时提供几对样品给一个品评人员。另外，样品对数不应过多以免产生疲劳。

5. 评估检验法

由品评人员在一个或多个指标基础上，对一个或多个样品进行分类、顺序的方法称为评估检验法。根据样品、目的等的不同，设计好问答表。用于评价样品的一个或多个指标的强度及对产品的偏爱程度。统计每个样品在每个级别的频数，用 X^2 检验比较样品在不同级别的分布，得到每个样品应属的级别，然后用加权法进一步确定各个样品应属的级别，进而得出对整个样品的评价结果。

三、分析或描述性检验

要求品评人员指出一个或多个样品的某些特征或对某特定特征进行描述、分析的检验是分析或描述性检验。目的是得出样品各个特性的强度或样品的全部感官特征。常用的分析或描述性检验方法有：简单描述检验法、定量描述和感官剖面检验法。

1. 简单描述检验法

品评人员对样品的各个特征指标进行尽量完整的定性描述品质的方法为简单描述检验法。用于识别或描述特殊样品或许多样品的特殊指标，或将鉴别的特性指标建立序列。

多个样品时，应以拉丁方顺序随机送样，若有对照样则应是第一个样品。设计问答表不要用任意的词汇描述样品的特性。尽量选用非常了解产品特性或受过专门训练的品评人员，同时提供指标检查表作为评价依据。评价完成后，统计每一描述性词汇的使用频数得出评价结果，讨论评价结论。

2. 定量描述和感官剖面检验法

它是指品评人员尽量完整地对形成样品感官特征的各个指标强度进行评价，或对照词汇在强度标度上给每个指标打分的方法，分成一致法和独立法两类。可单独或与其他方法结合用于评价食物风味、外观和质构。适于质量控制、确定产品差别的性质、产品品质改良等。用于品评人员的培训，可增强对产品风味特性强度的识别和鉴定能力，提高对术语的熟悉程度。

此方法也可利用从简单的描述检验所确定的词汇中，选择出可描述整个样品感官印象的词汇，或由对产品特征非常熟悉的人规定出描述样品特征的词汇，描述样品整个感官印象的各个指标强度并形成产品的感官剖面。

一致法的特点是组织者也参评，通过一次或多次组织讨论或引用参比样，对每个结论都形成一致的定论形成一致的产品特征描述，由组织者报告和说明结果。而独立法则组织者一般不参加评价，在小组内讨论产品特征，品评人员记录自己的感觉，不形成小组一致的意见，组织者汇总和分析每个结果。

组织者需要通过组织信息会议，介绍类似产品，建立比较的办法和统一评价识别的尺度；制定记录样品的特性目录，确定参比样，规定描述特性的词汇，建立描述和检验样品的最好方法。还要根据不同的目的，设计出不同的检验形式和内容（见表 14–2）。

组织者收集、汇总品评人员的评价结果，并计算出各特性、特征的强度（或喜好）平均值，用表或图表示。若有数个样品进行比较时，可利用综合印象的结果得出样品间的差别大小及方向。也可利用各特性特征的评价结果，用一个适宜的分析方法及分析结果（如评分法），确定样品之间差别的性质。

表 14-2　常见的检验形式和内容

检验形式	检验内容
特性特征的鉴定	用相关的术语规定感觉到的特性和特征
感觉顺序的确定	记录鉴别出各特性、特征出现的顺序
强度评价	测定每种特性、特征的质量和持续时间
余味审查和滞留度的测定	鉴别余味，并测定其强度，或者测定滞留度的强度和持续时间
综合印象的评估	根据特性和特征的适应性、强度，对背景特征和特征的混合等总体评估
强度变化的评估	用时间－感觉强度曲线表现从接触样品刺激到脱离的感觉强度变化

第三节　影响感官品评的因素

从理论上来说，一个好的感官品评人员能够像仪器一样不受自身和外界因素的影响而精确地进行工作。但人毕竟不是仪器，还是很容易出现偏差的。为了使偏差降到最低，感官品评人员有必要了解一些影响感官判断的基本心理和生理因素。人对外界的接受不是一个被动的过程，而是一个主动的、进行选择的过程。通过培训，使品评人员的行为规范、统一（比如同样的进食方法、进食顺序）、思路一致（比如使用同样的问答卷），从而避免了许多在评价过程中可能出现的各种偏差。

一、生理因素的影响

1. 适应性

适应是由于长时间地暴露于一种刺激或与之相类似的刺激下而造成的对该刺激的敏感性降低或改变的现象。在阈值确定和感官强度的评价中，这是一项非常重要的误差产生的来源。

来看两个交叉适应的例子，先看第一个：

条件	适应刺激	实验刺激
A	水	阿斯巴甜
B	蔗糖	阿斯巴甜

在条件 A 下，先品尝水，再品尝阿斯巴甜；在条件 B 下，先尝蔗糖，再尝阿斯巴甜。在条件 B 下，品尝者一定会觉得阿斯巴甜的甜度比实际的低，因为

在这之前，他尝的样品是蔗糖，蔗糖降低了他对甜味的敏感性。而在条件A下，由于在品尝阿斯巴甜之前品尝的是水，水不会降低对甜味的感觉，或者说不会造成甜味疲劳，因此，对甜味的敏感性不会受到影响。

再来看第二个例子：

条件	适应刺激	实验刺激
A	水	奎宁
B	蔗糖	奎宁

此例中实验刺激物不变，只是适应刺激物发生变化。在条件A下，同样由于适应刺激是水，不会影响对苦味的敏感性，因此，对奎宁苦味的敏感性不会发生改变。而在条件B下，由于品尝奎宁之前品尝的是蔗糖，它会增加对苦味的敏感度，因此，在条件B下，感觉到奎宁的苦味一定比实际要高。

2. 增强或抑制作用

增强或抑制效果是由于同时存在的几种刺激相互作用而表现出来的结果。

增强：由于一种物质的存在而使另外一种物质的感知强度得到增强。

协同：由于一种物质的存在而使得该物质和另外一种物质的混合强度得到增强。

抑制：由于一种物质的存在而使该物质和另外一种或多种物质的混合强度降低。

以上各种作用可以用下面的表达式来体现：

①混合物的总强度。

表达式	效果
$MIX < A + B$	混合抑制
$MIX > A + B$	协同效应

②可分析的单一成分的强度。

表达式	效果
$A' < A$	混合抑制
$A' > A$	协同效应

其中，MIX代表混合物，A表示未混合之前A的强度；A'表示成分A是在

混合物中的强度。

呈味物质相混合并不是味道的简单叠加，因此味道之间的相互作用不可能用呈味物质与味感受体作用的机理进行解释，只能通过感官品评人员去感受味道相互作用的结果。采用这样的手段进行分析时，品评人员的感官灵敏性和所用实验方法对结果的影响很大，尤其在浓度较低时影响更大，只有聘用经过训练的感官品评人员才能获得比较可靠的结果。

二、心理因素的影响

1. 期望误差

所提供的样品信息可能会导致偏差，人总是找寻所期望找到的。比如啤酒的品评人员如果得知啤酒花的含量，将会对苦味的判定产生偏差。期望误差会直接破坏测试的有效性，所以必须对样品的原料保密并且不能在测试前向品评人员透露任何信息。样品应被编号，呈递给品评人员的次序应该是随机的。有时我们认为优秀的品评人员不应受到样品信息的影响，然而实际上品评人员并不知道该怎样调整结论才能抵消由于期望所产生的自我暗示对其判断的影响。所以最好的方法是品评人员对样品的情况一无所知。

2. 习惯误差

人类是一种习惯性的生物，这就是说在感觉世界里存在着习惯，并能导致偏差，即习惯误差。这种误差来源于当提供的刺激物产生一系列微小的变化时（如每天控制数量的增加或减少），而品评人员却给予相同的反应，忽视了这种变化趋势，甚至不能察觉偶然错误的样品。习惯误差是常见的，必须通过改变样品的种类或者提供掺和样品来控制。

3. 刺激误差

这种误差产生于某种不相关的条件参数，例如，容器的外形或颜色会影响品评人员。如果条件参数上存在差异，即使完全一样的样品，品评人员也会认为它们有所不同。例如，品评中较晚提供的样品一般被划分在口味较重的一档中，因为品评人员知道为了减小疲劳，组长总是会将口味较淡的样品放在前面进行鉴评。避免这种情况发生的措施是避免留下不相关（和相关）的线索，鉴定小组的时间安排要有规律，但提供样品的规律或方法要经常变化。

4. 逻辑误差

逻辑误差发生在当有两个或两个以上特征的样品在品评人员的脑海中相互联系时。例如，越黑的啤酒口味越重，颜色越深的蛋黄酱越不新鲜，知道这些类似的知识会导致品评人员过早下结论，而忽视自身的感觉。逻辑误差必须通过保持样品的一致性以及通过用不同颜色的玻璃和光线等的掩饰作用减少所产生的差异。有些特定的逻辑误差不能被掩饰，但可以通过其他途径来避免。

5. 光圈效应

当需要评估样品的一种以上属性时，品评人员对每种属性的评分会彼此影响（光圈效应）。对不同风味和总体可接受性同时评定时，所产生的结果与每一种属性分别评定时所产生的结果是不同的。当一种产品受到欢迎时，其各个方面——甜度、酸度、新鲜度、风味和口感同样也被划分到较高的级别中。相反，若产品不受欢迎，则它的大多数属性的级别都不会很高。当任何特定的变化对产品的评定结果都很重要时，避免光圈效应的方法就是我们可以提供几组独立的样品用来评估那种属性。

6. 呈送样品的顺序

呈送样品的顺序至少可能产生以下五种误差：

（1）对比效应。在评价劣质样品前，先呈送优质样品会导致劣质样品的等级降低（与单独评定相比）；相反情况也成立，优质样品呈送在劣质样品之后，它的等级将会被划分得更高。

（2）组群效应。一个好的样品在一组劣质产品中会降低它的等级，反之亦然。

（3）集中趋势误差。在呈送样品的过程中，位于中心附近的样品会比那些在末端的更受欢迎。因此，在三实验（从3种样品中挑选出与另外2种不同的样品）中，位于中间的样品更容易被挑选出来。

（4）模式效应。品评人员将会利用一切可用的线索很快地侦测出呈送顺序的任何模式。

（5）时间误差 / 位置偏差。品评人员对样品的态度经历了一系列的变化，从对第一个样品的期待、渴望，到对最后一个样品的厌倦、漠然。第一个样品在通常情况下都是格外的受欢迎（或被拒绝）。一个短时间的测试（品尝和评估）会对第一个样品产生偏差，而长时间的测试则会对最后一个样品产生偏差。在一个系列中，对第一个样品的偏差往往比后几组更为明显。

所有的这些效应如果运用一个平均的、随机的呈送顺序就会减小。“平均”意味着每一种可能的组合呈送的次数相同，即鉴评组内的每一个样品在每个位置应该出现相同的次数。如果需要呈送数量大的样品，应运用平均的不完全分组设计方案。“随机”意味着根据机会出现的规律来选择组合出现的次序。在实践时，随机数的获得是通过从袋子里随机取出样品卡，或者通过编辑随机数据来实现的。

7. 相互抑制

由于一个品评人员的反应会受到其他品评人员的影响，所以品评人员应被分到独立的小间里，防止他的判断被其他人脸上的表情所影响，也不允许口头表达对样品的意见。进行测试的地方应避免噪声和其他事物的影响，故应与准备区分开。

8. 缺少主动

品评人员的努力程度会决定是否能辨别出一些细微的差异，或是对自己的感觉进行适当的描述，或是给出准确的分数，这些对鉴定的结果都极为重要。鉴评小组的组长应该创造一个舒适的环境使品评人员顺利工作，一个有工作兴趣的品评人员总是更有效率。主动性在测试中能起到最大的效用，因此可以通过给出结果报告来维持品评人员的兴趣。并应使品评人员觉得鉴评是一个重要的工作，这样就可以使鉴评工作以有效率的方式精确地完成。

9. 极端与中庸

一些品评人员习惯于使用评分标准中的两个极端来评判，这样会对测试结果有更大的影响。而另一些则习惯用评分标准中的中间部分来评判，这样就缩小了样品中的差异。为了获得更为准确的、有意义的结果，鉴评小组的组长应该每天监控新的品评人员的评分结果，以样板（已经评估过的样品）给予指导。如果需要，可以通过使用掺和样品作为样板。

三、样品温度的影响

样品的温度是特别需要注意的问题，人舌头感觉最敏感的温度是30℃左右，低温导致感觉麻痹，高温引起感觉迟钝。但对不同口味的敏感温度不同，温度对基本味的感觉影响也不同，不仅味觉敏感度会随温度的变化改变，味觉强度也会变化。另外，温度对嗅觉的影响也很大，温度升高利于芳香物质的挥发，产生的刺激增强，但高温易使嗅觉疲劳。所以食物的香气、口味、口感都受温度的影响，因此样品温度不可随意确定，但所有同次样品的温度应一致。

加热可以采用微波炉、烤箱等方法，但要求一定不能给风味造成不利影响。保温一般使用热水浴、保温器等。必须考虑到过长的保温时间会引起风味的改变，会因脱水使食物质构变化而导致口感的劣化。

四、身体状况的影响

如果品评人员有下列情况，不宜参加品评工作：

（1）感冒或高烧，或患有皮肤系统的疾病。前者不宜从事品尝工作，后者不宜参加与样品有接触的质地方面的评价工作。

（2）口腔或牙齿疾病。

（3）精神沮丧或工作压力过大。

第四节　感官品评人员的筛选和培训

食物感官品评是通过人的味觉、嗅觉、口感和视觉等器官感觉对食物风味质量的评价。其实质是对食物客观情况的主观判断，因此评价会受人的心理因素的制约，而心理因素又受环境条件和食物特点的影响。感官品评人员的感官灵敏性和稳定性，严重影响最终结果的趋向性和有效性。由于个体间感官灵敏性差异较大，而且有许多因素会影响感官灵敏性的正常发挥。因此，感官品评人员的选择和训练是使感官评定实验结果可靠和稳定的首要条件。在感官评定中，品评人员受到环境、样品、品评步骤等的干扰或作用，这些都有可能影响最终的评定结果。

一、感官品评人员的筛选

参加感官评定实验的人员大多数都要经过筛选程序确定。筛选就是通过一定的筛选实验方法观察候选人员是否具有感官鉴评能力，诸如普通的感官分辨能力；对感官品评实验的兴趣；分辨和再现实验结果的能力和适当的感官品评人员素质（合作性、主动性和准时性等）。根据筛选实验的结果获知每个参加筛选实验人员在感官评定实验上的能力，决定候选人员适宜参加哪种类型的感官品评，或不符合参加感官品评实验的条件而被淘汰。

筛选实验通常包括基本识别实验（基本味或气味识别实验）和差异实验（三角实验、二—三实验等）。有时根据需要，也会设计一系列实验来多次筛选人员或者将初步选定的人员分组进行相互比较性质的实验。有些情况下，也可以将筛选实验和训练内容结合起来，在筛选的同时进行人员训练。

对于品评人员的基本条件，表 14–3 列出了从事评价工作必备的最基本条件。

表 14–3　感官品评人员应具备的基本条件

项目	内　容
基本情况	年龄、性别、文化程度、职业和感官分析工作的经验，是否有抽烟习惯
兴趣	兴趣是学习的基础，对于易受主、客观因素影响的感官品评尤为重要，属于前提条件，必须满足能花费精力，并客观地进行评价，有相当的积极性
健康状况	无过敏史，没有任何感觉方面的缺陷；无明显个人气味；没有服用会减弱感官品评能力的药品；戴假牙的人员不适合做质地评价；身体无不适情况
表达能力	语言表达能力必须给予特别关注，对于描述性评价能力显得尤其重要
好恶与偏见	是否有特别的好恶与偏见。无偏见、适应能力强的人是优秀的描述性品评人员
知识和才能	有一定的理解和分析能力，有很好的集中精力和不受外界影响的能力，最好具有一定的相关专业知识，以及显示和表达感官分析感觉的能力

年龄和职业特点是基本条件中两个重要的条件。因为感觉器官的敏感度通常随着年龄的增长有所下降，而人的经验、表达能力、注意力等通常又是随年龄的增长而提高，故一般认为选择 20 ~ 40 岁者作品评人员较好。但是，在进行嗜好调查时必须选择各年龄段的人，以保证调查的全面性和有代表性。职业特点对品评人员的判断能力有直接影响，职业决定了品评人员的受教育程度和工作态度，如果是相同或相近工作会提高评价的正确率。

二、感官品评人员的训练

经过一定程序和筛选实验挑选出来的人员，常常还要参加特定的训练才能真正适合感官评定的要求，在不同的场合及不同的实验中获得均一而可靠的结果。

感官品评人员工作中要专心致志，避免不必要的讨论，保证独立性。强调任何时候都要客观地评价样品，不应掺杂个人情绪（偏爱检验除外）。

由于味觉的协同效应、拮抗效应，以及变味现象和对比现象都会造成评价的错觉，为了减轻样品对感觉器官的不必要刺激，使品评人员的感官可以得到迅速、良好的休息，在样品准备过程中还要为品评人员准备一些清洗口腔的用品，使品评人员在进行新的评价之前充分清洗口腔至余味全部消失。最常用的有漱口水、温茶水等。

在评价时，要根据样品的风味特点选择有效冲洗或清洗口腔的用品。一般情况下，最常用 25℃左右的水漱口。对于口味很浓或余味较大的食物，包括很辛辣或很油腻的食物，需要用茶水、果汁等有味饮料漱口才有效果，也可以用咀嚼咸饼干、面包片或鲜生菜、鲜白菜等生蔬菜片的方法来清除口腔余味。

吸烟者如果要参加品评实验的话，一定要在实验开始 30 ~ 60 分钟之前不要吸烟。习惯饮用咖啡的人也要做到在实验前 1 小时不饮咖啡。在评价前 30 分钟内，品评人员应避免感受到强刺激，不可嚼口香糖、吃刺激性食物等强味物品。不可使用有气味的化妆品，避免浓妆，必要时应擦除唇膏。不能用有气味的洗涤剂。

三、适合感官品评的时间

如使用没有经过高级培训的品评人员，最好把评定时间安排在人们正常食用某样品的时段，例如，早上品尝酒类或风味很重的食物就不合适。另外，饭后或喝完咖啡后马上进行感官品评也会带来一定的影响。适宜的鉴评工作时间是上午 10 点到午饭时间。一般来说，每个品评人员的最佳时间取决于生物钟：

一般为一天中最清醒和最有活力的时间。在安排评价时，注意不要安排在星期一和周末进行感官品评，尤其是刚上班或快下班时。

四、适合感官品评的环境

要避免影响实验人员的判断力，保证评判结果的真实、可靠、可比，就应尽可能地控制环境条件。为了减少实验偏差，要控制评定环境。有必要为品评人员设置理想的环境，给他们足够的时间适应环境并对实验方案感到舒适，并且提供足够的信息使他们对实验中的变化做出适当的反应。

环境设计的一般注意事项如下。

1. 颜色和灯光

颜色及灯光的设置应在保证能看见样品的前提下尽可能减少对品评人员的干扰。墙壁应为白色，可消除由视觉效果引起的偏差。小间品评室内还应安装无影灯。白炽灯所能调节的范围较广，且可以使用彩色光，但其发热量大，需要充分降温。荧光灯产生的热量小，且可以提供多种白色光的选择，如冷白、暖白、仿白昼光等。

使用彩色光的目的是，当不需评定样品间的视觉差异而只需评定样品间气味等其他属性的差异时，尽可能消除样品间的视觉差异，使样品看起来是一样的。

2. 空气环境、温度和湿度

温度和湿度对感官品评人员的喜好和味觉有一定影响。当处于不适当的温度、湿度环境中时，由于感官同样处在不良的环境中，因此会或多或少抑制感官感觉能力的充分发挥。若温度、湿度条件进一步恶劣，还会造成一些生理上的反应，对感官品评影响增大。感官品评室的温度应控制在22℃左右，相对湿度为45%～55%。

应该确保品评室和讨论区中所使用的清洁用品不会带来其他的气味。这些区域应尽可能无噪声、无干扰。在感官品评期间，围绕这些区域的走廊保持安静是很有益的。

第五节　感官品评基本手段

一、视觉鉴别

观察食物的外观形态和色泽，评价食物的新鲜程度，是否有不良改变以及蔬菜、水果的成熟度等。视觉鉴别应在白昼的散射光线下进行，以免灯光隐色发生错觉。鉴别时应注意整体外观、大小、形态、块形的完整程度、清洁程度，表面有无光泽、颜色的深浅色调等。在鉴别液态食物时，要将它注入无色的玻璃器皿中，透过光线来观察；也可将瓶子颠倒过来，观察其中是否有夹杂物下沉或絮状物悬浮。

二、嗅觉鉴别

选用嗅觉灵敏的人用嗅觉鉴别食物的气味，包括正常气味与异味。在进行嗅觉鉴别时．为了使嗅感物质挥发性强一些，常需稍稍加热。但最好是在15 ~ 25℃的常温下进行。在鉴别食物的异味时，液态食物可滴在清洁的手掌上摩擦，以增加气味的挥发；识别畜肉等大块食物时，可将一把尖刀稍微加热刺入深部，拔出后立即嗅闻气味。食物气味鉴别的顺序应当是先识别气味淡的，后鉴别气味浓的，以免影响嗅觉的灵敏度。在鉴别前禁止吸烟。

三、味觉鉴别

选用味觉灵敏的人品尝食物的味感。味感与食物温度密切相关。品味时应根据经验控制在最适当的温度条件下，但大多数食物在20 ~ 40℃之间较好，几种不同味道的食物在进行感官品评时，也应当按照刺激性由弱到强的顺序鉴别味感。在进行大量样品鉴别时，中间必须休息，每鉴别一种食物之后必须用温水漱口。

四、触觉鉴别

一般食物的触觉特性是指松、软、硬、弹性、稠度、滑、粗等感觉。这类感觉是食物的质构特性，不同的食物要求不一样。如根据鱼体肌肉的硬度和弹性，可以判断鱼是否新鲜或腐败；评价腌制蔬菜时，常须其有一定脆度。在感官品评食物的硬度（稠度）时，要求温度应在15 ~ 20℃，因为温度的升降会影响到食物质构。

第六节　菜点的感官评分标准范例

以下是几种常见菜点的评分标准，见表14-4至表14-15。

表 14-4　鱼圆的感官评分标准（以草鱼为例）

色泽	弹性	外形 / 结构	质感	滋味	分值
洁白，表面有光泽	食指轻压鱼圆，有明显凹陷而不破裂，放手恢复原状；在离桌面 20 ~ 30cm 的高度往下落，三次不碎裂	表面光滑，无明显印痕；断面密实，无大气孔，但有许多细小而均匀的气孔	鲜嫩，回味很好，柔软而不硬实，入口即化，咀嚼后无残渣	具有鱼肉特有的鲜味，可口，鱼味浓郁	90 ~ 100
乳白稍带黄，表面有光泽	食指轻压鱼圆，有明显凹陷而不破裂，放手则恢复原状；在离桌面 20 ~ 30cm 的高度往下落，二次不碎裂	表面较光滑，印痕较明显；断面密实，无大气孔，有少量小气孔	鲜嫩，回味很好，柔嫩度偏差，入口即化，咀嚼后没有残渣	有鱼肉鲜味，可口，味足	80 ~ 90
微黄，表面略带光泽	食指轻压鱼圆，有明显凹陷而不破裂，放手不能恢复原状；在离桌面 20 ~ 30cm 的高度往下落，一次不碎裂	表面不光滑，有明显印痕；断面基本密实，有大气孔	口感较好，柔嫩度偏差，咀嚼后略有残渣	鱼肉鲜味较淡，口味正常	70 ~ 80
较黄略带点灰色，表面无光泽	食指轻压鱼圆，无明显凹陷，并马上出现破裂	表面粗糙，印痕较深，切面较松散，有较多大气孔	口感一般，柔嫩度差，咀嚼后残渣较多	无鱼肉鲜味，稍有腥味	60 ~ 70
灰暗	食指轻压鱼圆，立即碎裂	成扁状，切面呈浆状、松散无密实感	口感差，绵软没劲，咀嚼后残渣很多	鱼腥味浓	<60

表 14-5　东坡肉感官评分标准

色泽	香气	外形 / 结构	质感	滋味	分值
肉块表面油光饱满，肉皮褐红，瘦肉与脂肪红白相间，层次分明，有少量酱红色凝胶状的卤汁附着	充满酱香和焦甜香并且融合了葱、姜的香气，酱油中的风味物质与肉的本味相互融合，香气和谐	肥瘦相间的肉块，形状完整，脂肪与肌肉结合紧密，弹性适度	汁水饱满，肥肉酥烂，入口即化，瘦肉易咀嚼	咸中带甜，肥而不腻，入口香糯	90 ~ 100

续表

色泽	香气	外形 / 结构	质感	滋味	分值
肉块表面油光较饱满，肉皮褐红，瘦肉与脂肪红白相间，层次分明，有少量酱红色凝胶状的卤汁附着	酱香和焦甜香较浓郁，且融合了葱、姜的香气，酱油中的风味物质与肉中的本味相互融合，香气较和谐	肥瘦相间的肉块，形状完整，脂肪与肌肉结合较紧密，弹性略微减少	汁水较饱满，肥肉酥烂，入口即化，瘦肉易咀嚼	咸中带甜，咸甜比例略有不当，肥而不腻	80 ~ 90
肉块表面油光较饱满，肉皮褐红，瘦肉与脂肪红白相间较不分明，有很少量酱红色凝胶状的卤汁附着	酱香和焦甜香变淡，融合了葱、姜的香气，酱油中的风味物质与肉中的本味物质相互融合，香气变淡，稍欠和谐	肥瘦相间的肉块，形状较完整，脂肪与肌肉结合较紧密，弹性较差	汁水稍欠饱满，肥肉较烂，入口即化，瘦肉较干	咸甜比例不当，微有油腻感	70 ~ 80
肉块表面油光减少，肉皮颜色变深，瘦肉与脂肪相间较不明显，有很少量酱红色凝胶状的卤汁附着	酱香和焦甜香略淡，葱、姜香气转淡，酱油中的风味物质与肉中的本味相互融合不佳，香气不明显，稍欠和谐	肥瘦相间的肉块，形状较完整，脂肪与肌肉结合较松散，弹性很少	汁水稍欠饱满，肥肉软烂，入口即化，瘦肉较干	太咸或太甜，油腻感很重	60 ~ 70
肉块表面无油光，肉皮颜色加深，瘦肉与脂肪层次不明显，无卤汁附着	酱香和焦甜香不明显，葱、姜香气无，酱油中的风味物质与肉中的本味不能融合，香气不和谐	肥瘦相间的肉块，形状不完整，脂肪与肌肉结合松散，无弹性	无汁水，肥肉变烂，瘦肉很干，适口度差	味道很差，伴有微量异味	<60

表 14-6 面包虾球的感官评分标准

色泽	弹性	外形 / 结构	质感	滋味	分值
外皮金黄，断面为正常的虾红色	食指轻压虾球表面，有明显凹陷但不破碎，放手后能迅速复原	较规则球形外观，切面密实，无大气孔，但有少量均匀的小气孔	外皮酥脆，内馅有弹性	具有面包、虾肉特有的香味，鲜香可口，口味咸鲜，虾味浓郁	90 ~ 100
外皮颜色略显不足，断面为正常虾红色	食指轻压虾球表面有明显凹陷但不破，放手后，3 秒内基本恢复原状	较规则球形外观，断面密实，无大气孔，有少量小气孔	外皮酥脆，内馅弹性稍差	有面包和虾肉的香味，口味咸鲜	80 ~ 90

续表

色泽	弹性	外形 / 结构	质感	滋味	分值
外皮色泽较深，断面为正常的虾红色	食指轻压虾球表面有明显凹陷，放手一段时间后，仍有轻微凹陷	外形接近球状，断面基本密实，有大气孔	外皮酥脆，内馅弹性不足	香味不足，口味咸鲜	70 ~ 80
外皮褐色，断面颜色较暗	食指轻压虾球后，有明显凹陷，但没有恢复迹象	外形不规则，且切面有许多大气孔	外皮略脆，内馅略有弹性，咀嚼劲不足	香味不足，虾腥味较重，口味较正常	60 ~ 70
外皮发焦，断面颜色很深	食指轻压虾球后，虾球整体破裂	外形不规则，且成扁状，切面松散无密实感	外皮无脆感，内馅松散，无弹性	香味不足，虾腥味重，严重偏离正常口味	<60

表 14-7 鱼香肉丝的感官评分标准

色泽	香气	外形 / 结构	质感	滋味	分值
色泽自然，红亮	具有鱼香肉丝特有的鱼香味，风味浓郁	肉丝形态饱满；笋丝和木耳丝保持其固有色泽，组织饱满	肉丝口感鲜嫩，笋丝和木耳丝保持特有的脆度	咸甜酸辣兼备，葱姜蒜味浓郁，味道和谐	90 ~ 100
色泽比较自然，红色，亮度较低	具有鱼香肉丝特有的鱼香味，风味较好	肉丝表面稍皱，笋丝和木耳保持其固有色泽，组织欠饱满	肉丝口感有点老，笋丝和木耳丝的嫩度和脆度欠佳	咸甜酸辣兼有，葱姜蒜味较好，味道稍欠和谐	80 ~ 90
色泽稍暗，暗红色，亮度较低	具有鱼香肉丝特有的鱼香味，风味一般	肉丝形态欠饱满，笋丝和木耳丝较软	肉丝口感有点老，笋丝和木耳丝发绵较软	咸甜酸辣兼有，葱姜蒜味较好，味道欠和谐	70 ~ 80
色泽稍暗，暗红色，无亮度	稍具有鱼香味，但风味较差	肉丝形态干瘪，笋丝和木耳丝软	肉丝口感较老、比较柴，笋丝和木耳丝绵软无脆性	咸甜酸辣的比例不恰当，味道欠佳	60 ~ 70
色泽灰暗	不具有鱼香味，风味很差	肉丝形态干瘪，笋丝和木耳丝软烂	肉丝口感很干老，无肉香味，笋丝和木耳丝糊烂	味道严重失调，无法入口	<60

表 14-8　无锡酱排骨的感官评分标准

色泽	香气	外形 / 结构	质感	滋味	分值
色泽酱红，外观油润明亮	香味非常浓郁，骨透有香味	有非常好的油光感，整齐，无破碎	骨酥肉嫩，肉质酥烂，鲜美爽口	咸中带甜，油而不腻	90 ~ 100
色泽深红偏暗，油亮	香味浓郁，骨透有香味	有油光，比较整齐，无明显破碎	骨酥肉嫩，肉质比较酥软，肉质鲜美	咸中带甜，甜度略欠佳，油而不腻	80 ~ 90
色泽偏红或偏暗，外观较为油亮	香味比较浓郁，未入骨	有少许油光，较整齐，有少许破碎	骨质不酥烂，肉质鲜美	咸中带甜，甜度略欠佳，稍有油腻感	70 ~ 80
色泽较暗，外观有少许光亮	香味不足，稍有异味	暗淡无油光，有破碎	骨质不酥烂，肉质鲜美度差	咸甜不当，稍有油腻感	60 ~ 70
色泽晦暗，基本无光泽	无香味或有异味	不整齐，破碎较严重	肉质老柴，骨肉不酥烂	咸甜不当，油腻	<60

表 14-9　肉酿面筋的感官评分标准

色泽	香气	外形 / 结构	质感	滋味	分值
色泽均匀、自然红润，有光泽	具有浓郁的香味，回味悠长	断面纹路清晰、匀称	软嫩而不硬实，口感很好	咸甜适中、口味醇厚	90 ~ 100
色泽呈浅红色，表面有光泽	有明显香味，但不浓郁	断面纹路和匀称度一般	软嫩度偏差，口感较好	口味略显寡淡或厚重	80 ~ 90
呈酱红色，表面略有光泽，但色泽不亮	有香味，较淡，靠近能闻到	断面纹路和匀称度模糊	软嫩度偏差，口感一般	口味较重或较淡	70 ~ 80
呈深红色，色泽暗淡，无光泽	无香味，无异味	切面较松散，基本看不到纹路	软嫩度差，咀嚼时发柴，口感较差	口味太重或太淡，但仍可食用	60 ~ 70
色泽灰暗，发黑，无光泽	无香味，稍有异味	切面松散，无密实感	肉馅咀嚼时发硬，口感很差	味道严重失调，无法入口	<60

表 14-10　红烧羊肉的感官评分标准

色泽	香气	外形 / 结构	质感	滋味	分值
色泽非常自然、红亮	具有羊肉特有的香味，无膻味，风味浓郁	羊皮完整，羊肉形饱料整，无碎料，卤汁黏稠	肉质酥烂，瘦肉易咀嚼，口感很好	甜鲜适口，羊肉香味浓郁，味道和谐	90 ~ 100

续表

色泽	香气	外形 / 结构	质感	滋味	分值
色泽比较自然、呈现红色，亮度较低	具有羊肉特有的香味，无膻味，但香味不够浓郁	羊皮完整，羊肉形饱料整，稍有碎料，卤汁较黏稠	肥肉较烂，入口即化，瘦肉较干	甜中带鲜，羊肉香味浓郁，稍显油腻	80 ~ 90
色泽稍暗，呈现暗红色	具有羊肉特有的香味；略带膻味，但不明显，易被掩盖，风味一般	羊皮有破损，羊肉表面微干稍皱，羊肉形饱料整，稍有碎料，卤汁不够黏稠	肥肉软烂，入口即化，瘦肉较干，稍显油腻	甜鲜比有不适，羊肉香味不够浓郁，稍显油腻	70 ~ 80
色泽稍暗，肉色淡	无羊肉特有香味，羊肉带有较重膻味，且不易被掩盖；风味较差	羊皮破损多处，羊肉碎散严重，卤汁稀，不黏稠	瘦肉很干，适口度差，油腻感强	甜鲜比不当，无羊肉香味，油腻感强	60 ~ 70
色泽灰暗，肉色发白或呈深酱油色	无羊肉特有香味，膻味重且有异味，无法用烹调手段来掩盖，风味很差	羊皮破损严重，羊肉碎散无形，卤汁稀如水状	肉质发干发柴，油腻感强，适口度很差	味道严重失调，无法入口	<60

表 14-11　无锡腐乳汁肉的感官评分标准

色泽	香气	外形 / 结构	质感	滋味	分值
色泽酱红，油润光亮	腐乳香味与肉香相得益彰，和谐浓郁	料形非常完整，无碎料	皮糯肉嫩，肉质酥烂	咸中带甜，肥而不腻，鲜美爽口	90 ~ 100
色泽深红偏暗，油润光亮	表面香味浓郁，但未入味	料形比较整齐，无碎料	皮糯肉嫩，肉质较酥烂	咸中带甜，咸甜比例稍欠，肥而不腻，鲜美爽口	80 ~ 90
色泽偏红或偏暗，油润光亮	香味未充分入味，但无其他异味	料形整齐度较差，有少许破碎	肉质不够酥烂	咸中带甜，甜度略欠佳，稍有油腻感，比较鲜美	70 ~ 80
色泽较暗，表面有少许光亮	香味未充分入味，内部有少许异味	料形整齐度差，有明显破碎	肉质发干，水分较少	咸甜不当，稍有油腻感	60 ~ 70
色泽晦暗，无光泽	无香味或有异味	料形不整齐，破碎严重	肉质发干，不酥烂	味道严重失调，无法入口	<60

表 14-12　馒头的感官质量评分标准

	评分项目	评分标准	分值
外部（35 分）	体积（ml）	计算比容	
	高（cm）	外观形状评分依据之一	
	重量（g）	计算比容	
	比容（ml/g）	2.30ml/g 为满分，每少 0.1 扣 1 分	20
	外观形状	表皮光滑，对称，挺：12.1 ~ 15.0 分；中等：9.1 ~ 12.0 分；表皮粗糙，有硬块，形扁不对称：1.0 ~ 9.0 分	15
内部（65 分）	色泽	白、乳白、奶白：8.1 ~ 10.0 分；中等：6.1 ~ 8.0 分；发灰、发暗：1.0 ~ 6.0 分	10
	结构	纵剖面气孔小而均匀：12.1 ~ 15 分；中等：9.1 ~ 12.0 分；气孔大而不均匀 1.0 ~ 9.0 分	15
	弹韧性	用手指按复原性好，有咬劲：16.1 ~ 20.0 分；中等：12.1 ~ 16.0 分；复原性咬劲均差：1.0 ~ 12.0 分	20
	黏性（粘牙）	咀嚼爽口不粘牙：12.1 ~ 15.0 分；中等 9.1 ~ 12.0 分；咀嚼不爽口发黏：1.0 ~ 9.0 分	15
	气味	具有麦清香，无异味：4.1 ~ 5.0 分；中等：3.1 ~ 4.0 分；有异味：1.0 ~ 3.0 分	5
总分			100

表 14-13　面包的感官质量评分标准

	评分项目	评分标准	分值
外部评分	体积	①太大 ②太小	10
	表皮色泽	①不均匀 ②太浅 ③有皱纹 ④太深 ⑤有斑点 ⑥有条纹 ⑦无光泽	8
	外表形状	①中间低 ②一边低 ③两边低 ④不对称 ⑤顶部过于平坦 ⑥收缩变形	5
	烘焙均匀度	①四周颜色太浅 ②四周颜色太深 ③底部颜色太浅 ④有斑点	4
	表皮质地	①太厚 ②粗糙 ③太硬 ④太脆 ⑤其他	3
	外部得分		30
内部评分	颗粒和气孔	①粗糙 ②气孔大 ③壁厚 ④不均匀 ⑤孔洞多	15
	内部颜色	①色泽不白 ②太深 ③无光泽	10
	香味	①气味大 ②陈腐味 ③生面味 ④香味不足 ⑤刺鼻味	10
	口味和口感	①口味平淡 ②太咸 ③太甜 ④太酸 ⑤发黏	20
	组织结构	①粗糙 ②太紧 ③太松 ④破碎 ⑤气孔多 ⑥孔洞大 ⑦弹性差	5
	内部得分		70
总分			100

表 14-14　扬州包子的感官质量评分标准（以生肉包和豆沙包为例）

项目		评分标准			分值
外形		形圆、对称饱满、无皱缩塌陷、褶皱清晰	外形不正或轻微瘪陷，褶皱模糊	形扁、皱缩、塌陷、褶皱消失	15
		12.1 ~ 15 分	9.1 ~ 12.0 分	1.0 ~ 9.0 分	
光滑度		表皮光滑，无小孔点，无烫斑，无泡皮	表皮略有小气泡，或局部有小泡皮	表皮粗糙、有小气泡或有孔洞	10
		8.1 ~ 10 分	6.1 ~ 8.0 分	1.0 ~ 6.0 分	
色泽		白、乳白色	乳黄色	发灰、发暗	5
		4.1 ~ 5 分	3.1 ~ 4 分	1.0 ~ 3.0 分	
柔软度		手指按压容易，蓬松、柔软	按压后外松软内部硬	按压困难，较硬	10
		8.1 ~ 10 分	6.1 ~ 8 分	1.0 ~ 6.0 分	
弹性		手指按压后迅速回弹复原	复原速度较为缓慢	复原较困难或不能复原	10
		8.1 ~ 10 分	6.1 ~ 8 分	1.0 ~ 6.0 分	
组织结构		包子皮纵切面气孔大小适中，规则均匀	气孔规则均匀，但过于细密或偏大	有不规则大气孔、结构不均匀	15
		12.1 ~ 15 分	9.1 ~ 12.0 分	1.0 ~ 9.0 分	
口感	生肉馅	包子皮暄软、咬劲强、爽口、不粘牙，馅心滑嫩润口	包子皮咬劲稍差，馅心发干、不细嫩	咬劲弱、掉渣干硬、粘牙，馅心老而粗糙，质感突出不明显	10
		8.1 ~ 10 分	6.1 ~ 8 分	1.0 ~ 6.0 分	
	豆沙馅	包子皮暄软、咬劲强、爽口、不粘牙，馅心细腻爽口、滑润	包子皮咬劲稍差，馅心偏干，不细腻	咬劲弱、掉渣干硬、粘牙，馅心口感粗糙，质感突出不明显	
		8.1 ~ 10 分	6.1 ~ 8 分	1.0 ~ 6.0 分	
香气滋味	生肉馅	包子皮具有麦香味，馅心肉香浓郁、略带葱香，无异味，咸鲜适中，卤汁浓稠	包子皮麦香味薄弱，馅心肉香味较淡，咸鲜不适	肉香气不明显或有异味，卤汁稀薄或偏少而发干	10
		8.1 ~ 10 分	6.1 ~ 8 分	1.0 ~ 6.0 分	
	豆沙馅	包子皮具有麦香味，豆沙馅心香气较浓，无异味，香甜可口	包子皮麦香味薄弱，豆沙馅心香气不浓，无异味，香甜可口	豆沙香气不足或有异味	
		8.1 ~ 10 分	6.1 ~ 8 分	1.0 ~ 6.0 分	
比容		等于 1.8ml/g 为满分；每多或少 0.01 扣 0.1 分，多或少 0.1 扣 1 分			15
总分					100

表 14-15　无锡小笼包的感官质量评分标准

项目		满分	评分标准
外观	完整性	10	（7~10）完整，表面平整光滑，无泡皮，无烫斑 （4~6）不完整，但馅心（汤汁）不外漏 （0~3）破损大，有泡皮或烫斑，馅心（汤汁）外漏
	形状	10	（7~10）形圆饱满，对称挺立，褶皱清晰，表面光滑 （4~6）中等 （0~3）塌瘪，褶皱模糊，表面粗糙有硬块
	颜色	10	（7~10）白、乳白、奶白 （4~6）一般 （0~3）发灰发暗
	光泽	10	（7~10）光亮 （4~6）一般 （0~3）暗淡
内部结构		10	（7~10）纵剖面气孔小而均匀 （4~6）中等 （0~3）气孔大而不均匀
口感	韧性	15	（11~15）指压或夹起不破皮，皮薄，有咬劲，不干硬 （6~10）中等 （0~5）指压或夹起破皮，皮厚干硬，复原性、咬劲差
	黏性	15	（11~15）咀嚼爽口，不粘牙 （6~10）中等 （0~5）咀嚼不爽口、粘牙
	适口性	15	（11~15）卤多不油腻，肉质松软滑嫩，有弹性，咸甜适中 （6~10）中等 （0~5）卤少，油腻，肉质干涩，咸甜过度
气味		5	（4~5）麦香，无异味；馅心肉香浓郁、葱姜鲜香 （2~3）中等 （0~1）有异味

思考题

1. 感官品评的意义是什么？
2. 感官品评的影响因素有哪些？
3. 感官品评人员的培训应注意哪几个方面？
4. 感官品评的基本手段有哪几种？

第十五章

实 验

本章内容： 味觉敏感度测定
嗅觉辨别实验
四种基本味觉试验
差别试验—猪肉汤
排序试验—脆皮香蕉
评分试验—猪肉馅包子
感官剖面试验—鱼圆
调味酱的风味综合评价实验（描述检验1）—牛肉酱
菜肴风味综合评价实验（描述检验2）—青椒肉丝

实验时间： 12课时

教学方式： 教师讲述所做实验目的、原理和实验的大致内容，提醒学生实验过程中的注意事项。

教学要求： 1.让学生了解实验目的和原理。
2.通过实验加深理论知识的理解。

课前准备： 预习所做实验的内容，了解所做实验的方法。

实验一　味觉敏感度测定

一、实验原理

酸、甜、苦、咸是人类的四种基本味觉。取四种标准味感物质按两种系列（几何系列和算术系列）稀释，以浓度递增的顺序向实验者提供样品，品尝后记录味感。

本方法适用于实验者味觉敏感度的测定，可测定实验者对四种基本味道的识别能力及其感觉阈、识别阈、差别阈值。

二、试剂（样品）及设备

（1）水：无色、无味、无臭、无泡沫，中性，纯度接近蒸馏水，对实验结果无影响。

（2）四种味感物质储备液按表 15–1 规定制备。

表 15–1　四种味感物质储备液

基本味道	参比物质	浓度（g/L）
酸	D，L– 酒石酸（结晶）M=150.1 柠檬酸（一水化合物结晶）M=210.1	2 1
甜	蔗糖 M= 342.3	34
苦	盐酸奎宁（二水化合物）M=196.9 咖啡因（一水化合物结晶）M=212.12	0.020 0.20
咸	无水氯化钠 M=58.46	6

（3）四种味感物质的稀释溶液。用上述储备液按两种系列制备的稀释溶液，见表 15–2 和表 15–3。

①几何系列。

表 15-2 以几何系列稀释的实验溶液

稀释液	成分		实验溶液浓度 / (g/L)					
			酸		苦		咸	甜
	储备液 /ml	水 /ml	酒石酸	柠檬酸	盐酸奎宁	咖啡因	氯化钠	蔗糖
G6	500	稀释至1000	1	0.5	0.010	0.100	3	16
G5	250		0.5	0.25	0.005	0.050	1.5	8
G4	125		0.25	0.125	0.0025	0.025	0.75	4
G3	62		0.12	0.062	0.0012	0.012	0.37	2
G2	31		0.06	0.030	0.0006	0.006	0.18	1
G1	16		0.03	0.015	0.0003	0.003	0.09	0.5

②算术系列。

表 15-3 以算术系列稀释的实验溶液

稀释液	成分		实验溶液浓度 (g/L)					
			酸		苦		咸	甜
	储备液 / (ml)	水 / (ml)	酒石酸	柠檬酸	盐酸奎宁	咖啡因	氯化钠	蔗糖
A9	250	稀释至1000	0.50	0.250	0.005 0	0.050	1.50	8.0
A8	225		0.45	0.225	0.004 5	0.045	1.35	7.2
A7	200		0.40	0.200	0.004 0	0.040	1.20	6.4
A6	175		0.35	0.175	0.003 5	0.035	1.05	5.6
A5	150		0.30	0.150	0.003 0	0.030	0.90	4.8
A4	125		0.25	0.125	0.002 5	0.025	0.75	4.0
A3	100		0.20	0.100	0.002 0	0.020	0.60	3.2
A2	75		0.15	0.075	0.001 5	0.015	0.45	2.4
A1	50		0.10	0.050	0.001 0	0.010	0.30	1.6

(4)设备容量瓶、玻璃容器(玻璃杯)。

三、实验步骤

(1)把稀释溶液分别放置在已编号的容器内,另有一容器盛水。

(2)溶液依次从低浓度开始,逐渐提交给实验者。每次7杯,其中一杯为水。每杯约15ml,杯号按随机数编号,品尝后按表15-4填写记录。

表 15-4　四种基本味测定记录（按算术系列稀释）

姓名：____________　　时间：____________

	未知	酸味	苦味	咸味	甜味	水
一						
二						
三						
四						
五						
六						
七						
八						
九						

四、结果分析

根据实验者的品评结果，统计该实验者的感觉阈和识别阈。

五、注意事项

（1）要求实验者细心品尝每种溶液，如果溶液不咽下，需含在口中停留一段时间。每次品尝后，用水漱口。如果再品尝另一种味液，需等待1分钟后再品尝。

（2）实验期间样品和水温尽量保持在 20℃ 。

（3）实验样品的组合，可以是同一浓度系列的不同味液样品，也可以是不同浓度系列的同一味感样品或 2 ~ 3 种不同味感样品，每批样品数一致（如均为 7 个）。

（4）样品编号以随机数编号，无论哪种组合，都应使各种浓度的实验溶液都被品评过，浓度顺序应从低逐步到高。

实验二 嗅觉辨别实验

一、实验原理

嗅觉是辨别各种气味的感觉。嗅觉的感受器位于鼻腔最上端的嗅上皮内，嗅觉的感受物质必须具有挥发性和可溶性的特点。嗅觉的个体差异很大，有嗅觉敏锐者和迟钝者。嗅觉敏锐者也并非对所有气味都敏锐，会因不同气味而异，且易受身体状况和生理的影响。本方法可作为测量实验者的嗅觉灵敏度的实验。

二、样品、试剂及器具

（1）标准香精样品：柠檬、苹果、茉莉、玫瑰、菠萝、草莓、香蕉、乙酸乙酯、丙酸异戊酯等。

（2）具塞棕色玻璃小瓶、辨香纸。

（3）溶剂：乙醇、丙二醇等。

三、实验原理

（1）基础测试。挑选三四个不同香型的香精（如柠檬、苹果、茉莉、玫瑰），用无色溶剂（如丙二醇）稀释配制成1%浓度的液体。以随机数编码，让每个实验者得到4个样品，其中有两个相同，一个不同，外加一个稀释用的溶剂（对照样品）。实验者应有100%选择正确率。

（2）辨香测试。挑选10个不同香型的香精（其中有2 ~ 3个比较接近易混淆的香型），适当稀释至相同香气强度，分装入干净的棕色玻璃瓶中，贴上标签名称，让实验者充分辨别并熟悉它们的香气特征。

（3）等级测试。将上述辨香实验的10个香精制成两份样品，一份写明香精名称，一份只写编号，让实验者对20瓶样品进行分辨评香并填写表15-5。

表15-5 等级测试表

标明香精名称的样品号码	1	2	3	4	5	6	7	8	9	10
你认为香型相同的样品编号										

（4）配对实验。在实验者经过辨香实验熟悉了评价样品后，任取上述香精中5个不同香型的香精稀释制备成外观完全一致的两份样品，分别写明随机数码编号。让实验者对10个样品进行配对实验，并填写表15-6。

表15-6 嗅觉辨别实验记录

实验名称：辨香配对实验　　　　　　　　实验日期：

实验者：

经仔细辨香后，上下对应填入你认为二者相同的香精编号，并简单描述其香气特征

相同的两种香精的编号					
它的香气特征					

四、结果分析

（1）参加基础测试的实验者最好有100%的选择正确率，如经过几次重复还不能察觉出差别，则不及格。

（2）等级测试中可用评分法对实验者进行初评，总分为100分，答对一个香型得10分。30分以下者为不及格；30 ~ 70分者为一般评香员；70 ~ 100分者为优秀评香员。

（3）配对实验可用差别实验中的配偶实验法进行评估。

五、注意事项

评香实验室应有足够的换气设备，以1分钟内可换室内容积的2倍量空气的换气能力为最好。

实验三　四种基本味觉实验

一、实验原理

通过对不同试液的品尝，学会判别基本味觉（甜、酸、咸和苦），并且对感官鉴定有初步了解。

二、样品和试剂

（1）蔗糖（甜）；　　　　　　（2）柠檬酸（酸）；

（3）硫酸奎宁（苦）；（4）氯化钠（咸）；

以上均为分析纯。

三、玻璃器皿和材料

（1）4 只 250ml 和 12 只 1000ml 容量瓶分别盛 4 种母液和 12 种试液。

（2）50ml 烧杯 12 只，100ml 和 600ml 烧杯各 1 只（仅对每位实验者而言）。

（3）5ml、10ml、20ml、25ml 和 50ml 移液管各 2 支。

（4）25ml 和 50ml 量筒各 1 支。

（5）洗瓶、滴管、吸球、漏斗、样品匙和记录笔。

（6）清水（尽可能无味，否则会影响味觉实验，本实验中采用超纯水）。

（7）电子天平 1 台。

母液的配制如下：

（1）蔗糖溶液（母液 A）：称量 50g 蔗糖置于 250ml 容量瓶中，加入清水溶解固体，并且稀释至刻度，其浓度为 20g/100ml 溶液。

（2）NaCl 溶液（母液 B）：25gNaCl 置于 250ml 水中（浓度为 10g/100ml）。

（3）柠檬酸溶液（母液 C）：2.5g 柠檬酸置于 250mL 水中（1g/100ml）。

（4）硫酸奎宁溶液（母液 D）：0.05g 硫酸奎宁置于 250ml 容量瓶中，加入一部分水。在水浴中加热（70 ~ 80℃），边加热，边摇动至固体完全溶解，加水至刻度，冷却至近室温，其浓度为 0.02g/100ml。

四、试液配置

（1）蔗糖试液（0.4/100ml 和 0.6g/100ml），取 20mL 和 30mL 母液 A 分别置于 1000ml 容量瓶加水至 1000ml。

（2）NaCl 试液（0.08/100ml 和 0.15g/100ml），取 8mL 和 15mL 母液 B 分别稀释至 1000ml。

（3）柠檬酸试液（0.02/100ml、0.03/100ml 和 0.04g/100ml），取 20mL、30mL 和 40mL 母液 C 分别稀释至 1000ml。

（4）硫酸奎宁试液（0.0005/100ml、0.0002/100ml、0.0004/100ml 和 0.0008g/100ml），取 2.5ml、10ml、20ml 和 40ml 母液 D 分别稀释至 1000ml。

五、试液号码的随机化

对于每个试液杯（50ml 烧杯），先取一个三位数（例如，267、961 等），然后随机列出样品顺序。

根据所列顺序和数码，对每个试液的味觉做出判断，重复实验。

六、实验内容

（1）在实验者面前放上各种不同浓度并且具有标号的试液杯。本实验的任务是判别每个试液的味道。当试液的味道低于你的分辨能力时，以“0”表示，如水；当实验者对试液的味觉判别犹豫不决时，以“？”表示；当实验者肯定自己的味觉判别时，以“甜、酸、咸”或者“苦”表示，如此重复。

（2）盘中有12个试液杯，各盛约30mL试液。漱口杯内盛约30mL清水，水温约40℃。吐液杯用来盛漱口液和已被品尝过的试液。实验记录形式如表15-7。

表15-7　实验记录形式

试 液 号	味　觉
132	酸
368	0
705	苦
486	苦
520	?
379	甜
·	·
·	·
·	·

（3）先用清水洗漱口腔，再喝一小口试液含于口中（请勿咽下）。由于各种味觉敏感区域在舌上不同部位，因此应该做口腔运动使试液接触于全部舌头。辨别味道后，吐去试液，记下结果（试液杯号码必须与答卷对应一致）。

（4）更换另一批试液，重复上述实验步骤，记录结果，见表15-8。

注意：每个试液应该只品尝一次。若判别不能肯定时，可以再重复。但是品尝次数过多会引起感官疲劳，敏感度降低。

表 15-8 味觉实验记录

姓名________________ 日期________________

号码	味觉	味感程度

注意：味感程度表示“++++、+++、++、+、0”。

七、注意事项

（1）溶液配制时，水质非常重要，须用“无味中性”水。

（2）加热在水浴中进行。

（3）每份被品尝的试液体积约 20 ~ 30ml 较为适宜，为此 1000ml 试液可供 15 位实验者使用（$15 \times 30 \times 2 = 900$）。

（4）所用的玻璃器皿都须无灰尘、无油脂，应用清水洗涤（不可用其他液体，如肥皂液）。玻璃器皿可在干燥烘箱内烘干，但须无味，否则会传入玻璃器皿。如果用毛巾擦干玻璃器皿，须用无皂味的毛巾。如果干燥烘箱不合适，移液管可放在架上自然干燥。但不要为了速干而用乙醇去洗，这会影响试液的味道。

（5）品尝试液应有一定的顺序（如从左至右）。在品尝每个试液前一定要漱口（20 ~ 30ml 清水），水温约 40℃较适宜。吐液后用纸擦干口角。

实验四 差别实验——猪肉汤

一、实验原理

三点检验法是差别实验当中最常用的方法。在感官评定中，三点检验法是一种专门的方法，可用于两种产品的样品间的差异分析。同时提供三个编码样品，其中有两个样品是相同的，要求实验者挑选出其中不同于其他两个样品的样品，这检验方法就叫作三点检验法。具体来讲，首先需要进行三次配对比较：A 与 B，B 与 C，A 与 C，然后指出哪两个样品之间是同一种样品。

二、样品及器具

（1）玻璃品评杯：直径 50mm、杯高 100mm 的烧杯，或 250mm 高型烧杯。

（2）试剂：食盐、味精。

三、实验步骤

（1）样品制备。以三种方法考核实验者。

① 标准样品 。猪肉汤，没有经过调味（样品 A）。

② 加食盐比较样品（样品 B）。在标准样品猪肉汤中分别加入 1.5%和 2.5%的食盐，作为两份样品。

③ 加食盐和味精比较样品（样品 C）。按上述方法在标准样品猪肉汤中分别加入 1.5%和 2.5%的食盐，然后分别在两份样品中加入等量 2%味精，作为两份样品。

（2）样品编号。以随机数对样品编号，如下：

标准样品（A）	304（A_1）	547（A_2）	743（A_3）
加食盐样品（B）	377（B_1）	779（B_2）	537（B_3）
加食盐和味精样品（C）	462（C_1）	734（C_2）	553（C_3）

（3）供样顺序。提供三个样品，其中两个是相同的。例如，：$A_1A_1B_1$、$A_1A_1C_1$、$A_1C_1C_1$、$B_2B_3B_2$、$A_2C_2C_2$……

（4）品评。每个实验者每次得到一组三个样品，依次品评，并填好下表，每人应评 10 次左右。

样品：对比实验　实验方法：三点实验法

实验者：________________　　　实验日期__________

请认真品评你面前的三个样品，其中有两个是相同的，请填好下表

相同的两个样品编号是：________________

不同的一个样品编号是：________________

四、结果处理

统计每个实验者的实验结果，查三点检验法检验表，判断该实验者的鉴别水平。

实验五　排序实验——脆皮香蕉

一、实验原理

排序实验是比较数个样品，按指定特性由强度或嗜好程度排出一系列样品的方法。按其形式可分为：

（1）按某种特性（如甜度、黏度等）的强度递增顺序。

（2）按质量顺序（如竞争食物的比较）。

（3）赫道尼科（Hedonic）顺序（如喜欢不喜欢）。

该法只排出样品的次序，不评价样品间差异的大小。具体来讲，就是以均衡随机的顺序将样品呈送给实验者，要求实验者就指定指标将样品进行排序，计算序列和，然后利用 Friedman 法等对数据进行统计分析。

排序实验的优点在于可以同时比较两个以上的样品。但是对于样品的品种较多或样品之间差别很小时，就难以进行。所以通常在样品需要为下一步的实验预筛或预分类的时候，可应用此方法。排序实验中的评判情况取决于实验者的感官分辨能力和有关食物方面的性质。

二、样品及器具

（1）预备足够量的碟、样品托盘。

（2）制作脆皮香蕉：控制油温条件分别为 100℃、120℃、140℃、160℃、180℃制作脆皮香蕉，作为 5 类样品。

三、实验步骤

（1）实验分组。每 10 人为一组，如全班为 30 人，则分三个组，每组选出一个小组长，轮流进入实验区。

（2）样品编号。事先给每个样品编出三位数的代码，每个样品给三个编码，作为三次重复检验之用，随机数码取自随机数表。编码实例及供样顺序方案见表 15-9、表 15-10。

表 15-9 样品编码实例

样品名称：________ 日期：________

样品	重复检验编码			
	1	2	3	4
A	463	973	434	
B	995	607	227	
C	067	635	247	
D	695	654	490	
E	681	695	343	

表 15-10 供样顺序实例

实验者	供样顺序	第 1 次检验时号码顺序				
1	CAEDB	067	463	681	695	995
2	ACBED	463	067	995	681	695
3	EABDC	681	463	681	695	067
4	BAEDC	995	463	067	695	067
5	EDCAB	681	695	463	463	995
6	EDACB	695	681	463	067	995
7	DCABE	695	067	463	995	681
8	ABDEC	463	995	695	681	067
9	CDBAE	067	695	995	463	681
10	EBACD	681	995	463	067	695

在做第 2 次重复检验时，供样顺序不变，样品编码改用上表中第 2 次检验用码，其余类推。

实验者每人都有一张单独的登记表。

样品名称：________ 检验日期：________

实验者：________

检验内容：________

请仔细品评实验者面前的五个样品，根据它们的外形、色泽、入口酥化程度、甜脆性、香气、内部质感以及综合口感等综合指标给它们排序，最好的排在左边第 1 位，依次类推，最差的排在右边最后一位，样品编号填入对应横线上。

样品排序（最好）1　2　3　4　5（最差）

样品编号 ________________

四、结果分析

（1）以小组为单位，统计检验结果。

（2）对 5 个样品之间是否有差异做出判定。

（3）用多重比较分组法和 Kramer 法对样品进行分组。

（4）每人分析自己检验结果的重复性。

（5）讨论实验体会。

实验六　评分实验——猪肉馅包子

一、实验原理

要求实验者以数字标度形式来评价样品的品质特性。所使用的数字标度可以是等距标度或比率标度。不同于其他方法的是它是所谓的绝对性判断，即根据实验者各自的品评基准进行判断。它出现的粗糙评分现象也可由增加实验者的人数来克服。

此方法可同时鉴评一种或多种产品的一个或多个指标的强度及其差异，所以应用较为广泛。尤其适于鉴评新产品。

二、样品及器具

（1）小碟子。

（2）肉包：5 个以上（由不同的面点师制作）。

（3）漱口用纯净水。

三、实验步骤

（1）品评前做好肉包的感官指标和记分方法（见表 15–11、表 15–12），使每个实验者掌握统一的评分标准和记分方法。

表 15-11　肉包感官和食用品质评价方法

项目	评分标准			满分	说明
外形	形圆、对称饱满、无皱缩塌陷、褶皱清晰	外形不正或轻微瘪陷，褶皱模糊	形扁、皱缩、塌陷、褶皱消失	15	
	12.1 ~ 15.0 分	9.1 ~ 12.0 分	1.0 ~ 9.0 分		
光滑度	表皮光滑，无小孔点，无烫斑，无泡皮	表皮略有小气泡，或局部有小泡皮	表皮粗糙、有小气泡或有孔洞	10	
	8.1 ~ 10.0 分	6.1 ~ 8.0 分	1.0 ~ 6.0 分		
色泽	白、乳白色	乳黄色	发灰、发暗	5	
	4.1 ~ 5.0 分	3.1 ~ 4.0 分	1.0 ~ 3.0 分		
柔软度	手指按压容易，膨松、柔软	按压后外表松软而内部发硬	按压困难，较硬	10	
	8.1 ~ 10.0 分	6.1 ~ 8.0 分	1.0 ~ 6.0 分		
弹性	手指按压包子至 1/2 高度后迅速回弹复原	复原速度较为缓慢	复原较困难或不能复原	10	
	8.1 ~ 10.0 分	6.1 ~ 8.0 分	1.0 ~ 6.0 分		
组织结构	包子皮纵切面气孔大小适中，规则均匀	气孔过于细密或偏大，但规则均匀	有不规则大气孔、结构不均匀	15	
	8.1 ~ 10.0 分	6.1 ~ 8.0 分	1.0 ~ 6.0 分		
口感	包子皮暄软、咬劲强、爽口、不粘牙，馅心滑嫩润口	包子皮咬劲稍差，馅心发干、不细嫩	咬劲弱、掉渣干硬、粘牙，馅心老而粗糙，质感突出不明显	10	
	12.1 ~ 15.0 分	9.1 ~ 12.0 分	1.0 ~ 9.0 分		
香气滋味	包子皮具有麦香味，馅心肉香浓郁、略带葱香，无异味，咸鲜适中，卤汁浓稠	包子皮麦香味薄弱，馅心肉香味较淡，咸鲜不适	肉香气不明显或有异味，卤汁稀薄或偏少而发干	10	
	12.1 ~ 15.0 分	9.1 ~ 12.0 分	1.0 ~ 9.0 分		
比容	等于 1.8ml/g 为满分；每多或少 0.01 扣 0.1 分，多或少 0.1 扣 1 分			15	
总分				100	

表 15-12 肉包品评记分表

实验者：________ 评价日期：________

项目 \ 样品编号	×××	×××	×××	×××	×××
外形					
光滑度					
色泽					
柔软度					
弹性					
组织结构					
口感					
香气滋味					
合计					
评语					

四、数据处理

（1）用方差分析法分析样品间差异。
（2）用方差分析法分析实验者之间差异。

实验七 感官剖面实验——鱼圆

一、实验原理

要求实验者尽量完整地对形成样品感官特征的各个指标，按感觉出现的先后顺序进行品评，使用由简单描述实验所确定的词汇中选择的词汇，描述样品整个感官印象。报告结果以表格（数字标度）或图示（线条标度）表示。

二、样品及器具

（1）选择鱼圆做标准样品供预备品评用。待评，样品以随机数码编号。
（2）选用合适的器具（玻璃小碗）分发样品。
（3）漱口用纯净水。

三、实验步骤

（1）全体实验者集中，用标准样品做预备品评，讨论其特性特征和感觉顺序，确定几个感觉词汇（如表 15–13 所示）作为描述该类产品的特性特征，供品评样品时选用。

（2）分发 5 份鱼圆样品（可以由 5 位不同的操作者制作）。

（3）进行独立品评。用预备品评时出现的词汇对各个样品进行评估和定量描述，允许根据不同样品的特性特征出现差异时选用新的词汇进行描述和定量。

表 15–13　鱼圆感官质量评定标准（以草鱼为例）

色泽	弹性	外形 / 结构	质感	滋味	分值
洁白，表面有光泽	食指轻压鱼圆，有明显凹陷而不破裂，放手恢复原状；在离桌面 20 ~ 30cm 的高度往下落，三次不碎裂	表面光滑，无明显印痕；断面密实，无大气孔，但有许多细小而均匀的气孔	鲜嫩，回味很好，柔软而不硬实，入口即化，咀嚼后无残渣	具有鱼肉特有的鲜味，可口，鱼味浓郁	90 ~ 100
乳白稍带黄，表面有光泽	食指轻压鱼圆，有明显凹陷而不破裂，放手则恢复原状；在离桌面 20 ~ 30cm 的高度往下落，二次不碎裂	表面较光滑，印痕较明显；断面密实，无大气孔，有少量小气孔	鲜嫩，回味很好，柔嫩度偏差，入口即化，咀嚼后没有残渣	有鱼肉鲜味，可口，味足	80 ~ 90
微黄，表面略带光泽	食指轻压鱼圆，有明显凹陷而不破裂，放手不能恢复原状；在离桌面 20 ~ 30cm 的高度往下落，一次不碎裂	表面不光滑，有明显印痕；断面基本密实，有大气孔	口感较好，柔嫩度偏差，咀嚼后略有残渣	鱼肉鲜味较淡，口味正常	70 ~ 80
较黄略带点灰色，表面无光泽	食指轻压鱼圆，无明显凹陷，并马上出现破裂	表面粗糙，印痕较深切面较松散，有较多大气孔	口感一般，柔嫩度差，咀嚼后残渣较多	无鱼肉鲜味，稍有腥味	60 ~ 70
灰暗	食指轻压鱼圆，立即碎裂	成扁状，切面呈浆状、松散无密实感	口感差，绵软没劲，咀嚼后残渣很多	鱼腥臭味浓	<60 分

注：各指标相加满分值为 100 分。

四、结果分析

（1）以小组为单位，分析实验者之间的差异。

（2）得出本小组的平均分值，以表或图表示。必要时全组讨论得出各个样品的综合评价。

实验八 调味酱风味综合评价实验（描述检验 1）——牛肉酱

一、实验原理

简介牛肉酱的制作工艺过程和主要原料，使大家对该样品有一个大概了解，然后提供一个典型样品让大家品尝，在老师的引导下，选定 8 ~ 10 个能表达出该类产品的特征名词，并确定强度等级范围，通过品尝后，统一大家的认识。在完成上述工作后，分组进行独立感官检验。

二、样品及用具

（1）预备足够量的碟、匙、筷子、样品托盘等。

（2）提供 5 种不同品牌的“牛肉酱”样品。

（3）漱口或饮用的纯净水。

三、实验步骤

（1）实验分组。每组 10 人。如全班为 30 人，则共分为三个组，轮流进入感官分析实验区。

（2）样品编号。事先给每个样品编出三位数的代码，每个样品给三个编码，作为三次重复检验之用，随机数码取自随机数表。本例中取自第 10 ~ 14 行第 1 ~ 3 列的末位 3 位数，也可另取其他数列，见表 15-14。

表 15-14 样品序列实例

样品号	A（样 1）	B（样 1）	C（样 1）	D（样 1）	E（样 1）
第 1 次检验	734	042	706	664	813
第 2 次检验	183	747	375	365	854
第 3 次检验	026	617	053	882	388

（3）排定每组实验者的顺序及供样组别和编码，见表15-15（第一组第1次）。

供样顺序是老师内部参考用的，实验者用的检验记录表上看到的只是编码，无ABCDE字样。在重复检验时，样品编排顺序不变，如第1号实验者的供样顺序每次都是EABDC，而编码的数字则换上第二次检验的编号。其他组、次的排定表格，请按例自行排定。

表15-15　顺序与编码实例

姓 名	供样顺序	第1次检验样品编码
1（×××）	EABDC	813，734，042，664，706
2（×××）	ACBED	734，706，042，813，664
3（×××）	DCABE	664，706，734，042，813
4（×××）	ABDEC	734，042，664，813，706
5（×××）	BAEDC	042，734，813，664，706
6（×××）	EDCAB	813，664，706，734，042
7（×××）	DEACB	664，813，734，706，042
8（×××）	CDBAE	706，664，042，734，813
9（×××）	EBACD	813，042，734，706，664
10（×××）	CAEDB	706，734，813，664，042

（4）分发描述性检验记录表，见下例，供参考，也可另自行设计。

描述性检验记录表

样品名称：牛肉酱　　　　　　　　实验者：

样品编号（如813）　　　　　　　检验日期：

（弱）1 2 3 4 5 6 7 8 9（强）

1 色泽

2 亮度

3 甜度

4 咸度

5 鲜味

6 酱香气

7 细腻感

8 黏稠度

9 不良风味（列出）

四、结果分析

（1）每组小组长将本小组 10 名实验者的记录表汇总后，解除编码密码，统计出各个样品的评定结果。

（2）用统计法分别进行误差分析，评价实验者的重复性、样品间差异。

（3）讨论协调后，得出每个样品的总体评估。

实验九　菜肴风味综合评价实验（描述检验 2）——青椒肉丝

一、实验原理

简介该菜肴的工艺流程和主要原料，使大家对该样品有一个大概了解，然后提供一个典型样品让大家品尝，在老师的引导下，选定几个能表达出该类产品的特征名词，并确定强度等级范围，通过品尝后，统一大家的认识。在完成上述工作后，分组进行独立感官检验。

二、样品及用具

（1）预备足够量的碟、匙、筷子、样品托盘等。

（2）提供 5 份“青椒肉丝”样品（可以由 5 位不同的操作者制作）。

（3）漱口或饮用的纯净水。

三、实验步骤

（1）实验分组。每组 10 人。如全班为 30 人，则共分为三个组，轮流进入感官分析实验区。

（2）样品编号。事先给每个样品编出三位数的代码，每个样品给三个编码，作为三个重复检验之用，随机数码取自随机数表。本例中取自第 10 ~ 14 行第 1 ~ 3 列的末位 3 位数，也可另取其他数列，见表 15-16：

表 15-16　样品编号实例

样品号	A（样 1）	B（样 1）	C（样 1）	D（样 1）	E（样 1）
第 1 次检验	734	042	706	664	813
第 2 次检验	183	747	375	365	854
第 3 次检验	026	617	053	882	388

（3）排定每组实验者的顺序及供样组别和编码，见表15–17（第一组第1次）。

供样顺序是老师内部参考用的，实验者用的检验记录表上看到的只是编码，无ABCDE字样。在重复检验时，样品编排顺序不变，如第1号实验者的供样顺序每次都是EABDC，而编码的数字则换上第二次检验的编号。其他组、次的排定表格，请按例自行排定。

表15–17 顺序与编码实例

姓 名	供样顺序	第1次检验样品编码
1（×××）	EABDC	813，734，042，664，706
2（×××）	ACBED	734，706，042，813，664
3（×××）	DCABE	664，706，734，042，813
4（×××）	ABDEC	734，042，664，813，706
5（×××）	BAEDC	042，734，813，664，706
6（×××）	EDCAB	813，664，706，734，042
7（×××）	DEACB	664，813，734，706，042
8（×××）	CDBAE	706，664，042，734，813
9（×××）	EBACD	813，042，734，706，664
10（×××）	CAEDB	706，734，813.664，042

（4）分发描述性检验记录表，见下例，供参考，也可另自行设计。

描述性检验记录表

样品名称：青椒肉丝　　　　　　实验者：

样品编号（如813）　　　　　　检验日期：

（弱） 1 2 3 4 5 6 7 8 9（强）

1色泽

2亮度

3咸度

4嫩度

5芡汁黏稠度

6不良风味（列出）

四、结果分析

（1）每组小组长将本小组 10 名实验者的记录表汇总后，解除编码密码，统计出各个样品的评定结果。

（2）用统计法分别进行误差分析，评价实验者的重复性、样品间差异。

（3）讨论协调后，得出每个样品的总体评估。

参考文献

[1] 曹雁平 . 食品调味技术 [M] .2 版 . 北京：化学工业出版社，2010.
[2] 孙宝国，等 . 食用调香术 [M] . 北京：化学工业出版社，2003.
[3] 姜汝焘，黄梅丽，杨昌举 . 烹饪原理与应用 [M] . 北京：中国财政经济出版社，1992.
[4] 黄梅丽，王俊卿 . 食品色香味化学 [M] .2 版 . 北京：中国轻工业出版社，2008.
[5] 毛羽扬 . 烹饪化学 [M] .3 版 . 北京：中国轻工业出版社，2010.
[6] Owen R Fennema. 食品化学 [M] .3 版 . 王璋，许时婴，江波，等译 . 北京：中国轻工业出版社，2003.
[7] 布赖恩 M. 麦克纳 . 食品质构学 [M] . 李云飞，译 . 北京：化学工业出版社，2007.
[8] 聂凤乔 . 中国烹饪原料大典 [M] . 青岛：青岛出版社，2004.
[9] 阎喜霜 . 烹调原理 [M] . 北京：中国轻工业出版社，2000.
[10] 杨昌举 . 食品科学概论 [M] . 北京：中国人民大学出版社，1999.
[11] Harry T Lawless, et al. 食品感官评价原理与技术 [M] . 王栋，李崎，华兆哲，等译 . 北京：中国轻工业出版社，2001.
[12] 毛羽扬 . 烹饪色香味调料 [M] . 北京：中国商业出版社，1992.
[13] 季鸿崑 . 烹调工艺学 [M] . 北京：高等教育出版社，2003.
[14] 李云飞，殷涌光，金万镐 . 食品物性学 [M] . 北京：中国轻工业出版社，2005.
[15] 丁耐克 . 食品风味化学 [M] . 北京：中国轻工业出版社，1996.
[16] Shahidi F. 肉制品与水产品的风味 [M] .2 版 . 李洁，朱国斌，译 . 北京：中国轻工业出版社，2001.
[17] 宋钢 . 新型复合调味品生产工艺与配方 [M] . 北京：中国轻工业出版社，2000.
[18] 斯波 . 复合调味技术及配方 [M] . 北京：化学工业出版社，2011.
[19] 毛羽扬 . 烹饪解疑 [M] . 北京：科学出版社，2006.
[20] 王璋，许时婴，汤坚 . 食品化学 [M] . 北京：中国轻工业出版社，1999.
[21] 冯凤琴，叶立扬 . 食品化学 [M] . 北京：化学工业出版社，2005.

[22] 朱国斌，鲁红军.食品风味原理和技术[M].北京：北京大学出版社，1996.
[23] 夏延斌.食品化学[M].北京：中国轻工业出版社，2001.
[24] 宋焕禄.食品风味化学[M].北京：化学工业出版社，2008.
[25] 夏延斌.食品风味化学[M].北京：化学工业出版社，2008.
[26] 杜克生.食品生物化学[M].北京：化学工业出版社，2002.
[27] 张艳荣.调味品工艺学[M].北京：科学出版社，2008.
[28] 王建新，衷平海.香辛料原理与应用[M].北京：化学工业出版社，2004.
[29] 郑友军.新版调味品配方[M].北京：中国轻工业出版社，2002.
[30] 李勇.调味料加工技术[M].北京：化学工业出版社，2003.
[31] 朱海涛，董贝森.最新调味品及其应用[M].3版.济南：山东科学技术出版社，2011.
[32] 太田静行.食品调味论[M].方继功，朱永芳，张素利，译.北京：中国商业出版社，1989.
[33] 郑友军，单国生，姜燕.调味品加工与配方[M].北京：金盾出版社，2003.
[34] 范志红.调味品消费指南[M].北京：农村读物出版社，2000.
[35] 马永昆，刘晓庚.食品化学[M].南京：东南大学出版社，2007.
[36] 郑友军.调味品生产工艺与配方[M].北京：中国轻工业出版社，1998.
[37] 季鸿崑.烹饪学基本原理[M].上海：上海科学技术出版社，1998.
[38] 赵宝丰.调味品（上）347例[M].北京：科学技术文献出版社，2004.
[39] 蔡育发.新潮调味品和港式海派菜[M].上海：上海科学技术出版社，1996.
[40] 李里特.食品物性学[M].北京：中国农业出版社，1998.
[41] 邵万宽.创新菜点开发与设计[M].北京：旅游教育出版社.2004.
[42] 季鸿崑.面点工艺学[M].北京：中国轻工业出版社，2005.
[43] Robert L Wolke.爱因斯坦的厨房[M].罗红，译.北京：中国商业出版社，2006.
[44] 李文卿.面点工艺学[M].北京：高等教育出版社，2003.
[45] 曾广植，魏诗泰.味觉的分子识别[M].北京：科学出版社，1984.
[46] 张水华，刘耘.调味品生产工艺学[M].广州：华南理工大学出版社，2000.
[47] 马永强，韩春然，刘静波.食品感官检验[M].北京：化学工业出版社，2005.

[48] 张水华,徐树来,王永华.食品感官分析与实验[M].北京:化学工业出版社,2006.

[49] 陈洁.高级调味品加工工艺与配方[M].北京:科学技术文献出版社,2001.

[50] 张水华.广式调味品[M].广州:华南理工大学出版社,2001.

[51] 陈锦屏,张伊俐.调味品加工技术[M].北京:中国轻工业出版社,2000.

[52] 刘钟栋.食品添加剂在粮油制品中的应用[M].北京:中国轻工业出版社,2001.

[53] 刘惠民.调味品生产工艺与设备[M].北京:科学技术文献出版社,2002.

[54] 傅德成,刘明堂.食品感官鉴别手册[M].北京:中国轻工业出版社,1991.

[55] 晓书.中外菜肴调味宝典[M].成都:四川科学技术出版社,2004.

[56] 李衡,王季襄,区明勋.食品感官鉴定方法及实践[M].上海:上海科学技术文献出版社,1990.

[57] 孙树侠.食物风味的奥秘[M].北京:中国食品出版社,1987.

[58] 刘志皋,高彦祥.食品添加剂基础[M].北京:中国轻工业出版社,1994.

[59] 王瑛,黄明,黄焕昌.调味品加工与检验[M].上海:上海科学技术出版社,1987.

[60] 金时俊.食品添加剂[M].上海:华东化工学院出版社,1992.

[61] 朱红,黄一贞,张弘.食品感官分析入门[M].北京:中国轻工业出版社,1990.

[62] 印藤元一.香料实用知识[M].轻工业部香料工业科学研究所,译.北京:中国轻工业出版社,1988.

[63] 陈幼春,孙宝忠,曹红鹤.食物评品指南[M].北京:中国农业出版社,2003.

[64] 彭珊珊,许柏球,冯翠萍.食品掺伪鉴别检验[M].北京:中国轻工业出版社,2004.

[65] 胡国华.复合食品添加剂[M].北京:化学工业出版社,2012.

[66] 黄晓钰,刘邻渭.食品化学综合实验[M].北京:中国农业大学出版社,2002.

[67] 卡罗琳·考斯梅尔.味觉[M].吴琼,叶勤,张雷,译.北京:中国友谊出版公司,2001.

[68] 陈苏华 . 中国烹饪工艺学 [M]. 上海：上海文化出版社，2006.
[69] 周晓燕 . 烹调工艺学 [M]. 北京：中国轻工业出版社，2000.
[70] 马克 · 科尔兰斯基 . 盐 [M]. 夏业良，丁伶青，译 . 北京：机械工业出版社，2005.
[71] 唐鲁孙 . 酸甜苦辣咸 [M]. 桂林：广西师范大学，2005.
[72] 张仁庆 . 调味与拌馅 [M]. 郑州：河南科学技术出版社，2002.
[73] 田鸣华 . 调味美食的营养及家庭制作 [M]. 北京：人民军医出版社，2005.
[74] 敏涛，瑶卿，时文，等 . 实用家庭调料 [M]. 南京：江苏科学技术出版社，1996.
[75] 安东尼 · 伯尔顿 . 厨室机密 [M]. 傅志爱，陶文革，译 . 北京：三联书店，2004.
[76] 安东尼 · 伯尔顿 . 厨师之旅 [M]. 王建华，冷杉，译 . 北京：三联书店，2004.
[77] Bowman,Barbara A.Bowman,Robert M.Russell. 现代营养学 [M]. 荫士安，汪之顼，王茵，主译 . 北京：人民卫生出版社，2008.